Windows 10

pour
les nuls

3e édition

Windows 10
pour
les nuls

3e édition

Andy Rathbone

FIRST
Editions

Windows 10 pour les Nuls (3e édition)

Pour les Nuls est une marque déposée de Wiley Publishing, Inc.
For Dummies est une marque déposée de Wiley Publishing, Inc.

Collection dirigée par Jean-Pierre Cano
Traduction : Daniel Rougé, Philip Escartin
Mise en page : maged

Edition française publiée en accord avec Wiley Publishing, Inc.
© Éditions First, un département d'Édi8, 2017
Éditions First, un département d'Édi8
12 avenue d'Italie
75013 Paris
Tél. : 01 44 16 09 00
Fax : 01 44 16 09 01
E-mail : firstinfo@efirst.com
Web : www.editionsfirst.fr
ISBN : 978-2-412-02896-4
Dépôt légal : 3e trimestre 2017

Imprimé en France par Pollina - 83771

Sommaire

Introduction

Bienvenue dans *Windows 10 Pour les Nuls,* le livre consacré à ce système d'exploitation le plus complet que vous puissiez trouver sur le marché.

La popularité de ce livre découle probablement du simple fait que beaucoup d'utilisateurs désirent connaître Windows à fond. Ils adorent interagir avec des boîtes de dialogue. Certains même appuient sur des touches un peu au hasard dans l'espoir de découvrir des fonctions cachées, non documentées. D'autres encore mémorisent d'interminables lignes de commandes en se lavant les cheveux.

Et vous ? Vous n'êtes pas un nul, c'est sûr. Mais quand il s'agit d'informatique, et plus précisément de Windows, ce n'est pas le grand amour. Vous attendez de l'ordinateur qu'il vous aide à faire votre travail, après quoi vous l'éteignez pour passer à autre chose de plus important. Vous n'avez pas l'intention d'y changer quoi que ce soit, et ce n'est pas plus mal.

C'est là qu'intervient ce livre. Au lieu de faire de vous un as de Windows, il préfère vous enseigner ce qui est utile afin que vous puissiez en tirer parti au moment où vous en aurez besoin. Au lieu de devenir un expert de Windows, vous serez au bout du compte un utilisateur avisé, accédant le plus naturellement du monde aux fonctions dont vous avez besoin.

Et vous serez capable de le faire que vous utilisiez une tablette tactile, un ordinateur portable, ou un PC de bureau.

À propos de ce livre

Plutôt que de lire ce livre d'une seule traite, considérez-le comme un dictionnaire ou une encyclopédie. Allez directement à l'information dont vous avez besoin et lisez-la attentivement. Mettez-la ensuite en pratique.

Ne vous ennuyez pas à mémoriser tout le jargon de Windows, du genre « Sélectionnez l'option de menu dans la zone de liste déroulante ». Laissez cela aux allumés d'informatique. En fait, les informations techniques qui apparaissent dans ce livre sont signalées par un pictogramme. Selon votre humeur du moment, vous vous jetterez voracement dessus ou vous passerez dédaigneusement votre chemin.

Au lieu de se complaire dans du jargon technique, ce livre aborde les sujets suivants en français de tous les jours, y compris les dimanches et les jours fériés :

>> Préserver la sûreté et la sécurité de votre ordinateur.

>> Comprendre le menu Démarrer de Windows 10.

>> Trouver une application ou un programme, le démarrer et le quitter.

>> Localiser les fichiers que vous avez enregistrés ou téléchargés précédemment.

>> Configurer l'ordinateur ou la tablette afin que toute la famille puisse l'utiliser.

>> Copier des données depuis et vers un disque dur ou une clé USB.

>> Transférer et montrer vos photos avec votre smartphone ou votre appareil photo numérique.

>> Imprimer ou scanner votre travail.

>> Créer un réseau d'ordinateurs afin de partager une connexion Internet, des fichiers ou une imprimante.

>> Corriger Windows quand il fait des siennes.

Il n'y a rien de spécial à mémoriser, et rien de spécial non plus à apprendre. Ouvrez simplement la bonne page, lisez les courtes explications qui vous sont proposées, et (re)mettez-vous au travail. Contrairement à d'autres livres, celui-ci évite les jargons trop techniques pour que vous puissiez profiter au mieux de Windows et de vos applications.

Comment utiliser ce livre ?

Certains points de Windows 10 vous laisseront sans doute perplexe. Si quelque chose vous paraît mystérieux, reportez-vous à l'index ou à la table des matières de ce livre. La table des matières vous permet de localiser une information d'après le titre des chapitres et des sections. Plus précis, l'index contient une liste de sujets suivis du numéro des pages où il en est question. D'une manière ou d'une autre, vous parviendrez toujours à l'information recherchée. Lisez-la, refermez le livre et appliquez ce que vous avez lu.

Si vous vous sentez en verve et voulez en savoir plus, lisez les paragraphes à puces à la fin de chaque section. Vous y trouverez des détails supplémentaires, des conseils ou des références croisées. Mais rien ne vous y oblige, si cela ne vous intéresse pas ou si vous n'avez pas le temps.

Les saisies à effectuer au clavier sont en gras, comme ici :

Saisissez **Lecteur Windows Media** dans le champ Rechercher.

Dans cet exemple, vous tapez les mots *Lecteur Windows Media* et vous appuyez sur la touche Entrée. La saisie étant parfois un peu compliquée, une description suit, et explique ce que montre l'écran.

Quand vous devez appuyer sur une combinaison de touches, cette action est mentionnée sous cette forme :

Appuyez sur Ctrl + B

Vous gardez le doigt sur la touche Ctrl, vous appuyez sur B – les deux touches sont alors enfoncées – puis vous les lâchez. Cette combinaison de touches est le raccourci clavier qui sert à mettre une partie de texte en caractères gras.

Chaque fois qu'une adresse Internet ou un nom de fichier est mentionné, il est présenté sous cette forme :

`www.andyrathbone.com`

ou encore :

`notepad.exe`

Ce livre ne vous envoie jamais balader par une formule du genre « pour plus d'informations, consultez le manuel ». Il ne contient pas non plus de renseignements concernant des logiciels spécifiques, comme Microsoft Office. Windows est bien assez compliqué à lui seul. Fort heureusement, d'autres titres de la collection *Pour les Nuls* détaillent à foison les logiciels les plus connus.

Enfin, n'oubliez pas que ce livre est un *ouvrage de référence.* Il n'a pas été conçu pour vous apprendre à utiliser Windows 8.1 comme un expert, que nenni !

Tablette et écran tactile

Windows est préinstallé sur les ordinateurs récents, mais Microsoft n'a pas oublié les possesseurs d'appareils dotés d'un *écran tactile,* autrement dit les tablettes et quelques ordinateurs qui sont alors véritablement digitaux : vous les commandez au doigt (mais pas à l'œil, sauf si on vous en a fait cadeau).

Vous n'avez pas d'écran tactile sous la main ? Pas de problème. Vous apprendrez quand même où il faut toucher, effleurer ou taper.

Si vous avez un écran tactile et que vous vous demandez comment il faut comprendre les instructions destinées à la souris, voici ce qu'il faut savoir :

>> **Quand il est dit de** *cliquer,* **vous devez** *taper :* un rapide toucher sur l'écran équivaut à un clic avec la souris.

>> **Quand il est dit de double-cliquer, vous devez** *double-taper* **:** deux touchers en une rapide succession.

>> **Quand il est question du** *clic du bouton droit,* **vous devez** *maintenir le doigt* **sur l'élément. Faites-le ensuite glisser.** Un menu va apparaître. Touchez ensuite l'option de menu qui vous intéresse.

 Si l'écran tactile vous paraît peu commode, connectez un clavier et une souris à votre tablette. Ces compléments fonctionnent généralement très bien. En fait, ils sont toujours plus efficaces que le doigt, même avec le bureau de Windows 10.

Et vous ?

Il se peut que vous possédiez déjà Windows 10 ou que vous comptiez faire la mise à jour de votre ancien système vers cette nouvelle génération. Vous seul savez ce que vous voulez faire avec votre ordinateur. Le problème, c'est d'obtenir de l'ordinateur qu'il fasse ce que vous attendez de lui. Vous y parvenez d'une manière ou d'une autre, peut-être avec l'aide d'un passionné d'informatique, ou aidé par le type qui s'y connaît, au bureau, ou par un copain de fac.

Mais quand vous n'avez personne sous la main, ce livre sera toujours à vos côtés quand vous en aurez besoin.

Les pictogrammes de ce livre

Il suffit de feuilleter ce livre pour constater qu'il est truffé de pictogrammes, qui sont un peu dans la littérature ce que les icônes sont à la micro-informatique. Voici à quoi ils correspondent :

 Ce pictogramme indique une information qui facilite la vie. Par exemple : comment ne pas prendre froid en ouvrant une fenêtre dans Windows.

 Souvenez-vous de ce qui est écrit à ce paragraphe. Ou au moins, écornez la page pour vous le rappeler.

 Ce pictogramme signale une manœuvre risquée. Eh non, l'ordinateur n'explosera pas, mais vous risqueriez de perdre des données, ou du temps...

 Attention les yeux ! Ce pictogramme signale des informations techniques. Prenez le large si vous êtes technophobe.

 Signale une nouveauté apparue dans la toute dernière version de Windows traitée dans ce livre.

 L'écran tactile remplace le clavier et la souris. Ce pictogramme signale une fonctionnalité véritablement digitale.

Et maintenant ?

Vous voilà prêt à passer à l'action. Feuilletez le livre pour vous en faire une idée. N'oubliez pas qu'il est votre arme contre les allumés d'informatique qui ont concocté tous ces concepts informatiques affreusement compliqués et qui vous les infligent sans vergogne. N'hésitez pas à souligner les passages intéressants, à entourer au crayon ceux qui le sont plus encore, à surligner les notions clés et à coucher dans la marge les éclaircissements sur toutes ces complications.

Plus vous annoterez votre livre, plus il vous sera facile de retrouver les informations dont vous avez vraiment besoin.

Bonne lecture, et surtout bon travail (et bon amusement) avec Windows 10 !

Anatomie
de Windows 10

DANS CETTE PARTIE...

Disséquer Windows 10

Ouvrir et analyser le menu Démarrer et le personnaliser

La tête dans OneDrive, le nuage informatique de Microsoft

Chapitre 1
Disséquer Windows 10

DANS CE CHAPITRE :

» **Qu'est-ce que Windows ?**

» **Mettre à jour vers Windows 10**

» **Votre PC est-il assez puissant pour Windows 10 ?**

» **De quelle version de Windows 10 avez-vous besoin ?**

---

l serait très étonnant que vous n'ayez jamais entendu parler de Windows, ce truc qui habite certains ordinateurs, et dont l'évocation du nom fait frémir les plus téméraires d'entre nous. Pourtant, des millions des personnes de par le vaste monde sont en train de se servir de Windows au moment même où vous lisez ces lignes. Pratiquement chaque nouvel ordinateur de bureau, portable, hybride, mais aussi certaines tablettes vendues aujourd'hui sont livrés avec Windows préinstallé.

Ce chapitre vous aide à comprendre pourquoi Windows est au cœur de votre ordinateur. Bien entendu, nous allons nous concentrer dans ce livre sur la dernière mise à jour en date de l'enfant chéri de Microsoft : Windows 10, plus connu sous le nom de Creator Update. Vous constaterez tout au long de ce livre que cette nouvelle version diffère des précédentes avec, par exemple, la disparition d'un accès direct au Panneau de configuration, et l'implémentation de nombreuses évolutions.

Qu'est-ce que Windows ?

En quelques mots, Windows est un système d'exploitation, autrement dit un ensemble de programmes qui permettent à votre ordinateur de fonctionner. Sans lui, ce dernier ne serait qu'un tas de pièces, d'éléments et de composants inertes. Créé et vendu par la société Microsoft, il contrôle la manière dont travaille votre ordinateur. En fait, Windows est déjà un vénérable monsieur (du point de l'informatique, du moins) et sa dernière version en date est appelée Windows 10, avec une mise à jour majeure répondant au titre de Creator Update. La Figure 1.1 en propose une illustration.

FIGURE 1.1
La nouvelle version de Windows, Windows 10, est bien entendu déjà installée sur les PC les plus récents.

Il est possible que l'ordinateur ou la tablette que vous venez d'acquérir propose une ancienne version de Windows. De facto, comment savoir si vous disposez de la mise à jour Creator Update ? Nous verrons, un peu plus loin dans ce chapitre, comment identifier votre version de Windows. Mais rassurez-vous. Désormais, Windows met à jour automatiquement votre système, sans vous demander votre avis. De facto, tôt ou tard, vous disposerez de la version de Windows traitée dans ce livre.

Le nom Windows provient des petites fenêtres qui s'affichent au démarrage de votre ordinateur (oui, *Windows* veut dire « fenêtres » en français). Chaque fenêtre affiche un certain type d'information, comme une image, un programme, ou encore un message demandant souvent la confirmation d'une action. Vous pouvez afficher en même temps plusieurs fenêtres sur votre écran, et vous passez de l'une à l'autre pour visiter différents programmes. Ou bien encore, vous agrandissez la taille d'une fenêtre importante pour qu'elle remplisse tout l'écran.

Dès que vous allumez votre ordinateur, Windows supervise tous les programmes. Si tout se passe bien, vous ne remarquez pas particulièrement la présence de Windows : vous voyez simplement vos programmes au travail. Lorsque la situation est moins idyllique, par contre, Windows vous laisse bien souvent un message d'erreur susceptible de vous plonger dans un état second de perplexité, voire d'angoisse.

En plus de contrôler votre ordinateur ainsi que le fonctionnement de vos programmes, Windows est fourni avec un grand nombre de programmes gratuits et d'*applications* (une sorte de mini programme). Ces programmes (ou *logiciels*) et d'applications permettent de travailler, de s'informer, et de se divertir. Ainsi, vous

C'EST AUSSI DE LA PUB !

Microsoft présente Windows comme un compagnon utile. En réalité, Windows recherche toujours ce qui est profitable pour *Microsoft*. Vous vous en rendrez compte le jour où vous aurez besoin d'appeler le support technique de Microsoft et que vous verrez votre facture de téléphone s'envoler...

Microsoft se sert aussi de Windows pour vous fourguer ses propres produits et services. *Edge*, le nouveau navigateur Web de Windows 10 démarre sur le site MSN.com... de Microsoft. Idem pour vos recherches sur Internet. Par défaut, elles sont effectuées par le moteur de recherche Bing qui appartient à Microsoft.

Windows 10 donne également un accès direct à OneDrive, c'est-à-dire le service de stockage en ligne de Microsoft. En tant qu'utilisateur de Windows, vous disposerez d'un espace de stockage gratuit. S'il ne vous suffit pas, vous pourrez l'étendre moyennant le paiement d'un forfait annuel dont le prix varie en fonction de vos besoins.

L'application Cartes utilise le service de localisation Microsoft Bing, plutôt que Google Maps ou un autre concurrent.

Microsoft voudrait aussi que vous achetiez des applications plutôt que des programmes traditionnels. Pourquoi ? Parce que ces applications sont vendues uniquement sur la boutique maison Windows Store, et que Microsoft prélève sa dîme sur chaque vente.

En résumé, Windows ne fait pas que contrôler votre ordinateur. Il sert également de véhicule publicitaire à Microsoft. Traitez tout cela comme vous le feriez avec un représentant qui vient sonner à votre porte ou le vendeur d'on ne sait trop quoi qui vous appelle en plein repas soi-disant pour faire votre bonheur (bien sûr, en tant que consommateur, vous êtes juste une sorte de distributeur automatique de billets, pas un être humain conscient et responsable...). Poliment, mais fermement, c'est non.

lirez ou imprimerez votre courrier, naviguerez sur Internet, écouterez ou jouerez de la musique, ou encore vous posterez de magnifiques photos sur des réseaux sociaux ou des sites dédiés.

Pourquoi utilisez-vous Windows ? En fait, vous n'avez probablement pas le choix si vous optez pour un PC. Quasiment tous sont aujourd'hui vendus avec Windows 10 préinstallé. Bien entendu, si vous optez pour un ordinateur de la marque Apple, vous utiliserez macOS et non pas Windows.

Windows 10 peut même apparaître sur votre téléviseur via la console de jeu Xbox One. Il se comporte de manière presque identique sur chaque dispositif, avec un très intéressant bonus : les applications dites *universelles* s'exécuteront sans rechigner aussi bien sur un smartphone, une tablette, un PC de bureau, portable ou hybride, ou encore une console Xbox, le dénominateur commun étant bien entendu Windows 10 en personne.

En plus de fonctionner sur à peu près tout et n'importe quoi (à part les postes de radio à galène, bien entendu), Windows se caractérise notamment par les éléments suivants :

>> **Le menu Démarrer :** Accessible en cliquant sur le bouton Démarrer, le menu du même nom permet d'accéder rapidement à des applications utiles (ou seulement mercantiles).

>> **L'écran de démarrage :** S'affiche sur le côté droit du menu Démarrer. Cet espace contient des groupes de vignettes d'applications. Vous pourrez le personnaliser en activant et désactivant des vignettes, en modifiant les groupes, en les supprimant mais aussi en en créant. Enfin, vous ajouterez des applications et des programmes. L'écran de démarrage est une sorte d'écran d'accueil miniature hérité de Windows 8.1.

>> **Mode bureau et mode tablette :** Windows 10 est un système d'exploitation à deux interfaces. Le mode bureau est un mode classique dans lequel l'utilisation de Windows se fait au clavier et à la souris. Le mode tablette transforme l'interface du mode bureau en un ensemble plus épuré destiné aux écrans tactiles. Dans ce mode, l'écran de démarrage et ses vignettes prennent une place prépondérante. En fonction du paramétrage de Windows, le système sera capable de savoir si vous utilisez un écran tactile ou non, et il vous proposera en conséquence de travailler en mode bureau ou tablette. Il est tout à fait possible d'imposer un mode à Windows, mais aussi de passer d'un mode à l'autre à la volée, c'est-à-dire sans être obligé de redémarrer l'ordinateur.

» **Cortana :** C'est l'assistant numérique vocal de Windows 10. Normalement, Cortana est là pour vous aider à mieux gérer votre ordinateur, par exemple en retrouvant des fichiers perdus de vue, en enregistrant vos rendez-vous dans votre agenda, ou encore en extrayant des informations sur le Web. Cortana peut être contrôlé avec le clavier ou par la voix. Vous le (ou la) réveillez en activant le champ Taper ici pour rechercher situé juste à droite du bouton Démarrer.

» **OneDrive :** OneDrive est le service de stockage en ligne (cloud) disponible depuis l'Explorateur de fichiers de Windows 10. Vous avez la possibilité d'indiquer les dossiers de la version « locale » de OneDrive, c'est-à-dire celle affichée dans l'Explorateur de fichiers, qui seront synchronisés sur les serveurs distants de Microsoft, c'est-à-dire en ligne. Retenez simplement que OneDrive, bien que distant, apparaît comme un disque dur connecté à votre ordinateur. La seule différence est que ce que vous y placé sera copiés sur un disque dur de Microsoft peut être situé à des milliers de kilomètres de votre domicile.

» **Windows Store :** Boutique en ligne de Microsoft, où vous trouverez des milliers d'applications gratuites et payants, mais aussi des films et des séries, des jeux et de la musique. Pour y accéder, vous devez être connecté à Internet, et cliquer sur la vignette du panier de commission au sigle Windows présent sur la barre des tâches.

» **Bureaux multiples :** Windows 10 permet de créer des bureaux supplémentaires entre lesquels il est possible de circuler d'un clic ou d'un tapotement. Vous pourriez par exemple configurer un bureau pour le travail, et un autre pour le jeu (ou encore, totalement ignorer cette fonctionnalité).

» **Windows 10 est maintenant un service :** Voilà qui est peut-être le plus important. Microsoft traite désormais Windows 10 comme un service, et non plus un produit fini, sans évolutions majeures autres que des correctifs. En d'autres termes, la nouvelle stratégie de Microsoft consistera à ajouter à Windows 10 de nouvelles applications, fonctionnalités et mises à jour, du moins tant que vous posséderez le même appareil.

À la différence de ses prédécesseurs, Windows 8 et 8.1, Windows 10 ne donne plus l'impression d'avoir deux systèmes d'exploitation dans le même ordinateur. C'est un seul et même système, qui offre d'un coup et d'un seul le meilleur du monde des PC et de celui des tablettes.

Dois-je vraiment passer à Windows 10 ?

Si votre version actuelle de Windows vous convient parfaitement, pourquoi vous embêter à passer à Windows 10 ? La plupart des gens en restent avec la version de Windows livrée avec leur ordinateur. De cette manière, ils s'évitent toute une adaptation indispensable lorsque l'on change de version. Et Windows 10 échappe d'autant moins à cette règle qu'il est assez différent de ses frères plus âgés.

De plus, bon nombre des changements les plus importants de Windows 10 fonctionnent mieux avec des écrans tactiles – vous savez ceux des tablettes, des smartphones, et même d'ordinateurs de bureau ou portables récents. La plupart des utilisateurs de PC de bureau « normaux » n'ont évidemment pas besoin de ce genre de fonctionnalité.

Au lieu de vouloir à tout prix vous moderniser, il vaut peut-être mieux rester avec les masses et conserver votre version actuelle de Windows. Lorsque vous serez prêt à changer d'ordinateur, la nouvelle version de Windows sera déjà installée et prête à vous obéir.

 Si vous possédez un ordinateur tournant sous une ancienne version de Windows 10, la mise à jour Creator Update (et ultérieure) se fera automatiquement sans que l'on vous demande votre avis.

En quoi Windows 10 est-il si différent ?

De nos jours, l'usage de l'informatique se répartit en deux camps : la création et la consommation. Les gens s'assoient devant l'écran de leur PC De bureau ou leur ordinateur portable pour *créer* des choses. Ils écrivent des livres, envoient des messages, déclarent leurs impôts, actualisent leur blog, retouchent leurs photos, éditent leurs vidéos, ou encore plus prosaïquement tapent sur les touches qui conviennent pour effectuer le travail de la journée.

Mais lorsqu'ils veulent *consommer*, les gens quittent généralement leur PC de bureau. Ils sortent leur smartphone ou leur tablette pour lire leurs messages, regarder des vidéos, écouter de la musique et naviguer sur le Web.

PETITE HISTOIRE À L'INTENTION DES AMIS DE WINDOWS 7

Les utilisateurs de Windows 7 ont échappé à un tas d'embêtements en faisant une croix sur Windows 8 et 8.1. Ces versions, pauvrement accueillies, il faut bien le dire, ont décidé Microsoft à changer la donne pour concevoir Windows 10. Un peu d'histoire devrait vous aider à mieux comprendre Windows 10.

Pendant des années, les types de chez Microsoft ont regardé sans pouvoir régir des hordes de gens qui couraient acheter des iPhone, des iPad, ainsi que des tas d'applications en tous genres. Pour essayer de rentrer dans la compétition, Microsoft a conçu Windows 8 de manière à cibler les tablettes tactiles, et a sorti cette version en 2012. Comme la concurrence, Windows 8 s'ouvrait sur un écran rempli de pavés, c'est-à-dire d'autant d'applications, qu'il suffisait de toucher pour les lancer.

Même le bureau avait été relégué au simple rang d'application, donc d'un pavé sur l'écran. Mais, une fois ouvert, ce bureau ne comportait ni bouton Démarrer, ni donc menu Démarrer. Microsoft pensait que les gens reviendraient à l'écran d'accueil pour lancer leurs programmes habituels.

Mais c'est justement à cause de cela que la plupart des utilisateurs ont boudé Windows 8. Et comme très peu de personnes ont acheté des tablettes Windows 8, celui-ci connut un véritable effondrement. Microsoft accepta de s'amender en sortant Windows 8.1, mais on était loin du compte.

Avec Windows 10, Microsoft remet le bureau au premier rang en rétablissant les traditionnels bouton et menu Démarrer, et en ajoutant l'écran de démarrage.

Mieux encore, Windows 10 est suffisamment intelligent pour changer de forme en fonction de l'appareil sur lequel il est installé. Avec une tablette ou un portable à écran tactile, par exemple, il affichera le mode tablette, une interface épurée qui se pilote au doigt et à l'œil. Cette interface fait la part belle à l'écran de démarrage et à ses vignettes. Sur un PC de bureau, il montre le traditionnel bureau, ainsi que le menu Démarrer et une version réduite de l'écran de démarrage. Vous pourrez aussi forcer Windows à démarrer dans le mode de votre choix.

En résumé, avec Windows 10, Microsoft espère bien rattraper son retard et satisfaire les besoins aussi bien des amateurs de bureaux que des propriétaires de tablettes.

Cette séparation des comportements crée un problème. Les PC de bureau, les portables, les hybrides, les smartphones et les tablettes fonctionnement différemment. Chacun a sa propre taille d'écran, ses propres commandes et ses propres programmes. Ce qui fonctionne bien avec un doigt ou deux n'est pas forcément adapté à l'utilisation d'un clavier et d'une souris. Et le partage de fichiers entre tous ces mondes peut parfois devenir un vrai cauchemar.

Windows 10 s'efforce de donner une réponse à ces problèmes en proposant un système d'exploitation qui s'adapte à *tout*, permettant ainsi aux créateurs comme aux consommateurs de travailler avec un seul dispositif. Pour réussir cela, Windows 10 inclut deux modes différents :

» **Mode Tablette :** Pour ceux qui veulent des informations à la volée sur leur tablette tactile, Windows 10 adapte le menu Démarrer pour qu'il remplisse tout l'écran avec l'écran de démarrage, un ensemble de groupes de vignettes d'applications. Ces vignettes, le plus souvent dynamiques, affichent les dernières nouvelles, les e-mails, les statuts Facebook, et ainsi de suite. Ces informations apparaissent avant même que vous ne touchiez un bouton. Et le verbe *toucher* est à prendre au pied de la lettre : le menu Démarrer de ce mode est évidemment au mieux de sa forme sur l'écran tactile d'une tablette ou d'un moniteur, voire d'un smartphone.

» **Mode Bureau :** Quand il est l'heure de travailler, le bureau classique de Windows brille de toute sa puissance, avec des menus plus détaillés et plus poussés.

Certains apprécient la commodité offerte par les systèmes tout-en-un, par exemple un ordinateur portable (voire de bureau) doté d'un écran tactile, ou encore une tablette associée à une station d'accueil vous permettant de connecter un clavier et un souris (en fait, la station d'accueil n'est même pas indispensable, un clavier/souris Bluetooth faisant parfaitement l'affaire). D'autres préfèrent par contre séparer les deux types d'expériences.

» Si vous arrivez à surmonter la confusion initiale, Windows 10 peut vous offrir le meilleur des deux mondes. Il est ainsi possible, par exemple, de lancer une navigation rapide sur la tablette. Et, lorsque sonne l'heure du travail, vous revenez à votre bureau où vous attendent vos programmes traditionnels.

» Si vous êtes assis devant un PC classique, Windows 10 devrait automatiquement s'ouvrir sur le bureau. Sachez que ce comportement de Windows est paramétrable.

» Si vous travaillez avec une tablette, Windows devrait tout aussi automatiquement activer ce mode. Si ce n'est pas le cas, repérez l'icône du volet des notifications (ou du Centre de notifications) sur la barre des tâches, en bas et vers la droite de l'écran. Cette icône ressemble à une bulle de bande-dessinée. Touchez-la ou cliquez dessus. Touchez ensuite le bouton du mode Tablette pour l'activer.

» Le menu Démarrer de Windows 10 est décrit dans le Chapitre 2. Le bureau vous attend dans le Chapitre 3.

Windows 10 tournera-t-il sur mon PC ?

Si vous voulez procéder à une mise à jour vers Windows 10, il est probable que votre ordinateur ne s'en plaindra pas. En effet, Windows 10 devrait s'accommoder sans problèmes d'un PC fonctionnant déjà sous Windows 7, 8 ou 8.1 (en fait, la mise à jour est gratuite).

Si votre PC tourne sous Windows XP ou Vista, il peut accepter Windows 10. Mais la transition risque de ne pas être aussi simple. Je ne vous le conseille pas.

 Si vous avez la chance d'avoir un technogourou dans votre famille, demandez-lui de jeter un coup d'œil sur le Tableau 8.1, qui décrit la configuration matérielle minimale nécessaire à l'installation de Windows 10. En fait, rien de sensationnel en vue...

TABLEAU 1.1   Le matériel requis pour Windows 10.

Architecture	x86 (32 bits)	x86 (64 bits)
Processeur	1 GHz	1 GHz
Mémoire vive (RAM)	Au moins 1 Go	Au moins 2 Go
Carte graphique	DirectX 9 avec pilote graphique Windows Display Driver Model (VDDM) 1.0 ou supérieur	
Espace libre sur le disque dur	16 Go	16 Go
Firmware	Interface Unified Extensible Firmware (UEFI) 2.3.1 avec le démarrage sécurisé activé.	

Pour faire simple, selon le Tableau 1.1, n'importe quel ordinateur vendu au cours de ces quatre ou cinq dernières années devrait être capable d'être mis à jour vers Windows 10 pratiquement sans problèmes.

Windows 10 est capable d'exécuter virtuellement n'importe quel programme conçu pour Windows Vista, 7, 8 ou 8.1. Il est même capable d'exécuter de vieux programmes Windows XP. Par contre, un certain nombre d'antiquités ne fonctionneront pas, en particulier celles qui étaient dédiées à la sécurité : anti-virus, pare-feu ou suites de type Sécurité. Voyez avec l'éditeur la procédure éventuelle de mise à jour de ces programmes.

S'il n'y a pas de bouton Démarrer, cela signifie que vous exécutez Windows 8. Et si un clic sur le bouton Démarrer affiche un tas de vignettes colorées, c'est que vous êtes sous Windows 8.1.

 Faites un clic-droit sur le bouton Démarrer. Si dans le menu contextuel qui s'affiche vous ne voyez pas Panneau de configuration, cela signifie que vous utilisez la version Creator Update.

Windows 10 et ses déclinaisons

 Microsoft propose deux versions de Windows, mais celle, et probablement la seule, qui vous intéresse est gentiment dénommée Famille.

Si vous êtes entrepreneur, d'autres solutions s'ouvrent à vous. Pour en savoir plus à ce sujet, consultez le Tableau 1.2.

TABLEAU 1.2   Windows 10 et ses déclinaisons.

Version de Windows 10	Notes
Famille	C'est la version grand public. Elle contient évidemment le menu Démarrer, des applications et un vrai bureau pour faire fonctionner les programmes Windows traditionnels.
Pro	C'est la version destinée aux... professionnels. Elle reprend bien tout le contenu de la version Famille, plus des outils spécifiques, comme le cryptage des données, des fonctionnalités réseau plus étendues, et ainsi de suite.

Voyons quelques conseils pour mieux vous aider à choisir la version de Windows la plus adaptée à vos besoins :

» Pour une utilisation personnelle ou dans une petite entreprise, Windows 10 Famille s'impose.

» Si vous avez besoin de vous connecter à un domaine via un réseau d'entreprise (dans ce cas, vous saurez vite de quoi il s'agit), c'est la version Professionnelle qui s'impose.

» Si vous êtes responsable d'un service informatique dans une entreprise, voyez avec l'échelon supérieur ce qu'il en pense avant toute prise de décision (et tout investissement). Pour une société de taille petite ou moyenne, la version Pro est certainement le bon choix. Au-delà d'un certain seuil, la version Entreprise s'impose.

Dans la plupart des cas, il est possible de migrer vers une version de niveau supérieur à partir de la fenêtre Paramètres Windows.

Pour comparer les versions de Windows, rendez-vous à l'adresse suivante : www.microsoft.com/fr-fr/windows/compare.

Ma version de Windows 10

Pour connaître la version de Windows 10 installée sur votre PC suivez ces étapes :

1. **Cliquez sur le bouton Démarrer, puis sur l'icône Paramètres (engrenage) dans la colonne de gauche.**

2. **Dans la fenêtre Paramètres Windows qui s'affiche, cliquez sur Système.**

3. **Dans les paramètres système, cliquez sur Informations système en bas de la colonne Système (à gauche).**

4. **Dans le volet Informations système qui apparaît sur la droite, localisez la rubrique Version, comme sur la Figure 1.2.**

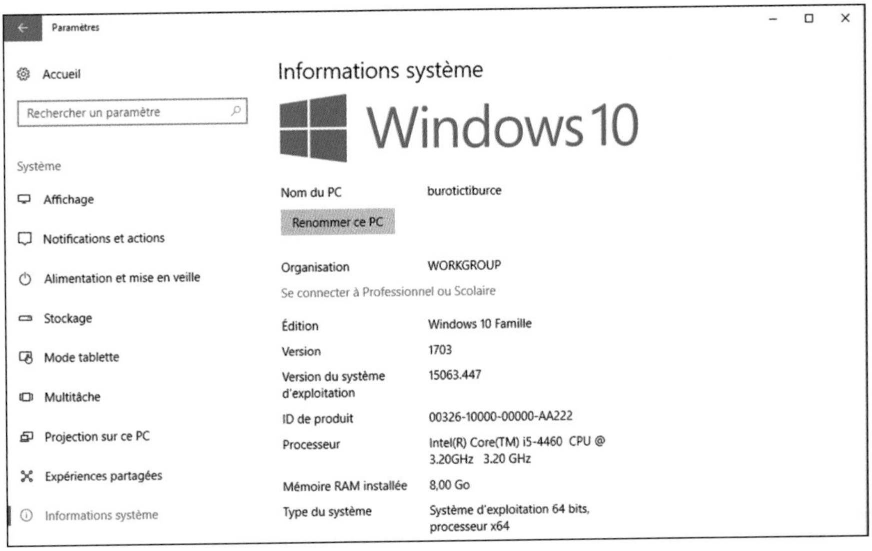

FIGURE 1.2
Pour connaitre la version de Windows 10.

Vous constatez, sur la Figure 1.2, que la version est dite 1703. Il s'agit donc de la version Creator Update. Tout autre chiffre comme 1607 indique une ancienne version de Windows 10.

Pas de panique. La fonction de mise à jour de Windows appelée Windows Update téléchargera et installera la Creator Update à votre insu. Ce n'est qu'au redémarrage de votre ordinateur qu'il vous sera demandé tout un tas d'informations que vous saurez que votre Windows 10 vient de prendre un sérieux coup de jeune.

Vous êtes pressé ?! Vous souhaitez installer la mise à jour Update Creator avant que Windows Update ne le fasse automatiquement ? Pour cela rendez-vous sur la page www.microsoft.com/fr-fr/software-download/windows10.

Chapitre 2
Démarrer avec le menu Démarrer

DANS CE CHAPITRE :

» **Démarrer Windows**

» **Se connecter à Windows**

» **Comprendre le menu Démarrer**

» **Passer d'une application à une autre**

» **Voir toutes les applications et tous les programmes**

» **Personnaliser le menu Démarrer**

» **Découvrir l'écran de démarrage**

» **Éteindre l'ordinateur**

D ans ce chapitre, je vais vous expliquer comment utiliser le menu Démarrer et l'écran de démarrage. Sur une tablette tactile, il emplit tout l'écran. Et ses grandes vignettes facilitent le mouvement de vos doigts. Sur un ordinateur de bureau, par contre, le menu Démarrer reste collé dans son coin d'écran, et affiche un écran de démarrage sur la droite. Et vous pouvez cliquer avec votre souris sur ses petits boutons et ses menus, mais aussi sur les vignettes de l'écran de démarrage.

Dans tous les cas, ce chapitre vous montre comment obtenir du menu Démarrer et de l'écran de démarrage ce pour quoi il sont conçus : lancer vos programmes.

Si l'écran de votre ordinateur est tactile, substituez le mot *toucher* lorsqu'il s'agit de *cliquer*, et *double-toucher* pour *double-cliquer*. Quant au terme *clic du bouton droit*, remplacez-le par *le doigt maintenu sur l'écran*. Relevez le doigt lorsque le menu associé à cette action apparaît.

Bienvenue dans le monde de Windows

Windows apparaît sitôt l'ordinateur allumé (enfin, presque aussitôt). Mais avant de pouvoir l'utiliser, il vous confronte à un écran qui fait barrage : l'écran de verrouillage que montre la Figure 2.1.

FIGURE 2.1
L'écran de verrouillage protège l'ordinateur contre toute intrusion malveillante.

Depuis Windows 8, vous devez d'abord déverrouiller un écran avant de choisir le nom de votre compte et de saisir votre mot de passe. Sous Windows 10 vous pouvez choisir entre différents types d'identification. Pour cela, cliquez sur le bouton Démarrer puis sur l'icône Paramètres (engrenage). Cliquez sur l'icône Comptes puis, dans le volet de gauche, cliquez sur Options de connexion. Définissez ensuite vos critères dans les sections Mot de passe, Code PIN et Mot de passe image comme le montre la Figure 2.2.

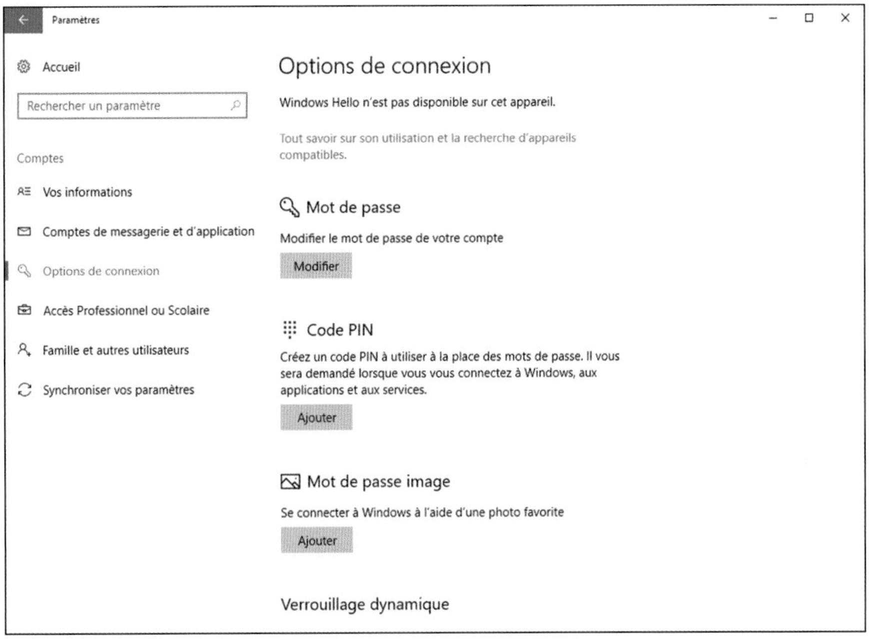
Paramètres
Accueil
Rechercher un paramètre
Comptes
Vos informations
Comptes de messagerie et d'application
Options de connexion
Accès Professionnel ou Scolaire
Famille et autres utilisateurs
Synchroniser vos paramètres
Options de connexion
Windows Hello n'est pas disponible sur cet appareil.
Tout savoir sur son utilisation et la recherche d'appareils compatibles.
Mot de passe
Modifier le mot de passe de votre compte
Modifier
Code PIN
Créez un code PIN à utiliser à la place des mots de passe. Il vous sera demandé lorsque vous vous connectez à Windows, aux applications et aux services.
Ajouter
Mot de passe image
Se connecter à Windows à l'aide d'une photo favorite
Ajouter
Verrouillage dynamique

FIGURE 2.2
Pour choisir le type d'identification de connexion.

- **Mot de passe :** vous utilisez un mot de passe alphanumérique, constitué de lettres ou d'un mélange de lettres et de chiffres.
- **Code PIN :** vous utilisez un code confidentiel constitué d'un numéro à quatre chiffres. L'avantage de cette option est la rapidité de la saisie.
- **Mot de passe image :** vous utilisez une image pour vous connecter.

La méthode de déverrouillage varie en fonction du mode de pointage que vous utilisez, c'est-à-dire une souris, un clavier ou un écran tactile :

- **Souris :** cliquez avec n'importe quel bouton.
- **Clavier :** appuyez sur n'importe quelle touche.

  La formulation « n'importe quelle touche » n'existe pas pour un clavier, c'est-à-dire que vous ne trouverez aucune touche portant ce nom. Vous comprenez alors que vous pouvez appuyer sur une touche quelconque du clavier. Mais attention, ne cherchez pas une touche libellée « Quelconque »... décidément, je ne m'en sortirai jamais !

» **Écran tactile :** effleurez de *bas* en *haut*.

Après avoir franchi le bien nommé écran de verrouillage, vous arrivez à l'écran de connexion (ou d'ouverture de session) où vous devez saisir votre mot de passe (voir la Figure 2.2).

Si votre tablette ou votre ordinateur est équipé d'un lecteur d'empreinte digitale, la fonctionnalité Hello permet de déverrouiller Windows d'un simple contact du doigt.

L'écran de verrouillage peut présenter un aspect différent sur votre appareil, mais cela ne change rien à l'affaire.

Avec certains ordinateurs et tablettes équipés d'une webcam, Windows propose une nouvelle fonction appelée True Key. Activez-la en bas à gauche dans la section Ignorer le mot de passe. Elle permet de se connecter par détection de votre visage. Après un apprentissage de la part de la machine qui scanne votre joli minois, True Key vous identifiera et ouvrira la session. Bien entendu, si l'identification échoue pour une raison ou pour une autre (chirurgie esthétique par exemple), vous pourrez revenir à une connexion standard et taper votre mot de passe habituel.

Face à cet écran plutôt intimidant, vous avez plusieurs options :

» **Si vous voyez votre nom d'utilisateur et un champ Mot de passe.** Saisissez le mot de passe et Windows vous laisse franchir la porte.

» **Utiliser le fonction True Key expliquée un peu plus haut dans cette section.** Windows reconnait votre visage, le sésame pour utiliser votre ordinateur.

» **Vous ne voyez pas votre nom, mais vous savez que vous avez un compte sur cet ordinateur.** Regardez en bas et à gauche de l'écran. Windows liste ici *tous* les comptes actuellement définis. Le vôtre devrait normalement se trouver là, ainsi que le compte de l'administrateur (le propriétaire, en quelque sorte).

» **Si vous venez d'acheter l'ordinateur, utilisez le compte Administrateur que vous avez dû créer lors de la mise en service de la machine.** Il autorise la création d'autres comptes d'utilisateurs, l'installation de programmes, l'établissement d'une connexion Internet et l'accès à *tous* les fichiers présents dans l'ordinateur, même ceux appartenant à d'autres utilisateurs. Dans Windows, une personne au moins doit être Administrateur. Donc certainement vous...

Ces histoires de comptes d'utilisateurs vous passent par-dessus la tête ? Ne vous inquiétez pas : vous apprendrez tout à leur sujet au Chapitre 14.

Vous n'avez pas l'intention de saisir un mot de passe ? Vous avez alors le choix entre les options suivantes :

» **Le bouton évoquant un fauteuil à roulettes**, en bas et vers la droite de l'écran, donne accès aux fonctions destinées aux personnes handicapées, comme nous le verrons au Chapitre 12. Si vous avez cliqué dessus par erreur, cliquez sur le fond d'écran pour faire disparaître le menu de configuration.

» **Le bouton en bas à droite** permet d'arrêter l'ordinateur, de le mettre en veille ou de le redémarrer. Si vous avez actionné par erreur ce bouton, ce n'est pas bien grave, puisque vous n'avez pas encore eu le temps de faire quoi que ce soit. Appuyez simplement sur le bouton Marche/Arrêt.

Même lorsque vous n'avez pas encore saisi le mot de passe, l'ordinateur affiche des informations. Selon la manière dont vous l'avez configuré, vous verrez sur l'écran de verrouillage la date et l'heure, la force du signal Wi-Fi (ou l'icône de la connexion filaire), la charge de la batterie (plus la couleur de l'icône est intense, plus la charge est élevée), vos prochains rendez-vous, le nombre de courriers électroniques non lus, et bien d'autres informations.

Comprendre les comptes d'utilisateurs

Windows permet à plusieurs personnes d'utiliser le même ordinateur tout en séparant nettement leurs activités. Mais pour cela, il doit savoir qui l'utilise actuellement. Quand vous saisissez votre mot de passe après avoir éventuellement cliqué sur votre nom d'utilisateur, vous vous *connectez* à votre compte d'utilisateur. Vous faites ensuite ce que vous voulez.

Quand vous cessez d'utiliser l'ordinateur, vous vous *déconnectez*, ce qui met fin à votre session. Quelqu'un d'autre peut alors se connecter à son compte d'utilisateur et se servir de l'ordinateur. Quand vous vous reconnecterez par la suite, vous retrouverez l'ordinateur tel que vous l'aviez laissé, avec tous vos fichiers.

Même si vous mettez la pagaille dans l'ordinateur, c'est *votre* pagaille. Un autre utilisateur ne peut pas accéder à votre session. Votre conjoint ou votre rejeton ne peut pas avoir effacé vos fichiers par erreur, car il n'y a pas accès. Il lui est également impossible de fureter dans votre messagerie.

Tant que vous n'avez pas associé votre photo à votre compte d'utilisateur, vous n'êtes représenté que par une silhouette sur l'écran du mot de passe. Pour la remplacer par une de vos photos, ouvrez votre session Windows et cliquez sur le bouton Démarrer, en bas à gauche de l'écran puis, dans la colonne d'icônes de gauche, cliquez sur l'icône qui se trouve tout en haut. Par défaut, elle représente la silhouette d'un visage. Dans le menu qui apparaît, cliquez sur Modifier les paramètres de compte. Dans le panneau qui apparaît, sous la section Créer votre avatar – eh oui, l'avatar, c'est vous – cliquez sur l'icône Caméra pour prendre une photo de vous avec la webcam intégrée à votre ordinateur. Vous pouvez également choisir une photo stockée sur votre ordinateur en cliquant sur le bouton Rechercher une valeur (cette dénomination ne veut absolument rien dire, mais c'est aussi cela qui fait le charme de Windows). Recherchez alors votre portrait qui apparaîtra notamment à l'allumage de l'ordinateur.

Protéger votre compte par un mot de passe

Comme Windows permet à plusieurs personnes d'utiliser le même ordinateur, il est important que les uns n'aillent pas farfouiller dans les documents et la messagerie des autres. De quelle manière ? En protégeant les comptes par un mot de passe.

En fait, l'usage d'un mot de passe est plus important que jamais sous Windows 10, car il peut stocker des informations très personnelles comme des numéros de cartes bancaires. En saisissant un mot de passe, vous vous identifiez auprès de votre ordinateur. Quand vous avez défini ou modifié un mot de passe dans les paramètres de votre compte, personne d'autre que vous ne peut accéder à votre compte. Et donc, personne ne pourra consulter vos fichiers ou vos courriers, effectuer des achats ou utiliser des services payants à vos frais.

Pour définir ou modifier un mot de passe, suivez ces étapes :

1. **Cliquez sur le bouton Démarrer, puis dans la colonne de gauche, sur l'icône Paramètres (engrenage).**

   La fenêtre de l'application Paramètres Windows apparaît.

2. **Cliquez sur l'icône Comptes. Dans la fenêtre qui s'affiche alors, cliquez dans le volet de gauche sur Options de connexion.**

   Les options de connexion apparaissent dans la partie droite de la fenêtre.

3. **Dans la section Mot de passe de cette fenêtre, cliquez sur le bouton Modifier (voir la Figure 2.3). Si vous n'avez pas encore de mot de passe, cliquez sur le bouton Ajouter.**

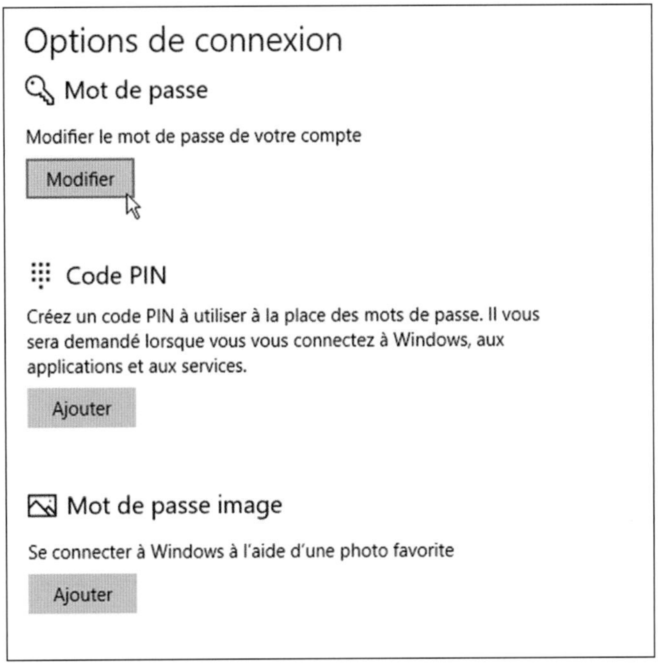

Options de connexion

🔑 Mot de passe

Modifier le mot de passe de votre compte

Modifier

⠿ Code PIN

Créez un code PIN à utiliser à la place des mots de passe. Il vous sera demandé lorsque vous vous connectez à Windows, aux applications et aux services.

Ajouter

🖼 Mot de passe image

Se connecter à Windows à l'aide d'une photo favorite

Ajouter

FIGURE 2.3
Modifier le mot de passe.

4. **Si vous avez déjà un mot de passe, Windows va vous demander de le ressaisir.**

   D'accord, on n'est jamais *trop* prudent.

5. A la demande de Windows, confirmez l'adresse e-mail de secours, puis vérifiez vos e-mails.

6. Notez le code à 7 chiffres envoyé par Microsoft , et reportez-le dans le champ de confirmation.

7. **Dans le champ Ancien mot de passe, saisissez votre mot de passe actuel.**

8. **Appuyez sur la touche Tab pour passer au champ Créer un mot de passe où vous taperez le nouveau mot de passe.**

   Choisissez par exemple le nom de votre légume ou fruit préféré, ou la marque de votre dentifrice. Pour renforcer la sécurité, incorporez un chiffre au mot de passe, comme dans **6tron** ou **salle2bain**.

9. **Appuyez sur la touche Tab pour activer le champ Retapez le mot de passe, et saisissez-le une seconde fois.**

Cela vous permet d'être certain que vous n'avez pas commis d'erreur dans la création de votre nouveau mot de passe.

10. **Cliquez sur le bouton Suivant, puis sur Terminer.**

Vous avez encore à ce stade la possibilité de revenir en arrière en cliquant sur Annuler.

Après avoir défini un mot de passe, il sera exigé chaque fois que vous voudrez utiliser l'ordinateur. Voici quelques informations utiles supplémentaires :

» Un mot de passe est *sensible à la casse typographique.* Les mots *Caviar* et *caviar* sont différents.

» Vous avez complètement oublié votre mot de passe ? Reportez-vous au Chapitre 14 où vous apprendrez comment réaliser un *disque de réinitialisation du mot de passe.* En fait, si vous avez la bonne adresse de messagerie, vous pouvez aussi réinitialiser un mot de passe Microsoft perdu en vous connectant sur le site `http:/live.com`.

» Si vous changez votre mot de passe Microsoft sur votre PC, vous le changez aussi sur votre tablette Windows, votre smartphone Windows, ou encore votre Xbox One (en bref, sur tous les appareils où vous vous connectez avec un compte Microsoft).

» Lorsque vous êtes dans les Options de connexion, vous pouvez créer un « mot de passe » image. Pour cela, vous faites glisser votre doigt ou le pointeur votre souris sur une photo en suivant une certaine séquence. Par la suite, au lieu de saisir une chaîne de caractères, vous devrez reproduire le même schéma. Ce système fonctionne mieux sur des écrans tactiles que sur des moniteurs de bureau, mais il n'offre en fait qu'une sécurité plus ou moins illusoire.

» Une autre possibilité consiste à créer un code PIN. Il s'agit d'un code formé de quatre chiffres, dans le genre de celui qui est associé à votre carte bancaire, ou à votre smartphone.

» Vous avez *déjà* oublié votre mot de passe ? Vous avez tapé un mot de passe qui ne fonctionne pas ? Dans ce cas, Windows va automatiquement afficher une indication (du moins si vous en avez défini une) qui devrait vous aider à vous souvenir de votre mot de passe. Mais il faut faire preuve de beaucoup de prudence dans ce domaine, puisque n'importe qui pourrait lire cette question. Vous devez donc avoir défini une réponse qui n'a de sens que pour

WINDOWS, NE ME DEMANDE PLUS DE MOT DE PASSE !

Windows ne vous demande votre nom et votre mot de passe que s'il a besoin de savoir qui tape sur ses touches. Et il y a quatre bonnes raisons à cela :

» Vous avez un compte Microsoft, ce qui est une obligation pour utiliser OneDrive et de nombreuses applications, notamment Courrier, Agenda et Contacts. D'ailleurs, selon toute probabilité, vous avez *déjà* un compte Microsoft.

» Votre ordinateur est connecté à un réseau, et votre identité détermine ce à quoi vous pouvez ou non accéder.

» Le propriétaire de l'ordinateur n'a pas envie que vous fassiez n'importe quoi avec le contenu de *son* disque dur.

» Vous partagez *votre* ordinateur avec d'autres personnes, et vous ne voulez pas qu'elles puissent se connecter avec votre nom et farfouiller dans vos fichiers et vos réglages.

Si tous ces mots de passe vous agacent tout de même, vous avez une autre possibilité à la suite de l'Étape 3 : créer un code confidentiel, qui est par défaut un code de type PIN sur quatre chiffres, mais que vous pouvez rendre plus complexe si vous le souhaitez. Microsoft présente cette option comme tout autant efficace et plus simple. Mais, au final, la vraie question est celle du niveau de sécurité dont vous avez besoin, et vous seul êtes à même de connaître la réponse.

vous. Et, en dernier ressort, il vous reste toujours votre disque de réinitialisation du mot de passe, tel que je l'explique dans le Chapitre 14.

Se connecter avec un compte Microsoft

Quand vous utilisez Windows pour la première fois, ou quand vous essayez d'accéder à certaines applications, ou si vous tentez seulement de modifier un paramètre, le système peut vous inviter à utiliser un compte Microsoft

Vous pouvez accéder à votre ordinateur avec un compte *Microsoft*, ou bien avec un compte *Local*. Bien qu'un compte Microsoft facilite grandement le travail avec Windows, ces deux types répondent à des besoins différents :

» **Compte Local :** ce type de compte convient bien aux personnes qui utilisent des programmes de bureau traditionnels. Par contre, il ne permet pas d'accéder à OneDrive. De même, nombre d'applications maintenant intégrées à Windows refusent qu'on y accède sans compte Microsoft, par exemple Courrier, Calendrier ou encore Contacts. Et l'accès à Windows Store risque fort d'être aussi bloqué…

» **Compte Microsoft :** il est nécessaire pour accéder à de nombreux services. Comme tout compte, il est simplement constitué d'une adresse de messagerie et d'un mot de passe. Un compte Microsoft donne accès à un espace de stockage personnalisé sur OneDrive, au téléchargement d'applications sur Windows Store, ainsi qu'à un certain nombre d'applications, telles que Courrier ou Calendrier.

Vous avez deux manières de vous connecter avec un compte Microsoft :

» **Utiliser un compte existant :** si vous possédez déjà un compte du genre Hotmail, MSN, Xbox Live, Live, Windows Messenger ou encore Outlook.com, j'ai le plaisir de vous annoncer que vous *avez* un compte Microsoft et un mot de passe. Il vous suffit de saisir votre adresse de messagerie et votre mot de passe dans la fenêtre illustrée sur la Figure 2.5, et vous pouvez vous connecter sans souci.

» **Créer un nouveau compte Microsoft :** Lorsque vous voyez une fenêtre comme celle illustrée sur la Figure 2.4, cliquez sur le lien Obtenez une nouvelle adresse e-mail. Restez dans cette fenêtre pour créer votre nouveau compte de messagerie. Cependant, si vous cliquez précédemment sur Utilisez plutôt votre adresse e-mail, vous pouvez saisir n'importe quelle adresse de messagerie valide, par exemple celle que vous utilisez le plus couramment comme une adresse Gmail ou encore Yahoo!. Vous lui associer un mot de passe à votre convenance, et c'est fait. Vous voilà titulaire d'un compte Microsoft.

Si vous lancez Windows pour la première fois sur votre ordinateur, et que vous ne voulez pas passer sous les fourches caudines de Microsoft, cliquez sur les mots Ignorer cette étape. Dans ce cas, Windows va vous permettre de créer un compte Local, avec bien entendu toutes les restrictions que cela implique.

Vous apprendrez dans le Chapitre 14 à convertir un compte Local en compte Microsoft.

Lorsque vous vous connectez pour la première fois avec votre nouveau compte, Windows peut vous demander si vous voulez retrouver d'autres PC, dispositifs variés et contenus sur votre réseau. Acceptez si vous êtes effectivement en réseau, que ce soit chez vous ou au travail. Vous pourrez ainsi, par exemple, vous servir d'une imprimante partagée, ou encore accéder à des fichiers partagés par d'autres ordinateurs du réseau. Bien entendu, si vous activez une connexion à un réseau public sans fil, quel qu'il soit, rejetez cette offre en poussant de grands cris d'effroi.

Le menu Démarrer de Windows 10

Dans Windows, tout part du bouton Démarrer et de son menu Démarrer, mais aussi de l'écran démarrage. Que vous soyez paré pour détruire les vaisseaux venus de l'espace, prêt à payer vos impôts, ou bien lire les dernières nouvelles, vous commencez par cliquer sur le bouton Démarrer, en bas et à gauche de l'écran. Ceci provoque l'apparition du menu Démarrer, qui liste vos applications et vos programmes, et d'un écran de démarrage qui présente des groupes de vignettes dynamiques, comme le montre la Figure 2.5.

FIGURE 2.5
Le menu Démarrer et l'écran de démarrage d'un PC apparaît en bas et à gauche de l'écran.

Sur une tablette, par contre, le menu Démarrer remplit tout l'écran (voir la Figure 2.6), mais sans la colonne d'icônes et le volet de gauche.

Les applications et les programmes sont listés par ordre alphabétique. Pour localiser rapidement l'un d'eux, cliquez sur une lettre, comme A par exemple, et vous obtenez un alphabet, comme sur la Figure 2.7. Alors, pour trouver un programme comme Word, cliquez sur le W. Les programmes et les applications commençant

FIGURE 2.6
Le menu Démarrer d'une tablette occupe tout l'écran, ce qui facilite l'accès aux applications.

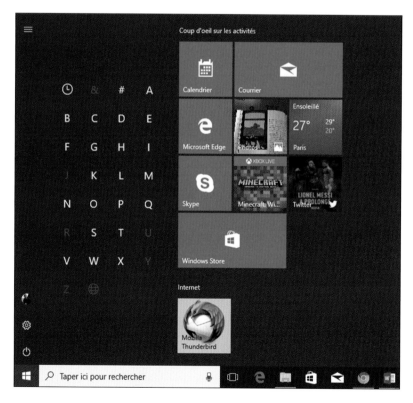

FIGURE 2.7
Trouver rapidement un programme ou une application.

par cette lettre seront mis en évidence. Il ne vous reste plus qu'à cliquer sur la vignette Word dans notre exemple.

Votre menu Démarrer évolue au fur et à mesure que vous allez utiliser Windows, et installer plus de programmes et d'applications. Par exemple, la section Récemment ajoutées ou Les plus populaires contiendront les applications et les programmes que vous avez récemment installés, et ceux et celles que vous utilisez régulièrement. De facto, le menu Démarrer de vos amis, et celui que je vous présente dans ce livre, est probablement différent du vôtre. Et si vous n'aimez pas le système d'applications de Microsoft, vous avez même la possibilité de supprimer celles-ci totalement, comme je l'explique plus loin dans ce chapitre.

Voici quelques petites notions et astuces qui devraient vous aider à maîtriser le menu Démarrer :

» Pour lancer un programme ou une application, cliquez ou touchez son nom ou sa vignette. La fenêtre du programme va surgir à l'écran.

» Les fans du clavier peuvent appuyer sur la touche Windows pour ouvrir le menu Démarrer. Dans ce cas, saisissez directement les premières lettres du nom du programme. Cortana entre en action et affiche une liste de résultats dans laquelle vous cliquerez sur la vignette du programme ou de l'application en question.

» Faites défiler la liste des applications. Elles sont listées par ordre alphabétique.

» Sur un écran tactile, vous naviguez dans le menu Démarrer avec vos doigts. Supposons que ce menu soit un morceau de papier posé sur une table (l'écran). En faisant glisser votre doigt, les éléments du menu Démarrer se déplacent en même temps.

» Si le menu Démarrer et l'écran de démarrage emplissent tout l'écran sur votre PC de bureau, c'est qu'il se prend pour une tablette. Cliquez sur l'icône des notifications (bulle de BD), en haut à gauche (aussi appelée aussi Centre de notifications), et un volet apparaît sur la droite de l'écran. Cliquez sur le bouton qui indique Mode tablette. Celui-ci devrait devenir grisé et indiqué Désactivé. Vous retrouvez alors votre menu Démarrer et votre écran de démarrage habituels.

Lancer une application ou un programme depuis le menu Démarrer

L'écran de démarrage que nous traitons en fin de chapitre, remplit la partie droite du menu Démarrer. Dans sa partie gauche, vous découvrez une série d'*applications* et de programmes. Les *applications* sont de petits programmes optimisés pour une utilisation tactile. Pour les afficher en mode Tablette, cliquez sur la troisième icône en partant du haut, appelée Toutes les applications. Ceci provoque l'apparition d'une liste alphabétique reprenant l'ensemble de ce qui est installé comme application ou comme programme.

Chaque nom, de même que chaque vignette, présent dans le menu Démarrer est en fait un bouton (un raccourci) sur lequel vous cliquez, ou que vous touchez, pour exécuter l'application ou le programme correspondant. Vous avez en fait le choix entre plusieurs procédés :

>> **Souris :** cliquez sur la vignette (avec l'habituel bouton gauche).

>> **Clavier :** appuyez sur les touches fléchées jusqu'à ce qu'un liseré entoure la vignette désirée. Appuyez ensuite sur la touche Entrée.

>> **Écran tactile :** touchez la vignette du bout du doigt.

Quelle que soit la technique adoptée, la fenêtre de l'application ou du programme apparaît sur l'écran, prête à vous informer, vous divertir et parfois même les deux.

Nous reviendrons plus loin dans ce chapitre sur les applications de Windows 10.

Trouver un élément dans le menu Démarrer

Vous pouvez scruter le contenu du menu Démarrer jusqu'à ce que vos yeux perçants repèrent le programme ou la vignette de l'application dont vous avez besoin. Il ne vous reste plus alors qu'à attraper l'objet de vos désirs d'un rapide clic de souris et d'un léger tapotement de doigt. Mais si votre proie vous échappe, Windows vous offre plusieurs raccourcis afin de débusquer la bête profondément cachée au fond d'un menu.

En particulier, remarquez ces sections dans le menu Démarrer :

>> **Nom d'utilisateur :** l'avatar associé à votre compte est affiché sur la partie gauche du menu Démarrer. Il s'agit de la troisième icône en parant du bas.

C'EST QUOI, UNE APPLICATION, AU JUSTE ?

Raccourci du mot « application », le terme *appli* est emprunté à l'univers des smartphones capables d'exécuter des petits programmes, et évidemment aussi de téléphoner. Les applications diffèrent des traditionnels programmes Windows sous ces aspects :

» Sauf lorsqu'elles sont préinstallées, les applications Windows ne peuvent provenir que d'un seul endroit : Windows Store. Sitôt téléchargées, les applications sont automatiquement installées. Beaucoup d'applications sont gratuites, d'autres sont payantes.

» Seules des applications Windows peuvent tourner sous Windows. Celles destinées aux iPhone, iPad et aux smartphones ou tablettes Android ne sont pas utilisables avec Windows. Certaines applications sont déclinées pour les différents systèmes d'exploitation (iOS, Android, Windows...), mais ces versions peuvent différer les unes des autres.

» La bonne nouvelle, c'est qu'une application Windows 10 fonctionnera tout aussi bien sur un PC de bureau, un ordinateur portable ou une tablette. Si une application est dite *universelle*, cela signifie qu'elle s'exécutera également sur un smartphone ou sur une console de jeu Xbox.

» La plupart des applications effectuent des tâches relativement simples, et sont normalement bien adaptées aux écrans tactiles. Certaines facilitent l'utilisation de zones spécifiques du Web comme les réseaux sociaux que sont Facebook ou encore Twitter. Certaines vous permettront de jouer, d'écouter la radio, de noter vos listes de courses, ou encore de trouver un restaurant ouvert à proximité.

» Les applications sont généralement assez faciles à utiliser, mais cette simplicité s'accompagne de restrictions. La plupart ne permettent pas de copier du texte, des images ou des liens. Il n'existe souvent aucun moyen d'en partager le contenu application avec des amis.

Pour se donner un look jeune et branché, Microsoft fait maintenant aussi référence aux programmes de bureau sous l'appellation *application*, voire appli. Mais après tout, tout le monde dit encore de Photoshop qu'il est un programme, ou un logiciel, et ce n'est sans doute pas près de changer.

Si vous cliquez sur les trois traits horizontaux situés en haut de ce menu, ces icônes de la colonne de gauche afficheront leur nom comme le montre la Figure 2.8. Cliquez sur l'icône de votre compte pour ouvrir un menu local. Il vous permet de modifier vos propres paramètres (voyez à ce sujet le Chapitre 14), de verrouiller votre ordinateur, de vous déconnecter. Si d'autres comptes d'utilisateurs ont été créé sur cet ordinateur, ils apparaitront dans ce menu local. Cliquez sur leur nom pour basculer vers ce compte (nous y reviendrons à la fin de ce chapitre).

» **Récemment ajoutées :** Liste les applications et les programmes que vous avez récemment installés sur votre ordinateur.

» **Les plus populaires :** ce sont en réalité les applications que vous utilisez le plus souvent.

» **# A-Z :** toutes les applications installées dans l'ordinateur s'y trouvent. La rubrique # (dièse) contient les applications dont le nom commence par un chiffre, comme 3D Builder. Lorsque vous venez d'ajouter une application, le mot Nouveau de couleur bleue, est affiché sous son nom jusqu'au moment où vous l'aurez utilisée.

Il y a de bonnes chances pour que vous retrouviez dans le menu Démarrer l'objet de vos recherches sans qu'il soit nécessaire de fouiller dans les entrailles du menu. Mais si une application ou un programme semble particulièrement évanescent, essayez ces astuces :

» Une fois le menu Démarrer ouvert, les possesseurs de clavier peuvent simplement commencer à taper le nom de l'application ou du programme voulu. Exemple : **facebook**. Au fur et à mesure de la saisie, Windows va lister tout ce qu'il trouve. Dès que vous voyez le bon nom apparaître dans la liste, vous pouvez cliquer dessus.

Vous pouvez saisir le nom d'un programme ou d'une appli sans ouvrir préalablement le menu Démarrer. Appuyez sur la touche Windows de votre clavier afin de solliciter Cortana, et tapez immédiatement les premières lettres du programme. Si vous avez activé la reconnaissance vocale de Cortana, vous pouvez lui demander oralement d'exécuter ladite application sans toucher à votre clavier.

FIGURE 2.8
Les icônes peuvent afficher leur nom.

» Vous ne voyez pas l'application recherchée ? Amenez le pointeur de la souris sur la liste puis actionnez la molette. Cela vaut également pour les pavés dans la fenêtre principale du menu Démarrer.

» Si les vignettes affichées dans le menu Démarrer ne correspondent pas à vos besoins, cela signifie qu'il est temps pour vous de personnaliser le menu. Voyez un peu plus loin dans ce chapitre la section consacrée à cette opération.

Pour retrouver rapidement un programme, vous pouvez cliquer, par exemple, sur la lettre A de la liste. Cette liste cède la place à un alphabet. Cliquez sur la lettre correspondant à la première lettre du programme à ouvrir, comme W pour localiser Word par exemple. Il ne vous reste plus qu'à cliquer sur la vignette du programme.

Voir ou fermer les applications actives

Sur un PC de bureau, il est assez facile de se déplacer d'une application à une autre, ou d'un programme à un autre. Comme tout ce joli monde se présente sous la forme d'une fenêtre affichée à l'écran, il vous suffit généralement de cliquer sur l'application que vous voulez ramener au premier plan (pour plus de détails sur le bureau, voyez le Chapitre 3).

Par contre, sur une tablette, les applications remplissent la totalité de l'écran, ce qui ne facilite pas le passage de l'une à l'autre.

Que vous soyez devant un ordinateur de bureau, un portable ou une tablette, vous pouvez rappeler rapidement une application à la vie. Suivez ces étapes :

1. **Cliquez sur le bouton Affichage des tâches, ou touchez-le.**

   L'écran s'efface, et vous voyez s'afficher des vues en miniature de vos applications et programmes ouverts (voir la Figure 2.9).

   Si le bouton Affichage des tâches n'est pas visible, cliquez du bouton droit sur la barre des tâches, en bas de l'écran, puis, dans le menu, choisissez Afficher le bouton Applications actives. Vous le découvrirez à gauche dans la barre des tâches.

2. **Cliquez sur ou touchez l'un des aperçus pour replacer l'application ou le programme au premier plan.**

Les trois astuces qui suivent peuvent aussi vous aider à pister vos applications, ou encore à les refermer :

FIGURE 2.9
Cliquez sur le
bouton Affichage
des tâches pour voir
tout ce qui s'exécute
actuellement.

» Les applications et les programmes en cours d'activité apparaissent également dans la *barre des tâches*, le bandeau collé au bas de l'écran. La barre des tâches est étudiée dans le Chapitre 3.

» Pour refermer dans la vue Applications actives une application dont vous n'avez plus besoin, cliquez sur ou touchez la croix qui se trouve dans le coin supérieur droit de sa vue en miniature. Avec une souris, vous pouvez également cliquer avec le bouton droit sur une des miniatures des applications actives, puis choisir l'option Fermer dans le menu contextuel qui s'affiche.

» Une fois une application refermée, les vues en miniature des autres restent visibles, ce qui vous permet de choisir ou de refermer votre prochaine victime. Pour quitter ce mode d'affichage, cliquez sur ou touchez un emplacement vide du bureau.

Windows et ses applications gratuites

Le menu Démarrer de Windows est livré avec toute une série d'applications, représentées chacune par une vignette rectangulaire ou carrée. Chacune d'elles étant légendée, vous ne pouvez pas vous tromper. Ces applications sont aussi listées parmi les programmes.

Les vignettes des applications affichées sur la partie droite appartiennent à l'écran de démarrage que nous présentons un peu plus loin dans ce chapitre.

Toutes ces applications se trouvent dans la longue liste alphabétique du menu Démarrer aux côtés des programmes. Pour les afficher en mode Tablette, vous devez cliquer sur le bouton Toutes les applications, le troisième en partant du haut du menu Démarrer. Elles apparaissent alors dans la partie droite. Voici les applications prêtes à être utilisées en un seul clic de souris ou un seul « tap » de doigt :

» **3D Builder :** vous avez forcément entendu parler des imprimantes 3D. Cette application vous permet donc aux heureux possesseurs de cet équipement de fabriquer leurs propres objets à partir de fichiers informatiques spécialisés.

» **Actualité :** présente une revue de presse des journaux, magazines et agences.

» **Alarmes et horloge :** cette application met à votre disposition une ou plusieurs alarmes, un minuteur, un chronomètre, ainsi qu'une horloge mondiale. Simple et efficace.

» **Assistance rapide :** permet à deux personnes de partager un même ordinateur à travers une connexion à distance. Cette fonction est utile pour demander de l'aide à un technicien qui travaillera à distance sur votre ordinateur comme s'il était installé devant lui.

» **Skype :** Ce programme de téléphonie Internet a été racheté par Microsoft.

» **Calculatrice :** vous disposez d'une calculatrice standard et scientifique, ainsi que d'un convertisseur de devises.

» **Calendrier :** permet de noter des rendez-vous ou de récupérer ceux déjà définis sur des comptes Microsoft ou encore Google.

» **Caméra :** décrite au Chapitre 17, cette application permet de prendre des photos avec la webcam de votre ordinateur.

» **Cartes :** commode pour préparer un déplacement, cette application utilise la cartographie de Bing, qui appartient à Microsoft.

» **Contacter le Support :** pour s'adresser au système d'aide ou aux techniciens de Microsoft en cas de problème.

» **Contacts :** cette application, décrite au Chapitre 10, récupère les noms de vos amis et relations diverses, ainsi que les informations que vous leur associez.

» **Courrier :** cette application, décrite au Chapitre 10, permet d'échanger du courrier électronique. Si vous entrez un compte Outlook, Windows Live, Yahoo! ou encore Google, l'application la prend automatiquement en compte, relève vos messages et récupère la liste des contacts.

- » **Données Wi-Fi et cellulaires payées :** sert à se connecter à des réseaux Wi-Fi payants partenaires de Microsoft.

- » **Enregistreur vocal :** permet d'enregistrer des commentaires, des pense-bêtes, et tout ce qui vous passe par la tête. Bien entendu, un périphérique de capture de son doit être connecté à votre ordinateur. Il pourra s'agir du microphone de votre webcam.

- » **Films et TV :** comme tous ses concurrents, Microsoft vous propose d'acheter ou de louer des films ou des séries TV. D'accord, vous pouvez aussi y vision-ner vos propres vidéos, mais il y a mieux ailleurs…

- » **Groove Musique :** décrite au Chapitre 16, cette application sert à écouter la musique stockée dans votre ordinateur, mais aussi à acheter des morceaux sur la boutique virtuelle de Microsoft.

- » **Hub de commentaires :** application permettant de communiquer vos sou-haits à Microsoft, afin d'améliorer en permanence Windows et ses services.

- » **Windows Store :** cette application donne accès à la boutique en ligne de Microsoft.

- » **Messaging :** application permettant de converser avec d'autres utilisateurs.

- » **Météo :** cette application fournit des prévisions détaillées à dix jours ainsi que des statistiques. À condition de l'autoriser à vous localiser, elle indique la météo là où vous vous trouvez. Ou plus précisément, dans un lieu plus ou moins à proximité, sauf à être équipé d'un GPS.

- » **Microsoft Edge :** c'est l'application de Microsoft, appelée plus simplement Edge, qui sert à visiter des sites Internet.

- » **Microsoft Solitaire Collection :** des jeux de cartes classiques, mais pas le très célèbre Solitaire…

- » **MSN Finance :** présente, avec un décalage de trente minutes, les cours de la bourse, ainsi que l'actualité financière et les performances des marchés.

- » **MSN Sport :** vous trouverez ici l'actualité sportive, le calendrier des matchs et la possibilité d'ajouter vos équipes préférées.

- » **OneDrive :** c'est l'espace de stockage que Microsoft met à la disposition des utilisateurs. Ce stockage distant, aussi connu sous le nom de « nuage Internet » ou d'« informatique dématérialisée » vous permet d'accéder à vos fichiers où que vous soyez dans le monde, dès lors que votre ordinateur, tablette ou smartphone peut accéder à l'Internet. Nous y reviendrons au Chapitre 5.

- » **OneNote :** cette populaire application de prise de notes trouve sa place dans le menu Démarrer de Windows 10.

- » **Options d'ergonomie :** donne accès au outils – clavier virtuel, loupe et narrateur – permettant aux personnes à capacité réduite de mieux utiliser Windows.

- » **Paramètres :** cette application propose, pour l'essentiel, ce que vous ne retrouveriez auparavant que dans le Panneau de configuration.

- » **Photos :** cette application, décrite au Chapitre 17, affiche les photos présentes dans l'ordinateur, ainsi que celles que vous avez stockées sur One-Drive.

- » **Sticky Notes :** affiche un feuillet ressemblant au célèbre feuillet autocollant fabriqué par Post-It.

- » **Xbox :** conçue pour les possesseurs d'une console Xbox One de Microsoft, cette application permet de voir les scores, les amis et les jeux. Elle permet aussi de discuter en réseau, de visionner les annonces des jeux et d'en acheter.

À ces applications s'en ajoutent deux qui possèdent quantité de fonctionnalités :

- » **Accessoires Windows :** le menu de cet élément existant depuis presque toujours dans Windows contient des applications fort utiles comme le traitement de texte minimaliste Bloc-notes, l'ancien navigateur Internet Explorer, le Lecteur Windows Media, le logiciel de dessin Paint et le traitement de texte Wordpad, et d'autres encore.

- » **Système Windows :** le menu contient des options avancées utiles aux techniciens comme le Gestionnaire des tâches, ou aux programmeurs, comme Invite de commandes.

Les applications fournies avec Windows fonctionnent mieux lorsqu'elles s'affichent en plein écran sur une tablette, et elles ne sont pas aussi puissantes que des programmes de bureau classiques. Mais, pour des raisons pas très évidentes, Microsoft a configuré le *bureau* de Windows pour que ce soient ces applications qui répondent à vos commandes, plutôt que des programmes classiques.

 Au Chapitre 3, j'explique comment faire un choix entre applications et programmes pour réaliser telle ou telle tâche. Voici cependant une astuce provisoire : sur le bureau (ou plus exactement dans l'Explorateur de fichiers), cliquez droit sur un fichier et choisissez dans le menu qui apparaît la commande Ouvrir avec. Celle-ci vous propose généralement une application, ainsi qu'un ou plusieurs programmes de bureau. Cliquez sur le nom de celui que vous voulez utiliser.

Découvrir l'écran de démarrage

Vous ne pouvez pas faire grand-chose dans le menu Démarrer. En effet, son rôle étant de centraliser applications et programmes, vous ne pouvez donc pas en réorganiser le contenu.

En revanche, depuis un bon moment, je vous parle de l'écran de démarrage qui est une partie du menu Démarrer. Vous y accédez chaque fois que vous cliquez sur le bouton Démarrer. Il s'agit de l'espace situé sur la droite et qui contient des groupes de vignettes.

Ajouter ou supprimer des éléments de l'écran de démarrage

Microsoft a rempli l'écran de démarrage de Windows de vignettes d'applications. Ce sont *ses* choix, et vraisemblablement pas les *vôtres*. Nous allons voir dans cette section comment personnaliser tout cela.

Il est facile de supprimer des éléments de l'écran de démarrage. Autant commencer par là. Pour cela, il suffit de cliquer-droit sur la vignette d'une application à ne plus afficher. Dans le menu contextuel Qui apparaît, exécutez la commande Détacher de l'écran de démarrage. Et voilà la vignette – uniquement elle, et non l'application – partie sans autre forme de procès.

Sur un écran tactile, maintenez appuyé un doigt sur la vignette de l'application à retirer. Lorsque l'icône de « désépinglage » s'affiche, touchez-la pour supprimer la vignette.

Une fois fait le ménage, il est temps de s'occuper de l'inverse, c'est-à-dire d'ajouter des éléments à l'écran de démarrage afin d'en faire le pot à crayons idéal de votre bureau.

Pour ajouter des applications ou des programmes à l'écran de démarrage, suivez ces étapes :

1. **Localisez dans la liste des applications du menu Démarrer celle que vous désirez ajouter à l'écran de démarrage.**

2. **Cliquez droit sur son nom et, dans le menu contextuel qui s'affiche, choisissez l'option Épingler à l'écran de démarrage.**

   Répétez la procédure pour tous les éléments que vous voulez ajouter au menu Démarrer.

3. **Si vous voyez des éléments intéressants posés sur le bureau, cliquez droit dessus et choisissez l'option Épingler à l'écran de démarrage.**

   En fait, les vignettes du menu Démarrer ne concernent pas que les applications et les programmes. Vous pouvez par exemple cliquer du bouton droit sur un dossier, certains types de fichiers, ou d'autres éléments encore.

Les éléments que vous avez ajoutés viennent se placer en bas de l'écran de démarrage. Une fois celui-ci bien rempli, vous devrez faire défiler son contenu pour voir toutes vos vignettes. Un minimum d'organisation va donc s'imposer. La prochaine section va vous expliquer comment procéder. Lorsque vous aurez fini, vous aurez à votre disposition un menu Démarrer qui répond vraiment à vos besoins.

Personnaliser l'écran de démarrage

Les vignettes de l'écran de démarrage sont rassemblées dans des groupes comme Coup d'œil sur les activités et Jouer et découvrir. Les applications et les programmes ajoutés à cet écran ne sont pas groupés. Les vignettes ne sont pas disposées selon un ordre préétabli, clair et lisible, et ceci qu'elles appartiennent ou non à un groupe. La question se pose donc de savoir comment retrouver facilement vos applications favorites.

Puisque le ciel ne va pas vous aider, vous devez donc prendre l'initiative d'organiser le contenu de l'écran de démarrage. Les étapes qui suivent commencent par une petite leçon de choses : élimination des vignettes inutiles, et ajout de vos applications préférées.

Le but est d'atteindre le nirvana de toute organisation de l'écran de démarrage qui se respecte : un découpage en *groupes* (des collections d'applications de même type) clairement identifiés et correspondant à *vos* centres d'intérêt.

Vous pouvez organiser vos vignettes de la manière dont vous l'entendez en les associant dans un nombre quelconque de groupes nommés à votre convenance. Vous pourriez par exemple définir quatre groupes : Famille et relations, Travail,

Loisirs et Web. Mais quels que soient vos choix, suivez ces étapes pour transformer le fouillis actuel de l'écran de démarrage en une harmonieuse pile de vignettes :

1. **Supprimer les vignettes dont vous n'avez pas besoin.**

Pour cela, cliquez droit sur une vignette à éliminer, puis choisissez dans le menu qui s'affiche l'option Détacher de l'écran de démarrage. Répétez cette action jusqu'à ce que vous soyez débarrassé de tout ce qui vous encombre (sur un écran tactile, maintenez le doigt appuyé sur une vignette, puis touchez le bouton servant à la dépunaiser).

L'option Détacher de l'écran de démarrage ne désinstalle *pas* l'application ou le programme. Elle ne fait que ce qu'elle dit : retirer la vignette de cette partie du menu Démarrer. En fait, si vous avez effacé par erreur la vignette d'une application, il est facile de la replacer dans le menu en suivant l'Étape 3.

2. **Déplacez les vignettes pour les disposer à votre convenance.**

Par exemple, vous pourriez avoir envie de conserver les applications qui concernent votre vie sociale (comme Courrier, Contacts et Calendrier) les unes à côté des autres. Pour déplacer la vignette d'une application, cliquez dessus et, tout en maintenant enfoncé le bouton gauche de la souris, faites-la glisser vers l'emplacement voulu. Les autres vignettes vont automatiquement s'écarter pour laisser de la place au nouvel arrivant.

Maintenez le doigt appuyé sur la vignette à déplacer. Lorsque le menu apparaît, faites-la glisser vers sa nouvelle position.

Pour que votre écran soit mieux gérable, vous pouvez changer la taille des vignettes. Pour cela, cliquez droit dessus. Dans le menu contextuel qui s'affiche, choisissez l'option Redimensionner, comme sur la Figure 2.10. Sélectionnez alors un des choix proposés : Petites vignettes (réduit la vignette au quart de la taille moyenne), Vignettes moyennes (c'est la dimension par défaut de la plupart des applications), Vignettes larges (double la largeur de la vignette) et Grandes vignettes (soit quatre fois la taille moyenne).

3. **Ajoutez de nouvelles vignettes pour les applications, programmes et autres éléments dont vous avez besoin.**

J'ai expliqué plus haut comment procéder dans la section « Ajouter ou supprimer des éléments de l'écran de démarrage ».

Maintenant, vous avez purgé l'écran de démarrage de tout ce qui ne vous intéressait pas. Vous avez ajouté des vignettes pour les éléments dont vous avez besoin, et vous avez disposé tout ce petit monde à votre convenance. Si tout cela vous convient parfaitement, vous avez terminé !

FIGURE 2.10
Redimensionner des
vignettes.

En revanche, si vous n'êtes pas encore satisfait du résultat et que trop de vignettes importantes sont encore masquées en bas de l'écran de démarrage, continuez votre lecture.

Vous êtes toujours là ? Parfait. Ouvrez votre menu Démarrer et regardez attentivement l'écran de démarrage. Vous allez constater que Windows affiche deux groupes de vignettes. L'un est appelé Coup d'œil sur les activités, et l'autre Jouer et découvrir. Et vous pourrez même observer que ces deux groupes sont subtilement séparés par un espacement plus grand que celui qui permet aux vignettes de se détacher les unes des autres. Tout cela nous mène droit à l'étape suivante.

4. **Pour créer un nouveau groupe, faites glisser une des vignettes en dehors des deux groupes existants.**

Lorsque la vignette sort de la zone de son groupe, vous pouvez voir une barre horizontale bleutée apparaître. Cette barre crée un espace vide en dessous d'elle pour que vous puissiez y glisser la vignette (voir la Figure 2.11). Relâchez, et la vignette va former un *nouveau* groupe, réduit à ce stade à un seul et unique élément, et placé sous les deux autres.

5. **Pour ajouter d'autres vignettes dans le groupe qui vient d'être créé, faites-les glisser et déposez-les dans ce nouveau groupe.**

Une fois votre vignette ajoutée à un groupe, vous pouvez la faire glisser vers une autre position pour réorganiser celui-ci.

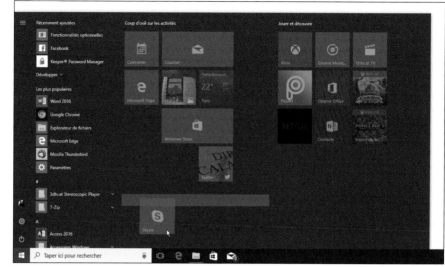

FIGURE 2.11
Pour créer un nou-
veau groupe, faites
glisser une vignette
en dehors des deux
groupes par défaut.
Relâchez lorsque la
barre horizontale
apparaît.

Vous voulez créer un groupe supplémentaire ? Répétez tout simplement les Étapes 4 et 5 pour voir à nouveau apparaître la barre bleutée, puis disposez vos vignettes à votre convenance.

Si vous trouvez que cette disposition est parfaite pour vous, arrêtez-vous là. Sinon, passez à l'étape suivante.

6. **Nommez le groupe.**

Placez le pointeur de la souris juste au-dessus des premières vignettes du groupe. Cette action fait apparaître un champ Nommer le groupe. Cliquez dedans et saisissez le nom du groupe, ou bien modifiez celui qui est déjà dé-fini. Quand vous avez fini, appuyez sur la touche Entrée pour confirmer votre décision.

Bien entendu, vous pouvez parfaitement changer d'avis plus tard et modifier de la même manière les noms de vos groupes.

Lorsque vous aurez terminé, votre écran de démarrage finira par ressembler exactement à ce que vous voulez.

» Comme vous pouvez vous en douter, il n'y a pas de bonne ou de mauvaise manière d'organiser l'écran de démarrage. Nous sommes dans la vie réelle, et c'est à vous de décider.

» Lorsque vous installez de nouvelles applications ou de nouveaux pro-grammes, n'oubliez pas de les rechercher dans la liste des applications. Vous risquez en effet de ne pas les retrouver directement dans l'écran de démarrage. Pour que tout soit et reste parfaitement organisé, cliquez droit

PERSONNALISER LE MENU DÉMARRER ET L'ÉCRAN DE DÉMARRAGE, ENCORE ET TOUJOURS

L'application Paramètres propose des moyens supplémentaires de personnaliser votre menu Démarrer et votre écran de démarrage. Cette application est étudiée plus en profondeur dans le Chapitre 12, mais cette section concerne plus particulièrement le menu Démarrer.

Pour trouver ces réglages, cliquez sur le bouton Démarrer. Dans la colonne de gauche, cliquez sur l'icône Paramètres (engrenage). Dans la fenêtre Paramètres Windows, cliquez sur le bouton Personnalisation. Ensuite, cliquez sur Accueil en bas de la colonne Personnalisation (à gauche).

Vous voyez alors s'afficher une série d'options dans le volet de droite :

» **Afficher plus de vignettes dans l'écran de démarrage :** Des vignettes d'applications s'ajouteront à l'écran de démarrage en fonction de vos activités.

» **Afficher les applications récemment ajoutées :** laissez cette option active, et vos nouvelles applications ainsi que vos nouveaux programmes apparaîtront dans leur propre section.

» **Afficher les applications les plus utilisées :** donne la priprité dans le menu Démarrer aux applications et aux programmes que vous utilisez le plus souvent.

» **Utiliser de l'écran de démarrage en plein écran :** il est là pour les nostalgiques de Windows 8. Lorsqu'elle est activée, cette option fait que le menu Démarrer emplit tout l'écran. En fait, cela ressemble au mode Tablette, mais ce n'est pas le mode Tablette...

» **Afficher les éléments récemment ouverts dans les Listes de raccourcis de l'écran d'accueil ou la barre des tâches :** c'est juste un peu compliqué, mais cette option signifie simplement que vos applications favorites sont accessibles aussi bien depuis le menu Démarrer que depuis la barre des tâches (celle-ci est étudiée dans le Chapitre 3).

D'accord, il n'y a pas de bonne ou de mauvaise manière de configurer tous ces réglages. Ou bien vous conservez les valeurs par défaut, ou bien vous jonglez avec elles pour voir ce qui vous convient le mieux. Dans tous les cas, vous pourrez changer d'avis à tout moment et revenir à la fenêtre Paramètres pour inverser tel ou tel commutateur.

si nécessaire sur le nouveau venu, et choisissez l'option qui vous propose de l'épingler (en fait, vous avez deux choix : l'écran de démarrage et la barre des tâches, celle-ci étant étudiée au Chapitre 3). Pour découvrir l'option d'épinglage à la barre des tâches, vous devez pointer sur le sous-menu Plus. Une fois vos nouvelles applications ajoutées de l'écran de démarrage, vous pouvez les déplacer à l'intérieur d'un groupe existant ou encore créer pour elles un tout nouveau groupe.

>> Vous pouvez tout aussi bien créer un groupe pour vos sites Web favoris afin d'y accéder directement. Pour cela, ouvrez Microsoft Edge, et rendez-vous sur page Web. Cliquez alors sur le bouton Paramètres etc, de Microsoft Edge (celui qui affiche trois points), puis choisissez dans le menu l'option Épingler cette page à l'écran de démarrage.

Activer/Désactiver les vignettes de l'écran de démarrage

Les vignettes des applications de l'écran de démarrage sont dynamiques en ce sens que certaines peuvent afficher des informations. Par exemple, la vignette de l'application Météo actualisera constamment son contenu pour délivrer une information en temps réel. De son côté, la vignette de l'application Courrier indiquera le nombre de mails en attente d'être lus, et affichera un extrait du dernier message reçu. Vous pouvez activer ou non la fonction dynamique de ces vignettes en procédant comme ceci :

1. **Faites un clic-droit sur une vignette de l'écran de démarrage.**

2. **Dans le menu contextuel qui apparait, cliquez sur Activer ou Désactiver la vignette dynamique comme le montre la Figure 2.12.**

FIGURE 2.12
Activer/désactiver la fonction dynamique des vignettes.

Quitter Windows

Quitter Windows n'est pas si simple. Vous devez en effet vous décider entre plusieurs actions : vous déconnecter de votre compte d'utilisateur, mettre l'ordinateur en veille, le redémarrer ou l'arrêter. Pour autant, c'est quand même l'une des choses les plus agréables que vous ayez à faire : quitter Windows signifie que vous avez terminé votre journée de travail (ou de jeu...).

En fait, la réponse dépend de la durée pendant laquelle vous n'utiliserez pas l'ordinateur : est-ce que vous vous en éloignez un instant, ou en avez vous fini pour la journée ? Nous envisagerons les deux cas de figure.

Mais si vous voulez simplement éteindre l'ordinateur, le moyen le plus rapide sur un ordinateur non tactile est le suivant :

1. **Cliquez sur le bouton Démarrer, puis sur l'icône Marche/Arrêt, en bas à gauche.**

2. **Dans le menu qui s'ouvre, cliquez sur Arrêter.**

3. **Si l'ordinateur signale que vous allez perdre le travail que vous n'avez pas sauvegardé, vous pouvez soit insister, soit annuler et recommencer en choisissant cette fois l'option Mettre en veille.**

Une autre technique consiste à cliquer du bouton droit sur le bouton Démarrer. Choisissez ensuite Arrêter ou se déconnecter, puis Arrêter.

Quitter momentanément l'ordinateur

Windows propose trois manières de quitter momentanément l'ordinateur, selon que vous voulez seulement vous faire un café ou que vous êtes parti acheter des allumettes, ce qui, pour certaines personnes, équivalait à une très longue absence. Voici comment choisir entre ces trois éloignements momentanés :

1. **Cliquez sur le bouton Démarrer. Le menu Démarrer s'affiche.**

2. **Cliquez sur l'icône de votre compte d'utilisateur, c'est-à-dire la troisième icône en partant du bas située dans la colonne de gauche du menu Démarrer.**

   Ainsi que le montre la Figure 2.13, vous avez le choix entre plusieurs options :

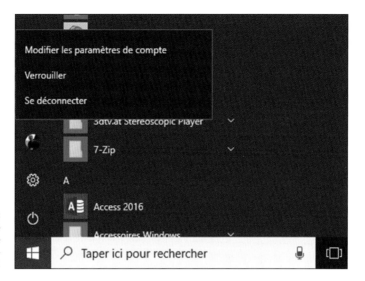

FIGURE 2.13
Cliquez sur l'icône
de votre compte
d'utilisateur pour ac-
céder à ces options.

» **Modifier les paramètres de compte :** cette option vous conduit tout droit à l'application Paramètres, là où vous pouvez reconfigurer votre compte, par exemple pour changer votre image (votre *avatar*), votre mot de passe, ou encore redéfinir un compte Local.

» **Verrouiller :** protège l'ordinateur des curiosités malsaines quand vous vous absentez un instant. De retour, vous devez saisir votre mot de passe pour retrouver Windows dans le même état que vous l'aviez laissé.

» **Se déconnecter :** choisissez cette option lorsque vous avez fini d'utiliser l'ordinateur et que quelqu'un d'autre va l'utiliser. Windows enregistre vos travaux en cours, puis il affiche l'écran des comptes d'utilisateurs.

» **Accéder à un autre compte :** si d'autres comptes d'utilisateurs ont été définis, le nom de ces comptes apparaît dans la liste. Si l'un des utilisateurs désire emprunter l'ordinateur pendant quelques minutes, cliquez sur son nom et laissez-le taper son mot de passe. Lorsqu'il aura fini d'utiliser l'ordinateur et qu'il se sera déconnecté, vous pourrez vous reconnecter à votre compte et retrouver votre travail là où vous l'aviez laissé.

Chacune de ces options vous permet de vous éloigner de l'ordinateur pendant un petit moment, et de le retrouver dans l'état où vous l'aviez laissé.

En revanche, si vous avez fini d'utiliser l'ordinateur pour le restant de la journée, appliquez la procédure décrite ci-après.

Éteindre l'ordinateur pour la journée

Quand vous avez fini votre travail de la journée, ou quand vous désirez éteindre l'ordinateur pendant que vous êtes dans le métro ou en vol pour Rome, vous avez là encore le choix entre trois options. Vous y accédez de la manière suivante :

1. **Cliquez sur le bouton Démarrer puis, dans la colonne de gauche, sur le bouton Marche/Arrêt.**

   Un menu local propose les actions suivantes :

   - **Mettre en veille :** le travail en cours reste dans la mémoire vive de l'ordinateur, et dans le disque dur lorsque l'ordinateur passe en mode d'économie d'énergie. Quand vous revenez devant votre PC, Windows réaffiche tout comme auparavant, y compris les travaux non enregistrés. Si l'alimentation a été coupée, le contenu réapparaît quand même, mais il lui faut quelques secondes de plus.

   - **Arrêter :** l'ordinateur va s'éteindre.

   - **Redémarrer :** choisissez cette option pour dépanner l'ordinateur lorsqu'il se conduit bizarrement (un programme se bloque, Windows fait n'importe quoi...). L'ordinateur s'arrête puis redémarre aussitôt. L'installation de certains programmes et certaines mises à jour exige parfois le redémarrage de l'ordinateur.

Tout cela est déjà bien beau. Mais si vous avez un peu de temps, voici quelques autres points intéressants.

Il est inutile d'éteindre l'ordinateur tous les soirs. En fait, ceux qui s'y connaissent le laissent allumé en permanence, affirmant que c'est mieux pour sa longévité. D'autres affirment le contraire. D'autres encore estiment que la mise en veille est un bon compromis. En revanche, tout le monde est d'accord sur la nécessité d'éteindre l'écran quand l'ordinateur n'est pas utilisé, car il peut ainsi refroidir, ce qui lui fait le plus grand bien.

N'arrêtez jamais l'ordinateur à partir du bouton physique Marche/Arrêt, car vous pourriez perdre des travaux non enregistrés. De plus, des dysfonctionnements pourraient apparaître au niveau de Windows lui-même, car il doit fermer correctement des fichiers qui lui sont propres avant d'éteindre l'ordinateur.

Vous voulez démarrer votre ordinateur ou votre tablette lors d'un vol en avion tout en évitant la connexion à Internet ? Activez le mode Avion et utilisez l'option Veille plutôt que Arrêter. Lorsque l'ordinateur est réveillé, il est en mode Avion, décon-necté de l'Internet. Ce mode est décrit au Chapitre 23.

Chapitre 3
Le bureau
de Windows

Le mode Tablette de Windows, truffé d'applications, est parfait pour un usage à domicile avec un terminal numérique à écran tactile. Lorsque le menu Démarrer remplit l'écran de pavés facilement accessibles, même pour doigts les moins habiles, vous pouvez en effet écouter de la musique, échanger du courrier électronique, regarder des vidéos, préparer vos voyages, discuter via Skype, et aller sur Facebook.

Mais le lundi matin arrive inévitablement. Il faut alors passer à autre chose, autrement dit, abandonner le mode Tablette et utiliser des logiciels un peu plus productifs. Les employeurs préfèrent voir leur personnel travailler sur des feuilles de calcul et des traitements de texte plutôt que jouer à des jeux vidéo.

C'est là que le bureau entre en action. Une fois le mode Tablette désactivé, vous retrouvez le traditionnel bureau de Windows, tel qu'il existe depuis de très nombreuses années. Il est une métaphore d'un véritable bureau physique sur lequel vous posez votre clavier et autre souris. C'est un lieu de travail où vous créez et organisez vos documents.

Bien entendu, traditionnel ne veut pas dire immuable. Le menu Démarrer et son écran de démarrage avec leur gang d'applications apportent de nombreux changements, mais le bureau lui-même fonctionne pour l'essentiel comme il l'a toujours fait. Ce chapitre vous montre donc comment transformer votre ordinateur en un outil de travail, plutôt qu'en un appareil de divertissement.

Trouver le bureau et le menu Démarrer

Comme l'illustre la Figure 3.1, le bureau de Windows 10 reprend bon nombre d'éléments des versions qui l'ont précédé, notamment Windows Vista, 7, 8 et 8.1.

Corbeille

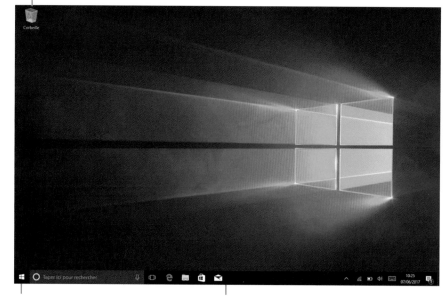

FIGURE 3.1
Le bureau de
Windows 10, fidèle à
lui-même.

Bouton Démarrer   Barre des tâches

Lorsqu'ils sont exécutés en mode Tablette, les programmes et les applications occupent la totalité de l'écran. Cependant, les petits boutons et les fines barres du bureau sont plus à l'aise lorsqu'ils sont contrôlés avec un clavier et une souris. Si vous utilisez Windows 10 sur une tablette tactile, vous devriez sérieusement envisager l'achat d'un clavier et d'une souris Bluetooth (donc sans fil) pour exécuter un travail de bureau.

Presque tous les logiciels conçus pour Windows Vista, 7, 8 ou 8.1 peuvent être exécutés sur le bureau de Windows 10. Les exceptions qui ne s'accommodent guère des changements de version de Windows sont pour l'essentiel les antivirus, les logiciels de sécurité Internet et certains utilitaires.

Les applications qui occupaient tout l'écran sous Windows 8 et 8.1 s'ouvrent maintenant dans une fenêtre du bureau de Windows 10. Bien entendu, sur une tablette, elles continuent à squatter toute la surface de l'écran. Mais le basculement entre les deux modes de fonctionnement reste toujours possible. Voyons un peu plus loin à ce sujet la section « Basculer entre le mode Tablette et le bureau ».

UTILISER LE BUREAU SUR UN ÉCRAN TACTILE

Il est très facile de manœuvrer les grandes vignettes de l'écran de démarrage du bout des doigts. Mais sur le bureau, ces manœuvres sont un peu plus délicates. Voici quelques conseils :

>> **Sélectionner :** touchez l'élément du bout du doigt, car la pulpe du doigt risque cependant d'être un peu trop grande.

>> **Double-cliquer :** là encore, le double-toucher avec le bout du doigt est plus efficace.

>> **Cliquer du bouton droit :** laissez le doigt sur l'écran tactile jusqu'à ce qu'un petit carré apparaisse. Ôtez le doigt ; le menu reste affiché. Touchez ensuite l'option désirée.

Si votre doigt est trop gros pour les délicates manœuvres sur le bureau, achetez un clavier et une souris Bluetooth pour votre tablette. Utilisez ensuite le mode Tablette pour un usage courant et le bureau pour travailler.

J'insiste un peu. En mode Tablette, les applications et les programmes couvrent toujours la totalité de l'écran. Si vous avez besoin de voir le bureau, vous devez donc désactiver d'abord le mode Tablette.

D'autre part, seules les tablettes Windows ayant une diagonale d'au moins 8 pouces incluent le bureau. Les tablettes plus petites, ainsi bien entendu que les smartphones Windows, n'ont pas de bureau. Ces appareils ne peuvent donc exécuter que des applications, pas les programmes.

Travailler sur le bureau

Le bureau vous permet d'exécuter en même temps plusieurs applications et programmes. Chacun est placé dans sa propre *fenêtre*, ce qui permet entre autres de faire passer des données d'un logiciel à un autre.

Quand il est tout neuf, Windows démarre avec un écran semblable à celui de la Figure 3.1, une image d'arrière-plan définie par défaut. Au fil du temps, l'écran se remplira d'*icônes*, ces petits boutons qui démarrent un programme ou ouvrent un fichier d'un double-clic. Beaucoup de gens remplissent leur écran d'icônes pour pouvoir accéder facilement à leurs applications, et peut aussi parce que cela les rassure.

D'autres utilisateurs sont plus organisés. Quand ils terminent un travail, ils stockent le fichier dans un *dossier*, une tâche décrite au prochain chapitre.

Mais quelle que soit la manière dont vous utilisez votre bureau, celui-ci comporte trois éléments principaux, indiqués sur la Figure 3.1 :

» **Le bouton Démarrer :** pour lancer un programme ou une application, cliquez sur le bouton Démarrer, celui qui se trouve en bas et tout à fait à gauche de l'écran. Lorsque le menu qui lui est associé (donc le menu Démarrer) apparaît, cliquez sur le nom ou la vignette du programme ou de l'application que vous voulez exécuter.

Vous profiterez aussi des applications de l'écran de démarrage du menu Démarrer.

J'ai décrit le menu Démarrer et l'écran de démarrage au Chapitre 2. En particulier, vous y avez appris à ajouter (ou retirer) des vignettes de menu. Mais vous pouvez également faire la même chose avec la barre des tâches (voir ci-dessous).

» **La barre des tâches :** s'étirant paresseusement en bas de l'écran, la *barre des tâches* reçoit les icônes des programmes, des applications et des fichiers actuellement ouverts. Immobilisez le pointeur de la souris sur une icône pour connaître le nom du programme, voire une miniature de ce que contient sa fenêtre. Par exemple, si plusieurs fenêtres ont été ouvertes dans l'Explorateur de fichiers, chacune affichant un dossier différent, le fait de placer le pointeur de la souris sur l'icône de ce programme dans la barre des tâches affiche une miniature de chacun des dossiers. Il suffit de cliquer sur celui dont vous souhaitez consulter le contenu. Vous apprendrez un peu plus loin comment personnaliser la barre des tâches. Par défaut la barre des tâches de Windows 10 Creator Update contient le bouton Démarrer, la zone de recherche de Cortana, l'icône Affichage des tâches, les boutons Microsoft Edge, Explorateur de fichiers, Windows Store, et Courrier.

» **La Corbeille :** vous y envoyez ou déposez les fichiers et les dossiers dont vous n'avez plus besoin. Il est cependant possible de les récupérer en cas d'erreur. Ouf !

Ces éléments sont décrits plus loin dans ce chapitre et tout au long de ce livre. Voici cependant quelques informations à leur sujet :

» Les possesseurs de PC et du bureau et d'ordinateurs portables peuvent démarrer de nouveaux projets directement sur le bureau. Cliquez du bouton droit sur une partie vide de son arrière-plan, c'est-à-dire la photo ou la couleur unie qui couvre toute la surface de votre écran. Dans le menu contextuel qui apparaît, choisissez Nouveau. Cliquez ensuite sur l'une des options proposées, comme la création d'un document ou encore la compression d'un dossier.

» Vous vous demandez quelle fonction remplit un certain élément placé sur le bureau ? Immobilisez le pointeur de la souris dessus et une petite info-bulle vous renseignera. Cliquez du bouton droit sur cet élément, et Windows affichera généralement un menu proposant diverses actions. Cette manipulation fonctionne avec la plupart des icônes et des boutons que vous trouvez sur votre bureau avec ses programmes.

» Toutes les icônes du bureau peuvent soudainement disparaître (c'est le côté un peu caractériel de Windows). Pour les faire réapparaître, cliquez du bouton droit sur le fond d'écran et dans le menu, choisissez Affichage puis cochez l'option Afficher les éléments du bureau. Si cela ne suffit pas, essayez de désactiver le mode Tablette. Touchez l'icône du Centre de notifications (elle se trouve juste à la gauche de l'horloge, vers l'extrémité droite de la barre des tâches). Un volet s'ouvre sur le bord droit de l'écran. En bas de celui-ci, touchez le bouton qui indique Mode tablette (il doit devenir grisé). En effet, le mode Tablette masque la totalité du bureau.

Ouvrir des applications depuis le menu Démarrer

Le bouton Démarrer se trouve dans le coin inférieur gauche de l'écran. Un clic (ou un toucher) sur ce bouton, et le menu Démarrer apparaît ainsi que l'écran de démarrage. Le menu Démarrer liste les programmes et les applications, tandis que l'écran de démarrage propose des applications organisées dans des groupes. Il vous suffit alors de cliquer sur l'élément que vous voulez lancer (ou de le toucher).

Le menu Démarrer et l'écran de démarrage sont étudiés au Chapitre 2, mais voici un rapide rappel de ce que vous devez absolument savoir pour faire ami-ami avec Windows 10 :

1. **Cliquez sur bouton Démarrer, dans l'angle inférieur gauche de l'écran.**

   Le menu Démarrer apparaît (voir la Figure 3.2) avec sur sa droite l'écran de démarrage. Si votre appareil fonctionne en mode Tablette, le l'écran de démarrage remplit tout l'écran (nous allons y revenir plus loin dans ce chapitre).

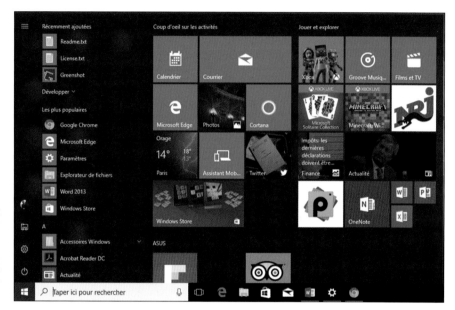

FIGURE 3.2
Si vous trouvez l'application voulue dans le menu Démarrer, cliquez sur son nom ou sur sa vignette pour l'exécuter.

   Le menu Démarrer affiche automatiquement en haut de la colonne de gauche les noms des applications et des programmes auxquels vous avez accédé récemment. Sur la droite, vous trouvez l'écran de démarrage avec ses d'applications.

2. **Si vous voyez dans la liste de menu Démarrer le nom de l'application ou d'un programme que vous voulez ouvrir, cliquez dessus.**

   Aussitôt, la fenêtre de l'application ou du programme s'ouvrira sur l'écran, prête à exécuter vos ordres.

3. **Vous ne le voyez pas ? Tapez son nom et si cette application existe dans l'ordinateur, Windows l'affichera.**

Un autre moyen de faire apparaître le menu Démarrer consiste à appuyer sur la touche Windows du clavier.

Une fois que vous avez ouvert une application ou un programme, vous allez forcément vouloir la ou le refermer un jour. J'y reviendrais dans le Chapitre 4. Mais il y a un petit truc à connaître : cliquez sur la croix qui se trouve en haut et à droite d'une fenêtre, et celle-ci se referme (peut-être après vous avoir demandé de sauvegarder votre travail en cours).

Pour encore plus d'informations sur le menu Démarrer, reportez-vous au Chapitre 2.

Personnaliser l'arrière-plan du bureau

Pour décorer votre bureau, Windows le couvre d'une jolie image. C'est ce qu'on appelle l'*arrière-plan* du bureau.

Si vous êtes lassé de celle que vous impose Windows, remplacez-le par une image enregistrée sur votre ordinateur :

1. **Cliquez sur le bouton Démarrer.**

2. **Dans la colonne de gauche du menu Démarrer, cliquez sur l'icône Paramètres (engrenage).**

   La fenêtre de l'application Paramètres de Windows va apparaître.

3. **Cliquez sur l'icône Personnalisation.**

   La fenêtre Personnalisation s'affiche. Elle montre les options proposées par la rubrique Arrière-plan.

4. **Cliquez sur une des images de la section Choisir votre image, et Windows l'affiche aussitôt à l'arrière-plan du bureau (voir la Figure 3.3).**

   Pas d'imagettes ? Alors ouvrez le menu local Arrière-plan et choisissez Image. Facile non ?

5. **Cliquez sur le bouton Parcourir pour accéder aux photos qui se trouvent dans le dossier Images, ou dans d'autres emplacements.**

   La plupart des gens stockent leurs photos numériques dans leur dossier Images (nous verrons dans le Chapitre 4 comment naviguer dans les dos-

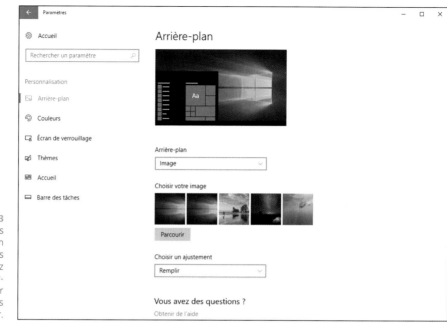

FIGURE 3.3
Essayez différents
arrière-plans en
cliquant sur les
imagettes. Cliquez
sur le bouton Par-
courir pour trouver
d'autres photos
dans l'ordinateur.

siers). Si vous avez choisi de synchroniser les clichés pris avec votre tablette ou votre smartphone avec OneDrive, ils apparaîtront dans votre dossier Pellicule.

6. **N'hésitez pas à visionner différentes images pour voir le résultat.**

   Lorsque vous êtes satisfait(e), quittez l'application Paramètres en cliquant sur sa case de fermeture, la croix qui se trouve en haut et à droite de sa fenêtre.

Voici quelques conseils pour vos fonds d'écran en général :

» Le menu local Choisir un ajustement, en bas de la fenêtre Arrière-plan, permet de choisir si les images ne sont pas homothétiques, c'est-à-dire aux mêmes proportions que la résolution de votre écran, doivent être étirées sans déformation, ou affichées entre des bandes noires, ou étirées, ou répétées pour remplir tout l'écran. Les options Remplir, Ajuster et Vignette conviennent aux photos de petites dimensions, comme celles prises avec des téléphones mobiles.

» Avec Microsoft Edge, le navigateur Internet de Windows 10, il est très facile d'utiliser comme arrière-plan n'importe quelle photo trouvée sur Internet. Cliquez du bouton droit sur l'image affichée sur une page Web et, dans le menu contextuel qui apparaît, cliquez sur Enregistrer l'image sous. Windows va la copier dans votre dossier Images, et vous pourrez ensuite la choisir comme arrière-plan dans l'Étape 4 ci-dessus.

» Si vous ne voyez pas bien les icônes du bureau sur un fond d'écran, optez pour une couleur uniforme. À l'Étape 2 de la précédente procédure, choisissez Couleur unie dans la liste Arrière-plan. Sélectionnez ensuite l'une des couleurs proposées, ou cliquez sur Couleur personnalisée pour créer un coloris personnalisé.

» Le menu local Arrière-plan propose également une option Diaporama, qui fait défiler le contenu de votre dossier Images (ou d'un autre) selon une périodicité que vous choisissez. Mais, à l'usage, tout cela est plus fatigant pour les yeux que réellement plaisant, et consomme de surcroît des ressources dont vos applications et vos programmes pourraient bien avoir besoin.

» Pour modifier complètement l'aspect de Windows, choisissez l'option Thèmes dans le volet de gauche. Choisissez un thème dans la section Appliquer un thème. Pour personnaliser ce thème, cliquez ensuite sur les rubriques Arrière-plan, Sons, Couleur, et Curseurs de la souris pour configurer votre thème. Chaque thème change les couleurs des boutons, bordures et autres éléments, comme expliqué au Chapitre 12 (si vous téléchargez des thèmes depuis l'Internet, vérifiez-les avec un antivirus, ainsi que je le préconise au Chapitre 11).

Basculer entre le mode Tablette et le bureau

Certaines personnes préfèrent utiliser Windows 10 sur leur tablette. D'autres préfèrent que leur tablette affiche le bureau en lui ajoutant un clavier et une souris. D'autres encore veulent le meilleur des deux mondes en permanence. En fait, tout le monde a raison. Les tablettes sont bien adaptées pour y glisser vos doigts, mais le bureau marche mieux quand il est accompagné d'un clavier et d'une souris.

Pour faire plaisir à tout le monde, Windows 10 permet d'activer ou de désactiver le mode Tablette. Lorsque celui-ci est activé (encore faut-il que votre écran ait une diagonale d'au moins 8 pouces), vos applications et vos programmes occupent la totalité de l'écran (et c'est d'ailleurs aussi le cas de l'écran de démarrage). Ce mode ajoute également un subtil espacement entre les menus et les icônes pour que vos doigts les trouvent plus facilement (d'accord, un seul doigt, c'est bien aussi).

En règle générale, Windows détecte votre manière de travailler et il ajuste automatiquement le mode Tablette (il appelle ce comportement d'un nom assez curieux :

Continuum). Mais si vous remarquez que Windows ne se place pas dans le bon mode, vous pouvez procéder manuellement en suivant ces étapes :

1. Cliquez sur l'icône du Centre de notifications.

Cette icône se trouve près du côté droit de la *barre des tâches*, le bandeau qui se trouve en bas de votre écran.

Le volet du Centre de notifications apparaît (voir la Figure 3.4).

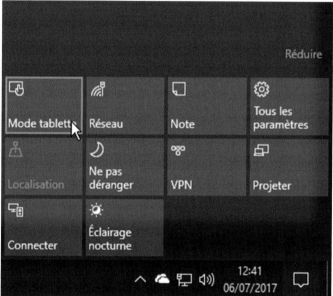

FIGURE 3.4
Les boutons du
Centre de notifica-
tions permettent
d'accéder direc-
tement à divers
réglages, dont le
mode Tablette.

2. Tapez sur le bouton Mode tablette, vers le bas du Centre de notifications, pour l'activer.

Dans ce cas, le bouton devrait être mis en surbrillance. Autrement dit, il devrait s'afficher dans une teinte bleutée. Lorsqu'il est grisé, le mode Tablette est désactivé et le bureau se comporte normalement.

Pour accéder au volet des notifications sur un écran tactile, effleurez celui-ci vers le centre en partant de la droite de l'écran.

Plongée dans la Corbeille

La Corbeille de Windows, que vous devriez voir dans le coin en haut et à gauche de votre écran, fonctionne de la même manière qu'une véritable corbeille à papier :

vous pouvez y jeter ce dont vous n'avez pas besoin, et récupérer les éléments qui sont finalement encore utiles.

Vous pouvez la remplir de plusieurs manières :

» Cliquez du bouton droit sur l'élément à jeter puis, dans le menu, cliquez sur Supprimer. Windows demande prudemment de confirmer la suppression. Cliquez sur Oui et hop !, il part à la corbeille.

» Plus rapide encore : cliquez sur l'élément et appuyez sur la touche Suppr de votre clavier.

» Glissez et déposez l'élément dans la Corbeille.

Vous voulez récupérer un élément ? Double-cliquez sur l'icône de la Corbeille pour voir ce qu'elle contient. Cliquez droit sur l'élément que vous voulez récupérer. Dans le menu qui s'affiche, cliquez sur Restaurer (voir la Figure 3.5). Pour restaurer la totalité du contenu de la Corbeille, choisissez Restaurer tous les éléments dans l'onglet affiché en haut de la fenêtre. Pour ne restaurer que quelques éléments, sélectionnez-les puis cliquez sur le bouton Restaurer les éléments sélectionnés.

 Une autre technique consiste à faire glisser un élément sur le bureau. Et réciproquement...

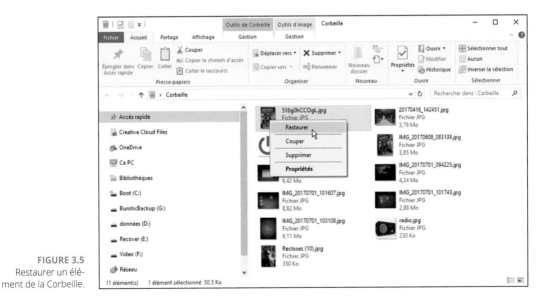

FIGURE 3.5
Restaurer un élément de la Corbeille.

La Corbeille se remplit vite. Pour trouver rapidement ce que vous avez supprimé récemment, cliquez du bouton droit dans une partie vide de la Corbeille et, dans le menu qui apparaît, choisissez Trier par, puis Date de suppression.

Pour supprimer *définitivement* un élément, supprimez-le depuis la Corbeille. Pour cela, cliquez dessus et appuyez sur la touche Suppr de votre clavier, ou sur le bouton Supprimer de l'onglet Accueil. Dans le message demandant confirmation de votre intention, cliquez sur Oui. Pour vider la Corbeille, cliquez sur le bouton éponyme de l'onglet Gestion de la fenêtre de la Corbeille.

Pour supprimer un élément sans le faire transiter par la Corbeille, appuyez sur les touches Maj + Suppr. C'est un moyen radical pour supprimer des documents confidentiels, comme une mise en demeure de payer ou une lettre d'amour torride.

» Lorsque la Corbeille contient ne serait-ce qu'un seul élément, son icône montre une corbeille pleine, débordant de papiers.

» La Corbeille ne conserve que les éléments supprimés sur le bureau. Tout ce que vous supprimeriez à partir d'une applications, sur une clé USB, dans la carte mémoire d'un appareil photo, dans un lecteur MP3 ou sur un CD réinscriptible, entre autres, est définitivement effacé.

» Si vous ne souhaitez pas conserver une trace des fichiers supprimés, ouvrez la boîte de dialogue Propriétés de la Corbeille en faisant un clic du bouton droit sur son icône. Ensuite, activez l'option Ne pas déplacer les fichiers vers la Corbeille. Cette option est très très très dangereuse ! Vous risquez de vous en mordre les doigts !

» La Corbeille conserve tous les fichiers supprimés tant que la limite de 5 % de la capacité du disque dur n'est pas atteinte. Ensuite, elle efface les fichiers les plus anciens pour faire de la place. Si votre disque dur est d'une taille plutôt modeste, vous pouvez réduire la place allouée à la Corbeille. Pour cela, cliquez du bouton droit sur son icône et, dans le menu, choisissez Propriétés. Ensuite, dans Taille personnalisée, réduisez la taille maximale. Bien entendu, le contraire est aussi possible.

» Vous avez bêtement vidé la Corbeille ? Il est néanmoins possible de récupérer son contenu avec la fonction de sauvegarde nommée Historique des fichiers, décrite au Chapitre 13.

» Quand vous supprimez des fichiers dans l'ordinateur de quelqu'un d'autre, par le réseau informatique, il n'est plus possible de les récupérer. La Corbeille ne recueille que les fichiers effacés par la personne qui utilise l'ordinateur où se trouve la Corbeille. Sur un ordinateur distant, le fichier disparaît définitivement. Sachez-le et soyez prudent.

La barre des tâches

Dès que plusieurs fenêtres sont ouvertes simultanément, vous êtes confronté à un petit problème de logistique : les fenêtres ont tendance à se chevaucher, ce qui complique leur repérage. Pire encore : des programmes comme des navigateurs Web ou Word peuvent ouvrir de nombreuses fenêtres. Comment s'en sortir dans cette pagaille ?

La solution réside dans la *barre des tâches,* une zone spéciale dans laquelle se trouvent les icônes de tous les programmes ouverts et leurs fenêtres. Représentée sur la Figure 3.6, elle se trouve tout en bas du bureau et Windows la met constamment à jour.

FIGURE 3.6
Survolez le bouton
dans la barre des
tâches pour voir les
vignettes des dos-
siers ou documents
ouverts.

 Windows 10 maintient la barre des tâches fermement en place, mais en mode Tablette, elle n'affiche pas les icônes des applications ou des programmes ouverts. Dans ce cas, vous devez utiliser le bouton Affichage des tâches pour choisir l'application à basculer au premier plan.

 La barre des tâches est aussi le lieu de prédilection pour démarrer vos programmes favoris. Elle évite le détour par le menu Démarrer ou l'écran de démarrage.

Lorsqu'une icône est soulignée d'un trait bleu dans la barre des tâches, cela signifie qu'elle est actuellement ouverte (comme sur la Figure 3.6).

Vous vous demandez à quoi correspondent les icônes dans la barre des tâches ? Immobilisez le pointeur sur l'une d'elles et vous verrez, soit le nom du programme, soit une vignette montrant le contenu de sa fenêtre, comme sur la Figure 3.6 (ou vous pouvez voir l'application l'Explorateur de fichiers dont trois de ses fenêtres sont ouvertes).

La barre des tâches permet d'exécuter les tâches suivantes :

» **Démarrer un programme réduit dans la barre des tâches :** cliquez sur son icône et la fenêtre du programme se déploie aussitôt à l'écran, par-dessus celles qui s'y trouvent déjà, prête à être utilisée. Cliquer de nouveau sur la même icône réduit le programme dans la barre des tâches.

» Chaque fois qu'un programme ou qu'une application est ouvert sur le bureau, son icône est visible dans la barre des tâches. Si vous ne trouvez pas une fenêtre sur le bureau, en particulier parce qu'elle est recouverte par beaucoup d'autres, cliquez sur son icône dans la barre des tâches pour la ramener au premier plan.

» **Fermer un programme :** cliquez du bouton *droit* sur son icône, dans la barre des tâches, et choisissez Fermer la fenêtre (ou Fermer toutes les fenêtres selon le cas). Le programme se ferme exactement comme si vous aviez choisi la commande Quitter. Il vous sera demandé d'enregistrer le travail si cela n'a pas encore été fait.

» La présence d'un trait fin sous une icône de la barre des tâches vous indique que l'application ou le programme correspondant est en cours d'exécution.

» **Déplacer la barre des tâches :** elle se trouve traditionnellement en bas de l'écran, mais vous pouvez la tirer contre n'importe quel autre bord (si cela ne fonctionne pas, cliquez dessus du bouton droit et dans le menu, désactivez l'option Verrouiller la barre des tâches).

» **Masquer ou non la barre des tâches :** cliquez du bouton droit sur la barre des tâches et dans le menu, choisissez Paramètres de la barre des tâches. Dans la fenêtre des paramètres qui s'ouvre, activez ou désactivez le commutateur Masquer automatiquement la barre des tâches (en mode bureau et/ou en mode tablette). Lorsqu'elle est masquée, elle réapparaît en approchant le pointeur de la souris du bord où elle se trouve.

» **Épingler une application ou un programme sur la barre des tâches :** dans le menu Démarrer ou l'écran de démarrage, cliquez droit sur l'application ou le programme. Dans le menu qui s'affiche, choisissez Plus/Épingler à la barre des tâches. Vous pouvez alors y accéder d'un clic, sans avoir besoin d'ouvrir le menu Démarrer. Et si vous changez d'avis, répétez cette action en choisissant l'option Détacher de la barre des tâches.

Réduire des fenêtres dans la barre des tâches et les réafficher

« Windows » se traduit par « fenêtres » et ce n'est pas pour rien. En effet, lorsque vous écrivez un courriel, vous y procédez dans une fenêtre. Quand vous vérifiez les coordonnées d'un contact, elles s'affichent dans une fenêtre. Quand vous désirez jeter un coup d'œil sur un site Internet, la page visitée s'ouvre aussi dans une fenêtre. En un rien de temps, l'écran est rempli de fenêtres.

Pour éviter d'être débordé par ce déferlement de fenêtres, Windows contient une fonctionnalité fort utile : la possibilité de placer les fenêtres dans la barre des tâches située en bas de l'écran. Pour cela, vous devez cliquer sur leur bouton Réduire.

Avez-vous remarqué les trois boutons qui se trouvent en haut à droite de presque chaque fenêtre ? Cliquez sur le bouton *Réduire* d'une fenêtre – celui avec un petit tiret – et elle disparaît aussitôt de l'écran tandis que l'icône de l'application ou du programme reste sagement rangée dans la barre des tâches.

Pour rétablir la fenêtre minimisée, cliquez sur son icône dans la barre des tâches. Vraiment simple, non ?

>> Vous vous demandez quelle peut bien être l'icône que vous recherchez, parmi toutes celles de la barre des tâches ? Survolez-les avec le pointeur de la souris et vous verrez apparaître une vignette de la fenêtre ainsi que le nom du programme.

>> Quand vous réduisez une fenêtre, vous ne supprimez pas son contenu et vous ne fermez pas le programme. Quand vous rétablissez une fenêtre, elle s'ouvre à la même taille et avec le même contenu qu'au moment où vous l'aviez réduite.

Exécuter des actions à partir de la barre des tâches

La barre des tâches de Windows ne se limite pas à l'ouverture de programmes et à basculer d'une fenêtre à l'autre. Vous pouvez également exécuter diverses tâches grâce à un clic du bouton droit. Comme le montre la Figure 3.7, le clic du bouton droit sur l'icône de l'Explorateur de fichiers affiche une liste des dossiers récemment visités. Cliquez sur l'un d'eux pour y accéder aussitôt.

Ces *listes de raccourcis* permettent de répéter rapidement des actions effectuées précédemment. Et elles sont présentes, même si l'application ou le programme correspondant a été refermé.

La barre des tâches et ses zones sensibles

Comme un joueur de poker, la barre des tâches cache quelques atouts dans sa manche. En particulier, toute la partie droite de cette barre révèle une série d'icônes et de boutons qui jouent un rôle particulier et fort utile (voir la Figure 3.8). On l'appelle souvent la *zone de notification*.

Ces icônes peuvent varier selon l'ordinateur et les logiciels qui y ont été installés, mais vous y trouverez sans doute celles-ci :

» **Minimiser les fenêtres :** le petit bandeau vertical qui se trouve tout à fait à droite de la barre des tâches réduit instantanément toutes les fenêtres ouvertes. Cliquez à nouveau dessus pour les remettre en place. Laissez quelques instants le pointeur de la souris survoler ce bouton, et vous obtenez une vue *très* allégée de vos fenêtres.

» **Heure :** cliquez dessus pour afficher un calendrier. Pour changer de date et d'heure, voire ajouter un fuseau horaire, cliquez sur Paramètres de date et d'heure, comme expliqué au Chapitre 12.

» **Localisation :** sa présence indique que la machine partage votre position avec une application, par exemple lorsque vous consultez une carte ou que vous recherchez quelque chose à proximité.

» **Bluetooth :** cliquez sur cette icône pour configurer une connexion Bluetooth. Ce type de liaison radio est décrit au Chapitre 12.

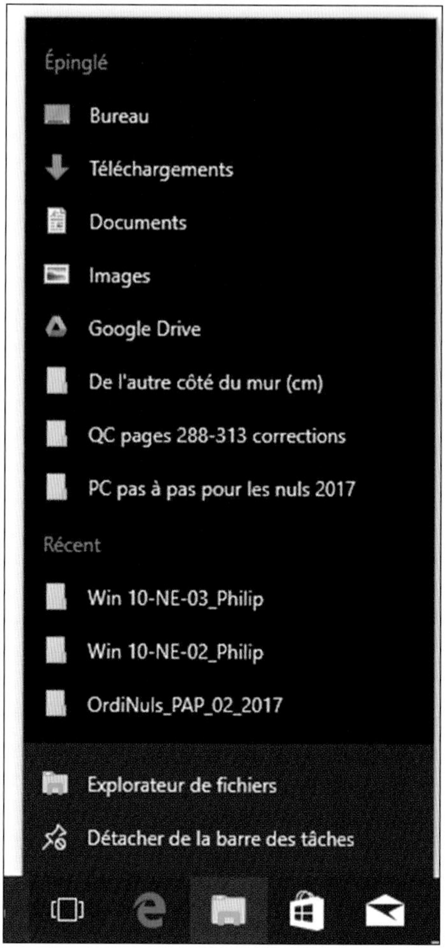

FIGURE 3.7
Les diverses actions exécutables depuis le menu contextuel de la vignette de l'Explorateur de fichiers.

FIGURE 3.8
Cliquez sur la flèche
pour voir les icônes
cachées dans la
zone de notification
de la barre des
tâches.

» **Retirer un périphérique en toute sécurité :** cliquez sur l'icône avant de retirer un périphérique comme une clé USB, un lecteur MP3, un disque dur externe, etc. Windows s'assurera qu'aucun fichier n'est en cours de lecture ou d'écriture avant de vous autoriser à ôter le périphérique.

» **Centre de notifications :** il signale des messages envoyés par le système et permet d'effectuer divers réglages.

» **Réseau filaire :** apparaît lorsque la connexion au réseau ou à Internet est établie par un câble Ethernet. Une croix signale que l'ordinateur est déconnecté.

» **Réseau Wi-Fi :** apparaît lorsque la connexion Wi-Fi est établie. Plus l'icône affiche de barres, et plus votre connexion est forte. Une croix par-dessus cette icône signale que l'ordinateur est déconnecté du réseau.

» **Volume :** cliquez sur cette icône pour régler le volume de sortie du son (voir la Figure 3.9). Cliquez sur le petit haut-parleur pour couper le son (ou le rétablir). Vous pouvez également cliquer du bouton droit pour afficher un menu contextuel dans lequel vous découvrirez différentes commandes de paramétrage comme l'ouverture d'un mixeur ou bien encore l'accès aux réglages de la lecture ou de l'enregistrement. Un mixeur permet d'ajuster séparément le volume pour chaque programme, par exemple pour que le Lecteur Windows Media ne soit pas perturbé par les ennuyeux bips de Windows.

FIGURE 3.9
Régler le volume
sonore.

» **OneDrive :** lorsque Windows synchronise ses fichiers avec OneDrive, une petite barre mobile apparaît sous cette icône.

» **Secteur :** indique que l'ordinateur portable est alimenté par le courant secteur et que la batterie est en train d'être chargée.

» **Batterie :** indique que l'ordinateur portable fonctionne sur la batterie. Immobilisez la souris au-dessus de l'icône pour connaître le pourcentage de la charge.

» **Afficher les icônes cachées :** cette flèche, à gauche des icônes de la zone de notification, donne accès aux icônes qui ne sont pas affichées dans la barre. Nous y reviendrons à la section « Personnaliser la barre des tâches ».

Vous pouvez choisir les icônes qui devraient rester toujours visibles en cliquant sur le bouton Démarrer. Dans le menu Démarrer, choisissez l'icône Paramètres. Dans la fenêtre Paramètres Windows qui s'affiche, cliquez sur le bouton Système. Choisissez alors dans le volet de gauche l'option Notifications et actions. Dans la partie droite de la fenêtre, cliquez sur le lien Ajouter ou supprimer des actions rapides. Activez ou désactivez les vignettes des utilitaires que vous voulez voir ou non apparaître dans la Zone de notification de la barre des tâches.

DISCUTER AVEC CORTANA

Vous avez certainement remarqué le champ qui indique Taper ici pour rechercher, juste à droite du menu Démarrer. C'est *Cortana*, le nouvel assistant numérique de Windows 10. Cortana est là pour vous aider à trouver des informations, que ce soit sur votre ordinateur ou sur le Web.

Tapez par exemple dans ce champ quelques mots associés à l'un de vos fichiers, et Cortana devrait localiser celui-ci et afficher son nom. Vous n'avez plus qu'à cliquer dessus pour l'ouvrir. Cortana réalise le même travail si vous tapez le nom d'un réglage ou d'un programme.

Cortana comprend également vos commandes vocales. Cliquez sur le petit symbole de micro, à droite du champ, et énoncez votre commande. En fait, vous pouvez simplement commencer par dire les mots « Hey, Cortana ». Cela devrait suffire à réveiller le bon génie pour qu'il écoute ce que vous lui racontez et réponde à vos désirs les plus chers (d'accord, Cortana n'est quand même pas le génie de la lampe d'Aladin).

N'oubliez pas qu'il faudra un certain temps à Cortana pour qu'il ou elle s'habitue à votre voix, et qu'il vous faudra aussi un certain temps pour maîtriser son vocabulaire un peu limité. Je reviendrai sur Cortana dans le Chapitre 7.

Ouvrir le Centre de notifications

La partie droite de la barre des tâches est souvent truffée d'icônes. À moins d'avoir mémorisé la totalité de la section précédente, ce que je ne vous conseille pas, nombre d'entre elles sont assez mystérieuses. Pour en savoir un peu plus sur tout cela, cliquez sur l'icône des notifications (bulle de BD), juste à la droite de l'horloge. Le Centre de notifications va apparaître sur la droite de l'écran (voir la Figure 3.10).

Le Centre des notifications peut par exemple lister vos derniers messages, signaler des rendez-vous, vous interroger sur certaines mises à jour, et ainsi de suite. Il fournit également une rangée de boutons permettant d'accéder rapidement à certains réglages, dont en particulier ceux-ci, visibles sur la Figure 3.10 :

FIGURE 3.10
Le Centre des notifications affiche des informations, par exemple les derniers e-mails reçus, vos rendez-vous, ou encore les mises à jour de Windows.

>> **Mode tablette :** cliquez sur ou touchez ce bouton pour activer (le bouton est bleuté) ou désactiver (il devient grisé) le mode Tablette, évidemment préférable sur les écrans tactiles.

>> **Réseau :** affiche tous les réseaux Wi-Fi à portée du PC et permet de se connecter à l'un d'eux.

>> **Note :** ouvre l'application Notes.

>> **Tous les paramètres :** accède aux paramètres de Windows.

>> **Mode avion :** désactive toutes les communications Wi-Fi et Bluetooth. Les applications nécessitant un accès Internet ne sont plus opérationnelles.

» **Localisation :** activez ce bouton si vous acceptez (il devient bleuté) ou non (il est grisé) d'être localisé. La localisation est très précise sur un appareil doté d'un GPS, beaucoup moins sur un ordinateur.

» **Ne pas déranger :** désactive le son des alertes et des notifications.

» **Luminosité :** règle l'intensité lumineuse de l'affichage.

» **Bluetooth :** active ou désactive les communications par Bluetooth.

» **VPN :** configure puis utilise une communication VPN (*Virtual Private Network,* « réseau virtuel privé »). Un VPN est une connexion directe entre des ordinateurs distants.

» **Économiseur de batterie :** accède à des fonctions de gestion de l'énergie.

» **Projeter :** gère l'affichage lorsqu'un second écran ou un vidéoprojecteur est connecté au PC : écran du PC uniquement, dupliquer (le contenu des deux écrans est identique), étendre (les deux écrans forment un ensemble) ou deuxième écran uniquement. La connexion sans fil est prise en charge. Notez que ces fonctions sont également accessibles en appuyant sur les touches Windows + P.

» **Connecter :** demande à Windows de rechercher un appareil que vous avez connecté, généralement sans fil. Il peut par exemple s'agir d'un écran sans fil ou encore d'enceintes Bluetooth.

Les boutons en bas du Centre des notifications peut varier selon le matériel utilisé.

Si le bas du volet du Centre de notifications ne montre que quatre boutons, cliquez sur le mot Développer, juste en haut, pour voir tous les autres. Inversement, cliquez sur Réduire pour gagner de la place.

Voici quelques conseils pour gérer au mieux le Centre de notifications :

» Il peut arriver que le Centre de notifications se perde un peu dans les dates, et qu'il vous rappelle un rendez-vous d'avant-hier. Dans ce cas, pointez sur cette ligne, puis cliquez sur la croix qui apparaît à sa droite.

» Pour nettoyer totalement le Centre de notifications, cliquez sur les mots Effacer tout, en haut et à droite.

» Avec un écran tactile, vous pouvez accéder au Centre de notifications en effleurant l'écran vers la gauche à partir de son bord droit.

Personnaliser la barre des tâches

La barre des tâches est personnalisable. En ne plaçant dessus que les icônes des applications et des programmes que vous utilisez le plus souvent, vous éviterez bien des allers et retours dans le menu Démarrer.

À l'origine, la partie gauche de la barre des tâches ne contient que quatre icônes d'applications : Microsoft Edge, le nouveau navigateur Internet de Windows 10, l'Explorateur de fichiers, qui permet d'accéder à vos documents, Windows Store, l'ami de votre portefeuille, et Courrier l'application d'e-mail de Windows 10. Toutes ces icônes sont repositionnables les unes par rapport aux autres en les faisant glisser sur la barre des tâches.

Je ne reprends pas dans cette liste les éléments propres au système que sont le bouton Démarrer, la barre de recherche et le bouton qui affiche les tâches actives.

Pour placer, sur la barre des tâches, la vignette d'une application ou d'un programme que vous utilisez fréquemment, cliquez-droit dessus. Dans le menu contextuel qui apparait, cliquez sur Plus/Épingler à la barre des tâches. C'est tout !

Pour personnaliser encore plus la barre des tâches, cliquez-droit sur une partie vide. Dans le menu contextuel qui s'affiche, choisissez Paramètres de la barre des tâches. La fenêtre Barre des tâches apparaît. Vous paramétrerez la barre des tâches dans la section éponyme de cette fenêtre, comme le montre la Figure 3.11.

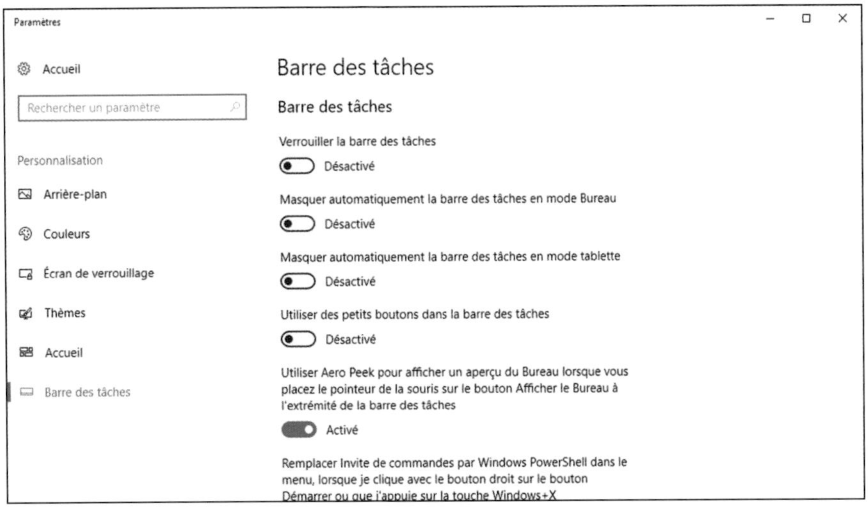

FIGURE 3.11
Les paramètres de la Barre des tâches permettent d'en personnaliser l'aspect et le comportement.

Le Tableau 3.1 explique les options du panneau et fournit quelques recommandations. Pour que certaines de ces options fonctionnent, vous devrez décocher la case Verrouiller la barre des tâches.

TABLEAU 3.1   Personnaliser la barre des tâches.

Commandes	Recommandations
Verrouiller la barre des tâches	Lorsque cette case est cochée, l'apparence de la barre des tâches n'est plus modifiable. Cela évite les changements par inadvertance. Bien entendu, vous devez d'abord la personnaliser à votre convenance.
Masquer automatiquement la barre des tâches en mode bureau (et en mode tablette)	Lorsque cette option est active, la barre des tâches disparaît en bas de l'écran lorsqu'elle n'est pas utilisée. Approchez le pointeur de la souris du bord inférieur pour la faire réapparaître. On aime ou on n'aime pas, c'est selon.
Utiliser des petits boutons dans la barre des tâches	La hauteur de la barre des tâches ainsi que ses icônes sont réduites à la moitié de leur taille. Cette option est commode pour les petits écrans.
Utiliser Aero Peek...	Normalement, immobiliser le pointeur de la souris dans le coin inférieur droit de l'écran rend toutes les fenêtres transparentes, ce qui permet de voir le bureau. Pour désactiver cet effet, décochez l'option Passage furtif sur le bureau.
Remplacer Invite de commandes...	Cette option ne concerne que les programmeurs. Normalement, des commandes apparaissant en cliquant du bouton droit sur le bouton Démarrer permettent d'afficher la fenêtre Invite de commandes. Cette fenêtre sert à créer des lignes commandes en langage MS-DOS (une vieillerie, mais encore fort utile pour ceux qui s'y connaissent). Activer cette option permet de faire de même, mais dans un environnement de programmation plus proche d'Unix.
Afficher les badges sur les boutons de la barre des tâches	La présence d'un badge sur un bouton de la barre des tâches signale une alerte, qui vous indique qu'une activité est en cours ou doit être effectuée pour cette application.
Position de la barre des tâches	La barre des tâches peut être placée contre n'importe quel bord de l'écran. Choisissez dans ce menu celui que vous préférez.
Combiner les boutons de la barre des tâches	Lorsque vous ouvrez de nombreux programmes et fenêtres, Windows évite d'encombrer la barre des tâches en groupant les boutons similaires sous un seul. Par exemple, toutes les fenêtres Word sont liées à un seul bouton Word. Pour cela, conservez l'option Toujours combiner, et masquer le texte.
Zone de notification	Permet de définir quelles icônes doivent apparaître dans la zone de notification. Personnellement, je choisis systématiquement d'afficher toutes les icônes et les notifications. Si plusieurs écrans sont utilisés, la section Plusieurs écrans gère l'apparition de la barre des tâches sur les différents écrans.

Essayez les diverses options des propriétés de la barre des tâches. L'activation prend effet instantanément. Le résultat ne vous convient pas ? Rétablissez simplement l'état précédent de l'option.

Après avoir configuré la barre des tâches à votre guise, cochez la case Verrouiller la barre des tâches. Dans le menu contextuel qui apparait lorsque vous cliquez-droit sur celle-ci.

Créer et configurer de multiples bureaux

Certaines personnes connectent deux moniteurs à leur ordinateur de manière à pouvoir travailler plus efficacement sur des images ou des documents. Il est ainsi possible, par exemple, d'afficher d'un côté une feuille de calcul, et de l'autre un rapport en cours de rédaction sur les données de la feuille (j'explique comment ajouter un second moniteur dans le Chapitre 12).

Si votre PC ne dispose pas d'une sortie pour y brancher un second écran), Windows 10 vous offre le moyen de disposer de plusieurs bureaux sur un *seul* écran. Ces bureaux *virtuels* permettent de passer d'une configuration de travail (ou de loisirs) à une autre sans aucun investissement supplémentaire. Ceci peut être pratique si la taille de votre écran est réduite au point de ne pas pouvoir afficher plusieurs fenêtres côté à côte. Au lieu de jongler entre les fenêtres, il vous suffit de passer d'un bureau à l'autre.

Pour créer et utiliser des bureaux virtuels, suivez ces étapes :

1. **Cliquez dans la barre des tâches sur le bouton Affichage des tâches. Cliquez ensuite sur le bouton Nouveau bureau en bas et à droite de l'écran.**

   Lorsque vous cliquez sur (ou touchez) le bouton Affichage des tâches, l'écran s'obscurcit et il affiche des vignettes montrant toutes vos applications et tous vos programmes actifs. Dans le coin inférieur droit de l'écran, la mention Nouveau bureau apparaît (voir la Figure 3.12).

   Quand vous cliquez sur le bouton Nouveau bureau, le bas de l'écran révèle deux vignettes : l'une pour le bureau actuel (appelé par défaut Bureau 1), et une autre pour le nouveau bureau, dénommé Bureau 2 (voir la Figure 3.13).

2. **Cliquez sur la vignette du nouveau bureau, et celui-ci s'affiche à l'écran.**

À ce stade, votre nouveau bureau se contente de répliquer votre bureau d'origine. Rien n'y est ouvert, ni application, ni programme.

C'est fait. Vous avez créé un second bureau virtuel, et vous l'avez activé. Votre autre bureau est toujours bel et bien là, dans l'état où vous l'avez laissé, et il suffit de passer à nouveau par le bouton Affichage des tâches pour le retrouver.

Certaines personnes aiment les bureaux virtuels. D'autres les trouvent sans intérêt et pensent qu'ils constituent plutôt une source de confusion. Si votre cœur balance, voici quelques conseils pour vous aider à vous décider :

» Pour passer d'un bureau à un autre, cliquez sur le bouton Affichage des tâches. Cliquez ensuite sur le nom du bureau que vous voulez activer (repor-tez-vous à la Figure 3.13).

» Pour voir les fenêtres ouvertes dans chaque bureau, cliquez également sur le bouton Affichage des tâches. Survolez ensuite la vignette du bureau voulu. Les aperçus des applications et des programmes qui y sont ouverts vont s'afficher. Il vous suffit alors de cliquer sur l'aperçu voulu pour retrouver la fenêtre correspondante.

» Pour supprimer un bureau, cliquez une fois de plus sur le bouton Affichage des tâches. Survolez le bureau virtuel superflu, puis cliquez sur la croix qui apparaît au-dessus et à droite de sa vignette, comme sur la Figure 3.14. Toutes les fenêtres qui y étaient ouvertes vont se déplacer vers votre bureau original, *réel*. Vous ne perdez donc rien, ce qui est évidemment très impor-tant.

» Il est aussi possible de supprimer de cette manière le bureau *réel*. Dans ce cas, c'est le bureau virtuel qui devient réel, et qui récupère toutes les applica-tions et les programmes du premier.

FIGURE 3.14
Supprimer un
bureau virtuel.

>> Vous pouvez reprendre les étapes décrites ci-dessus pour créer encore plus de bureaux virtuels. Attention cependant à la consommation de mémoire que cette multiplication des bureaux peut générer.

>> Si vous aimez jouer avec votre clavier, appuyez en même temps sur les touches Windows, Ctrl et D. Immédiatement, un nouveau bureau vierge apparaît. En appuyant maintenant sur la combinaison touche Windows + Tab, vous activez directement la vue Affichage des tâches, et vous retrouvez donc tous vos bureaux, ainsi que toutes les fenêtres ouvertes.

>> Pour déplacer une fenêtre d'un bureau à un autre, cliquez sur le bouton Affichage des tâches. Ensuite, cliquez droit sur l'aperçu de la fenêtre que vous voulez déplacer. Dans le menu qui s'affiche, choisissez un numéro de bureau, ou encore l'option Nouveau bureau. Une autre méthode consiste à faire glisser l'aperçu de la fenêtre sur la vignette de son bureau de destination.

Les bureaux sont numérotés dans l'ordre de leur création.

Faciliter la recherche des programmes

Lorsque vous installez un nouveau programme, le programme d'installation pose généralement quelques questions plus ou moins absconses. Mais attention si le programme d'installation propose de placer un raccourci sur votre bureau ou dans la barre des tâches.

Dans ce cas, répondez oui sans hésiter, car vous éviterez ainsi d'avoir à fouiller dans le menu Démarrer pour y retrouver le nom ou la vignette du programme.

Par contre, si certains de vos programmes favoris n'ont pas ajouté leur propre icône sur votre bureau, vous pouvez facilement réparer ce regrettable oubli :

1. **Ouvrez le menu Démarrer.**

2. **Cliquez du bouton droit sur le nom du programme ou de l'application que vous voulez voir apparaître sur la barre des tâches. Dans le menu qui s'affiche, choisissez Plus > Épingler à la barre des tâches.**

Ce principe vaut pour les vignettes des applications de l'écran de démarrage.

Avec un écran tactile, il suffit de maintenir le doigt appuyé sur la vignette voulue. Dès qu'elle change de taille, relâchez votre pression. Touchez alors Plus > Épingler à la barre des tâches dans le menu qui s'affiche.

Au lieu d'aller rechercher le programme dans le menu Démarrer ou l'écran de démarrage, il vous suffira de cliquer sur son icône dans la barre des tâches.

Lorsque vous ne souhaitez plus qu'un programme soit affiché dans la barre des tâches, cliquez droit sur son icône et exécutez la commande Détacher de la barre des tâches.

Une dernière astuce pour les pros du clavier : appuyez simultanément sur la touche Windows et sur un chiffre. La fenêtre à laquelle Windows a affecté ce numéro (ne me demandez pas comment) s'ouvrira. Recommencez, et elle se réduit sur la barre des tâches. Magique !

Chapitre 4
Les bases du bureau de Windows

DANS CE CHAPITRE :

» **Comprendre les différents éléments de Windows**

» **Manipuler les boutons, les barres et les boîtes**

» **Trouver les commandes dans le ruban**

» **Comprendre le volet de navigation**

» **Déplacer des fenêtres et modifier leur taille**

» **Le bureau du bout du doigt**

L e menu Démarrer et l'écran de démarrage de Windows 10 apparaissent avec leurs couleurs vives, leurs grands caractères et leurs vignettes. Il est facile d'y toucher ses éléments ou de cliquer dessus.

En revanche, le bureau de Windows a de petits boutons monochromes, des caractères tout petits et des fenêtres au bord mince. Ces fenêtres sont souvent encombrées d'éléments extrêmement variés, bien souvent avec des noms plus ou moins ésotériques et que les programmes voudraient que vous appreniez par cœur. Pour vous aider à vous y retrouver, ce chapitre vous propose un cours d'anatomie de Windows, et de navigation dans ses méandres.

Vous avez éventuellement besoin de vous repérer dans ce dédale, car les fenêtres ont tendance à s'accumuler les unes au-dessus des autres, et il est important de savoir comment les pousser dans les coins, et comment les ramener ensuite au milieu de la pièce, enfin, de l'écran.

Nous décortiquerons ici chaque partie d'une fenêtre afin que vous sachiez ce qui se passe lorsque vous cliquez ou touchez quelque chose. N'hésitez pas à cribler les marges de ce livre de notes aussi bien lorsque vous vous attardez sur le relativement simple menu Démarrer que quand vous vous plongez dans les fenêtres, puissantes mais compliquées, du bureau.

Analyse d'une fenêtre typique

La Figure 4.1 montre une fenêtre typique : celle du dossier Documents – le lieu de stockage par défaut de la majeure partie de votre travail –, dont tous les éléments sont étiquetés.

La mention « par défaut », figurant dans le précédent paragraphe, signifie que Windows propose systématiquement ce dossier de stockage lorsque vous enregis-

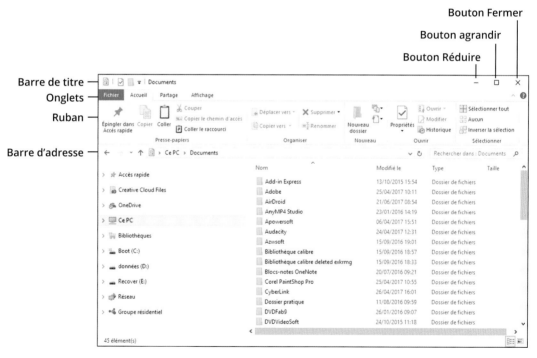

FIGURE 4.1
Terminologie des diverses parties d'une fenêtre de Windows.

trez des documents comme des fichiers texte (conçus dans le Bloc-notes, WordPad et autre Word), des feuilles de calculs, des présentations et j'en passe.

Les fenêtres se comportent différemment selon la fonction qu'elles remplissent. Les prochaines sections décrivent les principales partion du dossier Documents – celui de la Figure 4.1 –, comment et où cliquer, et comment Windows réagit en conséquence.

» Les anciens – enfin, pas si anciens que cela... – se souviennent que Windows appelait autrefois ce dossier *Mes documents*. Maintenant, c'est simplement *Documents*, mais c'est la même chose.

» Un épais panneau rempli de contrôles, le *ruban*, se trouve au-dessus de chaque dossier. Certaines personnes aiment les gros boutons et les menus du ruban. D'autres préfèrent l'ancien système de menus. Le ruban vous embête ? Cliquez sur la petite pointe placée sur la droite, juste à côté du point d'interrogation, pour le replier (et si vous cliquez une nouvelle fois dessus, il se déplie).

» Windows 10 n'affiche plus ses bibliothèques dans le volet de navigation, à gauche de la fenêtre. En fait, la plupart des gens ne s'en sont jamais souciés. Mais il est toujours possible de le retrouver si vous le souhaitez. Pour cela, ouvrez l'onglet Affichage de l'Explorateur de fichiers. Dans le groupe Volets (à gauche), ouvrez le menu local Volet de navigation, et choisissez Afficher les bibliothèques.

» Windows regorge de petits boutons, bordures et boîtes bizarroïdes. Il est inutile de retenir leurs noms, bien que cela puisse s'avérer utile lorsque vous aurez recours aux menus d'aide de certaines fenêtres. En cas de doute, reportez-vous à la Figure 4.1 et lisez les explications.

» Vous pouvez interagir avec la plupart de ces éléments en cliquant, en double-cliquant ou en cliquant du bouton droit (dans le doute, essayez toujours le clic du bouton droit).

» Vous utilisez un écran tactile ? Reportez-vous à l'encadré du Chapitre 3 où il est question du toucher lors de l'utilisation d'une tablette tournant sous Windows.

» Après avoir cliqué de-ci, de-là, vous vous rendrez compte combien il est facile d'obtenir la réponse souhaitée de la part de votre fenêtre. Le plus ardu est de trouver la bonne commande la première fois (un peu comme les nouveaux boutons sur un téléphone mobile ou les commandes d'un véhicule de location).

Les fenêtres et leur barre de titre

Située en haut de pratiquement chaque fenêtre, la barre de titre mentionne généralement le nom du programme et celui du fichier courant, ou encore du dossier ouvert. La Figure 4.2 montre celles de deux petits programmes de traitement de texte : WordPad (en haut) et le Bloc-notes (en bas). Dans les deux cas, le fichier n'a pas encore été enregistré ; c'est pourquoi leur nom est respectivement Document et Sans titre.

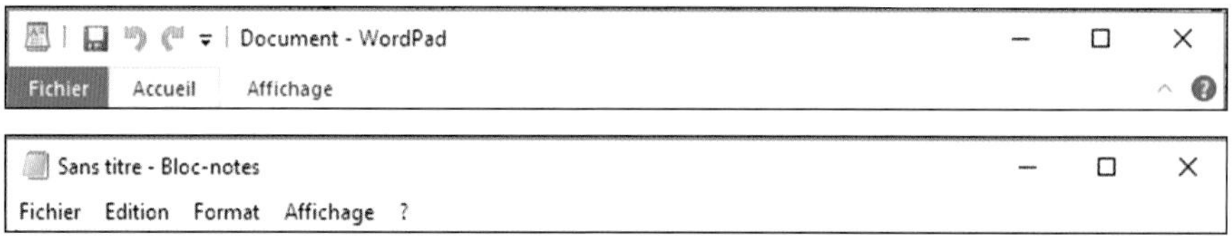

FIGURE 4.2
La barre de titre de
WordPad (en haut)
et du Bloc-notes
(en bas).

▦ | 🖫 ⤻ ⤸ ⬇ | Document - WordPad	— ☐ ✕
Fichier Accueil Affichage	⌃ ❓

▢ Sans titre - Bloc-notes	— ☐ ✕
Fichier Edition Format Affichage ?	

En dépit de son aspect anodin, la barre de titre contient bon nombre de fonctionnalités intéressantes :

>> La barre de titre permet de déplacer une fenêtre sur le bureau. Cliquez dessus – ailleurs que sur une icône – puis, sans relâcher le bouton de la souris, faites-la glisser. La fenêtre suit le mouvement de la souris. Relâchez le bouton de votre souris pour la déposer à son nouvel emplacement.

>> Double-cliquez dans une partie vide de la barre de titre, et la fenêtre emplit tout l'écran. Double-cliquez de nouveau dessus, et elle reprend ses dimensions d'origine.

>> Remarquez les petites icônes (ou boutons) qui s'entassent à gauche de la barre de titre de WordPad. Elles constituent la barre d'outils *Accès rapide* et appartiennent à ce que Microsoft appelle une *interface à ruban*. Ces icônes procurent un accès à un clic à certaines fonctions d'usage courant, comme enregistrer le document courant.

>> Trois boutons rectangulaires se trouvent à droite de la barre de titre des programmes *et* des applications. Ce sont, de gauche à droite, les boutons Réduire, Agrandir et Fermer. Nous les retrouverons un peu plus loin.

>> Repérer la fenêtre *active*, c'est-à-dire celle qui subit les effets de vos actions réalisées à la souris ou au clavier, demande des yeux d'aigle. En effet, elle se démarque des autres par le fait que son titre est plus foncé que celui des autres fenêtres, dont le titre est grisé. C'est plutôt subtil, mais en même temps cette distinction est plus « classe » que les couleurs plus ou moins criardes des anciennes versions de Windows.

GLISSER, DÉPOSER ET EXÉCUTER

Le glisser-déposer est une action aussi vieille que Windows, qui sert à déplacer ou repositionner un élément, par exemple une icône. Rien à voir avec le manuel du parfait petit tueur à gages.

Pour *faire glisser* un élément, placez le pointeur de la souris sur l'objet en question. Ensuite, maintenez enfoncé le bouton gauche, puis déplacez la souris. L'icône semble collée au pointeur. Parvenue à destination, relâchez le bouton et l'icône est *déposée*.

Sur un écran tactile, vous remplacez bouton par doigt, et vous obtenez le même résultat.

Vous pouvez déplacer un élément avec le bouton droit de la souris. Dans ce cas, un petit menu contextuel vous demande, après avoir déposé l'icône, si vous désirez la Copier ici ou la Déplacer ici, ou bien encore Créer un raccourci ici (un *raccourci*, c'est juste un lien qui renvoie à l'objet original)

Une petite astuce : vous avez déplacé quelque chose et vous vous rendez compte, au cours de l'opération, que vous vous êtes trompé d'élément ? Ne relâchez pas le bouton de la souris, mais appuyez sur la touche Échap pour annuler l'action. Trop tard ? Vous aviez effectué le déplacement avec le bouton droit de la souris et vous l'avez relâché trop tôt. Pas de souci : choisissez Annuler dans le menu qui s'affiche. Quoi ? C'était le bouton gauche ? Essayez alors d'appuyer tout de suite sur la *combinaison de touches* Ctrl + Z (combinaison, cela veut dire appuyer sur les deux touches en même temps). Normalement, cela suffit à renvoyer le fugueur à sa place.

Naviguer parmi les dossiers avec la barre d'adresse de la fenêtre

Directement sous le ruban se trouve la *barre d'adresse* (voir la Figure 4.3). Elle semblera familière à ceux qui surfent sur le Web, car elle rappelle beaucoup la barre d'adresse d'un navigateur Internet.

FIGURE 4.3
La barre d'adresse d'un dossier.

Les parties principales de la barre d'adresse – de gauche à droite dans les paragraphes qui suivent – ont chacune une fonction bien définie :

» **Boutons Précédent et Suivant :** ces deux boutons mémorisent votre itinéraire parmi les dossiers du PC. Le bouton Précédent vous ramène au dossier que vous venez de visiter (en amont). Le bouton Suivant vous ramène au dernier dossier (en aval).

» **Emplacements récents :** cliquez sur la minuscule flèche, à droite des deux boutons précédents, pour accéder à une liste des emplacements que vous avez déjà visités. Cliquez sur l'un d'eux pour y accéder aussitôt.

» **Bouton Niveau supérieur :** cliquez dessus pour remonter d'un niveau dans l'arborescence des dossiers. Par exemple, si vous avez ouvert le dossier « Trucs et choses » dans vos documents, cliquez sur cette flèche pour revenir à votre dossier Documents.

» **Barre d'adresse :** elle contient l'adresse du dossier actuellement ouvert, de la même manière qu'un navigateur Internet affiche l'adresse de la page courante. Cette adresse correspond plus exactement au *chemin* dans le disque dur. Par exemple, sur la Figure 4.3, l'adresse est *Ce PC, Images.* Elle indique que vous vous trouvez dans le dossier *Images* de *Ce PC. Ce PC* indique que la recherche du disque s'est faite sur *mon* ordinateur. Eh oui, ces histoires de dossiers sont suffisamment compliquées pour qu'un chapitre entier – le prochain – leur soit consacré.

» **Le champ Rechercher dans :** toutes les fenêtres de Windows 10 sont dotées d'un champ Rechercher dans, capable d'explorer le dossier et ses sous-dossiers à la recherche d'une donnée ou d'une information. Par exemple, si vous recherchez le mot **carotte**, Windows montrera tous les dossiers et fichiers contenant ce mot.

Remarquez, dans la barre d'adresse, les petits triangles noirs avant les mots *Ce PC, Images* (du moins sur la Figure 4.3). Cliquer dessus affiche un menu de tous les autres dossiers ou éléments se trouvant à ce niveau. C'est un moyen commode d'accéder à d'autres dossiers.

La barre d'adresse est également suivie d'un petit bouton en forme de flèche recourbée. Il sert à mettre à jour le contenu du dossier courant dans le cas où un changement serait intervenu avant que Windows n'ait eu le temps de s'en rendre compte.

Trouver les commandes sur le ruban

Encore plus impressionnantes que la carte d'un restaurant asiatique, les commandes de Windows sont innombrables et contextuelles en ce sens qu'elles varient en fonction de la fenêtre utilisée. Pour y accéder rapidement, elles ont été réparties dans différents onglets d'un ruban. Ce dernier se trouve en haut de chaque dossier (voir la Figure 4.4).

FIGURE 4.4
Les onglets d'un
ruban.

Chacun des onglets donne accès à différentes options. Pour les voir, cliquez sur l'un d'eux, Partage, par exemple. Le ruban se présente alors comme sur la Figure 4.5. Il contient toutes les options et commandes utiles pour le partage de fichiers.

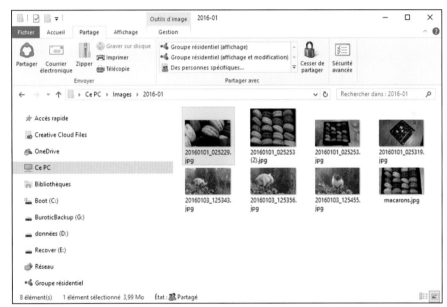

FIGURE 4.5
Cliquez sur un
onglet du ruban
pour voir ses com-
mandes.

Certaines options sont parfois indisponibles. Elles apparaissent alors en grisé, comme l'option Graver sur disque sur la Figure 4.5 (dans le dossier, l'élément sélectionné est une photo, qu'il n'est sans doute pas possible de graver sur un CD faute de graveur connecté à l'ordinateur).

Si vous cliquez par erreur sur le *mauvais* onglet dans le ruban, ce qui fait apparaître des commandes dont vous n'avez pas besoin, aucun souci : vous cliquez sur le *bon* onglet, et c'est tout !

Il n'est pas nécessaire de savoir combien de types de rubans il existe dans Windows, car ceux que vous pouvez utiliser sont automatiquement affichés. Par exemple, lorsque vous ouvrez le dossier Musique dans le volet de navigation, un onglet Lecture vient s'ajouter aux autres dès que vous sélectionnez un de ses éléments dans le volet central.

Si l'usage d'un bouton ne vous semble pas évident, immobilisez le pointeur de la souris dessus. Une *info-bulle* apparaît et explique sa raison d'être. Voici un bref descriptif des onglets et des boutons les plus courants :

» **Fichier :** présent à gauche dans chaque ruban, cet onglet sert principalement à ouvrir de nouvelles fenêtres et à accéder aux emplacements fréquemment visités. Il donne généralement aussi accès aux options du programme.

» **Accueil :** vous trouvez dans cet onglet, toujours affiché, les commandes permettant de copier, couper et coller, de déplacer ou supprimer les éléments sélectionnés, ou encore de renommer un fichier ou un dossier, d'accéder à ses propriétés et ainsi de suite.

» **Partage :** cet onglet permet de partager le contenu de votre ordinateur avec d'autres personnes, que ce soit en gravant un CD ou un DVD, en envoyant un document par e-mail, ou bien encore en lançant un partage sur le réseau. Le partage sur un réseau est expliqué au Chapitre 14.

» **Affichage :** les commandes de cet onglet servent à modifier l'aspect de la fenêtre. Par exemple, cliquez sur le bouton Très grandes icônes pour afficher en grand les vignettes des photos.

» **Gestion :** cet onglet contient des commandes propres au type de fichier que contient le dossier. Par exemple, vous trouverez un bouton Diaporama dans l'onglet Gestion des Outils d'image, ainsi que des boutons pour remettre droit la vignette d'une photo cadrée en hauteur, la choisir comme arrière-plan du bureau ou même la diffuser sur un dispositif multimédia connecté.

En fonction de l'élément sélectionné dans l'Explorateur de fichiers, l'onglet Gestion sera remplacé par un autre. Par exemple, lorsque vous sélectionnez un fichier musical ou vidéo, comme un fichier MP3 ou AVI, un onglet Lecture apparaît sous un onglet Outils de musique ou Outils de vidéo. Il contient des commandes de lecture spécifiques à chaque type de fichier.

Vous aimeriez que le ruban occupe moins de place ? Cliquez sur le petit chevron, en haut à droite de la fenêtre, juste à côté du point d'interrogation, pour n'afficher que les onglets. Ou alors, appuyez sur Ctrl + F1 : c'est plus rapide.

Le volet de navigation et ses accès rapides

Examinez un bureau – un vrai – et vous consta-terez que les objets les plus couramment utilisés sont à portée de main : le pot à crayons, l'agra-feuse, les tampons, la tasse de café et peut-être quelques miettes du sandwich de midi... C'est la même chose dans Windows : tous les éléments les plus fréquemment utilisés (hormis le café et les miettes) sont placés dans le volet de naviga-tion illustré sur la Figure 4.6.

Situé à gauche de chaque dossier, le volet de na-vigation est divisé en plusieurs rubriques : Accès rapide, OneDrive, Ce PC, Réseau et Groupe rési-dentiel. Cliquez sur l'une de ces rubriques, Ac-cès rapide par exemple, et son contenu apparaît dans le volet de droite.

 Si des disques durs sont connectés à l'ordina-teur, leur icône sera présente dans le Volet de navigation. En fonction des programmes instal-lés, d'autres dossiers ou lecteurs peuvent appa-raitre dans ce volet.

Les catégories Réseau et Groupe résidentiel n'apparaissent que si vous êtes connecté en ré-seau.

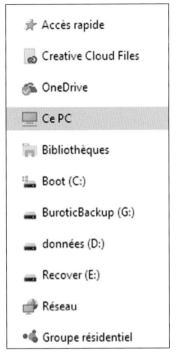

FIGURE 4.6
Le volet de navigation contient des accès vers les emplacements les plus visités.

Voici quelques précisions sur les parties du volet de navigation :

» **Accès rapide :** autrefois appelés Favoris, ces éléments sont des raccourcis vers les emplacements les plus fréquentés de Windows :

- **Bureau :** vous ne vous en doutiez peut-être pas, mais votre bureau est en réalité un dossier dont le contenu apparaît en permanence sur l'écran. Cliquer sur la ligne Bureau montre tout ce qui s'y trouve.

- **Téléchargements :** cliquez ici pour accéder aux fichiers téléchargés avec Microsoft Edge (ou Internet Explorer, ou n'importe quel autre navigateur) lors de vos pérégrinations sur le Web. C'est en effet là qu'ils se retrouvent.

- **Documents :** accède au contenu du dossier Documents qui regroupe des fichiers créés avec des applications et qui y sont enregistrés par défaut.

- **Images :** cette icône donne accès à votre photothèque numérique. Il s'agit du dossier de stockage de vos images par défaut quand, par exemple, vous les importez depuis un appareil photo numérique, ou que vous les copiez depuis un disque dur externe, une clé USB, ou une carte mémoire.

» **OneDrive :** affiche tout ce que vous avez stocké sur le fameux *cloud* (nuage informatique) qui vous est alloué lorsque vous créez un compte Microsoft. Cet espace de stockage distant vous permet de travailler sur vos fichiers, quel que soit l'endroit où vous séjournez dès lors que vous disposez d'un accès à Internet.

Par défaut, vous disposez de 5 Go de stockage. Au-delà, le service est payant. Mais il existe des moyens simples d'augmenter ce volume. Ainsi, demander à votre smartphone de sauvegarder ses photos sur OneDrive vous donne droit à de l'espace supplémentaire. Et vous abonner à Office 365 vous procure 1 To de stockage !

» **Ce PC :** cette section vous donne accès aux dossiers et aux disques durs de votre ordinateur. Vous y retrouvez d'ailleurs un certain nombre d'éléments qui figurent aussi sous l'accès rapide. Voyons cela d'un peu plus près

- **Bureau :** affiche tous les éléments actuellement stockés sur le bureau. Il peut s'agir de dossiers, de fichiers, et de raccourcis (refermez la fenêtre, et vous verrez votre bureau en chair et en icônes).

- **Documents :** accède au contenu du dossier Documents qui regroupe des fichiers créés avec des applications et qui y sont enregistrés par défaut. C'est vrai, je me répète.

- **Téléchargements :** cliquez ici pour accéder aux fichiers téléchargés avec votre navigateur Internet.

- **Musique :** cliquez sur Musique, puis double-cliquez sur un morceau pour l'écouter aussitôt. Il s'agit là aussi d'un espace de stockage par défaut pour faciliter la gestion de vos fichiers audio.

- **Images :** ce raccourci ouvre le dossier de stockage par défaut de vos images.

- **Vidéos :** un double-clic sur les séquences stockées dans ce dossier vous permettra de les visionner avec le lecteur par défaut.

- **Disque local (C:) :** c'est le nom que donne Windows à votre disque dur principal, celui qui contient le système d'exploitation et vos programmes. À moins que vous ne sachiez spécifiquement ce que vous recherchez, vous aurez du mal à le retrouver de cette manière. Autant passer par d'autres chemins.

- **Périphériques et lecteurs :** cette section du dossier Ce PC affiche tous les disques durs ou lecteurs flash connectés à votre ordinateur. Double-cliquez sur l'icône de celui dont vous souhaitez afficher les éléments

» **Bibliothèques :** Présentes seulement si vous avez exécuté la commande Afficher les bibliothèques du menu local Volet de navigation. Vous accédez alors aux traditionnelles bibliothèques Documents, Images, Musique, et Vidéos.

» **Réseau :** bien que les groupes résidentiels facilitent le partage des fichiers, la notion de réseau informatique existe toujours. C'est à cet endroit que s'affiche le nom des ordinateurs mis en réseau, y compris le vôtre.

Les éléments du réseau peuvent également inclure des disques durs partagés, des serveurs multimédias, des appareils connectés et même votre box.

» **Groupe résidentiel :** les groupes résidentiels permettent de partager facilement des informations entre plusieurs ordinateurs connectés sur un réseau familial. Cliquez sur ce bouton pour voir ce qui est partagé par les autres. Vous apprendrez dans le Chapitre 15 comment créer un groupe résidentiel.

Voici quelques conseils pour tirer le meilleur parti du volet de navigation :

» Ajoutez vos emplacements préférés dans la rubrique Accès rapide du volet de navigation. Cliquez sur un dossier ou un disque, puis faites-le glisser dans cette zone. Il se transforme alors en raccourci. Vous pouvez également cliquer du bouton droit sur l'élément voulu, puis choisir dans le menu qui s'affiche l'option Épingler dans Accès rapide. Inversement, faites un clic du bouton droit sur une icône que vous trouvez inutile, et choisissez la commande Supprimer de l'accès rapide. Bien entendu, cette action n'efface pas l'élément de son emplacement d'origine.

» Si vous êtes connecté à un réseau domestique ou professionnel, la rubrique Ce PC peut également inclure des éléments provenant d'autres ordinateurs, comme de la musique, des photos ou des vidéos. Vous pouvez ouvrir ces éléments comme s'ils se trouvaient sur votre propre ordinateur.

Se déplacer dans une fenêtre avec ses barres de défilement

Une barre de défilement apparaît au bord droit et/ou inférieur d'une fenêtre dès qu'elle est trop petite pour afficher tout son contenu (voir la Figure 4.7).

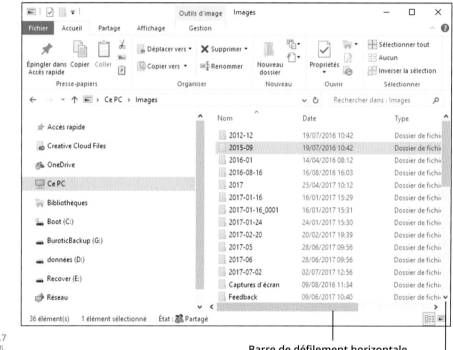

FIGURE 4.7
Les barres de défilement verticale et horizontale.

Barre de défilement horizontale

Barre de défilement verticale

À l'intérieur de la barre, un *curseur de défilement* monte et descend selon la partie d'une page qui est affichée. D'un seul coup d'œil sur le curseur, vous savez si vous êtes plutôt en haut, au milieu ou en bas du contenu d'une fenêtre.

Cliquer en différents endroits de la barre de défilement permet de se déplacer rapidement dans un document. Par exemple :

» Cliquer dans la barre dans la direction à afficher. Par exemple, cliquer au-dessus du curseur vertical déplace la vue d'une page vers le haut. Cliquer dessous la déplace d'une page vers le bas.

» La barre de défilement qui peut se trouver sur le bord droit du menu Démarrer, ou de sa liste d'applications et de programmes, est assez difficile à distinguer. Mais elle apparaît si vous y déplacez le pointeur de la souris. Faites-la glisser pour révéler les contenus cachés du menu Démarrer.

» Pas de curseur dans la barre de défilement, ou aucune barre visible ? Cela signifie que tout le contenu de la fenêtre est affiché. Il n'y a donc rien à faire défiler.

» Vous voulez parcourir rapidement le contenu d'une fenêtre ? Cliquez sur le curseur et tirez-le. Vous verrez le contenu de la fenêtre défiler à toute vitesse. Arrivé là où vous le vouliez, relâchez le bouton de la souris.

» Votre souris est dotée d'une molette ? Faites-la rouler pour déplacer le curseur vertical. Gardez le doigt appuyé sur la molette et faites glisser la souris. Le document va défiler en continu. C'est un moyen commode pour parcourir des documents longs ou des dossiers très remplis.

LES SÉLECTIONS MULTIPLES

Cliquer sur un élément le sélectionne. Cliquer sur un autre élément le sélectionne tout en désélectionnant le précédent. Voici comment sélectionner plusieurs éléments à la fois :

» Pour sélectionner plusieurs éléments à différents emplacements d'une fenêtre, maintenez la touche Ctrl enfoncée puis cliquez sur les éléments voulus. Le même procédé permet de retirer un élément sélectionné par erreur. Sur une tablette, maintenant le doigt appuyé sur un fichier ou un dossier pour commencer la sélection. Si vous voyez une case à cocher apparaître dans le coin des autres éléments, il vous suffit de les toucher pour les sélectionner (ou l'inverse).

» Pour sélectionner une plage d'éléments qui se suivent, dans une liste, cliquez sur le premier d'entre eux puis, touche Majuscule enfoncée, cliquez sur le dernier. Tous les éléments, du premier que vous avez sélectionné jusqu'au dernier sur lequel vous venez de cliquer, sont sélectionnés. Notez qu'il est possible de désélectionner certains éléments de cet ensemble en cliquant dessus, touche Ctrl enfoncée.

» Vous pouvez aussi utiliser la fonction Lasso : cliquez sur le fond du dossier, à proximité d'un élément puis, tout en maintenant le bouton de la souris enfoncé, tracez un contour autour des éléments à sélectionner. Relâchez ensuite le bouton. Sur une tablette, c'est votre doigt qui fait office de lasso.

Du côté des bordures

Une *bordure* est le fin cadre qui entoure une fenêtre.

Pour changer la taille d'une fenêtre, cliquez sur une bordure – le pointeur de la souris prend la forme d'une flèche à deux pointes – et tirez dans la direction désirée. Redimensionner une fenêtre en cliquant et en faisant glisser un coin est le plus commode. Notez que certaines fenêtres ne sont pas redimensionnables.

Déplacer les fenêtres sur le bureau

Comme un joueur qui jetterait ses cartes sur le tapis vert, Windows semble empiler les fenêtres d'une manière apparemment aléatoire, ce qui fait qu'elles finissent par se recouvrir plus ou moins les unes les autres. Cette section vous explique comment les empiler rationnellement, en plaçant celle que vous préférez en haut du tas. Vous pouvez aussi les étaler, comme une main au poker. Et, cerise sur le gâteau, elles peuvent être redimensionnées et s'ouvrir automatiquement à n'importe quelle taille.

Placer une fenêtre au-dessus des autres

Pour Windows, la fenêtre qui se trouve au-dessus de toutes les autres, qui attire donc l'attention, est la *fenêtre active.* C'est celle qui reçoit tout ce que vous ou votre chat tapez sur le clavier.

Une fenêtre peut être placée au-dessus des autres de diverses manières. Voici comment :

>> En cliquant sur une fenêtre qui en chevauche d'autres, vous la basculez au premier plan.

>> Dans la barre des tâches, cliquez sur le bouton de la fenêtre désirée. Le Chapitre 3 vous dit tout sur la barre des tâches.

>> La touche Alt enfoncée, appuyez sur la touche Tab. Un petit panneau montre une miniature de chacune des fenêtres ouvertes sur le bureau (y compris celles des applications du menu Démarrer que vous avez lancées). Appuyez autant de fois que nécessaire sur la touche Tab pour sélectionner la fenêtre

voulue, puis relâchez les deux touches Alt et Tab. La fenêtre sélectionnée passe au premier plan.

» Cliquez sur le bouton Affichage des tâches pour visualiser des vues en minia-ture de vos applications et programmes, y compris sur vos bureaux virtuels. Cliquez sur un aperçu pour réactiver l'application ou le programme choisi. Le bouton Affichage des tâches et les bureaux virtuels sont décrits dans le Chapitre 3.

Le bureau est encombré de fenêtres au point de gêner votre travail ? Cliquez dans la barre de titre d'une fenêtre, secouez sa barre de titre avec la souris jusqu'à ce que les autres fenêtres disparaissent dans la barre des tâches. Secouez-la de nouveau, et les fenêtres réapparaissent.

Déplacer une fenêtre

Pour une raison ou pour une autre, vous voudrez déplacer une fenêtre. Peut-être parce qu'elle est décentrée, ou pour faire de la place et voir tout ou partie d'une autre fenêtre.

Bref et quoi qu'il en soit, vous déplacerez une fenêtre en la tirant par sa barre de titre. La fenêtre repositionnée reste sélectionnée et donc active. Du moins jusqu'à ce que vous en placiez une autre au premier plan...

Afficher une fenêtre en plein écran

Pour certaines tâches, agrandir une fenêtre afin qu'elle exploite au maximum la surface de l'écran est une bonne chose. Pour cela, double-cliquez sur la barre de titre : la fenêtre s'étale instantanément sur tout le bureau, recouvrant toutes les autres.

Pour la ramener à sa taille d'origine, double-cliquez de nouveau sur sa barre de titre. On ne s'en lasse pas...

» Si double-cliquer sur la barre de titre vous paraît vraiment ringard, cliquez sur le bouton Agrandir. C'est celui du milieu, en haut à droite.

» Quand une fenêtre est en plein écran, le bouton Agrandir est remplacé par le bouton Niveau inférieur. Cliquez dessus pour qu'elle redevienne plus petite.

» La force brute ne vous fait pas peur ? Faites glisser la fenêtre en la tirant par sa barre de titre jusqu'en haut de l'écran. L'ombre de la fenêtre s'étend à présent tout autour de l'écran. Relâchez le bouton de la souris, et c'est fait : la fenêtre est affichée en plein écran. Bon d'accord, le double-clic dans la barre de titres est plus rapide (mais c'est d'un ringard...).

» Trop fatigué pour attraper la souris ? La touche Windows enfoncée, appuyez sur la touche fléchée Haut pour agrandir la fenêtre en plein écran. La combinaison Windows + Flèche bas redonne à la fenêtre sa taille d'origine. Encore une fois, et elle vient se ranger sur la barre des tâches. Une fois encore ? C'est la fenêtre suivante qui se replie.

Fermer une fenêtre

Quand vous avez fini de travailler dans une fenêtre, fermez-la en cliquant sur le petit bouton « X », en haut à droite. C'est « Retour vers le bureau »...

Si le travail en cours n'a pas été enregistré, Windows vous propose d'en effectuer la sauvegarde. Confirmez-la en cliquant sur le bouton Oui – vous devrez peut-être nommer le fichier que vous avez créé et choisir un dossier de stockage –, ou en cliquant sur Non si vous estimez qu'il n'est pas nécessaire de l'enregistrer. D'autres fenêtres – comme celles propres à Windows – se ferment sans formalité supplémentaire.

Redimensionner une fenêtre

Comme le chantait Serge Gainsbourg en son temps à propos de la pauvre Lola, il faut savoir s'étendre sans se répandre. Fort heureusement, une fenêtre de Windows ne s'étend ni ne se répand : elle se redimensionne. Voici comment :

1. **Immobilisez le pointeur de la souris sur un bord ou d'un angle de la fenêtre. Lorsqu'elle se transforme en flèche à deux têtes, cliquez et faites glisser le pointeur pour changer la taille de la fenêtre.**

2. **Le redimensionnement terminé, relâchez le bouton de la souris.**

Redimensionner en tirant un coin est plus souple que de ne tirer qu'un seul côté, mais c'est à vous de voir.

Placer deux fenêtres côte à côte

Quand vous voudrez copier un élément dans une fenêtre pour le coller dans une autre, pouvoir juxtaposer les deux fenêtres vous facilitera la tâche.

Windows vous offre pour cela plusieurs méthodes :

» Le moyen le plus rapide consiste à glisser-déplacer une des deux fenêtres par sa barre de titre vers un bord du bureau. Quand un cadre ombré occupe toute la moitié de l'écran, relâchez la souris. Il ne vous reste plus qu'à effectuer la même opération avec la deuxième fenêtre en la positionnant sur l'autre bord de l'écran.

» Si vous faites glisser une fenêtre pour qu'elle vienne occuper une moitié de l'écran, Windows affiche immédiatement un aperçu des autres fenêtres vers le bord opposé. Cliquez sur l'aperçu voulu, ou sur le fond du bureau pour ne rien faire de particulier.

» Vous pouvez également disposer jusqu'à quatre fenêtres côte à côte en faisant glisser leur barre de titre dans un coin de l'écran.

» Cliquez du bouton droit sur une partie vide de la barre des tâches – y compris sur l'horloge – et choisissez Afficher les fenêtres côte à côte. Windows dispose aussitôt toutes les fenêtres les unes à côté des autres. Une véritable mosaïque ! Si vous préférez les voir les unes sur les autres, choisissez Afficher les fenêtres empilées. Si les fenêtres sont nombreuses, l'option Cascade les empile toutes, en les décalant légèrement en diagonale les unes par rapport aux autres.

» Quand plus de deux fenêtres sont ouvertes, cliquez sur le bouton Réduire de celle que vous ne voulez pas afficher puis choisissez de nouveau la commande Afficher les fenêtres côte à côte pour ne voir que celles qui restent.

» Le raccourci touche Windows + Flèche gauche permet à la fenêtre d'occuper la moitié gauche de l'écran, et le raccourci touche Windows + Flèche droite sa moitié droite.

Toujours ouvrir une fenêtre à la même taille

Parfois, une fenêtre s'ouvre à une taille trop petite, parfois en plein écran et je ne parle pas des courants d'air qui font claquer la porte du bureau. Windows n'en fait qu'à sa tête, à moins que vous connaissiez cette petite astuce : quand vous redimensionnez *manuellement* une fenêtre, Windows mémorise sa taille et son emplacement. Il rouvrira toujours cette fenêtre à la même taille au même endroit. Procédez comme suit pour vous en assurer :

1. **Ouvrez votre fenêtre.**

   Elle s'ouvre comme d'habitude à n'importe quelle taille.

2. **Redimensionnez la fenêtre à la taille voulue et placez-la à l'endroit du bureau où elle doit apparaître.**

   Veillez à redimensionner la fenêtre manuellement en repositionnant les côtés et/ou les coins. Se contenter de cliquer sur le bouton Agrandir ne donnerait rien.

3. **Fermez immédiatement la fenêtre.**

   Windows mémorise la taille et l'emplacement d'une fenêtre au moment où elle est fermée. Quand vous la rouvrirez, elle le sera à l'endroit et à la taille d'avant. Ces réglages ne s'appliquent toutefois qu'au programme auquel appartient la fenêtre. Par exemple, quand vous ouvrez la fenêtre de Microsoft Edge, Windows ne tiendra compte que de la fenêtre propre à ce programme, et non de la fenêtre d'une autre application.

La plupart des fenêtres respectent ces règles, mais quelques-unes y dérogent. Eh oui, tout le monde n'a pas le goût du travail bien fini...

Le bureau du bout du doigt

Si vous utilisez une tablette, ou si votre ordinateur est équipé d'un écran tactile, vous pourrez utiliser une toute nouvelle fonctionnalité de Windows nommée Windows Ink, «encre Windows» en français bien de chez nous, et non « encre de fenêtres ».

Windows Ink est utilisable avec une souris, même si à l'origine il n'a pas été conçu à cette fin. Vous constaterez cependant à l'usage qu'écrire ou dessiner avec le « mulot » n'est pas évident.

Windows Ink permet d'écrire directement à l'écran comme vous le feriez sur une feuille de papier. Procédez comme suit pour activer cette fonctionnalité :

1. **Cliquez du bouton droit sur la barre des tâches puis, dans le menu, cliquez sur Afficher le bouton Espace de travail Windows Ink.**

   L'icône Windows Ink apparaît dans la zone de notification de la barre des tâches, à gauche de l'horloge (Figure 4.8).

2. **Cliquez sur l'icône Windows Ink.**

Un volet apparaît à droite de l'écran. Il contient différents outils utilisables du bout du doigt ou avec un stylet, selon le matériel dont vous disposez :

- **Pense-bête :** cliquez sur cette grande vignette pour afficher un Post-It dans lequel vous griffonnerez vos idées.

- **Bloc-croquis :** sert à dessiner sur une feuille vierge. Il contient quelques instruments comme un stylo à bille, un crayon et un surligneur. Le diamètre de la pointe ainsi que les couleurs sont réglables.

- **Croquis sur capture d'écran :** Au lieu d'une page blanche, les fonctions de dessin sont appliquées sur une copie du contenu de l'écran. Rappelons que le contenu de l'écran peut également être copié dans le Presse-papiers en appuyant sur la touche Impr écran, à droite des touches de fonction.

- **Récemment utilisé :** les icônes sont celles des dernières applications qui avaient été ouvertes. Cliquer sur l'une d'elle ouvre l'application en question.

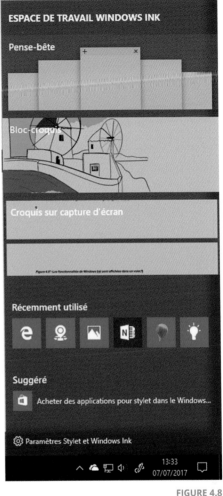

FIGURE 4.8
Les fonctionnalités de Windows Ink sont affichées dans un volet.

- **Suggéré :** eh oui, Windows ne manque jamais une occasion de vous fourguer sa marchandise. Il propose dans cette rubrique des applications spécifiquement conçues pour un usage avec un stylet.

3. **Après avoir utilisé un pense-bête, le bloc-croquis ou sa variante sur capture d'écran, cliquez sur le bouton de fermeture pour revenir à l'écran habituel.**

Microsoft est très fier de sa technologie Ink Windows et compte beaucoup sur elle pour agrémenter l'usage des tablettes et des ordinateurs à écran tactile. La société

Wacom, qui fabrique des tablettes graphiques bien connues des professionnels du graphisme, a d'ailleurs passé des accords avec Microsoft pour implémenter des fonctionnalités Ink Windows dans ses produits.

Chapitre 5
Enregistrements : en interne, en externe et dans les nuages

DANS CE CHAPITRE :

» **Gérer les fichiers avec l'Explorateur de fichiers**

» **Naviguer parmi les lecteurs, les dossiers et les clés USB**

» **Créer et nommer des dossiers**

» **Sélectionner et désélectionner des éléments**

» **Copier et déplacer des fichiers et des dossiers**

» **Enregistrer sur des CD et des cartes mémoire**

» **Comprendre OneDrive, le nuage informatique de Microsoft**

E n quittant leurs bureaux encombrés de papiers pour se mettre à travailler sur des ordinateurs, tout le monde espérait que les choses seraient plus faciles. Les documents importants n'iraient plus de cacher sous des piles inaccessibles, ou languir au fond d'armoires poussiéreuses. Vingt ou trente ans plus tard, nous connaissons la vérité : les ordinateurs ont tout autant de coins, de recoins et d'endroits cachés que les bureaux qu'ils prétendent remplacer... et peut-être même plus.

Sous Windows, l'Explorateur de fichiers est comme votre armoire à dossiers. Insérer une clé USB, une carte mémoire, branchez un téléphone mobile, ou un disque dur portable dans votre ordinateur, et l'Explorateur de fichiers apparaît, prêt à vous aider à parcourir ces nouveaux rayonnages.

Que vous utilisiez une tablette à écran tactile, un ordinateur portable ou un PC bureau, les dossiers et les fichiers font toujours partie de l'univers informatique. Et si vous ne maîtrisez pas leur principe, vous aurez du mal à trouver facilement vos données.

Ce chapitre explique comment utiliser ce gestionnaire de fichiers qui porte le doux nom d'*Explorateur de fichiers* (certains anciens continuent à l'appeler Explorateur Windows). Vous apprendrez tout ce qu'il faut savoir à son sujet et vous y découvrirez aussi OneDrive, l'espace virtuel que Microsoft vous offre dans son immense nuage Internet.

GÉRER LES FICHIERS SUR UN ÉCRAN TACTILE

La plupart des tablettes tactiles fonctionnent par défaut dans le mode que Microsoft appelle Tablette. Avouons d'ailleurs que c'est assez normal.

Dans le mode Tablette, l'écran affiche de gros boutons et des vignettes facilement accessibles d'un seul doigt. En revanche, le bureau est totalement caché, ce qui pose un problème pour gérer ses fichiers. Il est certes possible de passer par l'Explorateur de fichiers en mode Tablette, mais la petitesse de ses éléments le rende difficiles à utiliser du bout de vos gros doigts.

Très vraisemblablement, vos doigts ne vont pas apprécier d'avoir à jongler avec les petits boutons et les menus de l'Explorateur de fichiers. Vous avez alors la possibilité de désactiver le mode Tablette en effleurant l'écran vers son centre et en partant de son bord droit. Lorsque le volet du Centre de notifications apparaît, touchez le bouton qui indique

Mode tablette de manière à ce qu'il apparaisse en grisé (désactivé). Ceci vous permettra ensuite d'accéder plus facilement au bureau et à vos fichiers. Mais dans ce cas, si vous n'ajoutez pas une souris Bluetooth (sans fil) pour cliquer sans souci sur les contrôles, le mode Bureau ne vous apportera pas plus de confort que le mode Tablette.

Une autre technique consiste à visiter le Windows Store pour y dénicher une application gratuite de gestion des fichiers comme Metro Commander ou Files Manager for Windows 10, tous deux gratuits, et optimisé pour le mode Tablette de votre système d'exploitation préféré (ou plutôt imposé).

Enfin, Si vous voulez que votre tablette vous serve de PC de substitution, faites l'acquisition d'une station d'accueil. Celle-ci vous permet en plus d'ajouter un moniteur de plus grande taille, une souris filaire, ce qui la transforme *presque* en un vrai PC.

Parcourir le classeur à tiroirs informatisé

Pour que vos programmes et documents soient rationnellement rangés, Windows a amélioré la métaphore du classeur à tiroirs en y ajoutant de jolies petites icônes. C'est là que se trouvent les zones de stockage de votre ordinateur où vous pourrez copier, déplacer, renommer ou supprimer des fichiers avant que les enquêteurs ne débarquent.

Pour ouvrir vos tiroirs virtuels et commencer à farfouiller dans votre ordinateur, ouvrez le menu Démarrer et cliquez sur l'application Explorateur de fichiers. Vous trouverez celui-ci à gauche et vers le bas du menu Démarrer.

Vous pouvez également ouvrir l'Explorateur de fichiers en cliquant sur son icône dans la barre des tâches, le bandeau qui occupe tout le bas de l'écran (voir la Figure 5.1).

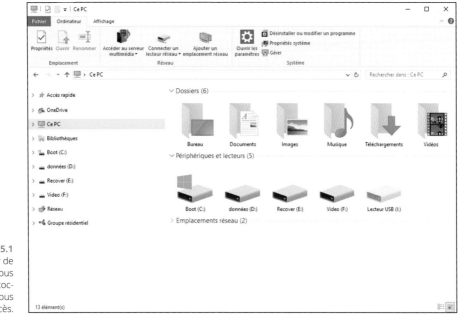

FIGURE 5.1
L'Explorateur de fichiers affiche tous les espaces de stockage auxquels vous avez accès.

Dans les versions précédentes de Windows, l'Explorateur de fichiers vous montrait vos grandes armoires à tiroir, appelées *disques*, ou encore *unités de disques*, dans le langage des ordinateurs. Windows 10 fait un pas en avant.

Au lieu de vous lancer directement dans le grand bain des disques et de vous forcer à y plonger pour retrouver vos fichiers, l'Explorateur de fichiers de Windows 10 tente de vous aider un peu mieux. Il liste en priorité vos dossiers les plus populaires dans la section Accès rapide. Vous y trouverez par exemple le dossier Documents, là où vous enregistrez la plupart de vos fichiers, ou encore Téléchargements, le réceptacle des fichiers que vous récupérez depuis l'Internet (la même remarque s'applique pour vos dossiers Images, Musique ou encore Vidéos).

Pour accéder rapidement aux éléments récemment utilisés, ouvrez l'Explorateur de fichiers, puis faites un clic-droit sur son icône de la barre des tâches. Vous y trouverez la liste des dossiers et des fichiers que vous y avez épinglés, ainsi que les plus récemment utilisés.

Il se peut très bien que tout cela soit d'ores et déjà suffisant pour commencer à travailler. Mais si vous avez besoin de voir *tous* les dispositifs de stockage de votre ordinateur, cliquez dans le volet de navigation (à gauche) sur la ligne qui indique Ce PC. L'Explorateur de fichiers va afficher une vue du matériel disponible, comme il le faisait dans les versions antérieures de Windows (voir la Figure 5.1 ci-dessus).

Le contenu de l'Explorateur de fichiers que montre la Figure 5.1 est évidemment différent de celui de votre ordinateur, mais les noms des différentes zones sont identiques. Voici à quoi elles correspondent :

>> **Volet de navigation :** situé à gauche, il contient les noms des divers espaces de stockage de votre ordinateur ainsi que des emplacements dans lesquels vous stockez vos fichiers : Documents, Images, Musique et Vidéos (voir aussi plus haut). Le volet de navigation est étudié dans le Chapitre 4.

>> **Périphériques et lecteurs :** comme l'illustre la Figure 5.1, cette zone montre le ou les disques durs, c'est-à-dire les mémoires de masse les plus importantes de votre PC. Tout ordinateur en possède au moins un. Double-cliquer sur l'icône d'un disque dur affiche ses dossiers et ses fichiers, mais ce n'est pas le meilleur moyen d'y accéder. Explorez plutôt les dossiers Documents, Images, Musique et Vidéos.

La section Emplacements réseau du volet de droite peut contenir aussi bien des disques partagés que des équipements ou des serveurs multimédias comme votre box Internet.

Vous avez remarqué l'icône du disque dur marquée du logo Windows ? Ce logo indique que c'est sur ce disque dur que Windows 10 est installé. En fonction du mode d'affichage du contenu de l'Explorateur de fichiers, des jauges indiquent la quantité de données, c'est-à-dire l'espace libre et occupé du disque. Lorsqu'un disque ou une clé est presque plein, la jauge devient rouge. Le moment est alors venu, soit de faire le ménage en supprimant des fichiers inutiles ou des programmes dont vous ne vous servez plus, soit de remplacer le disque dur par un modèle plus volumineux.

Parmi tous les gadgets multiples et variés susceptibles d'être connectés à votre ordinateur, voyons les plus courants :

» **Lecteur de CD, DVD et Blu-ray :** Windows place une courte indication à la suite de l'icône de chaque type d'unité, du moins s'il est capable de reconnaître leur nature. Par exemple, Lecteur de CD indique la présence d'un lecteur de CD et/ou de DVD. Dans le cas d'un lecteur Blu-ray, son nom sera explicite comme sur l'icône ci-contre. Lorsque vous insérez un support déjà enregistré, l'indication change pour afficher le nom donné au CD, au DVD ou au Blu-ray.

Écrire des informations sur un disque est appelé *graver*. Extraire des données d'un CD/DVD/Blu-ray vers un disque dur est généralement désigné par l'anglicisme *ripper* (rien à voir avec la glisse).

» **Clé USB et lecteurs de cartes mémoire :** l'icône de certaines clés USB ressemble à une clé USB, mais souvent, c'est une icône générique qui est affichée comme ci-contre. Quant au lecteur de cartes mémoire, il peut être intégré à l'ordinateur ou branché à un port USB de celui-ci.

Windows n'affiche pas d'icône du lecteur de cartes mémoire tant qu'aucune carte n'est insérée dedans. Pour l'afficher en permanence, ouvrez l'Explorateur de fichiers, activez l'onglet Affichage puis cliquez sur le bouton Afficher/Marquer. Cochez alors la case qui indique Éléments masqués. La même procédure cache à nouveau ces éléments.

» **iPads, smartphones, Lecteurs MP3 :** Un smartphone ou un lecteur MP3 a généralement droit à une jolie icône.

» **Appareils photo :** dans la fenêtre de l'Explorateur de fichiers, un appareil photo numérique peut apparaître sous la forme d'une icône spécifique ou plus simplement d'un périphérique amovible. Pour accéder aux photos, double-cliquez sur l'icône de l'appareil (n'oubliez pas de l'allumer d'abord). Après avoir procédé au transfert (voyez à ce sujet le Chapitre 17), Windows place les photos dans le dossier Images.

Quand vous connectez un caméscope numérique, un téléphone mobile ou tout autre périphérique à votre ordinateur, l'Explorateur de fichiers s'orne d'une nouvelle icône le représentant. Double-cliquez dessus pour voir le contenu du périphérique ; cliquez dessus du bouton droit pour savoir ce que

Windows vous permet de faire. Pas d'icône ? Peut-être devez-vous installer un pilote pour votre périphérique, comme expliqué au Chapitre 13.

Lorsque vous connectez un appareil photo numérique, une carte mémoire, voire un smartphone, Windows vous demandera ce qu'il doit faire d'un périphérique contenant des images. Si, dans la boîte de dialogue d'exécution automatique, vous indiquez que vouloir gérer leur contenu avec l'application Photos de Windows 10, celle-ci s'ouvrira automatiquement à chaque connexion du périphérique d'images.

» **Réseau :** cette icône n'est visible que si l'ordinateur est relié à un réseau informatique (voir le Chapitre 15). Elle représentera par exemple le serveur de médias qu'est votre box Internet, ou d'un autre ordinateur connecté au réseau. Cliquez sur cette icône pour accéder aux morceaux de musique, photos et vidéos de l'ordinateur distant.

Pour voir le contenu d'un élément affiché par l'Explorateur de fichiers, par exemple une clé USB ou votre appareil photo numérique, faites un double clic dessus. Pour revenir en arrière, cliquez sur la flèche qui pointe vers la gauche, au-dessus du volet de navigation.

Si vous préférez afficher directement le contenu de votre PC plutôt que d'ouvrir l'Explorateur de fichiers, commencez par ouvrir un dossier quelconque. Activez ensuite l'onglet Affichage. Cliquez alors sur le bouton Options du ruban, puis sur Modifier les options des dossiers et de recherche. La boîte de dialogue Options des dossiers va apparaître. Sous l'onglet Général, choisissez l'option que vous préférez dans la liste de la section Ouvrir l'Explorateur de fichiers dans Accès rapide ou Ce PC.

Lorsque vous voyez écrit *cliquer*, pensez immédiatement *toucher*. Lorsque vous voyez *cliquer double*, pensez toucher et *maintenir le doigt appuyé*. De même, *glisser et déposer* veut dire ici *toucher et, tout en continuant d'appuyer comme si votre doigt était le pointeur de la souris, effleurer l'écran dans la direction voulue, et enfin relever le doigt quand il est arrivé au bon endroit*. D'accord, c'est plus long, mais il n'y a rien de compliqué là-dedans.

Les dossiers et leurs secrets

Ce sujet est un peu ardu, mais si vous n'en prenez pas connaissance, vous risquez d'être aussi perdu dans Windows que vos fichiers dans l'ordinateur, et inversement.

Un *dossier* est une zone de stockage sur le disque dur. On peut le comparer à un véritable dossier en carton. Windows divise le ou les disques durs de votre ordinateur en autant de dossiers thématiques que vous le désirez. Par exemple, vos morceaux de musique sont stockés dans le dossier Musique, et vos photos dans le dossier Images. Vous et vos programmes les retrouvez ainsi facilement,

Windows vous propose six dossiers principaux pour y stocker vos fichiers et dossiers. Pour pouvoir y accéder facilement, ils sont regroupés dans la section Ce PC du volet de navigation, à gauche de la fenêtre de l'Explorateur de fichiers. Vous les retrouvez sur la Figure 5.2 : Bureau, Documents, Images, Musique, Téléchargements et Vidéos.

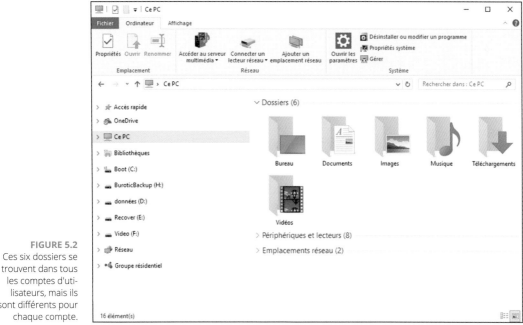

FIGURE 5.2
Ces six dossiers se trouvent dans tous les comptes d'utilisateurs, mais ils sont différents pour chaque compte.

Gardez à l'esprit ce qui suit quand vous manipulez des fichiers dans Windows :

» Rien ne vous empêche de déposer tous vos fichiers sur le bureau de Windows. Mais cela équivaut à jeter toutes ses affaires sur le siège arrière de la voiture et à se demander, un mois plus tard, où peuvent bien se trouver les lunettes de soleil. Quand les affaires sont bien rangées, on s'y retrouve mieux.

» Si vous brûlez d'impatience de créer un dossier, ce qui est très facile, reportez-vous à la section « Créer un nouveau dossier » plus loin dans ce chapitre.

» Le nouveau navigateur Internet de Windows 10, Microsoft Edge, enregistre automatiquement tous les fichiers que vous récupérez sur l'Internet dans le dossier Téléchargements. Ils restent là jusqu'à ce que vous les supprimiez.

» Les dossiers d'un ordinateur sont organisés en *arborescence*, de la racine du disque dur jusqu'aux dossiers, sous-dossiers et sous-sous-dossiers (non, ce ne sont pas des dossiers où l'on range ses sous) les plus profondément enfouis. En fait, vous pouvez créer pratiquement autant de niveaux que vous le voulez. Mais plus vous enfouissez profondément vos fichiers, et plus ils deviennent difficiles à retrouver.

Scruter les lecteurs, les dossiers et autres médias

Savoir ce que sont les lecteurs et les dossiers, c'est certes génial pour impressionner la vendeuse de petits pains au chocolat, mais c'est surtout utile pour trouver un fichier (reportez-vous à la section précédente pour savoir quel dossier contient quoi). Coiffez votre casque de chantier, empoignez la clé à molette et parcourez les lecteurs et les dossiers de votre ordinateur en vous servant de cette section comme guide.

Voir les fichiers d'un disque dur

À l'instar de presque tout dans Windows, les lecteurs de disques sont représentés par des boutons, ou *icônes*. L'Explorateur de fichiers affiche aussi des informations sur d'autres zones, comme un lecteur MP3, un appareil photo numérique ou un scanner (ces icônes ont été expliquées à la section « Parcourir le classeur à tiroirs informatisé », précédemment dans ce chapitre).

Ouvrir ces icônes donne généralement accès à leur contenu et permet de gérer les fichiers, comme dans n'importe quel autre dossier de Windows.

Quand vous double-cliquez sur l'icône d'un disque dur dans l'Explorateur de fichiers, Windows l'ouvre promptement afin de vous montrer ce qui s'y trouve. Mais comment doit-il réagir lorsque vous introduisez une clé USB, un CD ou un DVD dans un lecteur ?

Lorsque vous introduisiez autrefois un CD audio dans le lecteur, Windows se met-
tait immédiatement à jouer la musique. Les versions modernes de Windows sont
plus polies. Elles vous demandent ce que vous voulez faire avec ce disque, comme
l'illustre la Figure 5.3.

FIGURE 5.3
Windows affiche un
message en bas et
à droite de l'écran
pour vous deman-
der ce que vous
voulez faire avec
l'élément inséré.

Lorsque ce message apparaît, cliquez immédiatement dessus. Un second message
s'affiche pour vous indiquer les options possibles, ou encore quelles applications
et quels programmes sont capables de venir à votre aide (voir la Figure 5.4).

Lecteur de CD (G:) My CDR...

Choisir l'action pour : ce disque

  Ouvrir le dossier et afficher les fichiers
  Explorateur de fichiers

  Ne rien faire

Autres choix

  Importer des photos
  Adobe Photoshop Lightroom 6.0 64

FIGURE 5.4
Choisissez la ma-
nière dont Windows
devra réagir la
prochaine fois que
vous insérerez cet
élément.

Choisissez une option, par exemple Ouvrir le dossier et afficher les fichiers. Windows va lancer l'Explorateur de fichiers et vous montrer le contenu du disque
que vous venez d'insérer. La prochaine fois que vous branchez ou insérez ce
disque, Windows ne vous posera plus la question : il ouvrira automatiquement
l'Explorateur de fichiers pour vous montrer le contenu de l'élément.

En fonction du périphérique ainsi connecté et des programmes installés sur votre
ordinateur, les options de cette boîte de dialogue peuvent être beaucoup plus nombreuses, donc diverses.

Mais, après, vous avez parfaitement le droit de changer d'avis entre-temps. Il faut alors modifier le comportement de Windows. Pour cela, cliquez du bouton droit sur le nom du disque dans l'Explorateur de fichiers, et choisissez dans le menu qui s'affiche la commande Ouvrir la lecture automatique. La fenêtre illustrée sur la Figure 5.4 apparaîtra à nouveau, et vous pourrez y faire un autre choix.

L'exécution automatique est particulièrement commode dans le cas d'une clé USB ou d'un smartphone. S'ils contiennent des morceaux de musique ou des photos, Windows risque de démarrer spontanément l'application Groove Musique ou Photos pour les jouer, ou pour télécharger les images sur votre ordinateur. Pour éviter cela, accédez à la lecture automatique comme expliqué au paragraphe précédent puis, dans le menu, choisissez l'option Ouvrir le dossier et afficher les fichiers. De

C'EST QUOI, UN CHEMIN ?

Un *chemin* est tout bonnement l'adresse d'un fichier, comme une adresse postale si vous voulez. Quand vous envoyez une lettre, elle est acheminée vers le pays, le département, la ville, la rue, le numéro, voire le bâtiment, et ce jusqu'à la boîte aux lettres nominative du destinataire. Dans un ordinateur, il en va de même pour un chemin. Il commence par le nom du lecteur, puis d'un dossier, suivi d'un ou plusieurs sous-dossiers, et il se termine par le nom du fichier lui-même.

Prenons le cas du dossier Téléchargements. Pour que Windows trouve un fichier qui y est stocké, il part du disque dur C:, franchit le dossier Utilisateurs, puis le dossier qui porte votre nom d'utilisateur, et se rend au dossier Téléchargements où il est censé retrouver le fichier tant attendu. Microsoft Edge suit le même chemin lorsqu'il enregistre les fichiers que vous téléchargez.

Accrochez-vous au pinceau, car la grammaire informatique n'a rien à envier à celle du français. Sur un chemin, le disque dur principal est appelé c:\. La lettre et le signe deux-points forment la première partie du chemin. Tous les dossiers et

sous-dossiers qui suivent sont séparés par une barre inversée (\). Le nom du fichier, *Ma vie de cloporte.rtf,* par exemple, vient en dernier.

Tout cela peut sembler indigeste ; c'est pourquoi on en remet une louche : la lettre du lecteur arrive en premier, suivie par un deux-points et une barre inversée. Suivent ensuite tous les dossiers et sous-dossiers conduisant au fichier, séparés par des barres inversées. Le nom du fichier ferme le chemin. Exemple : `C:\Utilisateurs\Daniel\Téléchargements\Ma vie de cloporte.rtf`.

Windows définit automatiquement le chemin approprié lorsque vous cliquez sur un dossier. Heureusement. Mais chaque fois que vous cliquez sur le bouton Parcourir pour atteindre un fichier, vous naviguez parmi des dossiers et parcourez le chemin qui mène à lui.

Pour afficher le nom du chemin de manière classique – avec des barres inversées et le nom des répertoires à la place des noms de dossiers – et non à la manière Windows, cliquez sur l'icône en forme de dossier au début de la barre d'adresse.

cette manière, vous gardez la maîtrise des événements, et vous pourrez de plus retrouver plus facilement les *autres* fichiers enregistrés sur la clé.

» Si vous ne savez pas à quoi sert une icône dans l'Explorateur de fichiers, cliquez dessus du bouton droit de la souris. Windows affiche alors un menu de toutes les actions possibles sur cet élément. Vous pourrez par exemple choisir Ouvrir, pour voir tous les fichiers d'une clé USB, ce qui en facilite la copie sur votre disque dur.

» Quand vous double-cliquez sur l'icône d'un CD, d'un DVD ou d'un Blu-ray alors que le lecteur est vide, Windows vous invite gentiment à insérer un disque avant de continuer.

» Vous avez remarqué l'icône Réseau ? C'est une porte dérobée permettant de lorgner, le cas échéant, dans les autres ordinateurs du réseau. Nous y reviendrons au Chapitre 15.

Voir ce que contient un dossier

Les dossiers étant en quelque sorte des chemises à documents, Windows s'en tient à cette représentation. C'est simple, c'est clair, c'est parlant.

Pour voir ce que contient un dossier, que ce soit dans l'Explorateur de fichiers ou sur le bureau, double-cliquez sur son icône en forme de chemise (en carton pas en tissu). Le dossier s'ouvre dans la même fenêtre. Il se peut alors que vous y trouviez un autre dossier. Comme ce dossier secondaire se situe dans un dossier principal (ou répertoire), on parle de *sous-dossier.* Double-cliquez dessus pour découvrir ce qu'il recèle. Cliquez ainsi jusqu'à ce que vous trouviez le fichier désiré ou arriviez dans un cul-de-sac.

Vous êtes arrivé au fond du cul-de-sac ? Si vous avez malencontreusement cherché dans le mauvais dossier, revenez en arrière comme vous le feriez sur le Web : cliquez sur la flèche Retour à, en haut à gauche de la fenêtre. Vous reculez ainsi d'un dossier dans l'arborescence. En continuant à cliquer sur cette flèche, vous finissez par revenir au point de départ.

La barre d'adresse est un autre moyen permettant d'aller rapidement en divers endroits du PC. Tandis que vous naviguez de dossier en dossier, la barre d'adresse du dossier – la petite zone de texte en haut de la fenêtre – conserve scrupuleusement une trace de vos pérégrinations. La Figure 5.5 montre ce qui peut apparaître quand vous êtes dans un dossier qui regroupe vos compilations musicales.

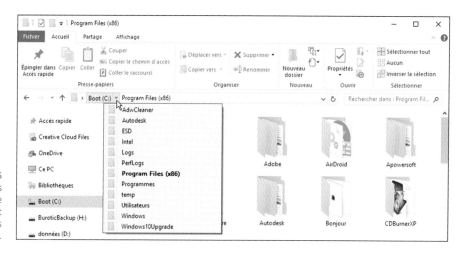

FIGURE 5.5
Les petites flèches
entre les noms de
dossiers sont autant
de raccourcis vers
d'autres dossiers.

Voici quelques astuces pour trouver votre chemin dans et hors des dossiers :

» Un dossier contient parfois trop de sous-dossiers et de fichiers pour tenir dans la fenêtre. Cliquez dans la barre de défilement pour voir les autres. Cette commande est expliquée au Chapitre 4.

» Quand vous farfouillez profondément dans vos dossiers, la flèche Emplacements récents est un moyen de retourner rapidement dans n'importe quel dossier que vous venez de visiter : cliquez sur la petite flèche pointant vers le bas, à côté de la flèche Suivant, en haut et vers la gauche de la fenêtre. Le menu local qui s'affiche mémorise tous les dossiers que vous avez parcourus. Cliquez sur le nom de celui où vous désirez retourner.

» Impossible de retrouver un dossier ou un fichier ? Au lieu d'errer comme une âme en peine dans l'arborescence, utilisez le champ de rechercher de Cortana, décrit au Chapitre 7. Windows peut automatiquement retrouver les fichiers dont vous avez perdu la trace, ainsi que vos dossiers, vos messages, et pratiquement tout ce qui se dissimule dans votre PC.

» Face à une interminable liste de fichiers triés alphabétiquement, cliquez n'importe où dans la liste puis tapez rapidement une ou deux lettres figurant de préférence au début du nom de fichier. Windows se positionne aussitôt sur le premier nom de fichier commençant par cette ou ces lettres.

» Les bibliothèques, sortes de super-dossiers introduits avec Windows 7, s'étaient déjà pratiquement évanouies dans Windows 8.1. Microsoft les avait cachées dans le volet de navigation, et vous ne les voyez même plus apparaître dans Windows 10. Si elles vous manquent tant que cela, rappelez-les à la vie. Dans l'onglet Affichage de l'Explorateur de fichiers, cliquez sur la petite flèche du menu local Volet de navigation du groupe Volets. Là, optez pour Afficher les bibliothèques.

Créer un dossier

Quand vous rangez un document dans un classeur à tiroirs, vous prenez une chemise en carton, vous écrivez un nom dessus puis vous y placez votre paperasserie. Pour stocker de nouvelles données dans Windows – vos échanges de lettres acerbes avec un service de contentieux, par exemple, ou bien encore des notes pour votre autobiographie – vous créez un nouveau dossier, vous pensez à un nom qui lui convient bien, et le remplissez avec les fichiers appropriés.

Pour créer rapidement un nouveau dossier avec l'Explorateur de fichiers :

1. **Commencez par afficher le contenu du disque, voire d'un dossier en cliquant sur leur icône dans le volet de navigation, ou en double-cliquant sur l'élément dans la partie droite de l'Explorateur.**

   Vous pouvez tout aussi bien ouvrir d'un double clic l'icône d'un dossier placée sur votre bureau.

2. **Cliquez sur le bouton Nouveau dossier.**

   Une autre méthode, qui fonctionne aussi avec le bureau, consiste à cliquer du bouton droit sur une partie vide de l'Explorateur de fichiers. Dans le menu contextuel qui s'affiche, choisissez alors Nouveau, puis Dossier (voir la Figure 5.6)

   Cette action crée un dossier nommé Nouveau dossier.

3. **Comme le nom du nouveau dossier est sélectionné, tapez directement le nom que vous voulez donner à ce dossier.**

   Si vous vous êtes fourvoyé et que vous désirez recommencer, cliquez du bouton droit sur le dossier, choisissez Renommer et recommencez. Ou bien encore, cliquez une fois sur ce nom et appuyez sur la touche F2 de votre clavier.

Certains caractères et symboles sont interdits. L'encadré suivant « Les noms de dossiers et de fichiers admis » donne des détails. Vous n'aurez jamais de problème en vous en tenant aux bons vieux chiffres et lettres.

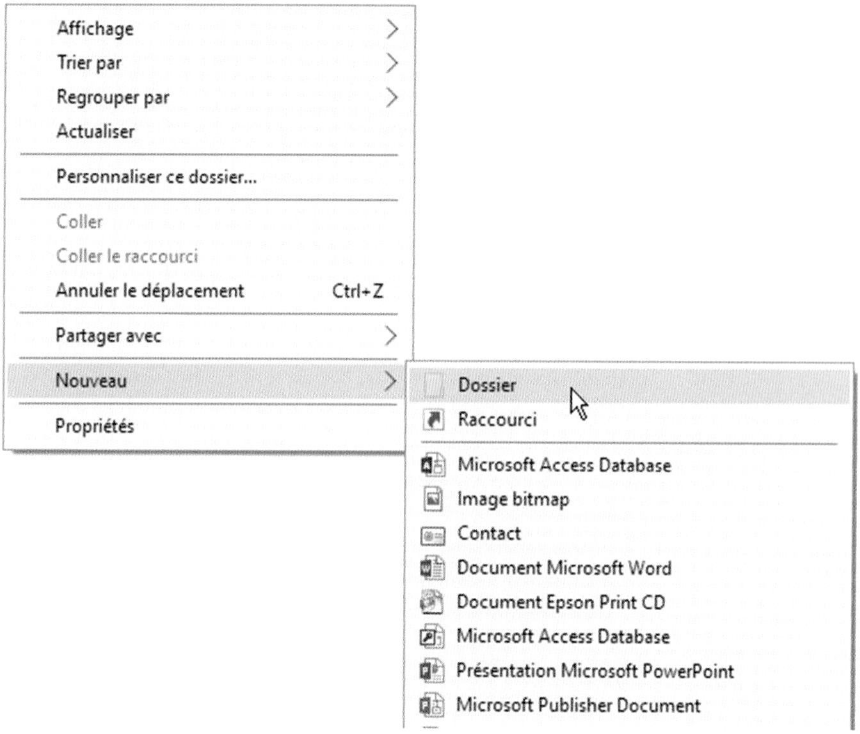

Affichage	>	
Trier par	>	
Regrouper par	>	
Actualiser		
Personnaliser ce dossier...		
Coller		
Coller le raccourci		
Annuler le déplacement	Ctrl+Z	
Partager avec	>	
Nouveau	>	Dossier
Propriétés		Raccourci
		Microsoft Access Database
		Image bitmap
		Contact
		Document Microsoft Word
		Document Epson Print CD
		Microsoft Access Database
		Présentation Microsoft PowerPoint
		Microsoft Publisher Document

FIGURE 5.6
Pour créer rapidement un nouveau dossier, cliquez du bouton droit et choisissez Nouveau, puis Dossier.

Si vous observez la Figure 5.6, vous remarquerez que le sous-menu Nouveau de Windows vous propose d'autres options que Nouveau. Servez-vous de cette méthode chaque fois que vous avez besoin de créer rapidement un raccourci, un nouveau document d'un certain type, ou encore d'un dossier compressé dans lequel vous rangerez des fichiers pour qu'ils prennent moins de place, par exemple pour les communiquer à une autre personne ou les enregistrer sur une clé USB.

Si vous constatez que votre propre menu diffère de celui qui est illustré sur la Figure 5.6, n'en tirez aucune conclusion hâtive. De nombreux programmes ajoutent ici leurs propres options. C'est ainsi le cas de Microsoft Office, qui vous proposera de créer de cette manière un nouveau document Word, Excel ou encore PowerPoint.

LES NOMS DE DOSSIERS ET DE FICHIERS ADMIS

Windows est plus que pinailleur sur les caractères utilisables ou non pour des noms de fichier ou de dossier. Pas de problème si vous n'utilisez que des lettres, des chiffres et certains signes comme le tiret, le point d'exclamation, l'apostrophe, le signe de soulignement, etc. En revanche, les caractères que voici sont interdits :

> : / \ * | < > ? «

Si vous tentez de les utiliser, Windows affichera un message d'erreur et vous devrez modifier le nom que vous comptiez attribuer. Voici quelques noms de fichiers dont Windows ne voudra pas :

Dernier 1/4 d'heure

Travail : fini

Un < deux

Pas de «gros mots» ici

En revanche, ces noms sont admis :

Dernier quart d'heure

Travail = OK

Un est inférieur à deux

#@$% de !!! et j'en dis pas plus !

Renommer un fichier ou un dossier

Un nom de fichier ou de dossier ne convient plus ? Modifiez-le. Pour cela, cliquez du bouton droit sur l'icône incriminée puis, dans le menu, choisissez Renommer. Windows sélectionne l'ancien nom du fichier, qui disparaît sitôt que vous commencez à taper le nouveau nom. Appuyez sur Entrée ou cliquez sur le bureau pour le valider.

Ou alors, vous pouvez cliquer sur le nom du fichier ou du dossier afin de le sélectionner, attendre une seconde puis cliquer de nouveau dans le nom afin de modifier tel ou tel caractère. Sélectionner le nom et appuyer sur la touche F2 est une autre technique de renommage.

Une dernière méthode consiste à cliquer sur un dossier pour le sélectionner puis, dans la foulée, à cliquer sur son nom. Cette action sélectionne le nom du dossier (il est mis en surbrillance). Tapez le nouveau nom que vous validerez en appuyant sur la touche Entrée de votre clavier.

Cliquez une fois, puis une autre. Si vous allez trop vite, vous ferez un double clic dont l'effet sera d'ouvrir le dossier.

» Quand vous renommez un fichier, seul son nom change. Le contenu reste le même, de même que sa taille et son emplacement.

» Pour renommer simultanément un ensemble de fichiers, sélectionnez-les tous, cliquez du bouton droit sur le premier et choisissez Renommer. Tapez ensuite le nouveau nom et appuyez sur Entrée. Windows renomme tous les fichiers en les numérotant : `chat`, `chat(2)`, `chat(3)`, `chat(4)` et ainsi de suite. Ce n'est sans doute pas génial pour les chats, mais cette méthode peut être très pratique avec une série de photographies.

» Renommer des dossiers peut semer une redoutable pagaille dans Windows, voire le déstabiliser ou le bloquer. Ne renommez jamais des fichiers comme Documents, Images, Musique ou Vidéos.

» Windows n'autorise pas le renommage de fichiers ou de dossiers actuelle-ment utilisés par un programme. Fermer le programme dans lequel le fichier est ouvert résout généralement le problème. S'il persiste, le moyen le plus radical consiste à redémarrer l'ordinateur puis à recommencer l'opération.

Sélectionner des lots de fichiers ou de dossiers

La sélection d'un fichier, d'un dossier ou de tout autre élément peut sembler par-ticulièrement ennuyeuse, mais c'est le point de passage obligé pour une foule d'autres actions : supprimer, renommer, déplacer, copier et bien d'autres bons plans que nous aborderons d'ici peu.

Pour sélectionner un seul élément, cliquez dessus. Pour sélectionner plusieurs fi-chiers et dossiers épars, maintenez la touche Ctrl enfoncée tout en cliquant sur les noms ou sur les icônes. Chacun reste en surbrillance.

Pour sélectionner une plage de fichiers ou de dossiers, cliquez sur le premier puis, la touche Majuscule enfoncée, cliquez sur le dernier. Ces deux éléments, ainsi que tous ceux qui se trouvent entre eux, sont sélectionnés (ou mis en *surbrillance*, dans le jargon informatique).

Windows vous permet aussi de sélectionner des fichiers et des dossiers avec le las-so. Cliquez à proximité d'un fichier ou d'un dossier à sélectionner puis, sans relâ-cher le bouton de la souris, tracez un contour englobant les fichiers et/ou dossiers à sélectionner. Un rectangle coloré montre l'aire de sélection. Relâchez le bouton de la souris. Le lasso disparaît, mais les fichiers et/ou dossiers englobés restent sélectionnés.

>> Il est possible de glisser et de déposer de gros ensembles de fichiers et de dossiers aussi facilement que vous en déplacez un seul.

>> Vous pouvez simultanément couper, copier ou coller ces gros ensembles dans n'importe quel autre emplacement, par n'importe laquelle des techniques décrites dans la section « Copier ou déplacer des fichiers et des dossiers », plus loin dans ce chapitre.

>> Ces gros ensembles de fichiers et de dossiers peuvent être supprimés d'un seul appui sur la touche Suppr. Windows les stocke alors dans la Corbeille, d'où vous pouvez les récupérer si vous avez fait une *énorme* erreur.

>> Pour sélectionner simultanément tous les fichiers et sous-dossiers, choisissez Sélectionner tout, dans le menu Édition du dossier. Pas de menu ? Appuyez sur Ctrl + A. Voici une autre manip sympa : pour tout sélectionner *sauf* quelques éléments, appuyez sur Ctrl + A puis, la touche Ctrl restant enfoncée, cliquez sur les éléments à ne pas prendre en compte.

Se débarrasser d'un fichier ou d'un dossier

Tôt ou tard, vous vous débarrasserez de fichiers ou de dossiers – lettres d'amour défuntes ou photos embarrassantes... – qui n'ont plus de raisons d'exister. Pour supprimer un fichier ou un dossier, cliquez sur leur nom du bouton droit et choisissez Supprimer, dans le menu contextuel. Cette manipulation des plus simples fonctionne pour presque n'importe quoi dans Windows : fichiers, dossiers, raccourcis...

Pour supprimer un élément en un clin d'œil, cliquez dessus et appuyez sur la touche Suppr de votre clavier. Le glisser et le déposer dans la Corbeille produit le même effet.

L'option Supprimer supprime la totalité d'un dossier, y compris tous les fichiers et sous-dossiers qui s'y trouvent. Assurez-vous d'avoir choisi le véritable dossier à jeter avant d'appuyer sur Suppr.

>> Après avoir choisi Supprimer, Windows demande confirmation. Si vous êtes *sûr*, cliquez sur Oui. Si vous êtes lassé de cette sempiternelle question, cliquez du bouton droit sur la Corbeille, choisissez Propriétés puis décochez la

case Afficher la confirmation de suppression. Windows supprime désormais les dossiers et les fichiers sans autre forme de procès.

» Assurez-vous plutôt deux fois qu'une de ce que vous faites lorsque vous supprimez une icône arborant une petite roue dentée. Ces fichiers sont généralement des fichiers techniques sensibles, cachés, que vous n'êtes pas censé bidouiller.

» Les icônes avec une petite flèche dans un coin sont des *raccourcis*, autrement dit des boutons qui se contentent de pointer vers des fichiers à ouvrir. Les supprimer n'élimine en aucun cas le fichier ou le programme visé.

» Maintenant que vous savez supprimer des fichiers, assurez-vous d'avoir lu le Chapitre 3 qui explique différentes manières de les récupérer au besoin. Un conseil en cas d'urgence : ouvrez la Corbeille, cliquez du bouton droit sur le fichier et choisissez Restaurer (c'est ça, la restauration rapide…).

INUTILE DE LIRE CETTE LITTÉRATURE TECHNIQUE

Vous n'êtes pas le seul à créer des fichiers dans l'ordinateur. Les programmes stockent souvent des informations – la configuration de l'ordinateur, par exemple – dans des fichiers de données qu'ils fabriquent automatiquement. Pour éviter qu'un utilisateur les considère comme des éléments inutiles et les détruise, Windows ne les affiche pas.

Mais si cela vous intéresse, vous pouvez afficher les dossiers et fichiers cachés en procédant ainsi :

1. **Ouvrez un dossier dans l'Explorateur de fichiers, puis cliquez sur l'onglet Affichage.**

   Le ruban propose les diverses manières d'afficher le contenu du dossier.

2. **Cliquez sur le bouton Afficher/Masquer, et cochez la case Éléments masqués.**

   Si cette commande n'est pas visible, élargissez la fenêtre jusqu'à ce qu'elle apparaisse.

Les fichiers cachés apparaissent maintenant parmi les autres. Veillez à ne pas les supprimer, car le programme auquel ils appartiennent aurait un comportement inattendu et Windows lui-même pourrait être endommagé. Je vous conseille vivement de ne pas activer cette commande. Les fichiers sensibles resteront ainsi prudemment invisibles.

Copier ou déplacer des fichiers et des dossiers

Pour copier ou déplacer des fichiers vers d'autres dossiers du disque dur, il est parfois plus facile d'effectuer un glisser-déposer avec la souris. Par exemple, voici comment déplacer le fichier Voyageur du dossier Documents vers le dossier Maroc.

1. **Ouvrez deux fenêtres de l'Explorateur de fichier en cliquant sur son icône dans la barre des tâches. Une fois la première fenêtre ouverte, faites un clic du bouton droit sur cette icône et, dans le menu contextuel qui apparaît, cliquez sur Explorateur de fichiers.**

   Vous avez donc maintenant deux fenêtres de l'Explorateur de fichiers.

2. **Juxtaposez les deux fenêtres sur votre bureau en les faisant glisser par leur barre de titre.**

   Dans la fenêtre de gauche, affichez le contenu du dossier Documents, et dans la fenêtre de droite celui du dossier Maroc.

3. **Glissez-déplacez le fichier Voyage du dossier Document, vers le dossier Maroc.**

   Comme le révèle la Figure 5.7, le fichier Voyageur est glissé du dossier Documents jusque dans le dossier Maroc. Le fichier suit le pointeur de la souris, tandis que Windows indique dans une info-bulle que vous déplacez un fichier. Veillez à ce que le bouton droit reste enfoncé pendant toute la manœuvre.

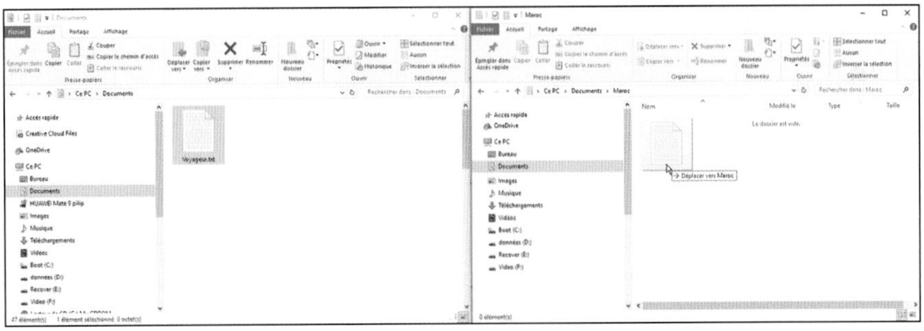

FIGURE 5.7
Glissez-déplacez un fichier ou un dossier d'une fenêtre à une autre.

Pour copier le fichier, donc sans le déplacer, effectuez cette opération en maintenant la touche Ctrl enfoncée. Vous observez que la petite info-bulle affichée à la base du pointeur de la souris indique cette fois Copier sur et non pas Déplacer vers.

Vous pouvez également appliquer cette technique en utilisant le bouton droit de la souris. Cette fois, lorsque vous relâcherez ce bouton, un menu contextuel vous propose les commandes suivantes : Copier ici, Déplacer ici ou Créer les raccourcis ici. Cliquez sur celle qui est adaptée à ce que vous souhaitez réaliser (ou bien sur Annuler).

Si le glisser-déposer prend trop de temps, Windows propose quelques autres manières de copier ou de déplacer des fichiers. Certains des outils qui suivent seront plus ou moins appropriés selon l'arrangement de l'écran :

» **Les menus contextuels :** cliquez du bouton droit sur un fichier ou sur un dossier et choisissez Couper ou Copier selon ce que vous voulez faire. Cliquez ensuite du bouton droit dans le dossier de destination et choisissez Coller. C'est simple, ça fonctionne à tous les coups et il n'est pas nécessaire d'afficher deux fenêtres à l'écran.

» **Les commandes du ruban :** dans l'Explorateur de fichiers, cliquez sur le dossier ou sur le fichier voulu. Cliquez ensuite sur l'onglet Accueil, sur le ruban, et choisissez Copier vers ou Déplacer vers. Un menu se déploie, proposant des dossiers de destination. Celui que vous désirez utiliser ne s'y trouve pas ? Cliquez sur Choisir un emplacement, puis parcourez les sous-dossiers jusqu'à celui qui vous convient. Cliquez ensuite sur le bouton Copier ou Déplacer. Cela vous semble bien compliqué ? Certes, mais cette technique est pratique quand vous ne savez pas exactement où se trouve le dossier de destination.

Le ruban est décrit au Chapitre 4.

» **Le volet de navigation :** décrit à la section « Le volet de navigation et ses accès rapides », au Chapitre 4, ce volet contient la liste des emplacements les plus usités, comme les disques, les dossiers, ou encore OneDrive, ce qui permet d'y déposer facilement des fichiers, sans la corvée de devoir ouvrir le dossier de destination.

Après que vous avez installé un programme dans votre ordinateur, ne déplacez jamais le dossier dans lequel il se trouve. Un programme est toujours intimement lié à Windows. Si vous déplaciez son dossier, toutes les relations qu'il entretient avec Windows seraient rompues, vous obligeant à le réinstaller (sans parler de la pagaille que le programme déplacé risque d'avoir laissée derrière lui). En revanche, les raccourcis des programmes peuvent être librement déplacés.

Obtenir plus d'informations sur les fichiers et les dossiers

Chaque fois que vous créez un fichier ou un dossier, Windows révèle des informations sur sa date de création, sa taille, ainsi que d'autres renseignements plus ou moins intéressants. Parfois, il vous permet même d'ajouter vos propres informations : des paroles ou une critique d'un morceau de musique, ou la miniature de chacune de vos photos.

Vous pouvez parfaitement ignorer toutes ces informations, mais parfois, elles vous permettront de résoudre un problème.

Pour les découvrir, cliquez du bouton droit sur un fichier ou un dossier et, dans le menu contextuel qui s'affiche, choisissez Propriétés. Par exemple, les propriétés d'un titre musical ou d'une photographie révèlent souvent une belle quantité d'informations, comme le montre la Figure 5.8. Voici la signification de chaque onglet :

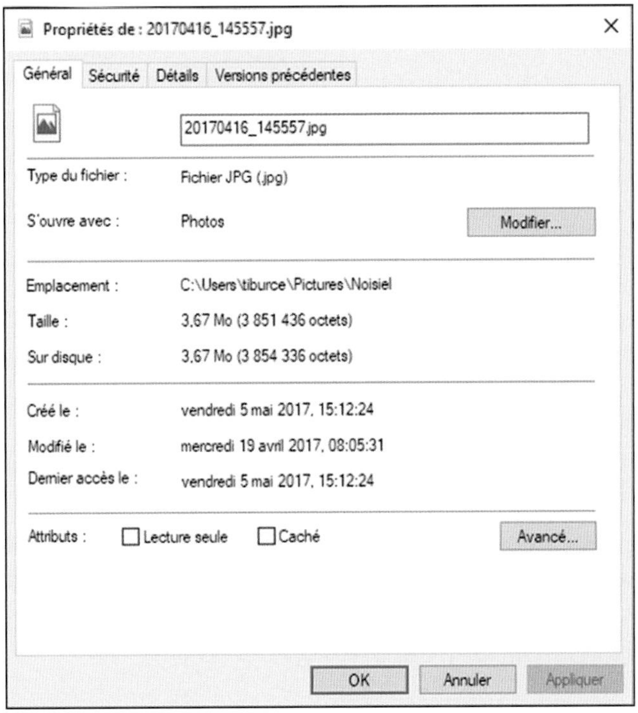

FIGURE 5.8
Les propriétés d'un fichier indiquent le programme qui l'ouvre automatiquement, la taille du fichier ainsi que d'autres informations.

» **Général :** ce premier onglet indique le type du fichier, en l'occurrence une photo au format JPEG, sa taille (3,67 Mo), le programme qui l'ouvre par défaut (l'application Photos de Windows 10) et l'emplacement du fichier, c'est-à-dire son chemin d'accès.

Vous voudriez qu'un autre programme ouvre le fichier ? Cliquez du bouton droit sur le fichier, choisissez Propriétés et, sous l'onglet Général, cliquez sur le bouton Modifier. Sélectionnez ensuite votre programme préféré dans la liste.

» **Sécurité :** sous cet onglet, vous contrôlez les autorisations, c'est-à-dire qui a le droit d'accéder au fichier et ce qu'il peut faire avec, des détails qui ne deviennent une corvée que lorsque Windows empêche l'un de vos amis – ou même vous – d'ouvrir un fichier.

» **Détails :** cet onglet révèle des informations supplémentaires concernant un fichier. Si c'est celui d'une photo numérique, cet onglet contient les métadonnées EXIF (*Exchangeable Image File Format,* format de fichier d'image échangeable) : marque et modèle de l'appareil photo, diaphragme, focale utilisée et autres valeurs que les photographes apprécient. Pour un morceau de musique, cet onglet affiche son type comme Fichier MP3 : artiste, titre de l'album, année, numéro de la piste, genre, durée, son débit binaire, c'est-à-dire sa vitesse de transmission qui permet de juger de sa qualité, et d'autres informations.

» **Versions précédentes :** lorsque vous activez l'Historique des fichiers de Windows, cet onglet liste toutes les versions de ce fichier qui ont été sauvegardées, ce qui peut permettre de restaurer la bonne en un clic. L'Historique des fichiers est traité dans le Chapitre 13.

Normalement, tous ces détails restent cachés à moins de cliquer du bouton droit sur un fichier et de choisir Propriétés. Mais un dossier peut fournir simultanément des détails de la totalité des fichiers, ce qui est commode pour des recherches rapides. Voici comment procéder :

1. **Dans le ruban, cliquez sur l'onglet Affichage.**

   Les commandes du ruban indiquent les diverses manières d'afficher le contenu du dossier.

2. **Dans le groupe Disposition, cliquez sur l'option Détails, comme le montre la Figure 5.9.**

   Les fichiers sont affichés dans une liste à colonnes. Chaque colonne indique une caractéristique de ces fichiers.

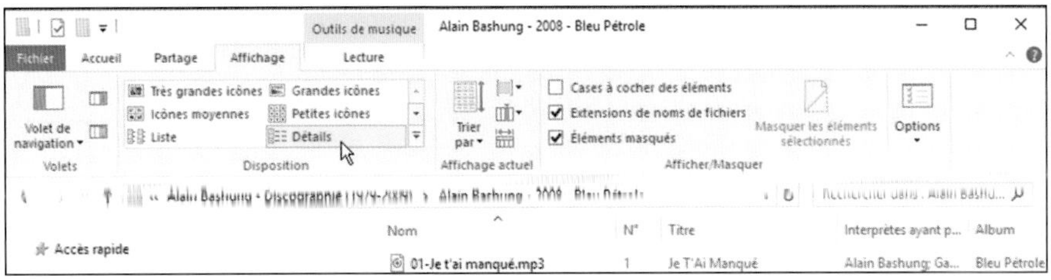

FIGURE 5.9
Pour obtenir des
informations détail-
lées sur les fichiers,
cliquez sur l'onglet
Affichage, puis sur
Détails.

Essayez toutes les vues du groupe Disposition. Windows mémorise celles que vous préférez pour chacun des types de dossiers.

» Si vous ne vous souvenez plus de la fonction d'un bouton de la barre de commandes, immobilisez le pointeur de la souris dessus. Windows affiche alors une info-bulle expliquant succinctement à quoi il sert.

» Bien que les informations supplémentaires puissent être appréciables, elles occupent de la place au détriment du nombre de fichiers affichés dans la fenêtre. N'afficher que le nom des fichiers est souvent une meilleure option. C'est seulement lorsque vous voudrez en savoir plus sur un fichier ou un dossier que vous essayerez l'astuce qui suit.

» Dans un dossier, les fichiers sont habituellement triés alphabétiquement. Pour les lister différemment, cliquez du bouton droit sur un emplacement vide du dossier. Dans le menu local qui apparaît, choisissez l'option Trier par. Sélectionnez alors le mode de classement voulu : par date, par type, par taille, etc.

» Le tri peut être effectué sur chaque colonne. Cliquez sur l'en-tête Taille, par exemple, pour placer rapidement les fichiers les plus volumineux en haut de la liste. Cliquez sur Modifié le pour trier les fichiers selon la date de modification la plus récente (cliquer une seconde fois inverse l'ordre de tri).

» Vous pouvez également choisir les colonnes qui sont affichées dans la vue Détails. Pour cela, cliquez du bouton droit sur l'en-tête d'une colonne, puis cochez ou décochez ce que vous voulez ou non voir apparaître comme informations. Par exemple, j'affiche toujours la colonne Prise de vue pour mes photographies afin de me souvenir du moment où j'ai pris mes clichés.

Graver des CD et des DVD

La plupart des ordinateurs de bureau sont équipés de lecteurs/graveurs de CD ou de DVD. En revanche il en est de moins en moins de même des ordinateurs portables dont la finesse extrême empêche d'installer en interne ce type de périphérique. Certains lisent et même gravent des disques Blu-Ray. Si votre ordinateur n'est pas équipé d'un tel matériel, vous devrez acheter un lecteur/graveur de disques opto-numériques interne, ou un modèle externe que vous connecterez à un port USB.

Pour savoir si votre lecteur de CD est aussi un graveur, ôtez tout disque se trouvant dans le tiroir, ouvrez l'Explorateur de fichiers et cliquez sur Ce PC, dans le volet de gauche.

Comme les ordinateurs ont toujours tendance à parler un langage secret, voici ce que vous pouvez faire avec ce genre de matériel :

» **Lecteur DVD-RW :** lecture et gravure des CD et des DVD.

» **Lecteur BD-ROM :** lecture et gravure des CD et des DVD, et lecture des disques Blu-ray.

» **Lecteur BD-RE :** lecture et gravure des CD, des DVD et des disques Blu-ray.

 Si votre PC est équipé de deux lecteurs, de CD ou de DVD, indiquez à Windows lequel sera utilisé pour la gravure. Pour ce faire, cliquez du bouton droit sur le lecteur, choisissez Propriétés puis cliquez sur l'onglet Enregistrement. Choisissez ensuite votre lecteur favori dans la partie supérieure.

Acheter des CD et DVD vierges pour la gravure

Il existe deux types de CD : les CD-R (comme *Recordable*, « enregistrable », en anglais) et CD-RW (comme *ReWritable*, « réinscriptible »). Voici la différence :

» **CD-R :** la plupart des gens achètent des CD-R, car ils sont bon marché et sont parfaits pour stocker de la musique ou des fichiers. Vous pouvez graver les données jusqu'à ce qu'ils soient pleins, mais c'est tout. Il est impossible de modifier le contenu. Ce n'est pas un problème, car ceux qui utilisent ce support ne veulent pas que leurs CD risquent d'être effacés. Ils sont aussi utilisés pour les sauvegardes.

» **CD-RW :** les CD réinscriptibles servent notamment à faire des sauvegardes temporaires. Vous pouvez les graver tout comme un CD-R, à la différence près que le CD-RW peut être entièrement effacé – l'effacement partiel est impossible – et réutilisé. Ce type de CD est cependant plus onéreux.

À l'instar des CD, les DVD existent eux aussi en version enregistrable et réinscriptible. Hormis cela, c'est la pagaille : les fabricants multiplient les formats, semant la confusion parmi les consommateurs. Avant d'acheter des DVD vierges, vérifiez les formats acceptés par votre lecteur : DVD-R, DVD-RW, DVD+R, DVD+RW et/ou DVD-RAM. La plupart des graveurs récents reconnaissent les quatre premiers formats, ce qui facilite votre choix.

>> La vitesse de rotation du disque, indiquée par l'opérateur × (comme dans 8×, 40×...) indique la rapidité de la gravure : généralement 52× pour un CD et 16× pour un DVD.

À quoi se rapportent les vitesses ? Elles sont basées sur l'une des toutes premières normes de gravure de CD, à la fin des années 1980, qui imposait un taux de transfert des données de 153 ko par seconde. Un lecteur qui grave à la vitesse de 52× grave ainsi 7 956 ko par seconde, soit 7,77 Mo/s.

>> Les CD vierges sont bon marché. Pour un essai, demandez-en un à un ami : si la gravure s'effectue sans problème, achetez-en d'autres du même type. En revanche, les DVD vierges étant plus chers, il vous sera plus difficile d'en obtenir un pour un test.

>> Les disques Blu-ray sont encore plus chers. Certes, pratiquement n'importe quel support de ce type passera l'épreuve sans souci, mais, de toute manière, les graveurs Blu-ray sont rares dans les PC.

>> Bien que Windows gère parfaitement les tâches de gravure de CD simples, il est extraordinairement compliqué lorsqu'il s'agit de *dupliquer* des CD. La plupart des utilisateurs renoncent rapidement et préfèrent s'en remettre à des logiciels de gravure tiers. Nous reviendrons au Chapitre 16 sur la gravure de disques audio.

>> La copie des CD audio et des DVD est soumise aux lois protégeant le droit d'auteur. Windows est incapable de copier des DVD vidéo du commerce qui bénéficient de cette protection, mais certains logiciels permettent de le faire.

Copier des fichiers depuis ou vers un CD ou un DVD

Il fut un temps ou CD et DVD étaient à l'image de la simplicité : il suffisait de les introduire dans un lecteur de salon pour les lire. Mais, dès lors que ces disques ont investi les ordinateurs, tout se compliqua. À présent, lorsque vous gravez un CD ou DVD, vous devez indiquer au PC ce que vous copiez et comment vous comptez le lire : sur un lecteur de CD audio ? Sur un lecteur de DVD ? Ou ne s'agit-il que de fichiers informatiques ? Si vous avez mal choisi, le disque ne sera pas lisible.

Voici les règles régissant la création d'un disque :

> » **Musique :** reportez-vous au Chapitre 16 pour savoir comment créer un CD lisible par une chaîne stéréo ou un autoradio. Vous utiliserez le Lecteur Windows Media pour graver un CD audio.

> » **Diaporamas :** le programme DVD Maker qui était fourni avec Windows Vista et Windows 7 a disparu des radars. Pour créer des diaporamas, vous devrez utiliser un logiciel tiers.

Si vous désirez seulement copier des fichiers informatiques sur un CD ou un DVD, à des fins de sauvegarde ou pour les envoyer à quelqu'un, la situation est plus simple.

Suivez ces étapes pour graver des fichiers sur un CD ou un DVD vierge (si vous ajoutez les données à un disque qui en contient déjà, passez à l'Étape 5).

1. **Insérez le disque vierge dans le graveur. Cliquez ensuite sur la notification qui apparaît dans l'angle supérieur droit de l'écran.**

2. **Double-cliquez sur l'icône du lecteur.**

   Windows affiche une boîte de dialogue Graver un disque, comme le montre la Figure 5.10.

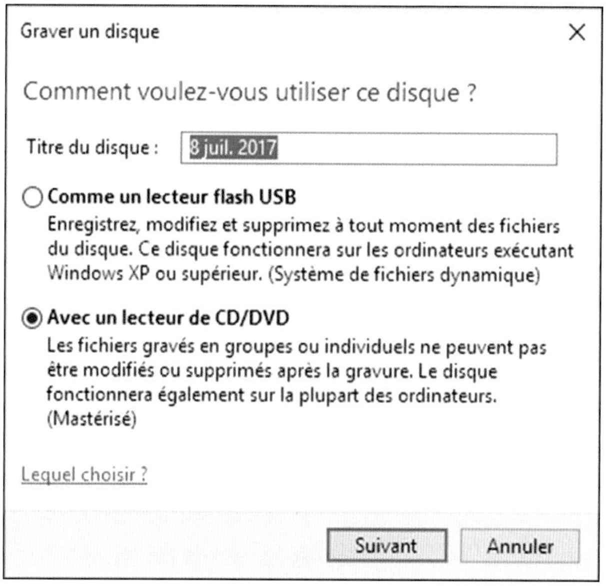

FIGURE 5.10
Préparer un CD/DVD vierge à la gravure.

Si la boîte de notification disparaît avant que vous n'ayez eu le temps de réagir, éjectez votre disque, puis insérez-le à nouveau. Mettez immédiatement la main sur votre souris pour ne pas manquer la notification. D'un autre côté, vous pouvez obtenir le même résultat en cliquant droit sur l'icône de votre unité de disque dans l'Explorateur de fichiers, puis en choisissant l'option Ouvrir la lecture automatique dans le menu qui apparaît.

3. **Donnez un titre au CD ou le DVD afin d'en identifier plus facilement le contenu.**

Le nom ne peut pas excéder 16 caractères, ce qui vous oblige à être concis. Vous pouvez aussi conserver le titre par défaut, c'est-à-dire la date d'aujourd'hui.

Après avoir entré un nom, Windows se prépare à recevoir les fichiers qu'il devra graver. Pour le moment, la fenêtre du disque est vide.

4. **Choisissez comment utiliser ce disque, et cliquez sur suivant.**

Windows propose deux méthodes pour la gravure des disques :

- **Comme un lecteur flash USB :** un lecteur flash USB est tout simplement ce que l'on appelle communément une clé USB. Cette option permet de graver des fichiers plusieurs fois. C'est un moyen commode pour stocker des fichiers au fur et à mesure. Le CD ainsi créé n'est malheureusement pas compatible avec certains lecteurs de salon connectés à une chaîne stéréo ou à un téléviseur.

- **Avec un lecteur de CD/DVD :** si vous avez l'intention de lire le CD avec un lecteur de salon assez récent et donc capable de lire des fichiers enregistrés dans divers formats, sélectionnez cette méthode.

5. **Indiquez à Windows les fichiers qu'il doit graver.**

Le disque étant prêt à recevoir des données, il faut expliquer à Windows où il trouvera celles-ci. Vous pouvez le faire de diverses manières :

- Cliquez du bouton droit sur l'élément à copier, qu'il s'agisse d'un seul fichier, d'un dossier, ou d'un ensemble de fichiers et de dossiers sélectionnés. Dans le menu contextuel qui apparaît, choisissez Envoyer vers puis sélectionnez le graveur.

- Faites glisser les fichiers et/ou les dossiers et déposez-les sur la fenêtre du graveur, ou sur l'icône du graveur, dans la fenêtre de l'Explorateur de fichiers.

- Dans le dossier Musique, Images ou Documents, cliquez sur l'onglet Partage puis cliquez sur l'option Graver sur disque. Tous les fichiers du dossier, ou uniquement ceux préalablement sélectionnés, sont copiés sur le disque.

- Demandez au logiciel que vous utilisez actuellement d'enregistrer le fichier sur le disque compact plutôt que sur le disque dur.

Quelle que soit la technique choisie, Windows examine scrupuleusement les données puis les grave sur le disque. Une fenêtre montre la progression de la gravure. Lorsqu'elle se referme, cela signifie que l'opération est terminée.

6. **Fermez la session de gravure en éjectant le disque.**

Quand vous avez fini de copier des fichiers sur un disque, indiquez-le à Windows en appuyant sur le bouton d'éjection du disque, ou cliquez du bouton droit sur l'icône du lecteur, dans l'Explorateur de fichiers, et choisissez Éjecter. Windows ferme la session en veillant à ce que le disque soit lisible par d'autres ordinateurs.

Par la suite, vous pouvez graver d'autres fichiers sur le même disque jusqu'à ce que Windows vous informe qu'il est plein. Vous devrez alors mettre fin à la gravure, insérer un disque vierge puis tout recommencer à partir de l'Étape 1.

 Si vous tentez de copier un ensemble de fichiers plus volumineux que ce que peut héberger le disque, Windows le signale aussitôt. Réduisez le nombre de fichiers à copier sur un même disque ou essayez de les répartir sur plusieurs.

 La plupart des programmes permettent d'enregistrer directement sur un CD. Cliquez sur l'onglet Fichier, puis cliquez sur Enregistrer et sélectionnez le graveur.

DUPLIQUER UN CD OU UN DVD

Windows ne possède pas de commande de duplication de disque compact. Il n'est même pas capable de copier un CD audio, ce qui explique pourquoi les gens achètent un logiciel de gravure.

Il est cependant possible de copier tous les fichiers d'un CD ou d'un DVD dans un disque vierge en procédant en deux étapes :

1. **Copiez les fichiers et dossiers du CD ou du DVD dans un dossier de votre PC.**

2. **Copiez le contenu de ce dossier sur un CD ou un DVD vierge.**

Vous obtenez ainsi une copie du CD ou du DVD, commode lorsque vous tenez à conserver deux sauvegardes essentielles.

Ce procédé ne fonctionne pas avec un CD audio ou un film sur DVD (j'ai essayé). Seuls les disques contenant des programmes ou des données informatiques peuvent être dupliqués.

Insérez un disque dans le lecteur – de préférence pas trop plein – pour démarrer le processus.

Utiliser des clés USB et des cartes mémoire

Les possesseurs d'appareil photo numérique connaissent bien les *cartes mémoire*, ces petites plaquettes en plastique qui remplacent la pellicule. Windows est capable de lire les photos numériques directement sur l'appareil, pour peu qu'il soit connecté à l'ordinateur. Mais il est aussi capable de lire les cartes mémoire, une technique prisée par tous ceux qui préfèrent ménager la batterie de leur appareil photo, car celui-ci doit rester allumé pendant toute la procédure de transfert.

Pour cela, le PC doit évidemment être équipé d'un lecteur de cartes mémoire, à moins que vous ne connectiez un lecteur de cartes mémoire externe acceptant les formats les plus répandus : SD-HC (*Secure Digital High-Capacity*), Micro SD (avec un adaptateur) CF (*Compact Flash*), Memory Stick, et d'autres encore.

Un lecteur de cartes mémoire est d'une agréable convivialité : après avoir inséré la carte, vous pouvez ouvrir son dossier dans le PC et voir les miniatures des photos qui s'y trouvent. Toutes les opérations de glisser-déposer, copier-coller et autres manipulations décrites précédemment dans ce chapitre sont applicables. Vous déplacez et organisez vos photos intuitivement.

 Les clés USB sont reconnues par Windows de la même manière que les lecteurs de cartes mémoire ou les disques durs externes : insérez une clé dans un port USB et elle apparaît dans l'Explorateur de fichiers sous la forme d'une icône, prête à être ouverte d'un double-clic.

>> Formater une carte mémoire efface irrémédiablement toutes les photos et autres données qui s'y trouvent. Ne formatez jamais une carte mémoire sans avoir préalablement vérifié ce qu'elle contient (en règle générale, vous ne devriez jamais formater une carte mémoire sur votre ordinateur, mais uniquement avec la commande de formatage de l'appareil photo lui-même).

>> La procédure, maintenant : si Windows se plaint de ce qu'une carte nouvellement insérée n'est pas formatée – un problème qui affecte surtout les cartes ou clés endommagées –, cliquez du bouton droit sur son lecteur et choisissez Formater. Parfois, le formatage permet d'utiliser la carte avec un autre appareil que celui pour lequel vous l'aviez achetée. Par exemple, un lecteur MP3 acceptera peut-être celle que l'appareil photo refuse.

OneDrive : le cloud de Microsoft

Le stockage des fichiers dans l'ordinateur est parfait tant que vous êtes chez vous ou au bureau. Si vous devez emporter des fichiers, vous pouvez les copier sur une clé USB, ou sur un disque dur externe, voire les graver sur un CD ou un DVD. Encore faut-il ne pas les oublier sur place.

Mais comment faire pour accéder à vos fichiers depuis n'importe quel ordinateur ? Et comment récupérer chez vous les fichiers que vous utilisez au travail, et *vice versa* ? Comment consulter un important document lorsque vous voyagez ?

La réponse de Microsoft à ce problème porte un nom : OneDrive. C'est votre espace de stockage privé sur Internet, et il fait partie intégrante de Windows 10. Avec OneDrive, vos fichiers sont disponibles sur n'importe quel ordinateur, disposant d'une connexion Internet. Et vous pouvez même y accéder avec une tablette ou un smartphone Apple, Android ou encore BlackBerry, et bien entendu Windows. Microsoft propose en effet une application gratuite disponible sur toutes ces plates-formes.

Si vous modifiez un fichier enregistré sur OneDrive, la nouvelle version est immédiatement disponible sur *tous* vos ordinateurs, tablettes ou smartphones. Le dossier OneDrive est donc automatiquement à jour sur chaque dispositif (d'accord, il lui faut parfois un tout petit peu de temps pour scruter le nuage).

OneDrive est facilement accessible, puisqu'il est disponible dans chaque fenêtre de l'Explorateur de fichiers. Cependant, vous avez besoin pour y accéder de plusieurs choses :

» **Un compte Microsoft :** il est indispensable pour placer des fichiers sur OneDrive et les récupérer. Il est d'ailleurs très probable que vous en avez créé un lorsque vous avez créé un compte pour votre ordinateur tournant sous Windows 10, ou même que vous en possédiez un depuis longtemps (les comptes Microsoft sont expliqués au Chapitre 2).

» **Une connexion Internet :** c'est par l'Internet que s'effectuent les transferts de fichiers. Vous pouvez les récupérer avec un autre équipement (ordinateur, tablette, smartphone...) que le vôtre, et depuis n'importe où dans le monde.

» **De la patience :** l'envoi des fichiers vers OneDrive est toujours plus long que leur récupération. Le transfert des fichiers très volumineux peut exiger plusieurs minutes, voire des heures si vous stockez sur OneDrive le film de vos vacances...

Pour certaines personnes, OneDrive est plus sûr et commode, car elles peuvent toujours accéder à leurs fichiers les plus importants. C'est aussi un moyen de mettre ces fichiers hors de portée des autres personnes. D'autres jugent que c'est rajouter une couche supplémentaire de complication, ainsi qu'un endroit de plus où les fichiers peuvent se cacher. Quoi qu'il en soit, OneDrive est là. Autant faire sa connaissance.

Les sections qui suivent vous expliquent comment accéder facilement à OneDrive directement depuis un dossier, voire dans un navigateur Internet. Vous verrez également comment modifier les réglages de OneDrive pour vous assurer que l'espace important de stockage qu'il constitue ne viendra pas dévorer celui de votre ordinateur.

Choisir les dossiers OneDrive à synchroniser avec le PC

Windows 10 place OneDrive dans le volet de navigation de l'Explorateur de fichiers, ce qui en facilite grandement l'accès. En fait, OneDrive se comporte exactement comme n'importe quel autre dossier, à une exception près : les fichiers et les dossiers que vous copiez dans votre dossier OneDrive sont également enregistrés dans l'espace que Microsoft vous a alloué sur Internet.

Ceci peut créer un problème. Les smartphones, les tablettes et les *notebooks* ne disposent pas d'une très grande quantité de mémoire. OneDrive, de son côté, est capable d'avaler des *tas* de fichiers. Très vraisemblablement, votre tablette, par exemple, ne possède vraisemblablement pas suffisamment de place pour y enregistrer une copie de *tout* ce que vous avez stocké sur OneDrive.

Windows 10 propose sa solution : vous pouvez choisir les dossiers qui doivent rester uniquement sur OneDrive, et ceux qui devraient être *synchronisés*, autrement dit dupliqués également sur votre PC.

Les fichiers que vous décidez de synchroniser seront automatiquement mis à jour de manière à être dans le même état sur votre ordinateur comme sur le nuage Internet. Dit autrement, OneDrive joue dans ce cas le rôle d'unité de sauvegarde, tout en permettant d'accéder à son contenu à partir d'un autre PC, d'une tablette ou d'un smartphone.

Les fichiers qui ne sont *pas* synchronisés résident uniquement sur OneDrive. Si vous en avez besoin, vous pouvez y accéder en rendant visite à OneDrive sur l'Internet, comme je l'explique un peu plus loin.

Lorsque vous cliquez sur le dossier OneDrive d'un nouveau PC, Windows vous permet de choisir les fichiers et les dossiers qui seront stockés *uniquement* sur OneDrive, et ceux qui seront *aussi* enregistrés en tant que copies sur votre PC.

Vous avez fait votre choix ? Alors lancez-vous :

1. **Depuis la barre des tâches, cliquez sur l'icône de l'Explorateur de fichier afin de l'ouvrir. Cliquez ensuite sur l'icône de OneDrive dans le volet de navigation.**

   Puisque c'est votre première visite à OneDrive, vous allez avoir droit à un écran de démarrage.

2. **Cliquez sur le bouton de démarrage, puis saisissez si nécessaire le nom de votre compte Microsoft et votre mot de passe.**

   En fait, seuls les utilisateurs avec un compte Local devraient avoir besoin de saisir ces informations. Si vous vous êtes connecté avec un compte Microsoft, le travail est déjà fait (j'explique comment convertir un compte Local en compte Microsoft dans le Chapitre 14).

   OneDrive va vous demander si vous voulez changer l'emplacement où vos fichiers OneDrive seront enregistrés sur votre PC.

3. **Demandez le cas échéant à changer l'emplacement de vos fichiers One-Drive, ou cliquez simplement sur Suivant.**

   Si vous utilisez un PC de bureau, avec un espace disque important, contentez-vous de passer à la suite. OneDrive va utiliser votre disque C:, ce qui ne devrait pas poser de problème.

   Le cas des tablettes est différent, puisque leur mémoire est limitée. Je ne peux que vous conseiller d'acheter au préalable une carte mémoire et de l'insérer dans votre tablette (vérifiez d'abord la capacité maximale tolérée par celle-ci). Demandez à changer d'emplacement, et dites à OneDrive de stocker ses fichiers sur cette carte mémoire.

4. **Choisissez les dossiers que vous voulez synchroniser avec votre PC, comme sur la Figure 5.11.**

   OneDrive va lister les dossiers disponibles.

   OneDrive vous propose en fait deux options :

FIGURE 5.11
Cochez les dossiers
à synchroniser.

- **Synchroniser tous les fichiers et dossiers dans mon OneDrive :** à
  moins d'avoir une excellente raison pour dire non, cochez cette option
  de manière à ce que *tous* vos fichiers OneDrive possèdent une copie sur
  votre PC (ou sur la carte mémoire de votre tablette). En règle générale,
  cela ne pose aucun problème aux PC de bureau, et c'est une assurance
  tout risque.

- **Synchroniser uniquement ces dossiers :** cette option est plus intéressante avec un appareil disposant de peu de mémoire de stockage. Dans
  ce cas, cochez les noms des dossiers qui doivent être synchronisés, et
  décochez les noms de ceux qui resteront uniquement sur OneDrive.

5. **Cliquez sur Commencer dans la fenêtre qui suit.**

6. **Laissez-vous guider pour la suite en validant notamment l'emplacement proposé par défaut.**

Vous n'avez en aucun cas besoin de synchroniser les mêmes dossiers sur chacun
de vos ordinateurs ou de vos appareils. Par exemple, vous choisirez de tout syn-

chroniser sur votre PC de bureau, et uniquement les photos sur votre tablette ou votre smartphone.

Si vous voulez accéder à un dossier OneDrive qui n'est pas synchronisé sur votre PC, vous avez deux options : changer la configuration de OneDrive pour ajouter le dossier à la liste des éléments synchronisés, ou visiter le site dédié à OneDrive sur Internet (j'y reviendrai un peu plus loin).

ACCÉDER AU PC DEPUIS LE NUAGE

OneDrive permet de partager facilement vos fichiers entre tous vos gadgets. Mais, attendez : et si le fichier dont vous avez besoin n'est *pas* enregistré sur OneDrive ? S'il se trouve par exemple sur le bureau de votre PC et que vous êtes loin de chez vous ?

Voici une solution. Lors de sa configuration initiale, OneDrive vous propose de rendre les fichiers de votre PC disponibles pour d'autres appareils. Si vous acceptez, vous pourrez accéder à la *totalité* de votre PC depuis le site web de OneDrive, et même à des fichiers et des dossiers enregistrés sur des réseaux accessibles depuis ce PC.

Naturellement, Microsoft sait parfaitement que tout cela exige des mesures de sécurité draconiennes. Avant de vous laisser accéder à un nou-

veau PC pour la première fois, il va vous demander de taper un code.

En arrière-plan, Microsoft envoie un message texte au téléphone portable ou à l'adresse e-mail associés à votre compte Microsoft. Lorsque vous recevez ce message, vous devez saisir le code numérique indiqué sur l'ordinateur que vous utilisez pour accéder à votre PC. Une fois que Microsoft a conclu que vous aviez tapé le bon code, et donc que c'est vous, il ajoute cet ordinateur à la liste des PC auxquels vous pouvez accéder.

Évidemment, pour atteindre un PC distant, celui-ci doit être allumé *et* connecté à l'Internet. Si cette fonctionnalité vous intéresse, n'oubliez pas de saisir le numéro de votre téléphone portable dans la configuration de votre compte Microsoft.

Changer la configuration de OneDrive

La vie évolue et vos besoins peuvent changer. Par exemple, vous voulez maintenant synchroniser un nouveau dossier, ou l'inverse.

Pour modifier les réglages de OneDrive, suivez ces étapes :

1. **Dans la zone de notification de la barre des tâches, repérez l'icône de OneDrive et cliquez dessus avec le bouton droit de la souris. Choisissez ensuite l'option Paramètres.**

Il est possible que vous deviez d'abord cliquer sur la petite flèche pour dévoiler les icônes cachées. La zone de notification de la barre des tâches est décrite dans le Chapitre 3.

La boîte de dialogue des paramètres de OneDrive apparaît (voir la Figure 5.12).

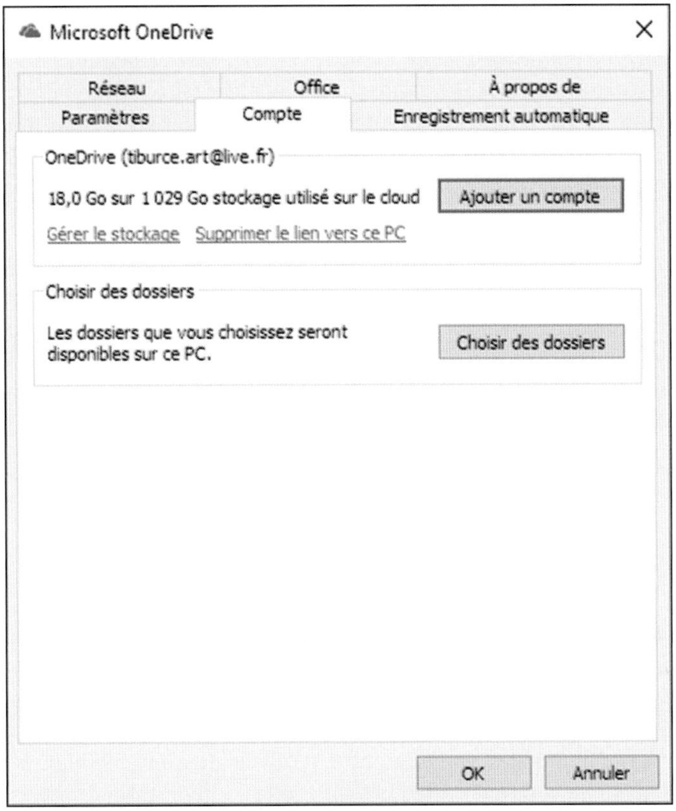

Microsoft OneDrive   ✕

Réseau	Office	À propos de
Paramètres	Compte	Enregistrement automatique

OneDrive (tiburce.art@live.fr)

18,0 Go sur 1 029 Go stockage utilisé sur le cloud | Ajouter un compte |

Gérer le stockage   Supprimer le lien vers ce PC

Choisir des dossiers

Les dossiers que vous choisissez seront disponibles sur ce PC. | Choisir des dossiers |

OK   Annuler

FIGURE 5.12
Cette boîte de dialogue vous permet de modifier la manière dont OneDrive communique avec votre ordinateur.

Si vous avez manqué l'étape décrite dans l'encadré « Accéder à votre PC depuis le nuage », c'est le moment de vous rattraper en cochant sous l'onglet Paramètres la case Me laisser utiliser OneDrive pour récupérer des fichiers sur ce PC.

2. **Activez l'onglet Choisir des dossiers, puis cliquez sur le bouton qui possède le même intitulé.**

Vous retrouvez la fenêtre Synchroniser vos fichiers OneDrive sur ce PC (reportez-vous à la Figure 5.11).

3. **Effectuez les modifications voulues, puis cliquez sur le bouton OK.**

   OneDrive commence à synchroniser vos fichiers et vos dossiers selon vos souhaits.

Microsoft vous offre sur OneDrive un espace de stockage de 5 Go, mais vous pouvez souscrire pour une formule plus large (bien entendu en payant).

Si vous possédez déjà un compte OneDrive, vous bénéficiez d'un espace de stockage gratuit de 15 Go. Sachez que sous peu (si ce n'est déjà le cas au moment où vous lisez ces lignes), cet espace se réduira à 5 Go.   Si vous avez besoin de la suite Office de Microsoft et vous choisissez la formule d'abonnement Office 365, vous disposez du même coup d'un très généreux espace sur OneDrive de 1 To, de quoi dupliquer tout votre disque dur.

Pour voir la quantité d'espace dont vous disposez encore sur OneDrive, cliquez du bouton droit sur son icône dans la zone de notification, et choisissez dans le menu le lien Gérer le stockage de l'onglet Compte. Votre navigateur Internet va s'ouvrir et afficher la page dédiée à la configuration de OneDrive (vous devrez peut-être saisir votre adresse e-mail et votre mot de passe si vous n'êtes pas connecté avec un compte Microsoft). Vous y verrez l'espace disponible, ainsi que des propositions pour acheter plus de stockage.

Ouvrir et enregistrer des fichiers avec OneDrive

Lorsque vous vous connectez pour la première fois à Windows 10 avec un compte Microsoft, Windows crée deux dossiers vides dans votre espace OneDrive : Documents et Images. Bien entendu, d'autres dossiers viennent s'y ajouter selon les choix que vous avez effectués lors de la configuration de OneDrive.

Pour les voir, le plus simple consiste à cliquer dans la barre des tâches sur l'icône de l'Explorateur de fichiers. OneDrive apparaît dans le volet de navigation, à gauche de la fenêtre, exactement comme le contenu de votre ordinateur ou de votre réseau. Cliquez sur son nom, et son contenu va s'afficher dans le volet de droite (voir la Figure 5.13).

Vous n'avez rien à apprendre de plus pour utiliser OneDrive : ses dossiers et ses fichiers se comportent exactement comme n'importe quel autre élément de même type sur votre PC :

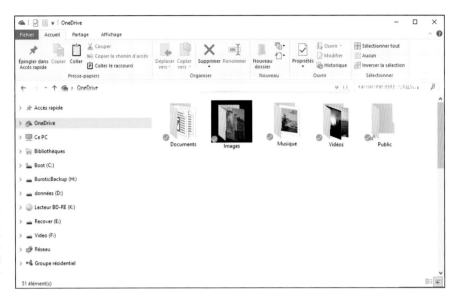

FIGURE 5.13
Les dossiers
synchronisés entre
OneDrive et votre
ordinateur sont
visibles dans l'Explo-
rateur de fichiers.

» Pour voir le contenu d'un dossier OneDrive, faites un double clic dessus.

» Pour éditer un fichier présent dans un dossier OneDrive, faites un double clic dessus. Le fichier s'ouvre dans le programme qui l'a créé.

» Pour sauvegarder quelque chose de nouveau sur OneDrive, copiez le ou les éléments sélectionnés dans le dossier de destination voulu de OneDrive, par exemple son dossier Documents. Un enregistrement dans le dossier Documents du PC ne concerne en rien OneDrive.

» Pour supprimer quelque chose de OneDrive, cliquez du bouton droit dessus et choisissez dans le menu la commande Supprimer. L'élément est envoyé dans la Corbeille de Windows, où il pourra être récupéré en cas d'erreur.

Quelles que soient les manipulations que vous effectuez avec le contenu de votre dossier OneDrive, Windows 10 actualise automatiquement sur Internet les copies qui ont été modifiées.

Si, par la suite, vous rendez visite à votre dossier OneDrive sur votre iPad ou votre tablette Android, vous aurez à votre disposition des fichiers parfaitement à jour.

» Prenons un petit exemple. Vous enregistrez votre liste de courses dans un fichier synchronisé avec OneDrive. Vous allez ensuite au supermarché. Vous sortez votre smartphone, vous ouvrez votre application OneDrive (elle est gratuite), et vous remplissez votre caddy sans rien oublier. Elle est pas belle la vie ?

>> Les méthodes permettant de copier ou déplacer des fichiers entre dossiers sont étudiées plus haut dans ce chapitre.

Accéder à OneDrive depuis Internet

Il peut arriver que vous ayez besoin d'accéder à OneDrive alors que vous n'êtes pas assis devant votre ordinateur. Ou que vous deviez accéder à un fichier sur OneDrive qui n'est pas synchronisé avec votre PC. Pour vous aider dans ce genre de situation, Microsoft vous permet d'accéder à OneDrive depuis n'importe quel navigateur Internet.

Trouvez un ordinateur quelconque, ouvrez un navigateur Internet, et rendez-vous à l'adresse `https://onedrive.live.com/`. Saisissez ensuite le nom de votre compte Microsoft et votre mot de passe. Le site de *votre* OneDrive apparaît, comme illustré sur la Figure 5.14.

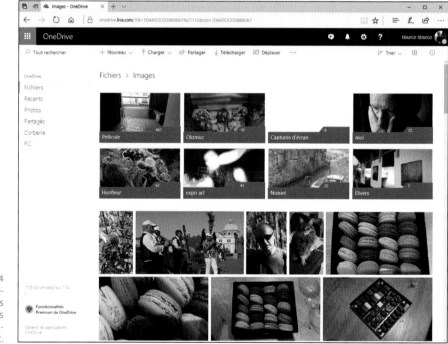

FIGURE 5.14
Vous pouvez accéder à vos fichiers OneDrive depuis n'importe quel navigateur Internet.

Vous pouvez maintenant ajouter, supprimer, déplacer ou renommer vos fichiers, de même que créer des dossiers et y placer des fichiers. Il est même possible d'éditer des documents en ligne (le site de OneDrive dispose même d'une corbeille pour y jeter des choses périmées, ou les récupérer si elles ne l'étaient pas).

Il est plus facile de gérer vos fichiers directement sur votre ordinateur. Mais le site de OneDrive est une zone de repli pratique et accessible en tous lieux.

D'autre part, le site Web de OneDrive vous permet de partager des documents ou des photos, et même des dossiers, par e-mail. C'est une fonctionnalité dont vous ne bénéficiez pas sur votre ordinateur.

 N'oubliez pas que Microsoft propose une application gratuite pour les appareils Apple, Android et bien entendu Windows. OneDrive simplifie donc aussi le partage de fichiers entre tous vos gadgets.

Programmes, applications et fichiers

DANS CETTE PARTIE...

Jouer avec les programmes, les applications et les documents

Retrouver des applications, des fenêtres, des fichiers et des ordinateurs

Imprimer et scanner votre travail

Chapitre 6

Jouer avec les programmes, les applis et les documents

D ans Windows, les *programmes* et les *applications* (ou *applis* pour ceux qui n'ont pas le temps de dire le mot en entier) sont vos outils. Ils permettent en effet de calculer, d'écrire et d'abattre des vaisseaux spatiaux.

Les *documents*, en revanche, sont ce que vous créez à l'aide des applications et des programmes : une feuille de calcul révélant que vous vivez au-dessus de vos moyens, une lettre à l'eau de rose, les scores de vos jeux, et ainsi de suite.

Ce chapitre commence par les bases : ouvrir des programmes et des applications à partir du nouveau menu Démarrer et de l'écran de démarrage de Windows. Il explique également comment trouver et télécharger des applications depuis le Windows Store. Vous découvrirez aussi où trouver les menus des applications, car Microsoft les a cachés afin de laisser un maximum d'espace à l'affichage des interfaces, donc des documents.

Au fil des pages, vous découvrirez comment ouvrir tel ou tel types de fichier avec votre programme *préféré*. Mais vous découvrirez aussi comment créer des *raccourcis* sur le bureau, autrement dit des boutons qui vous permettent de lancer directement un programme sans avoir besoin de visiter le menu Démarrer et l'écran de démarrage.

Ce chapitre se termine par quelques considérations évidemment essentielles sur l'art de couper, copier et coller, des opérations indispensables dans l'univers de l'informatique en général et de Windows en particulier.

Exécuter un programme ou une application

Nous avons découvert le menu Démarrer et l'écran de démarrage au Chapitre 2, et avons appris à les personnaliser, leur ajouter et supprimer des vignettes d'applications, pour que vous afin de retrouver rapidement les programmes et les applications que vous utilisez régulièrement. La Figure 6.1 vous rappelle ce à quoi ressemble ce menu Démarrer.

Si le menu Démarrer de Windows 10 ressemble assez peu à celui des anciennes versions de Windows, son rôle principal est toujours de vous permettre de lancer des programmes ou des applications. Suivez ces étapes :

1. **Ouvrez le menu Démarrer.**

   Il vous suffit pour cela de cliquer ou de taper sur le bouton qui se trouve en bas et à gauche de l'écran (appelons-le fort judicieusement le *bouton Démarrer*). Et si vos doigts sont déjà tout près du clavier, appuyez simplement sur sa touche Windows.

   Le menu Démarrer apparaît (reportez-vous à la Figure 6.1) avec, sur sa droite, l'écran de démarrage et ses vignettes d'applications dynamiques. Le menu Démarrer quant à lui affiche toute une liste de programmes et d'applications classés par ordre alphabétique. En fait, il se met automatique-

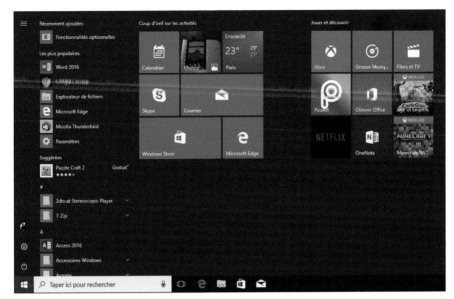

FIGURE 6.1
Le menu Démar-
rer et l'écran de
démarrage avec
leurs vignettes de
programmes et
d'applications.

ment à jour pour rendre visibles les programmes ou les applications les plus récemment utilisés, et celles et ceux que vous venez d'installer.

2. **Si vous voyez la vignette de l'application ou le nom du programme, et si vous voulez le lancer (c'est-à-dire l'exécuter pour parler en bon vieux langage informatique), cliquez simplement dessus, ou touchez-le sur votre écran tactile.**

Non, vous ne voyez rien ? Passez à l'étape suivante.

3. **Faites défiler la liste des applications en amenant le pointeur de la sou-ris dessus – ne cliquez pas – et en actionnant la molette de la souris.**

Avec un écran tactile, faites glisser votre doigt vers le haut, ou vers le bas, sur le menu Démarrer.

Si rien de tout cela n'est suffisant pour que vous arriviez à retrouver le programme ou l'application que vous recherchez, voici quelques conseils supplémentaires :

» Le menu Démarrer étant ouvert, commencez à taper le nom du programme à trouver. Cette action sollicite Cortana l'assistant de recherche de Win-dows 10. Il affiche ce qu'il trouve à partir de cette première lettre. Continuez à taper pour affiner cette recherche. Une fois l'objet de votre désir localisé, cliquez sur son nom (ou touchez-le sur écran tactile).

» Ouvrez l'Explorateur de fichiers depuis la barre des tâches (le bandeau allon-gé en bas de l'écran). Lorsque la fenêtre de l'Explorateur de fichiers apparaît, choisissez Documents dans le volet de navigation, à gauche de cette fenêtre. Faites alors un double clic sur le nom du fichier sur lequel vous voulez travailler. Il devrait alors s'ouvrir dans le programme qui le concerne. Et si ce n'est pas le *bon* programme, un peu de patience. Nous allons voir plus loin comment procéder.

» Faites un double clic sur le *raccourci* du programme. Les raccourcis, qui apparaissent normalement sur votre bureau, sont des boutons très pratiques (et déplaçables) pour accéder à des fichiers, des dossiers ou des programmes. Là encore, nous allons y revenir un peu plus loin.

» Vous pouvez également cliquer sur une lettre de la liste des applications et des programmes ou sur le signe #. Cette liste cède alors la place à un alphabet (sous la forme d'une matrice de lettres). Cliquez simplement sur la lettre correspondant à la première lettre du programme ou de l'application à exécuter. Dans la liste ainsi réduite et ciblée, cliquez sur la vignette de l'élément recherché.

» Tant que le bureau est visible, vous pouvez également rechercher l'icône du programme voulu sur la *barre des tâches*, en cliquant sur l'icône en forme de cercle. Cette action démarre Cortana ainsi qu'un champ de saisie. Tapez le nom du programme, et Windows affichera une liste d'occurrences dans laquelle se trouve le programme en question. Cliquez dessus pour le démarrer.

Windows offre encore d'autres procédés pour ouvrir un programme, mais les méthodes décrites ci-dessus suffisent généralement à obtenir le résultat escompté (le menu Démarrer est décrit dans le Chapitre 2, et le bureau dans le Chapitre 3).

Ouvrir un document

Windows adore tout ce qui est normalisé. La preuve ? Tous les programmes chargent les documents – textes, images, morceaux de musique, tous ces éléments étant des « fichiers » – et les ouvrent de la même manière :

1. **Cliquez sur l'option Fichier, dans la barre de menus située en haut du programme.**

    Si la barre de menus n'est pas visible, appuyez sur la touche Alt pour la faire apparaître.

Toujours pas de barre de menus ? Dans ce cas, le programme est sans doute équipé d'un ruban. Cliquez alors sur l'onglet ou le bouton Fichier, en haut à gauche du ruban, pour déployer ses options.

2. Dans le menu Fichier, choisissez Ouvrir.

La boîte de dialogue Ouvrir, que montre la Figure 6.2, suscite une impression de déjà-vu, et pour cause : elle ressemble et se comporte comme le dossier Documents décrits au Chapitre 5.

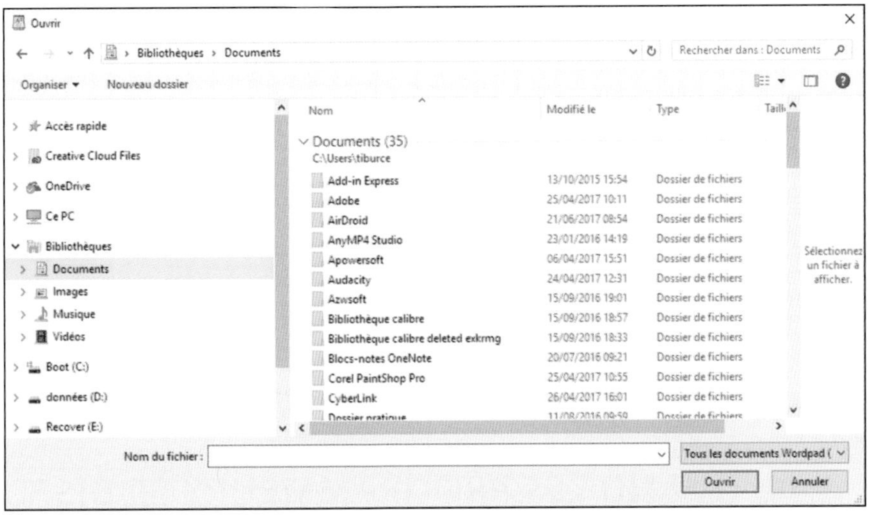

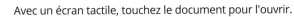

FIGURE 6.2
Ouvrir un fichier dans un programme.

Il y a cependant une grande différence : cette fois, le dossier ne montre que les fichiers que le programme est capable d'ouvrir. Tous les autres ne sont pas affichés.

3. Cliquez sur le document désiré puis cliquez sur le bouton Ouvrir.

Avec un écran tactile, touchez le document pour l'ouvrir.

Le programme ouvre le fichier et affiche son contenu.

Cette technique d'ouverture d'un fichier fonctionne avec la plupart des programmes, qu'ils aient été édités par Microsoft, par un autre éditeur, ou programmés par le boutonneux féru d'informatique, en bas de la rue.

>> Pour aller plus vite, double-cliquez sur le nom du fichier désiré. Il est aussitôt ouvert, la boîte de dialogue Ouvrir se fermant toute seule.

>> Vous pouvez également exécuter le raccourci clavier Ctrl + O.

>> Si le fichier désiré ne figure pas dans la liste, commencez à parcourir le disque dur via le volet de navigation situé dans la partie gauche de la boîte de dialogue. Par exemple, cliquez sur la bibliothèque Documents, pour voir les fichiers qui s'y trouvent.

>> Vous rangez souvent vos papiers, photos et CD dans des boîtes en carton ou en plastique, mais l'ordinateur, lui, stocke ses fichiers dans des petits compartiments dûment étiquetés, appelés « dossiers ». Double-cliquez sur l'un d'eux pour voir ce qu'il contient. Et si tout cela vous rend extrêmement nerveux, la section consacrée aux dossiers dans le Chapitre 5 devrait vous apporter un peu de soulagement.

>> Chaque fois que vous ouvrez un fichier et que vous le modifiez, ne serait-ce qu'en appuyant sur la barre Espace par mégarde, Windows présume que vous aviez une bonne raison de le faire. C'est pourquoi, si vous tentez de fermer le fichier, il vous propose d'enregistrer cette modification. Si votre action était volontaire, cliquez sur Oui. Mais si vous y avez semé la pagaille ou ouvert un mauvais fichier, cliquez sur le bouton Non ou Annuler.

>> Tous ces boutons et icônes en haut et à gauche de la boîte de dialogue Ouvrir vous intriguent ? Immobilisez la souris sur l'un d'eux et une info-bulle (un petit message sur fond coloré) vous renseignera.

QUAND LES PROGRAMMEURS SE DISPUTENT LES TYPES DE FICHIERS

Quand il s'agit de *formats*, c'est-à-dire la manière dont les données sont organisées dans les fichiers, les programmeurs ne se font pas de cadeaux. Pour s'accommoder de cette petite guerre, bon nombre de programmes sont dotés d'une fonction spéciale permettant d'enregistrer les fichiers dans différents formats.

Examinez l'une des zones de liste en bas à droite de la Figure 6.2. Elle mentionne actuellement Tous les fichiers images. Cela signifie que la boîte de dialogue ne permettra d'ouvrir que des fichiers portant une certaine extension, comme .bmp, .jpeg ou encore .tiff. Pour voir les fichiers enregistrés dans d'autres formats un peu plus exotiques, ouvrez ce

menu local, et choisissez l'un des autres formats proposés ou plus simplement Tous les fichiers.

Comment afficher tous les fichiers, indépendamment de leur format lorsque la boîte de dialogue ne propose pas d'option Tous les fichiers ? Cliquez dans le champ Nom du fichier pour y placer le point d'insertion. Tapez *.* et appuyez sur la touche Entrée de votre clavier. Tous les fichiers, quel que soit leur format, s'afficheront dans la boîte de dialogue Ouvrir. Attention ! Cela ne signifie pas que le programme sera capable de les ouvrir. En effet, le Bloc-notes de Windows, par exemple, n'ouvrira jamais un fichier JPEG. Sinon, vous risquez tout simplement d'obtenir un résultat assez curieux...

Enregistrer un document

Enregistrer signifie que vous écrivez votre travail sur la surface magnétique d'un disque dur, dans la mémoire flash d'une clé USB, ou tout autre support, afin de le conserver. Tant qu'un travail n'est pas enregistré, il réside dans la mémoire vive de l'ordinateur, qui est vidée dès que l'ordinateur est éteint. Vous devez spécifiquement demander à l'ordinateur d'enregistrer votre travail sous peine de perdre des heures d'un travail acharné. De facto, pensez à enregistrer périodiquement votre travail.

Fort heureusement, Microsoft a fait en sorte que la même commande Enregistrer apparaisse (normalement) dans tous les programmes de Windows, et cela quel qu'en soit le programmeur ou l'éditeur. Voici plusieurs moyens d'enregistrer un fichier :

» Cliquez sur le menu ou l'onglet Fichier de votre application, puis choisissez Enregistrer. Windows propose (normalement) toujours de sauvegarder un document dans le dossier Documents. Acceptez ou choisissez un autre emplacement, par exemple le bureau (normalement toujours, vous devriez aussi pouvoir appuyer sur la touche Alt, puis sur F et enfin sur S).

» Cliquez sur l'icône Enregistrer.

» Appuyez sur Ctrl + S (ici le « S » est celui du mot anglais *Save,* « enregistrer »).

Quand vous enregistrez pour la première fois, Windows demande d'indiquer le nom du fichier. Efforcez-vous d'être descriptif et de n'utiliser que des lettres, des chiffres et des espaces (tiret, apostrophe, parenthèses et caractères accentués ou à cédille et signe de soulignement sont admis). N'essayez pas d'utiliser un des caractères interdits, décrits au Chapitre 5, car Windows refuserait le nom.

» Choisissez toujours un nom descriptif pour vos fichiers. Windows autorise 255 caractères, c'est-à-dire plus qu'il n'en faut. Un fichier nommé *Rapport de l'Assemblée générale de 2012* ou *Prévision des ventes* sera plus facile à retrouver qu'un fichier laconiquement nommé *Rapport* ou *Prévisions.*

» Vous pouvez enregistrer un fichier dans n'importe quel dossier, voire dans une carte mémoire et même sur un CD ou un DVD. Mais c'est en les enregistrant dans le dossier Documents, Images, Musique ou Vidéos que vous le retrouverez le plus facilement (ces dossiers sont toujours listés dans le volet de gauche de l'Explorateur de fichiers, ce qui vous permet de les retrouver facilement).

>> La plupart des programmes peuvent enregistrer des fichiers directement sur un CD ou un DVD : choisissez Enregistrer, dans le menu Fichier puis, comme destination, sélectionnez le graveur de CD ou de DVD. Insérez un disque dans le lecteur, et c'est parti !

>> Certaines applications sont capables de sauvegarder vos documents sans même rechercher un quelconque dossier Enregistrer. Ils mémorisent vos documents au fur et à mesure que vous les modifiez. Ne vous inquiétez donc pas dans ce cas.

>> Si vous travaillez souvent sur un document important, exécutez régulièrement la commande Enregistrer en appuyant sur les touches Ctrl + S (touche Ctrl enfoncée, appuyez brièvement sur S). La première fois, le programme demandera d'indiquer le nom et l'emplacement du fichier, mais, par la suite, le processus sera quasiment instantané.

QUELLE EST LA DIFFÉRENCE ENTRE ENREGISTRER ET ENREGISTRER SOUS ?

Enregistrer sous quoi ? Sous la table ? Sous le tapis ? Que nenni, bonnes gens ! La commande Enregistrer permet d'enregistrer un fichier sous un autre nom et/ou à un autre emplacement.

Supposons que le fichier *Ode à Tina* se trouve dans le dossier Documents et que vous désirez modifier quelques phrases. Vous désirez enregistrer cette modification, mais sans perdre la version originale. Pour conserver les deux versions de cette impérissable littérature, vous choisirez Enregistrer sous, et vous renommerez le fichier *Ode à Tina - Ajouts* (en plaçant le mot « ajouts » après le nom, vous préservez le classement par ordre alphabétique de vos fichiers).

Lors d'un *premier* enregistrement, les commandes Enregistrer et Enregistrer sous sont identiques : les deux vous invitent à nommer le fichier et à choisir son emplacement.

Plus important encore, la commande *Enregistrer sous* vous permet d'enregistrer le fichier dans un format différent. Vous pouvez par exemple sauvegarder votre document original dans son format d'origine, puis sauvegarder une copie de celui-ci dans un format mieux adapté à une version plus ancienne de votre programme.

Choisir le programme qui ouvre un fichier

En général, Windows sait quel programme utiliser pour ouvrir tel ou tel fichier. Double-cliquez sur un fichier, et Windows démarre le programme, charge le fichier et l'ouvre.

Mais parfois, Windows ne démarre pas le programme que vous vouliez utiliser pour ce type de fichier. Par exemple, lorsque vous double-cliquez sur un morceau de musique ou une image, Windows 10 la lit par défaut dans l'application Groove Musique ou bien dans Paint. Or, vous pourriez préférer que ce soit le programme Lecteur Windows Media (ou encore VLC) qui démarre.

Voici comment choisir un programme lorsqu'un fichier s'ouvre dans un autre :

1. **Cliquez du bouton droit sur le fichier qui pose problème et, dans le menu contextuel, choisissez Ouvrir avec.**

   Comme le montre la Figure 6.3, Windows propose quelques-uns des programmes capables d'ouvrir ce type de fichier.

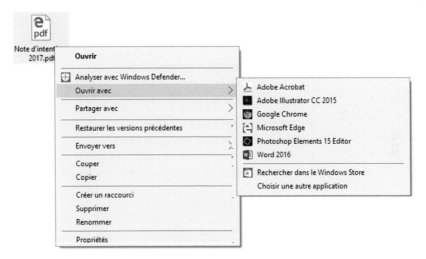

FIGURE 6.3
Windows indique les programmes capables d'ouvrir ce type de fichier (ici, un fichier d'image).

Si cliquer sur un fichier affiche une fenêtre proposant de rechercher une autre application sur ce PC ou de rechercher une autre application dans le Windows Store, passez directement à l'Étape 3.

2. **Cliquez sur Choisir une autre application, puis sélectionnez le nom du programme qui doit ouvrir ce type de fichier.**

La boîte de dialogue qui apparaît contiendra sans doute d'autres programmes capables d'ouvrir le fichier (selon le nombre de logiciels installés dans l'ordinateur, cette liste peut être plus ou moins fournie). Assurez-vous que la case Toujours utiliser cette application (sous-entendu pour ouvrir le format de fichier voulu) est cochée, comme sur la Figure 6.4.

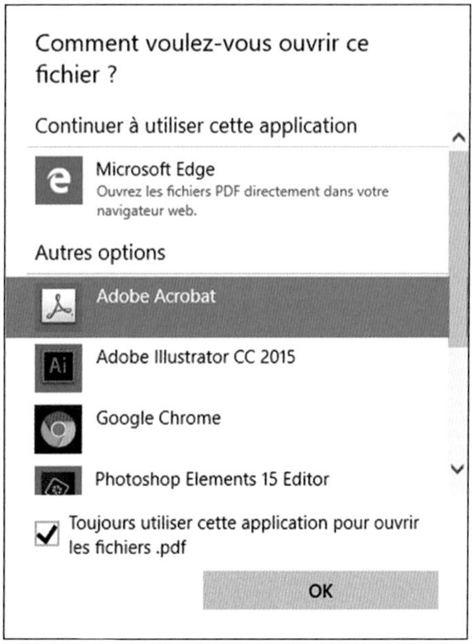

3. **Si vous ne trouvez pas le programme qui vous intéresse, faites défiler le contenu de la liste des programmes suggérés, et cliquez sur le lien Plus d'applications, en bas de cette boîte de dialogue.**

Comment voulez-vous ouvrir ce fichier ?

Continuer à utiliser cette application

e Microsoft Edge
Ouvrez les fichiers PDF directement dans votre navigateur web.

Autres options

Adobe Acrobat

Ai Adobe Illustrator CC 2015

Google Chrome

Photoshop Elements 15 Editor

☑ Toujours utiliser cette application pour ouvrir les fichiers .pdf

OK

FIGURE 6.4
Choisir l'application qui ouvrira systématiquement un type de fichier précis.

Plusieurs autres options peuvent vous être proposées dans la liste :

● **Rechercher dans le Windows Store :** cliquez sur cette option donne accès au Windows Store, où vous pourrez parcourir les rayons virtuels à la recherche d'une application capable d'ouvrir le fichier.

● **Rechercher une autre application :** plutôt réservée aux férus de technique, cette option ouvre l'Explorateur de fichiers sur le dossier Programmes. Ne choisissez cette option que si vous savez réellement dans quel sous-dossier se trouve le programme désiré.

Quand vous installez un nouveau programme ou une application, elle s'arroge généralement le droit d'ouvrir ses propres fichiers. Si cela ne se produit pas, exécutez la manipulation précédente à partir de l'Étape 1. Cette fois, le nouveau programme ou la nouvelle application devrait figurer dans la liste.

» Le terme *application* se rapporte à la fois aux classiques logiciels et aussi aux applications du menu Démarrer. Lorsque le bureau est affiché, et si Windows vous dit que telle ou telle action va affecter une application, n'oubliez pas qu'il veut dire aussi bien *application* que *programme*.

» Windows vous permet aussi de choisir vos programmes par défaut directement depuis le menu Démarrer. Cliquez sur son bouton, puis sur l'icône Paramètres (engrenage). Dans la fenêtre Paramètres Windows qui s'affiche, cliquez sur le bouton Applis et fonctionnalités, puis sur Applications par défaut dans le volet de gauche. Windows va afficher sur la droite de la fenêtre les applications censées s'ouvrir pour chaque type de fichier. Cliquez sur le nom d'une application. Une liste de propositions (ou simplement un renvoi vers Windows Store devrait alors s'afficher). Pour sélectionner un programme par défaut, vous devez cliquer sur le lien Définir les valeurs par défaut par application. Dans la boîte de dialogue qui apparait, choisissez un programme dans la liste de gauche, puis cliquez sur le bouton Définir ce programme comme programme par défaut. Validez par un clic sur le OK. Ainsi, lorsque Windows rencontrera un fichier pour lequel l'utilisation de plusieurs programmes (ou applications) était possible, il choisira celui que vous venez d'indiquer.

» Parfois, vous voudrez alterner entre divers programmes et applications lorsque vous travaillerez sur un même document. Pour ce faire, cliquez du

L'ASSOCIATION (SANS BUT LUCRATIF) DE FICHIERS

Tous les programmes ajoutent quelques caractères, appelés « extension de fichier », au nom des fichiers qu'ils créent. Cette extension identifie leur nature : quand vous double-cliquez sur un fichier, Windows s'enquiert de son extension pour savoir à quel programme il est lié. Par exemple, le Bloc-notes ajoute l'extension `.txt` (abrégé de « texte ») à tous les fichiers qu'il crée : l'extension `.txt` est ainsi associée au Bloc-notes.

Pour plus de sécurité dans son fonctionnement, Windows n'affiche pas les extensions par défaut. En effet, si l'extension était modifiée pour une raison ou pour une autre, Windows n'ouvrirait plus le fichier comme prévu.

Procédez comme suit si vous tenez absolument à voir ces mystérieuses extensions :

1. **Ouvrez l'Explorateur de fichiers, et cliquez sur l'onglet Affichage.**

2. **Dans le groupe Afficher/Masquer du Ruban, cochez la case Extensions de noms de fichiers.**

   La case est décochée par défaut.

3. **Cliquez sur le bouton OK.**

   Toutes les extensions de fichiers sont aussitôt visibles, ce qui peut s'avérer commode en cas d'incident.

Maintenant que vous avez vu les extensions, masquez-les de nouveau en cochant la case Extensions de noms de fichiers.

Attention : ne modifiez jamais l'extension d'un fichier à moins de savoir exactement ce que vous faites. Autrement, Windows se tromperait de programme ou ne saurait plus lequel utiliser.

bouton droit sur le document, choisissez Ouvrir avec puis sélectionnez le programme dont vous avez besoin à ce moment-là.

» Il est parfois impossible de faire en sorte que votre programme favori ouvre un fichier particulier tout simplement parce que le programme ne sait que faire. Par exemple, le Lecteur Windows Media lit les vidéos, sauf quand elles sont au format QuickTime, développé par Apple. La seule solution consiste alors à installer le logiciel QuickTime (`www.apple.com/fr/quicktime/`) et à l'utiliser pour ouvrir ce type de vidéo.

» Quand vous entendez parler d'association à propos de Windows, c'est forcément celle dont il est question dans l'encadré « L'association (sans but lucratif) de fichiers ».

Visiter la boutique Windows Store

Les *applications*, qui ne sont rien d'autre que des mini programmes spécialisés dans une seule tâche, proviennent de l'univers des smartphones. Et, comme sur les smartphones, elles ont leur propre boutique. Sous Windows, elle s'appelle Windows Store et se trouve à la fois sur l'écran de démarrage et dans la barre des tâches.

Les applications diffèrent des programmes à bien des égards :

» Elles peuvent être affichées dans une fenêtre, contrairement aux versions précédentes de Windows où elles occupaient la totalité de l'écran. Sur une tablette, par contre, elles continuent à envahir l'écran en entier. Les programmes, eux, sont affichés dans une fenêtre (ou sur tout l'écran si vous le souhaitez).

» Les applications sont liées à votre compte Microsoft. De ce fait, vous devez avoir ouvert un compte Microsoft pour les télécharger depuis le Windows Store, même si elles sont gratuites.

» Une application téléchargée depuis le Windows Store peut être utilisée sur huit ordinateurs ou appareils mobiles à la fois, dès lors que ces équipements sont liés à votre compte Microsoft (d'accord, ce n'est pas une règle générale).

» Après leur installation, des programmes peuvent placer plusieurs vignettes sur le bureau ou dans le menu Démarrer. En revanche, une application ne place qu'une seule vignette.

Applications et programmes peuvent être développés et vendus par de grands édi-teurs ayant pignon sur rue, mais aussi par d'obscurs programmeurs amateurs.

Bien que les programmes et les applications se comportent différemment, Micro soft les appelle indistinctement « applications », ou encore bêtement *applications*. Mais, de votre point de vue, il s'agit toujours de programmes, d'applications, de logiciels, ou quoi que ce soit d'autre du même genre. Bref, utilisez la terminologie qui vous convient le mieux.

Télécharger des applications avec Windows Store

Si vous avez besoin d'une application capable d'exécuter une tâche bien précise, procédez comme suit pour la trouver :

1. **Cliquez sur le bouton Démarrer, puis sur la vignette Windows Store de l'écran de démarrage.**

   D'accord, il s'agit de la version longue. Sinon, contentez-vous de cliquer sur l'icône de Windows Store dans la barre des tâches.

   La boutique virtuelle Windows Store apparaît, comme sur la Figure 6.5. Elle contient de nombreuses catégories comme Applications, Jeux, Musique ou encore Films et TV. Par défaut, c'est la page Accueil qui est ouverte, juste pour mieux vous tenter...

2. **Pour réduire le champ de recherche, cliquez sur le nom d'une des caté-gories (par exemple, Top des applications, comme sur la Figure 6.6.).**

   Vous accédez aux applications de cette catégorie.

   Pour télécharger une application gratuite, cliquez simplement sur sa vignette. Si l'application est payante, le prix est indiqué sous celle-ci. Mais la procédure est fondamentalement la même...

3. **Utilisez les trois menus locaux situé au-dessus des applications propo-sées pour affiner votre recherche en fonction du Catalogue des applica-tions, du Type d'application recherché, et de sa Catégorie.**

4. **Cliquez sur une application pour accéder à sa fiche descriptive.**

   La page qui s'ouvre contient des informations détaillées, notamment son prix, des images de l'application, des critiques d'utilisateurs et des informa-tions un peu plus techniques (voir la Figure 6.7).

FIGURE 6.5
L'application Windows Store donne accès à la boutique virtuelle d'où vous pouvez télécharger des applications gratuites ou payantes.

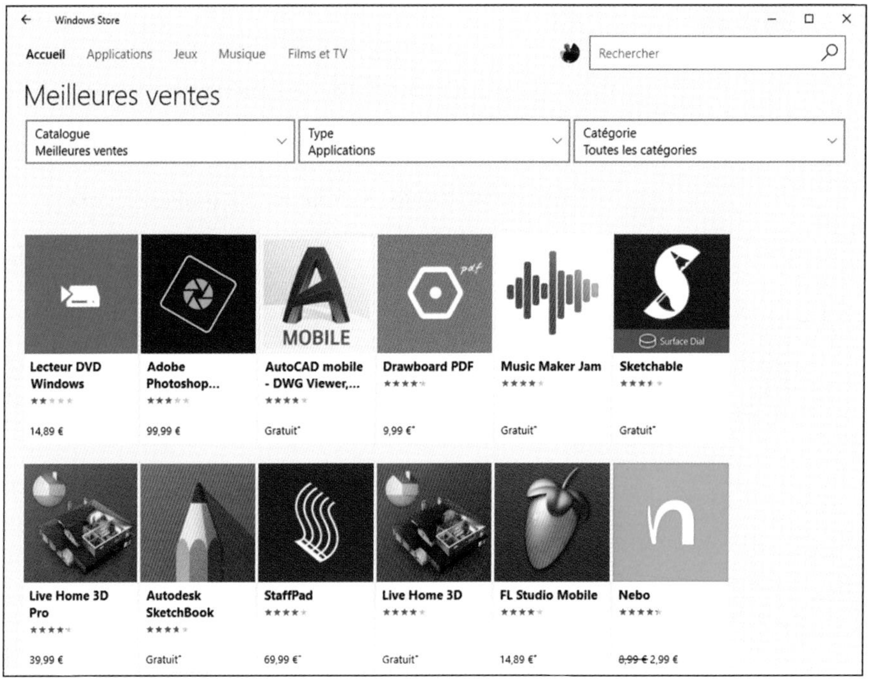

FIGURE 6.6
Allez directement à la catégorie d'applications qui vous intéresse.

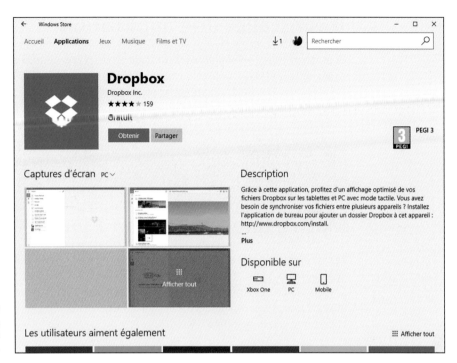

FIGURE 6.7
La page de
description d'une
application.

Gratuit ne veut pas forcément dire *réellement* gratuit. Un astérisque placé sur la droite du bouton Gratuit veut dire qu'il y a des achats directs via l'application…

5. **Cliquez sur le bouton Obtenir, ou qui indique le prix.**

Après quelques instants – la durée exacte dépend du débit de la connexion Internet –, la vignette de l'application apparaît dans l'écran de démarrage.

Acheter une application payante impose d'associer un numéro de carte bancaire à votre compte Microsoft. Si vous ne l'avez pas encore fait, Windows Store vous demandera de le faire maintenant afin de prélever le prix de l'application.

Les applications nouvellement téléchargées apparaissent dans la liste alphabétique du menu Démarrer. Pour la placer dans l'écran de démarrage, cliquez du bouton droit sur son nom, et choisissez l'option Épingler à l'écran de démarrage dans le menu contextuel qui s'affiche.

Désinstaller une application

Pour désinstaller une application tombée en disgrâce, cliquez du bouton droit sur sa vignette soit dans la liste du menu Démarrer, soit dans l'écran de démarrage. Dans le menu contextuel qui apparaît, cliquez sur Désinstaller. Un petit message demande confirmation de cette intention. Cliquez de nouveau sur désinstaller.

La désinstallation d'une application ne la supprime que dans le menu Démarrer de *votre compte d'utilisateur.* Elle est sans effet sur les autres comptes où elle aurait pu avoir été installée.

Mettre une application à jour

Les programmeurs améliorent sans cesse leurs applications. Ils peaufinent quelques fonctions, éradiquent des bogues et colmatent les failles de sécurité. Lorsque vous êtes connecté à l'Internet et qu'une ou plusieurs applications ont été mises à jour, Windows le détecte. Il télécharge et installe alors automatiquement la dernière version en date.

Si vous utilisez une connexion cellulaire, par exemple avec un smartphone, ne paniquez pas. Windows n'effectuera toutes ces mises à jour que si vous êtes en Wi-Fi ou avec un ordinateur câblé.

Si, pour une raison ou pour une autre, vous ne souhaitez pas en passer par ces mises à jour automatiques, pas de souci. Suivez ces étapes :

1. **Dans l'application Windows Store, cliquez sur l'icône de votre compte (à gauche du champ Rechercher) et choisissez l'option Paramètres.**

2. **Dans la page des paramètres, désactivez l'option Mettre à jour les applications automatiquement.**

   Votre choix s'applique immédiatement. Et, si vous changez d'avis plus tard, il vous suffit de reprendre ces étapes et de replacer le curseur en position Activé.

Notez bien que la mise à jour automatique concerne *toutes* vos applications, vous ne pouvez pas la gérer de manière individualisée. C'est pourquoi je vous conseille de l'activer sans vous poser des questions existentielles. Sinon, vous risqueriez de manquer des correctifs de sécurité, ou encore des améliorations importantes, encore une fois pour *toutes* vos applications.

Prendre un raccourci

Vous allez rapidement vous rendre compte que vous devez fréquemment basculer entre le bureau et le menu Démarrer. Si vous en avez assez de voyager à droite et à gauche pour retrouver un programme, un dossier, un disque, un document ou même un site Web, créez un *raccourci* sur le bureau. Autrement dit, une icône qui vous conduit directement à l'objet désiré.

Comme les raccourcis ne sont rien de plus que des icônes qui démarrent d'autres éléments, ils sont particulièrement sûrs, commodes et faciles d'accès. Il est facile de les différencier de l'original grâce à la petite flèche incurvée, en bas à gauche, visible ici sur l'illustration en marge.

Voici comment éviter le passage par le menu Démarrer et son écran de démarrage en créant des raccourcis pour les éléments les plus utilisés :

>> **Dossiers ou documents :** dans l'Explorateur de fichiers, cliquez du bouton droit sur le dossier ou le document, choisissez Envoyer vers et sélectionnez l'option Bureau (créer un raccourci).

>> **Disque dur et autre emplacement :** ouvrez l'Explorateur de fichiers. Dans le volet de navigation, à gauche de la fenêtre, utilisez exceptionnellement le bouton droit de la souris pour glisser-déposer sur le Bureau l'icône d'un disque dur, ou tout emplacement affiché dans la liste. Une info-bulle « Créer le lien sur le bureau » apparait à la base de l'icône de l'élément ainsi déplacé. Relâchez le bouton de la souris. Dans le menu contextuel qui apparait, cliquez sur Créer les raccourcis ici. Cette technique vaut tout aussi bien pour votre PC, votre unité OneDrive, un dossier quelconque, un disque dur, une clé USB et même une adresse réseau.

Voici quelques astuces supplémentaires :

>> Pour graver rapidement des CD – si l'ordinateur est équipé du matériel requis –, placez un raccourci du graveur sur le bureau. Il suffira ainsi de glisser et déposer les fichiers sur l'icône du raccourci. Insérez un disque vierge, confirmez les paramètres et la gravure commence.

>> Vous désirez placer un raccourci du bureau dans le menu Démarrer ? Cliquez du bouton droit sur le raccourci présent sur le bureau et, dans le menu, choisissez Épingler à l'écran de démarrage. Sa vignette apparaît aussitôt dans la partie droite du menu Démarrer, ainsi que dans la liste Toutes les applications.

» Vous pouvez librement bouger un raccourci de-ci de-là. Mais ne déplacez *pas* l'élément vers lequel il pointe. Sinon, le raccourci ne pourrait plus le trouver, et Windows commencerait à paniquer en tentant de retrouver celui-ci (généralement en vain).

» Vous voulez savoir où se trouve le programme que démarre un raccourci ? Cliquez dessus du bouton droit et choisissez Ouvrir l'emplacement du dossier (ou du fichier). Si la chose est faisable, le raccourci vous mène promptement vers le dossier où réside son seigneur et maître.

Le petit guide du Couper, Copier et Coller

Windows a emprunté à l'école maternelle les petits ciseaux à bouts ronds et le pot de colle à papier. Enfin, leur version informatique... Vous pouvez électroniquement *couper* ou *copier*, puis *coller* quasiment tout ce que vous voulez, et tout cela avec la plus grande facilité.

Les programmes de Windows sont conçus pour travailler ensemble et partager des données, ce qui permet par exemple de placer très facilement le plan d'un quartier, préalablement numérisé avec un scanner, sur le carton d'invitation créé avec WordPad. Vous pouvez déplacer des fichiers en les coupant ou en les copiant, et en les collant ensuite à un autre emplacement. Rien n'est plus simple, dans un traitement de texte, que de couper un paragraphe et de le coller ailleurs.

Ne mésestimez pas le Copier et le Coller. Copier le nom et l'adresse d'un contact est moins fastidieux que de taper ces éléments dans la lettre. Et si quelqu'un vous envoie une adresse Internet à rallonges, il sera plus sûr – et beaucoup moins fastidieux – de la copier et de la coller dans la barre d'adresse de votre navigateur. Il est aussi très facile de copier la plupart des images d'une page Web, au grand dam des photographes professionnels.

Le couper-coller facile

En total accord avec le Département « Lâche-moi la grappe avec ces ennuyeux détails », voici, en trois étapes, comment couper, copier et coller :

1. **Sélectionnez l'élément à couper ou à coller : quelques mots, un fichier, une adresse Web ou n'importe quoi d'autre.**

Une sélection de fichier ou de dossier se fait par un simple clic sur son icône. En revanche, pour sélectionner du texte, faites glisser le pointeur de la souris sur les caractères concernés, comme cela est expliqué dans la prochaine section.

2. **Cliquez du bouton droit dans la sélection, et dans le menu contextuel qui apparaît, choisissez Couper ou Copier.**

   Utilisez *Couper* lorsque vous désirez déplacer un élément, et *Copier* lorsque vous voulez le dupliquer en laissant l'original intact.

   Les raccourcis clavier sont : Ctrl + X pour Couper, Ctrl + C pour Copier.

3. **Ouvrez le dossier de destination dans l'Explorateur de fichiers (ou le document où vous souhaitez placer l'élément copié ou coupé).**

4. **Cliquez du bouton droit dans le dossier ou le document et, dans le menu contextuel qui apparaît, choisissez Coller.**

   Le raccourci clavier pour coller est Ctrl + V.

Les trois prochaines sections détaillent ces actions.

Sélectionner les éléments à couper ou à copier

Avant de coller des éléments ailleurs, vous devez indiquer à Windows exactement de quoi il s'agit. Le meilleur moyen est de sélectionner la bonne information à l'aide de la souris. Il suffit généralement de cliquer dessus, ce qui met les éléments en surbrillance.

» **Sélectionner du texte dans un document, un site Internet ou une feuille de calcul :** placez le pointeur de la souris au début des données à sélectionner puis cliquez et maintenez le bouton enfoncé. Faites glisser ensuite la souris jusqu'à l'autre bout des données. Cette action surligne – met en surbrillance – tout ce qui se trouve entre le clic et l'endroit où vous avez libéré le bouton, comme l'illustre la Figure 6.8.

Sur un écran tactile, double-tapez pour sélectionner un mot. Pour étendre votre sélection, maintenez le doigt appuyé sur ce mot, puis faites-le glisser dans la direction voulue jusqu'à ce que tout le texte qui vous intéresse soit mis en surbrillance. Vous pouvez alors relever le doigt.

Soyez prudent après avoir sélectionné du texte. Si vous appuyez accidentellement sur une touche, le *b* par exemple, Windows remplace *toute* la sélection

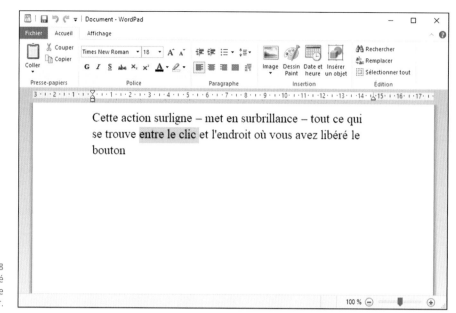

FIGURE 6.8
Le texte sélectionné
est surligné afin de
mieux le voir.

par la lettre *b*. Pour corriger cette bourde, cliquez immédiatement sur Édition > Annuler, dans le menu, ou mieux encore, appuyez sur Ctrl + Z, qui est le raccourci de cette commande.

» **Pour sélectionner un fichier ou un dossier :** cliquez dessus pour le sélectionner. Procédez comme suit pour sélectionner plusieurs éléments :

- **S'il s'agit d'une plage de fichiers :** cliquez sur le premier de la série, maintenez la touche Majuscule enfoncée et cliquez sur le dernier. Windows sélectionne le premier élément, le dernier et tous ceux qui se trouvent entre.

- **Si les éléments sont éparpillés :** maintenez la touche Ctrl enfoncée tout en cliquant sur les fichiers et les dossiers à sélectionner.

Les éléments étant sélectionnés, la prochaine section explique comment les couper ou les copier.

» Après avoir sélectionné un élément, ne tardez pas à le couper ou à le copier. Car si vous cliquez distraitement ailleurs, votre sélection disparaît, vous obligeant à la refaire entièrement.

» Appuyez sur la touche Suppr pour supprimer un élément sélectionné, qu'il s'agisse d'un fichier, d'un paragraphe, d'une photo, etc. Vous pouvez également effectuer un clic du bouton droit et choisir la commande Supprimer dans le menu qui apparaît.

SÉLECTIONNER DES LETTRES, DES MOTS, DES PARAGRAPHES ET PLUS ENCORE

Quand vous travaillez sur des mots, dans Windows, ces raccourcis vous aident à sélectionner rapidement des données :

» Pour sélectionner une seule lettre ou caractère, cliquez juste avant. Ensuite, la touche Majuscule étant enfoncée, appuyez sur la touche fléchée Droite. Maintenez-la enfoncée pour sélectionner davantage de texte.

» Pour ne sélectionner qu'un mot, double-cliquez dessus. Le mot est mis en surbrillance. La plupart des traitements de texte permettent de déplacer un ou plusieurs mots sélectionnés par un glisser-déposer.

» Pour sélectionner une seule ligne de texte, cliquez dans la marge, à la hauteur de la ligne. Le bouton de la souris enfoncé, tirez vers le haut ou vers le bas pour ajouter d'autres lignes à la sélection. Vous pouvez aussi ajouter des lignes en appuyant, touche Majuscule enfoncée, sur les touches fléchées Haut et Bas.

» Pour sélectionner un paragraphe, double-cliquez dans sa marge gauche. Le bouton enfoncé, déplacez la souris vers le haut ou vers le bas pour ajouter d'autres paragraphes à la sélection.

» Pour sélectionner la totalité d'un document, appuyez sur les touches Ctrl + A. Ou alors, choisissez Sélectionner tout, dans le menu Édition.

Couper ou copier une sélection

Après avoir sélectionné des informations, vous pouvez commencer à les manipuler, notamment les couper ou les copier, voire les supprimer en appuyant sur la touche Suppr.

Cliquez du bouton droit sur un élément sélectionné puis, dans le menu contextuel, choisissez Couper ou Copier, selon vos besoins, comme le montre la Figure 6.9. Ensuite, cliquez dans la destination et choisissez Coller.

Les options Couper et Coller sont fondamentalement différentes. Laquelle des deux faut-il choisir ?

» **Choisissez Couper pour** *déplacer* **un élément.** Le fait de couper élimine l'élément sélectionné de l'écran, mais vous n'avez rien perdu. Windows mé-

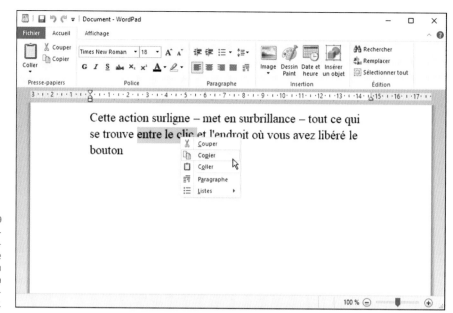

FIGURE 6.9
Pour copier une sé-
lection que vous col-
lerez dans une autre
fenêtre, cliquez du
bouton droit dans la
sélection et choisis-
sez Copier.

morise cette information dans une région secrète de la mémoire qu'il appelle
Presse-papiers. C'est là que l'élément coupé vous attend, du moins tant qu'il
n'est pas remplacé par autre chose.

Vous pouvez couper et coller des fichiers entiers dans différents dossiers.
Quand vous coupez un fichier dans un dossier, l'icône du fichier s'assombrit
jusqu'à ce que vous l'ayez collée (la faire disparaître serait trop stressant).
Vous changez d'avis au cours de la manipulation ? Appuyez sur la touche
Échap et l'icône redevient normale.

» **Choisissez Copier pour dupliquer des données.** Lorsque vous utilisez cette
commande, rien ne semble se passer à l'écran, car les données originales
subsistent. Elles n'en sont pas moins copiées dans le Presse-papiers.

Pour copier l'image du bureau dans le Presse-papiers, c'est-à-dire la totalité de
l'écran, appuyez sur la touche Impr. écran (le nom peut parfois différer). Vous
pourrez ensuite coller l'image où bon vous semble. Pour ne copier que la fenêtre
active, appuyez sur Alt + Impr. écran.

Coller les données ailleurs

Les données coupées ou copiées, et qui résident à présent dans le Presse-papiers
de Windows, sont prêtes à être collées à presque n'importe quel emplacement.

Coller est une opération relativement simple :

1. **Ouvrez la fenêtre du document ou du dossier de destination.**

    Dans un document, placez le point d'insertion à l'endroit précis où vous souhaitez coller les données copiées dans le Presse-papiers.

2. **Cliquez du bouton droit et, dans le menu contextuel qui apparaît, choisissez Coller.**

    Et hop ! Les éléments que vous aviez coupés ou copiés apparaissent.

Si vous voulez coller un fichier sur le bureau, cliquez du bouton droit sur celui-ci et choisissez Coller. L'icône du fichier apparaît là où vous avez cliqué.

» La commande Coller insère une copie des données résidant dans le Presse-papiers. Elles y restent, prêtes à être collées ailleurs autant de fois que vous le désirez.

» La réussite d'un collage dépend de la nature de l'élément que vous avez copié ou coupé. Par exemple, vous pourrez généralement coller une image dans un traitement de texte, alors qu'un programme graphique risque fort de ne pas savoir quoi faire d'un texte.

» Avec un écran tactile, maintenez votre doigt appuyé à l'endroit où vous désirez coller des données. Dès qu'un cadre vide apparaît, relâchez votre pression. Dans le menu contextuel qui apparaît alors, touchez Coller.

» La barre d'outils ou le ruban de nombreux programmes contiennent des boutons Couper, Copier et Coller, comme le montre la Figure 6.10 (à gauche, le ruban de l'Explorateur de fichiers, à droite, le menu du Bloc-notes).

ANNULER DES ACTIONS

Windows propose une foule de manières d'exécuter une même action, mais deux seulement pour accéder à la commande Annuler et corriger ainsi vos bourdes :

» La touche Ctrl enfoncée, appuyez sur Z. La dernière action est annulée. Si le programme comporte un bouton Rétablir, vous pouvez annuler une annulation.

» Il ne fallait pas annuler ? Pas de problème : appuyez sur Ctrl + Y et Windows annule votre annulation. Tout est à présent remis en place comme si vous n'aviez rien fait.

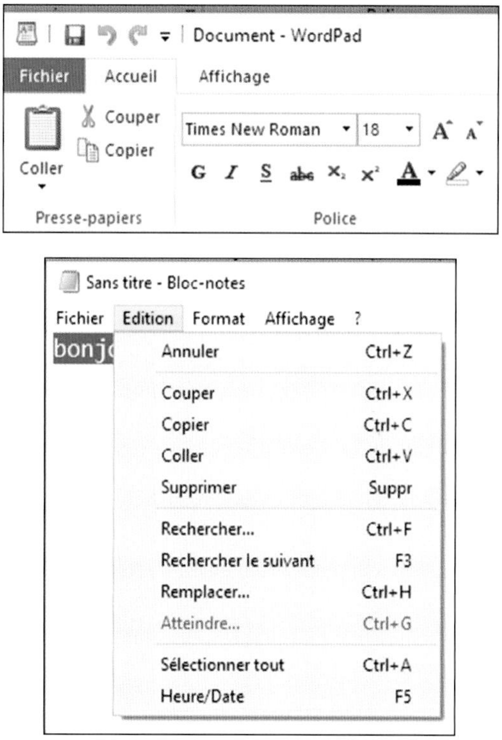

FIGURE 6.10
Les boutons Couper,
Copier et Coller d'un
ruban (en haut) et
d'un classique menu
(en bas).

Chapitre 7
Perdu de vue...
Vite retrouvé !

---

 un moment ou à un autre, Windows vous laissera dans la perplexité : « Ce fichier était là il y a une seconde. Où a-t-il bien pu se fourrer ? »

Vous apprendrez dans ce chapitre comment faire pour retrouver vos petits quand Windows se met à jouer à cache-cache.

Localiser les applications et les programmes ouverts

Sur une tablette sous Windows 10, une application occupe généralement la totalité de l'écran. Cliquez sur la vignette d'une autre application, et elle emplit à son tour tout l'écran, masquant ainsi la précédente. Bien sûr, cela facilite son utilisation, mais ce confort a un prix : vos autres applications restent constamment cachées sous un invisible cloaque.

Le problème se pose différemment dans le cas du bureau de votre PC, puisqu'il vous permet d'exécuter applications et programmes dans des fenêtres distinctes. Mais, au bouton d'un certain temps, ces fenêtres finissent tout de même par se recouvrir et se masquer mutuellement.

Windows offre une solution facile pour résoudre ce problème. Il sait dégager d'un coup l'écran et réduire toutes les fenêtres sous la forme de miniatures dont il vous montre un aperçu, comme sur la Figure 7.1. Cliquez simplement sur l'application ou le programme que vous voulez activer, et sa fenêtre retrouve sa taille normale en se plaçant au premier plan du bureau.

FIGURE 7.1
Cliquez sur le bouton Affichage des tâches pour voir toutes vos applications et tous vos programmes actifs.

Pour voir ces miniatures, et éventuellement pour refermer les fenêtres dont vous n'avez plus besoin, suivez l'une de ces méthodes :

>> **Souris :** cliquez sur le bouton Affichage des tâches de la barre des tâches, juste à droite du champ Taper ici pour rechercher avec Cortana. Pour réactiver une application ou un programme, cliquez tout simplement sur sa miniature. Et pour refermer une application ou un programme, cliquez sur la croix affichée en haut et à droite de sa miniature.

Si vous avez cliqué par erreur sur le bouton Affichage des tâches, il vous suffit de refaire le même (ou d'appuyer sur la touche Échap) pour revenir à la normale.

» **Clavier :** appuyez sur les touches Windows + Tab pour voir la page des miniatures (reportez-vous à la Figure 7.1). Appuyez ensuite sur les touches fléchées pour vous déplacer entre les miniatures. Lorsque vous avez trouvé votre bonheur, appuyez sur la touche Entrée.

Depuis l'éternité des temps, Windows propose aussi la combinaison de touches Alt + Tab pour circuler rapidement entre les applications (les miniatures sont cette fois sagement alignées horizontalement). La touche Windows restant enfoncée, appuyez à plusieurs reprises sur la touche Tab. Cette action vous fait passer d'une miniature à une autre. Lorsque la vignette de l'application ou du programme que vous recherchiez est sélectionnée, relâchez les deux touches pour y accéder.

» **Écran tactile :** en mode Tablette, effleurez lentement l'écran du bord gauche vers l'intérieur. Les miniatures de vos applications vont apparaître, comme sur la Figure 7.1. Touchez la vignette de l'application à rouvrir. Pour la fermer, touchez la croix affichée en haut et à droite de sa miniature.

Pour travailler au cas par cas, placez le pointeur de la souris en haut de l'application ou du programme que vous voulez replier pour faire apparaître sa barre de titre. Cliquez alors sur le bouton de réduction (-). La fenêtre disparaît, mais sans fermer le programme, cédant ainsi la place au suivant de liste.

Si vous êtes vraiment perdu, cliquez sur le petit bandeau, à la droite de l'horloge. Le bureau réapparaît dans sa splendeur, les icônes des applications et des programmes ouverts restant sagement rangées dans la partie centrale de la barre des tâches.

Retrouver les fenêtres égarées sur le bureau

Le bureau de Windows fonctionne un peu comme un pique-notes. Chaque fois que vous ouvrez une nouvelle fenêtre, c'est comme si vous mettiez une autre note sur la pique. La fenêtre du dessus est facile à lire, mais atteindre l'une de celles qui sont dessous est plus compliqué. Sauf que si une petite partie d'une fenêtre dépasse, il suffit de cliquer dessus pour la mettre au premier plan.

Quand une fenêtre est complètement recouverte par d'autres, recherchez-la dans la barre des tâches, en bas de l'écran (si elle ne veut pas se montrer, appuyez sur la touche Windows). Cliquez sur le nom de la fenêtre et la voilà qui émerge du tas. La barre des tâches est décrite au Chapitre 3.

Toujours introuvable ? La touche Alt enfoncée, appuyez à répétition sur la touche Tab pour voir un ruban contenant une vignette de chacune des fenêtres ouvertes et passer de l'une à l'autre. À la place de la touche Alt, vous pouvez aussi actionner la molette de la souris. Lorsque la vignette désirée est sélectionnée, relâchez la touche Alt pour la placer au premier plan.

Si vous êtes certain qu'une fenêtre est ouverte, mais qu'elle reste introuvable, répartissez-les toutes sur le bureau. Pour ce faire, cliquez du bouton droit sur la barre des tâches et, dans le menu, choisissez Afficher les fenêtres côte à côte. C'est la solution de dernier recours, mais qui peut vous faire retrouver la fenêtre égarée.

Trouver une application, programme, un paramètre, un document, etc.

Nous avons vu dans les deux sections précédentes comment trouver des applications et des programmes actuellement ouverts. Mais comment faire pour trouver par exemple un programme que vous n'avez pas utilisé depuis un moment ?

C'est précisément le travail dévolu au champ Taper ici pour rechercher de Cortana, cet assistant vocal que vous pouvez toutefois utiliser à la souris et au clavier si vous ne disposez ni de micro, ni de webcam. Il se situe immédiatement à droite du bouton Démarrer. Il peut vous aider à retrouver des fichiers, des programmes ou des paramètres cachés, voire même des sites Internet que vous n'aviez jamais visités. En bref, ce champ recherche *tout*.

Pour retrouver un élément dont vous avez perdu la trace, suivez ces étapes :

1. **Cliquez dans le champ Taper ici pour rechercher.**

   Elle se trouve à droite du bouton Démarrer. Windows affiche le panneau de l'assistant numérique Cortana, car c'est lui qui effectuera la recherche.

2. **Tapez l'objet de votre recherche dans le champ de saisie en bas du panneau qui vient d'apparaître.**

Dès que vous commencez à saisir un caractère, Windows commence à lancer une recherche.

Si vous utilisez Cortana avec un micro, un micro casque, ou une webcam, vous pouvez activer la fonction Hey Cortana qui permet de d'actionner vocalement cet assistant. Pour cela, cliquez dans le champ Taper ici pour rechercher, puis sur l'icône de l'engrenage affichée sur la gauche. Dans les paramètres de Cortana, placez le commutateur Hey Cortana sur Activé. Dès cet instant, il vous suffira de dire « Hey Cortana » pour que l'assistant de Windows 10 réponde aux questions que vous lui poserez oralement.

La reconnaissance vocale de Cortana ainsi que l'objet de votre requête ne permet pas toujours à cet assistant d'être très convaincant. Il est souvent plus rapide de taper votre requête au clavier plutôt que de poser une question oralement. De ce fait, Cortana ouvrira très souvent Microsoft Edge et le moteur de recherche Bing pour vous proposer des réponses à votre question.

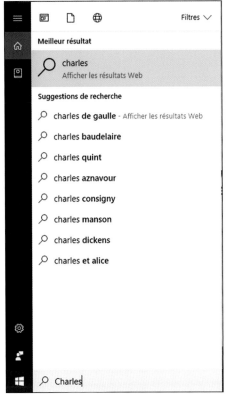

Par exemple, la Figure 7.2 illustre ce qui se passe si vous voulez rechercher un certain chanteur dont le prénom est Charles. Vous noterez sur la figure que la première proposition vous renvoie vers le moteur de recherche de Microsoft, Bing. Mais vous pourriez parfaitement voir s'afficher ici des fichiers MP3 de chansons de Charles Aznavour, ou encore des textes de Charles Baudelaire, de Charles Dickens, Charles Perrault, des films de Charles Bronson, et ainsi de suite.

À ce stade, le champ Taper ici pour rechercher se concentre sur la vitesse des réponses qu'il vous apporte. C'est pourquoi il affiche en priorité ce qu'il trouve sur votre ordinateur et sur OneDrive.

Si vous avez trouvé ce que vous recherchiez, passez à l'Étape 4.

FIGURE 7.2
Le champ Taper ici pour rechercher de Cortana permet de localiser des éléments qui se trouvent sur votre ordinateur comme sur l'Internet.

Dans le cas contraire, passez à l'Étape 3. Vous devez en effet affiner votre recherche.

3. **Limitez votre champ de recherche à votre ordinateur ou à l'Internet.**

Un filtrage des résultats est obtenu en cliquant sur les icônes suivantes (dans tous les cas, des occurrences trouvées sur l'Internet sont également affichées) :

- **Applications :** les noms d'applications contenant le critère de recherche sont affichés.

- **Paramètres :** les paramètres de Windows dont l'intitulé contient le critère de recherche sont affichés.

- **Mes documents :** la recherche est effectuée dans les fichiers du dossier Documents. Elle porte non seulement sur les noms de fichiers, mais aussi sur leur contenu. Vous pouvez ainsi retrouver une lettre en tapant un mot de son texte.

- **Dossiers :** les noms de dossiers dont l'intitulé contient le critère de recherche sont affichés. Des occurrences trouvées sur l'Internet sont également affichées.

- **Photos :** les photos numériques peuvent être retrouvées dans tout l'ordinateur non seulement en tapant un élément de leur nom ou leur extension de fichier, mais aussi, ce qui est plus efficace, en saisissant un mot-clé, comme dans la Figure 7.3, si bien sûr vous en avez préalablement définis.

- **Vidéos :** effectue la recherche parmi les fichiers vidéo présents dans l'ordinateur.

- **Musique :** effectue la recherche parmi les fichiers audio. Cette recherche peut

FIGURE 7.3
Une recherche de photos d'après un mot-clé incorporé au fichier d'image.

être effectuée d'après les informations (artiste, album, genre…) présentes dans un morceau de musique.

- **E-mails :** la recherche est effectuée dans le courrier électronique. N'importe quel élément est pris en compte (nom de l'expéditeur, objet, mots dans le message…)

- **Calendrier :** retrouvez des événements, des rendez-vous…

- **Personnes :** la recherche est effectuée parmi vos contacts. Retrouvez-les par les informations présentes sur leur fiche, notamment leur nom, prénom, nom de rue, de ville, d'entreprise, tout ou partie du numéro de téléphone…

- **Web :** la recherche est effectuée sur l'Internet, à l'aide de Bing, le moteur de recherche de Microsoft (lequel est bien moins efficace que Google).

Dans tous les cas, Windows montre immédiatement les occurrences qu'il détecte.

4. **Choisissez un des éléments proposés pour l'ouvrir et l'afficher au premier plan sur l'écran.**

Cliquez par exemple sur une chanson, et la musique démarre. Cliquez sur un réglage, et le Panneau de configuration ou l'application Paramètres s'affiche au bon endroit. Cliquez sur une lettre, et elle apparaît dans votre traitement de texte.

Voici quelques considérations sur ce type de recherche :

» Pour aller plus vite, Cortana ne liste que les noms des fichiers qui vérifient votre critère. Si cette stratégie permet généralement de trouver rapidement la bonne réponse, elle ne vous sera d'aucun secours si vous recherchez le mot **oranges** dans votre liste de courses. Si vous ne trouvez pas exactement ce que vous recherchez, finissez la saisie de votre critère, puis utilisez l'un des boutons de filtrage.

» N'appuyez pas sur la touche Entrée pour terminer votre saisie. Si vous faites cela, Windows va exécuter l'action qui correspond à la première ligne du volet, ce qui n'est pas forcément ce que vous vouliez obtenir. Attendez plutôt de voir ce que Windows vous propose, et cliquez sur l'élément qui vous intéresse.

» Windows scrute tous les fichiers présents dans les bibliothèques Documents, Images, Musique et Vidéos, d'où l'importance d'y stocker vos créations. Notez qu'il est cependant impossible, pour des raisons compréhensibles, de rechercher des fichiers dans les comptes privés des autres utilisateurs de l'ordinateur.

>> Tant qu'à faire, Windows regarde aussi ce que contient votre espace One-Drive, même si ces fichiers ne sont pas également enregistrés sur votre PC.

>> Windows n'effectue *pas* de recherche sur les dispositifs amovibles, tels que les clés USB, les disques externes, les CD ou les DVD.

>> Quand Windows trouve trop d'occurrences pour un terme, limitez la recherche en utilisant une phrase (si possible courte) plutôt qu'un seul mot. Par exemple, au lieu de **Paris**, tapez **Paris au mois d'août**. Plus les mots sont nombreux, plus les chances de ne voir apparaître que le bon fichier, ou le bon critère de recherche sur l'Internet, sont accrues.

>> Lors d'une recherche, Windows ne différencie pas les majuscules des minuscules. Pour Windows, le mot « pierre » et le prénom « Pierre », c'est pareil.

Recherche vocale avec Cortana

Cortana est un assistant numérique personnel appelé Cortana. Celui-ci essaie de vous simplifier la vie en retrouvant non seulement des fichiers égarés, mais aussi des éléments d'information sur vous et sur ce qui vous entoure. Il peut s'agir par exemple de la météo locale, du trafic routier, ou encore des restaurants qui se trouvent à proximité. Il est même capable, normalement, de vous prévenir lorsque la tournée de votre groupe préféré s'arrête près de chez vous.

En réalité, vous avez déjà fait la connaissance de Cortana. En effet, c'est lui en effet qui effectue les recherches, comme nous venons de le voir précédemment.

Cortana tend constamment l'oreille pour écouter ce que vous dites, que ce soit sur votre PC, votre tablette ou votre smartphone. Bien entendu, encore faut-il qu'un micro soit ouvert et que vous y parliez... Cortana attend que vous prononciez la phrase magique « Hey Cortana ». Lorsque vous prononcez ces mots, Cortana commence à écouter attentivement ce qui suit et à traiter votre demande.

Pour faire une recherche sur l'internet à propos de Lady Gaga, dites « Hey Cortana Lady Gaga ». Ne faites pas de pause après les deux mots d'introduction, sinon Cortana pourrait croire que vous l'aviez appelée par erreur et replonger du coup dans une profonde léthargie. Parlez normalement, sans respecter de ponctuation virtuelle.

Cortana active rapidement votre navigateur Internet et le moteur de recherche de Microsoft, Bing, en rassemblant toutes les informations trouvées sur Lady Gaga (d'accord, il y en a beaucoup, et la plupart sont en anglais).

Cortana est capable d'autres miracles, mais c'est là un sujet qui dépasse le cadre de ce chapitre. Pour avoir une idée de tout ce qu'il sait faire, cliquez sur l'icône représentant un engrenage. Faites défiler le contenu de la partie droite et cliquez sur Cortana et Rechercher Cette action ouvre une page Web qui présente les possibilités de cet assistant.

Retrouver un fichier dans un dossier du bureau

Le panneau de recherche analyse des tas de choses, ce qui peut représenter une excessive quantité d'informations si vous voulez par exemple tout simplement retrouver un certain fichier dans un seul dossier. C'est pourquoi un champ Rechercher est présent dans l'Explorateur de fichiers. La recherche que vous y lancerez se limitera au dossier actif.

Pour trouver un fichier perdu dans un dossier, ouvrez son contenu dans l'Explorateur de fichiers. Cliquez dans le champ Rechercher situé à droite de la barre d'adresse, et tapez quelques lettres ou mots qui se trouvent dans le fichier. Le filtrage commence dès la saisie de la première lettre. La recherche se restreint ensuite jusqu'à ce que ne soient affichés que les quelques fichiers parmi lesquels se trouve, avec un peu de chance, celui que vous recherchez.

Lorsque le champ Rechercher d'un dossier trouve trop de réponses, faites appel à une autre aide : les en-têtes des colonnes. Pour obtenir de meilleurs résultats, activez le mode Détails sous l'onglet Affichage de l'Explorateur de fichiers. Les noms des fichiers viennent alors sagement s'aligner les uns en dessous des autres, et dans l'ordre des noms. Il suffit alors de faire défiler la page, ou de taper la première lettre du nom dans le champ Rechercher pour retrouver rapidement le coupable (voir la Figure 7.4).

Remarquez les en-têtes de colonnes Nom, Modifié le, Type, Taille ou encore Chemin du dossier. Cliquez sur l'un d'eux pour trier les fichiers selon les critères suivants :

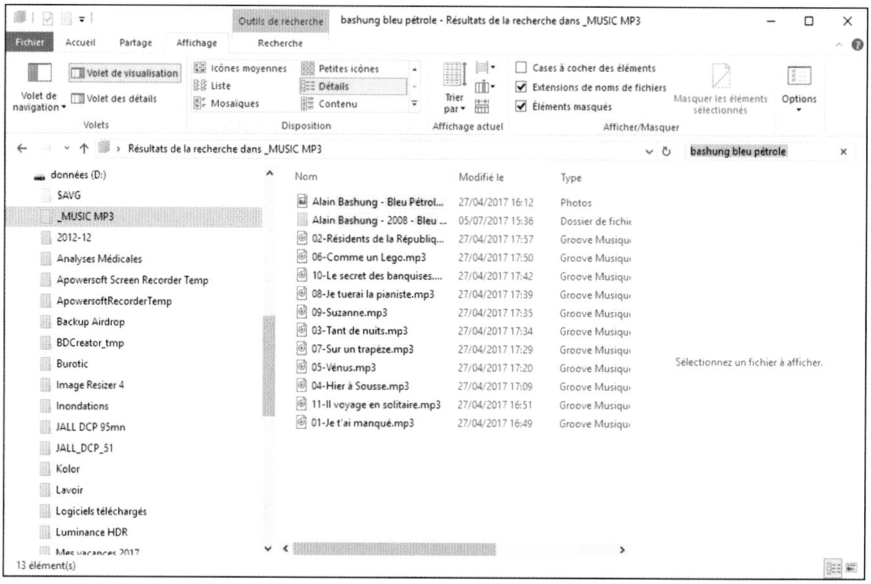

FIGURE 7.4
L'affichage en mode Détails permet de trier les fichiers par nom ou par un autre critère, ce qui facilite la recherche.

» **Nom :** vous connaissez les premières lettres du nom du fichier ? Cliquez sur cet en-tête pour trier les fichiers alphabétiquement, puis parcourez la liste. Cliquez de nouveau sur Nom pour inverser l'ordre du tri.

» **Modifié le :** cliquez sur cet en-tête si vous vous souvenez vaguement de la date à laquelle vous avez modifié le document pour la dernière fois. Les fichiers les plus récents sont ainsi placés en haut de la liste. Cliquer de nouveau sur Date de modification inverse l'ordre, un bon moyen pour retrouver des fichiers anciens.

» **Type :** cet en-tête trie les fichiers selon leur contenu. Toutes les photos sont regroupées, et aussi tous les documents textuels. Commode pour retrouver quelques photos perdues parmi une quantité de fichiers de texte.

» **Taille :** si vous savez que ce que vous cherchez est plutôt léger, ou au contraire particulièrement volumineux, cette colonne vous permettra de trier les fichiers selon leur encombrement sur le disque dur.

» **Chemin du dossier :** Windows indique aussi l'arborescence des sous-dossiers. C'est un critère qui peut parfois être utile.

» **Auteurs :** Microsoft Word, ainsi que d'autres programmes, mémorisent votre nom dans les documents que vous créez. Voilà une autre possibilité pour savoir si c'est Vincent, François, Paul ou quelqu'un d'autre qui a tapé cet important courrier que vous n'arrivez pas retrouver.

> » **Mots clés :** Windows vous permet souvent d'affecter des mots-clés à vos documents ou à vos photos. J'y reviendrai un peu plus loin.

En règle générale, la vue Détails des dossiers affiche par défaut quatre colonnes : Nom, Modifié le, Type et Taille. Mais vous pouvez en afficher bien d'autres, par exemple pour visualiser le nombre de mots dans un texte, la date de prise de vue d'une photo, la date de création d'un fichier, et des dizaines d'autres types d'informations. Pour révéler tout cela, cliquez du bouton droit sur l'en-tête d'une des colonnes. Dans la liste qui s'affiche, cochez ou décochez les options qui vous intéressent. Et, rien que pour vous donner le tournis, cliquez sur Autres. Vous allez alors découvrir l'immense cohorte des données susceptibles d'être associées à vos fichiers.

Vous pouvez également interroger Cortana. Par exemple, vous souhaitez travailler de nouveau sur un fichier récemment ouvert, mais vous ne savez plus ni son nom, ni le programme que vous avez utilisé. Demandez ceci à Cortana : « Hey Cortana quels sont les fichiers récemment ouverts ? ». L'assistant vous en propose une liste.

TRI APPROFONDI

Lorsqu'un dossier est affiché en mode Détails, comme sur la Figure 7.4, le nom des fichiers figure dans une colonne, les colonnes de détails se trouvant à droite. Vous pouvez trier le contenu d'un dossier en cliquant sur l'en-tête de l'une des colonnes : Nom, Modifié le, Type, etc. Mais Windows est capable de trier selon bien d'autres critères, comme vous le constatez en cliquant sur la petite flèche pointant vers le bas, à droite de chaque nom de colonne.

Cliquez sur la petite flèche de la colonne Modifié le, par exemple, et un calendrier se déploie, comme sur la figure ci-dessous. Cliquez sur une date et le dossier n'affiche que les fichiers modifiés ce jour-là, filtrant tous les autres. Sous le calendrier, des cases permettent de ne voir que les fichiers créés aujourd'hui ou il y a longtemps. L'option qui trouve au-dessus du calendrier vous permet même de spécifier une certaine plage de dates.

De même, cliquer sur la flèche à côté de Type déploie la liste des extensions de nom des fichiers qui se trouvent dans le dossier courant.

Ces filtrages ne sont pas sans inconvénient, car il est facile d'oublier que l'un d'eux est en cours. Une coche, à côté de l'en-tête d'une colonne, vous le rappelle toutefois. Pour désactiver le filtrage et voir tous les fichiers du dossier, cliquez sur la coche et examinez le menu déroulant. Cette action décoche les cases et supprime le filtrage.

Rechercher des photos perdues

 Windows indexe vos documents du premier au dernier mot, mais il est incapable de faire la différence entre une photo de votre chat et celle d'un mariage. Pour identifier des photos, il ne peut que se fier aux informations textuelles dont il dispose. Les quatre conseils qui suivent lui facilitent la tâche :

» **Ajoutez des mots-clés à vos photos.** Quand vous connectez votre appareil photo numérique au PC, comme expliqué au Chapitre 17, Windows propose alors de transférer les photos. Au cours de la copie, il suggère de leur ajouter des mots-clés. C'est le moment d'en introduire quelques-uns qui décrivent leur contenu. Windows indexe les mots-clés, ce qui facilite les recherches ultérieures.

» **Stockez les séries de prises de vue dans des dossiers séparés.** Le programme d'importation de photos de Windows crée automatiquement un nouveau dossier pour chaque série de photos, selon la date courante et la balise choisie. Mais si vous utilisez un autre logiciel de transfert, veillez à créer un dossier pour chaque journée de prise de vue, série de photos ou événement, et nommez-le judicieusement : Soirée sushi, Planches de Deauville, Cueillette de champignons ou Anniversaire de Jules.

» **Triez par date.** Vous venez de dénicher un dossier bourré à craquer de photos en tous genres ? Voici une façon rapide de vous y retrouver : cliquez sur l'onglet Affichage puis, dans le groupe Disposition, cliquez sur Grandes icônes ou sur Très grandes icônes. Chaque photo est alors représentée par une vignette montrant son contenu. Ensuite, dans le groupe Affichage actuel, cliquez sur l'icône Trier par ; dans le menu, choisissez Prise de vue. Vos photos seront présentées dans l'ordre chronologique où vous les avez prises.

» **Renommez les photos.** Au lieu de laisser vos photos de vacances aux Seychelles nommées IMG_2421, IMG_2422 et ainsi de suite, donnez-leur un nom plus parlant. Sélectionnez tous les fichiers du dossier en appuyant sur les touches Ctrl + A. Cliquez ensuite du bouton droit dans la première image, choisissez Renommer et tapez **Seychelles**. Windows les renommera Seychelles, Seychelles (2), Seychelles (3) et ainsi de suite (si vous êtes saisi d'un regret, appuyez tout de suite sur Ctrl + Z pour annuler l'opération).

Appliquer ces quatre règles simples évitera que votre photothèque ne devienne un invraisemblable fouillis de fichiers.

 Veillez à sauvegarder vos photos numériques en effectuant des copies sur un disque dur externe, ou sur tout autre support, comme l'explique le Chapitre 13.

Autrement, si vous ne sauvegardez rien – en deux exemplaires sur des supports distincts –, vos précieuses archives familiales seront à la merci du moindre crash de disque dur.

Trouver d'autres ordinateurs sur le réseau

Un *réseau* est un groupe d'ordinateurs reliés entre eux, permettant de partager ainsi des fichiers, une imprimante ou la connexion Internet. La plupart des gens utilisent un réseau quotidiennement sans même le savoir : quand vous relevez par exemple vos courriers électroniques, votre ordinateur se connecte à un ordinateur distant – un serveur – afin d'y télécharger les messages en attente.

Le plus souvent, vous n'avez pas à vous soucier des autres ordinateurs de votre réseau privé, avec des PC et même des Mac. Mais, si vous voulez en localiser un afin d'y chercher des fichiers, par exemple, Windows se fera une joie de vous aider.

En fait, Windows offre une fonctionnalité qu'il appelle Groupe résidentiel (ou Groupement résidentiel selon les circonstances). Cette technique facilite grandement le partage des fichiers entre des ordinateurs tournant sous Windows (depuis plusieurs versions). La création d'un groupe résidentiel revient en fait à créer un mot de passe identique pour tous les PC tournant sous Windows Vista, Windows 7, Windows 8, Windows 8.1 ou Windows 10.

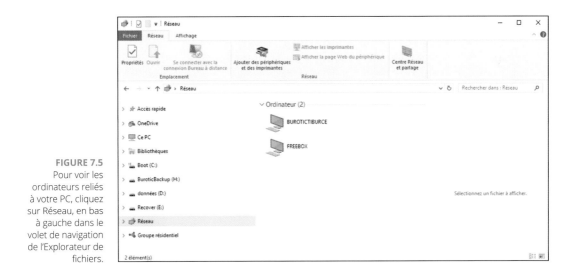

FIGURE 7.5
Pour voir les ordinateurs reliés à votre PC, cliquez sur Réseau, en bas à gauche dans le volet de navigation de l'Explorateur de fichiers.

Pour trouver un ordinateur sur le réseau, ouvrez l'Explorateur de fichiers. Dans le volet de navigation, cliquez sur Réseau. Windows affiche tous les ordinateurs qui sont reliés à votre propre PC (voir la Figure 7.5). Double-cliquez sur le nom d'un ordinateur et parcourez les fichiers qui s'y trouvent.

La création d'un Groupe résidentiel d'ordinateurs et d'un réseau est expliquée au Chapitre 15.

RECONSTRUIRE L'INDEX

Si la fonction de recherche ralentit considérablement ou si elle ne parvient pas à trouver des fichiers alors que vous êtes sûr qu'ils sont quelque part, vous devrez demander à Windows de tout réindexer.

Windows reconstruit l'index en tâche de fond pendant que vous travaillez, mais pour ne pas subir le ralentissement de l'ordinateur, il est préférable d'effectuer la reconstruction au cours de la nuit. Ainsi, Windows moulinera pendant votre sommeil, et vous livrera un index tout neuf avec les croissants du petit-déjeuner.

Procédez comme suit pour lancer la réindexation :

1. **Cliquez dans le champ Taper ici pour rechercher, à droite du bouton Démarrer, et saisissez** options indexation.

Le haut du volet devrait indiquer Options d'indexation Panneau de configuration. Cliquez sur cette proposition.

La fenêtre Options d'indexation va s'afficher.

2. **Cliquez sur le bouton Avancé, puis sur le bouton Reconstruire.**

Windows vous prévient que cela risque d'être long, car, ainsi que l'avait remarqué Woody Allen : « L'éternité c'est long, surtout vers la fin ».

3. **Cliquez sur OK.**

Windows réindexe tout ce qu'il trouve sur sa route. L'ancien index ne sera supprimé que quand le nouveau sera prêt.

Chapitre 8
Imprimer vos documents

DANS CE CHAPITRE :

» **Imprimer et scanner à partir des applications du menu Démarrer**

» **Imprimer des fichiers, des enveloppes et des pages Internet depuis le bureau**

» **Adapter le document à la page**

» **Résoudre les problèmes d'impression**

l vous arrivera parfois d'extraire des données de leur univers virtuel afin de les coucher sur un support tangible : une feuille de papier. Ce chapitre est consacré à l'impression (pas celle que vous produisez, mais celle que vous faites, ou inversement). Vous apprendrez comment faire tenir un document sur une feuille sans qu'il soit tronqué.

Vous apprendrez ici comment imprimer à partir de la bande des applications du menu Démarrer, ainsi que depuis les programmes du bureau.

Je vous expliquerai également comment imprimer les parties utiles d'une page Internet, sans le reste du site, les publicités, les menus et les images qui ne font que vider les réservoirs d'encre.

Nous aborderons aussi la mystérieuse et méconnue notion de file d'attente, qui permet d'annuler l'impression des documents envoyés à l'imprimante, avant de gâcher du papier (la configuration d'une nouvelle imprimante est abordée au Chapitre 12).

Et si, à l'inverse, vous préférez transformer des documents sur papier en fichiers informatiques, ce chapitre se termine par un aperçu de l'application Télécopie et numérisation de Windows. Avec l'aide d'un matériel adapté, elle est capable de numériser textes, images, cartes et ainsi de suite.

Imprimer à partir d'une application du menu Démarrer

Bien que Microsoft tente de faire croire que les applications du menu Démarrer et de l'écran de démarrage sont quasiment identiques aux traditionnels programmes de bureau, force est de constater que leurs comportements diffèrent.

Bon nombre d'applications sont dépourvues d'une fonction d'impression, et celles qui la proposent présentent des options relativement restreintes. Voici comment imprimer à partir d'une application de l'écran de démarrage, Photos en l'occurrence :

1. **Ouvrez le menu Démarrer.**

2. **Parmi la liste des applications, ou dans l'écran de démarrage, exécutez l'application contenant le document à imprimer, une photo par exemple. Cliquez dessus pour n'afficher qu'elle.**

   Toutes les applications n'ont pas de fonction d'impression. Les étapes qui suivent ne s'appliquent donc qu'à certaines applications, dont Photos.

2. **En haut à droite de l'application Photos, cliquez sur l'icône à trois points puis, dans le menu qui apparaît, cliquez sur Imprimer.**

   Il existe un moyen simple et rapide de savoir si une application possède une fonction d'impression : appuyez sur les touches Ctrl + P. Si le panneau d'impression n'apparaît pas, cela signifie que l'application ne peut pas imprimer.

   Le fait de cliquer sur Imprimer ouvre la boîte de dialogue Imprimer illustrée sur la Figure 8.1.

3. **Dans le menu local Imprimante, cliquez sur le nom de l'imprimante que vous voulez utiliser. .**

4. **Effectuez les réglages d'impression voulus.**

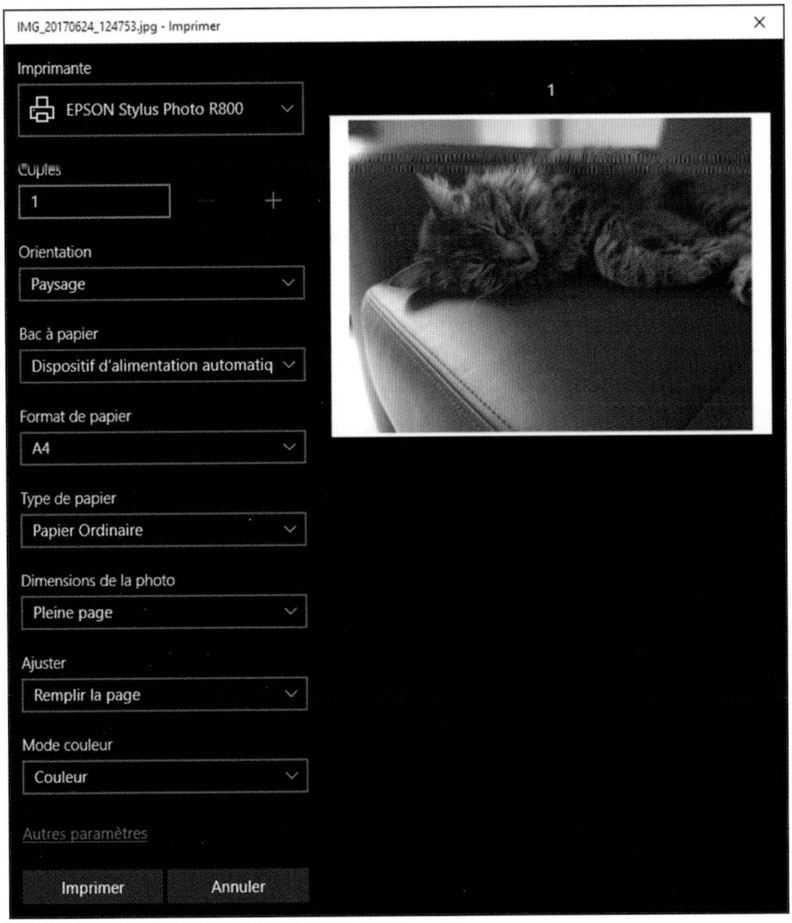

IMG_20170624_124753.jpg - Imprimer ✕

Imprimante
EPSON Stylus Photo R800 ⌄

Copies
1 — +

Orientation
Paysage ⌄

Bac à papier
Dispositif d'alimentation automatiq ⌄

Format de papier
A4 ⌄

Type de papier
Papier Ordinaire ⌄

Dimensions de la photo
Pleine page ⌄

Ajuster
Remplir la page ⌄

Mode couleur
Couleur ⌄

Autres paramètres

Imprimer   Annuler

1

FIGURE 8.1
Choisissez vos options d'impression, ou cliquez sur Autres paramètres pour des options supplémentaires.

La fenêtre d'impression, illustrée sur la Figure 8.1, montre un aperçu de ce qui sera imprimé, ainsi que le nombre de pages, le nombre de copies, l'orientation actuelle du papier et, si possible, le mode d'impression en couleur. Si la boîte de dialogue propose plusieurs pages, cliquez sur les chevrons situés au-dessus de l'aperçu pour les parcourir.

Pas assez d'options d'impression ? Cliquez sur le lien Autres paramètres. L'option Pages par feuille, notamment, permet d'imprimer plusieurs pages sur une seule feuille de papier, ce qui est commode pour tirer des planches de photos sur une imprimante couleur.

5. **Cliquez sur le bouton Imprimer.**

C'est parti ! Windows imprime votre travail en se servant des paramètres définis lors de l'Étape 4.

Bien qu'il soit possible d'imprimer à partir de quelques applications, vous serez cependant confronté à certaines limitations :

» Le contenu de nombreuses applications n'est pas imprimable. C'est le cas d'un itinéraire calculé par l'application Cartes, et même d'un mois du calendrier.

» Cliquer sur le lien Autres paramètres permet de choisir l'orientation Portrait ou Paysage, ou sélectionner le bac d'alimentation. Mais vous ne trouverez aucune fonction de mise en page, comme le réglage des marges ou l'ajout d'en-tête et de pied de page. Une option Mode couleur permet une impression monochrome, c'est-à-dire en noir et blanc.

Bref, bien qu'il soit possible d'imprimer à partir des applications, cette possibilité ne vaut pas l'impression à partir des programmes du bureau décrite dans le restant de ce chapitre.

Imprimer vos documents

Conçu pour la productivité, le bureau de Windows offre un contrôle plus élargi sur les travaux d'impression, mais au prix d'options beaucoup plus nombreuses.

Windows est capable d'envoyer votre travail à l'imprimante d'une bonne de-mi-douzaine de façons. Voici les plus connues :

» Choisir l'option Imprimer, dans le menu ou l'onglet Fichier d'un programme.

» Cliquer sur l'icône Imprimer (généralement ornée de l'icône d'une petite imprimante).

» Cliquer du bouton droit sur l'icône d'un document et choisir Imprimer.

» Cliquer sur le bouton Imprimer, dans la barre d'outils ou de commandes d'un programme.

» Faire glisser l'icône d'un document et la déposer sur l'icône de l'imprimante.

Si une boîte de dialogue apparaît, cliquez sur OK, et Windows envoie aussitôt la page à l'imprimante. Pour peu que l'imprimante soit allumée et contienne de l'encre et du papier, Windows se charge de tout en tâche de fond, pendant que vous continuez à travailler (ou que vous prenez le temps de boire un café).

Si la page n'est pas correctement imprimée – texte tronqué, caractères grisâtres, mise en page inadaptée… –, vous devrez modifier les paramètres d'impression ou changer de qualité de papier, comme l'expliquent les sections qui suivent.

» Si une page de l'aide de Windows vous paraît utile, cliquez dessus du bouton droit et choisissez Imprimer. Ou alors, cliquez sur l'icône Imprimer, si vous en voyez une.

» Pour imprimer rapidement un lot de documents, sélectionnez toutes leurs icônes. Cliquez ensuite du bouton droit dans la sélection et choisissez Imprimer. Windows les envoie tous à l'imprimante, d'où ils émergeront les uns après les autres.

» Pour accéder rapidement à l'imprimante, ajoutez un raccourci sur le bureau : cliquez du bouton droit sur le bouton Démarrer puis sur l'icône Paramètres (engrenage). Dans la fenêtre Paramètres Windows, cliquez sur Périphériques. Dans la colonne de gauche Périphériques, choisissez Imprimantes et scanners. Faites défiler le contenu de la partie droite de la fenêtre, et cliquez sur le lien Périphériques et imprimantes de la section Paramètres associés. Dans la boîte de dialogue qui apparait, cliquez du bouton droit sur l'icône de l'imprimante et, dans le menu contextuel qui s'affiche, choisissez Créer un raccourci. Confirmez que ce raccourci doit bien être placé sur le bureau. Pour

EXAMINER LA PAGE AVANT DE L'IMPRIMER

Pour beaucoup, l'impression relève du mystère : ils cliquent sur Imprimer, et s'interrogent avec une pointe d'anxiété sur ce que la grosse boîte qui ronronne leur sortira. Avec un peu de chance – et de gros sel jeté par-dessus l'épaule gauche –, la page est bien imprimée. Autrement, une feuille aura été gâchée (sans parler du sel).

L'option Aperçu avant impression, qui figure dans le menu Fichier de la plupart des programmes, permet de vérifier la mise en page. Elle affiche le travail en cours en tenant compte des paramètres d'impression, montrant ainsi le document tel qu'il sera imprimé. L'aperçu avant impression est commode pour repérer des problèmes de marge, de

tailles de caractères mal choisies et autres défauts typographiques.

L'aperçu avant impression varie d'un programme à un autre, certains étant plus précis, mais tous montrent assez fidèlement ce que sera l'impression. Ainsi, dans les programmes de la suite Microsoft Office, il suffit de cliquer sur la commande Imprimer de l'onglet Fichier pour disposer automatiquement d'un aperçu.

Si l'aperçu vous convient, cliquez sur le bouton Imprimer, en haut de la boîte de dialogue. Mais si quelque chose ne va pas, cliquez sur le bouton Fermer (ou appuyez sur la touche Échap) pour revenir à votre travail et effectuer les corrections qui s'imposent.

imprimer, il suffira désormais de déposer l'icône du document sur celle de l'imprimante.

» Lorsque vous utilisez une imprimante à jet d'encre et que l'impression est de mauvaise qualité, il est temps de remplacer une ou plusieurs cartouches.

» Si vous souhaitez installer une imprimante, consultez le Chapitre 12 qui en détaille la procédure.

Configurer la mise en page

En théorie, Windows affiche *toujours* votre travail tel qu'il sera imprimé. C'est ce que l'on appelle le WYSIWIG (en anglais What You See Is What You Get, autrement dit ce que vous voyez est ce que vous obtenez en bon français). Si le résultat diffère sensiblement de ce qui était affiché, un petit tour dans la boîte de dialogue Mise en page s'impose (voir la Figure 8.2).

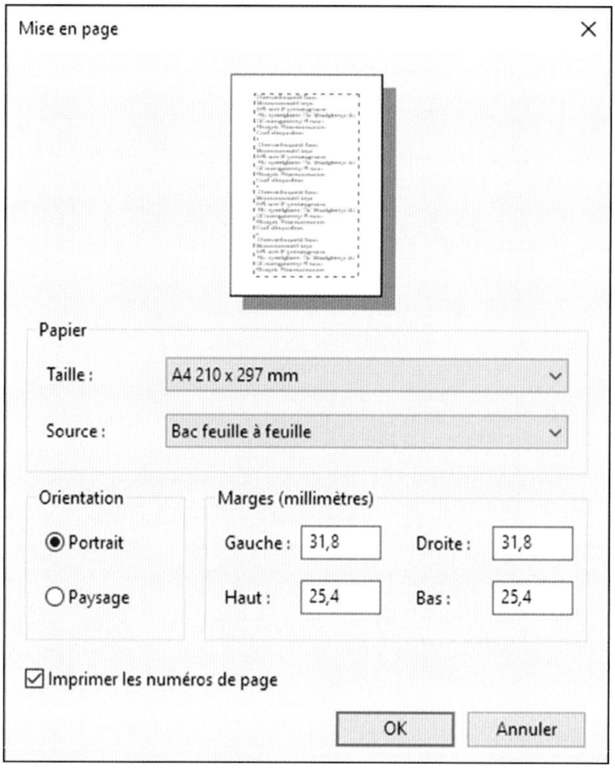

FIGURE 8.2
Choisissez l'option Mise en page, dans le menu Fichier d'un programme, pour parfaire la présentation de votre travail dans la feuille de papier.

L'option Mise en page, qui figure dans le menu Fichier de la plupart des programmes, sert à peaufiner le positionnement du document dans la page. La boîte de dialogue n'est pas la même d'un programme à un autre, mais le principe général ne change guère. Voici les paramètres les plus courants et à quoi ils servent :

» **Taille .** indique au programme le format du papier actuellement utilisé. Laissez cette option sur A4 afin d'utiliser les feuilles normalisées, ou choisissez un autre format (A3, A5, enveloppe...) le cas échéant. Reportez-vous éventuellement à l'encadré « Imprimer des enveloppes sans finir timbré ».

» **Source :** choisissez Sélection automatique ou encore Cassette, à moins que vous ne possédiez une de ces imprimantes haut de gamme alimentées par plusieurs bacs de feuilles de divers formats. Quelques imprimantes proposent une option Feuille à feuille, où vous devez manuellement introduire chaque feuille.

» **En-tête** et **Pied de page :** vous tapez un code spécial, dans ces zones, pour indiquer à l'imprimante ce qu'elle doit y placer : numéro de page, date et heure, nom et/ou chemin du fichier... Par exemple, le code &F, dans le champ En-tête et le code Page &p, dans le pied de page, imprime le nom du fichier en haut de chaque feuille, ainsi que le mot « Page » suivi du numéro de page en bas de la feuille.

Malheureusement, tous les programmes n'utilisent pas les mêmes codes de mise en page. Si un bouton en forme de point d'interrogation se trouve en haut à droite de la boîte de dialogue, cliquez dessus puis dans une zone En-tête ou Pied de page pour en savoir plus. Pas de bouton d'aide ? Appuyez sur la touche F1 et faites une recherche sur **Mise en page** dans le système d'aide.

» **Orientation :** laissez cette option sur Portrait pour imprimer des pages en hauteur, mais choisissez Paysage si vous préférez imprimer en largeur. Cette option est commode pour les tableaux (notez qu'il n'est pas nécessaire d'introduire le papier de côté, dans une imprimante à large laize).

» **Marges :** réduisez les marges pour faire tenir plus de texte dans une feuille. Il faut parfois les régler lorsqu'un document a été créé sur un autre ordinateur. Ou les agrandir pour que vos six pages occupent les sept pages demandées.

Généralement, les imprimantes sont incapables d'imprimer sur la totalité du papier. Vous devez donc respectivement les marges minimales imposées par votre matériel.

» **Imprimante :** si plusieurs imprimantes sont disponibles, cliquez sur ce bouton pour sélectionner celle que vous désirez utiliser. Cliquez aussi ici pour modifier ses paramètres, une tâche abordée à la prochaine section.

Après avoir configuré les paramètres utiles, cliquez sur OK pour les mémoriser. Et revoyez une dernière fois l'aperçu avant impression pour vous assurer que tout est correct.

 Pour trouver la boîte de dialogue Mise en page dans certains programmes, cliquez sur la petite flèche près de l'icône de l'imprimante et choisissez Mise en page dans le menu qui s'affiche.

IMPRIMER DES ENVELOPPES SANS FINIR TIMBRÉ

Bien qu'il soit très facile de cliquer sur l'option Enveloppe, dans la boîte de dialogue Mise en page, imprimer l'adresse au bon endroit est extraordinairement difficile. Sur certains modèles d'imprimantes, les enveloppes doivent être introduites à l'endroit ; sur d'autres, il faut les présenter à l'envers. Si vous n'avez plus le manuel de l'imprimante, le meilleur moyen de trouver le bon sens – si ces mots en ont encore un – est de faire des essais.

Après avoir trouvé comment introduire les enveloppes, mettez un pense-bête sur l'imprimante (l'utilisateur est oublieux) indiquant le sens à respecter.

Si l'impression d'enveloppes est vraiment un calvaire, essayez les étiquettes. Achetez par exemple celles qui correspondent à votre format préféré ou imposé de la marque Avery puis téléchargez un logiciel d'impression gratuit (www.avery.fr/avery/fr_fr/Modeles-et-Logiciels/). Compatible avec Microsoft Word – PC et Mac –, il affiche des petits rectangles de la taille des étiquettes dans une page. Tapez les adresses dedans, insérez une feuille d'étiquettes dans l'imprimante, et Word sortira une planche d'autocollants parfaitement présentés. Il n'est même plus nécessaire de les humecter en les passant sur la truffe du chien.

Ou alors, faites-vous faire un tampon en caoutchouc à vos nom et adresse. C'est encore plus rapide que l'imprimante et les autocollants.

Régler les paramètres d'impression

Quand vous choisissez Imprimer, dans le menu Fichier d'un programme, Windows vous offre une dernière chance de peaufiner la page. La boîte de dialogue illustrée sur la Figure 8.3 permet de diriger l'impression vers n'importe quelle imprimante installée dans l'ordinateur ou sur le réseau. Pendant que vous êtes là, il est encore possible de régler les paramètres d'impression, de choisir la qualité du papier et de sélectionner les pages à imprimer ainsi que le nombre de copies.

Vous trouverez très certainement ces paramètres dans la boîte de dialogue :

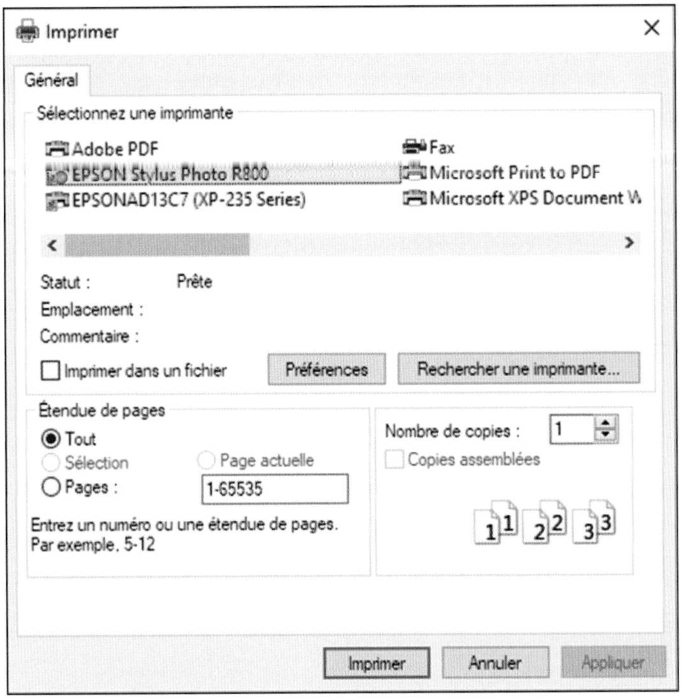

FIGURE 8.3
La boîte de dialogue
Imprimer permet de
choisir l'imprimante
et de la paramétrer.

» **Sélectionnez une imprimante :** ignorez cette option si vous n'avez qu'une seule imprimante, car Windows la sélectionne automatiquement. Mais si l'ordinateur accède à plusieurs imprimantes, c'est ici que vous en choisirez une.

L'imprimante maison de Windows, nommée Microsoft XPS Document Writer, envoie votre travail dans un fichier au format particulier, généralement pour être utilisé par un imprimeur ou tout autre professionnel de la PAO (Publication Assistée par Ordinateur). Vous n'utiliserez probablement jamais cette imprimante virtuelle.

» **Étendue de pages :** sélectionnez Tout, pour imprimer la totalité du document. Pour n'imprimer qu'une partie des pages, sélectionnez l'option Pages et indiquez celles qu'il faut imprimer. Par exemple, si vous tapez **1-4, 6**, vous imprimez les quatre premières pages d'un document ainsi que la sixième, mais ni la cinquième ni les autres. Si vous avez sélectionné par exemple un paragraphe, choisissez Sélection pour n'imprimer que lui. C'est un excellent moyen pour n'imprimer que les parties intéressantes d'une page Internet, et non la totalité (qui peut être fort longue).

» **Nombre de copies :** le plus souvent, les gens n'impriment qu'un exemplaire. Mais s'il vous en faut davantage, c'est ici que vous l'indiquerez. L'option

Copies assemblées n'est utilisable que si l'imprimante dispose de cette fonctionnalité. Elle imprime chaque travail dans l'ordre des numéros des pages. Autrement dit, elle imprime toutes les pages 1, puis toutes les pages 2, et ainsi de suite.

» **Préférences :** cliquez sur ce bouton pour accéder à la boîte de dialogue de la Figure 8.4, où vous choisissez les options spécifiques à votre modèle d'imprimante. Il s'agit de ce que les spécialistes appellent *le pilote d'impression.* Il permet notamment de sélectionner différents grammages de papier, de choisir entre l'impression en couleur ou en niveaux de gris, de régler la qualité de l'impression et de procéder à des corrections de dernière minute de la mise en page.

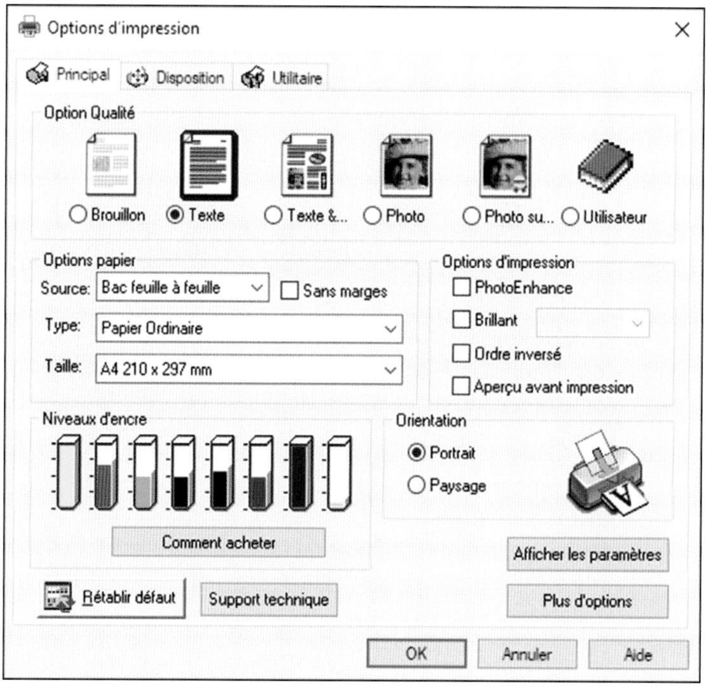

FIGURE 8.4
La boîte de dialogue Options d'impression qui apparaît lorsque vous cliquez sur le bouton Préférences permet de régler les paramètres spécifiques à votre imprimante, notamment le type de papier et la qualité d'impression.

Annuler une impression

Vous venez de réaliser qu'il ne fallait surtout pas envoyer le document de 26 pages vers l'imprimante ? Dans la panique, vous êtes tenté de l'éteindre tout de suite. Ce serait une erreur, car après le rallumage, la plupart des imprimantes reprennent automatiquement l'impression.

Procédez comme pour purger le document de la mémoire de l'imprimante :

1. **Sur la droite de la barre des tâches du bureau, cliquez du bouton droit sur l'icône d'imprimante, puis choisissez le nom du bon matériel dans le menu qui s'affiche.**

   Pour voir cette icône, vous devrez peut-être cliquer d'abord sur la petite pointe triangulaire, sur la gauche des icônes qui sont affichées juste avant l'horloge.

   La jolie *file d'attente* de l'imprimante va apparaître, comme l'illustre la Figure 8.5.

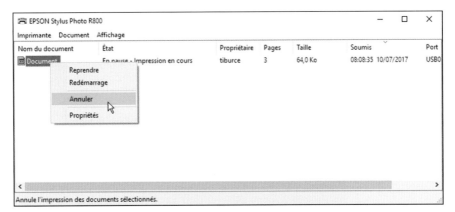

2. **Cliquez du bouton droit sur le document incriminé et dans le menu, choisissez Annuler (ou Annuler tous les documents). Confirmez ensuite l'annulation.**

   Faites-en éventuellement autant pour d'autres documents à ne pas imprimer.

Un délai d'une minute ou deux est parfois nécessaire pour qu'une annulation soit prise en compte. Pour accélérer les choses, cliquez sur Affichage > Actualiser. Lorsque la liste d'attente est purgée, ou que seuls subsistent les documents à imprimer, rallumez l'imprimante. Les travaux annulés ne seront pas imprimés.

>> La file d'attente – appelée aussi « spouleur » – répertorie tous les documents qui attendent patiemment leur tour pour être imprimés. Vous pouvez en modifier l'ordre par des glisser-déposer. En revanche, et en toute logique, rien ne peut être placé avant le document en cours d'impression.

>> L'imprimante branchée à votre ordinateur est partagée entre plusieurs utilisateurs sur le réseau ? Les travaux envoyés par les autres ordinateurs se retrouvent dans votre file d'attente. C'est donc à vous d'annuler ceux qui ne doivent pas être imprimés. En fait, les autres types qui partagent *leur* imprimante ont tout autant le droit d'annuler vos propres travaux d'impression !

>> Si l'imprimante s'arrête en cours d'impression faute de papier, ajoutez-en. Vous devrez appuyer sur un bouton de l'imprimante pour reprendre l'impression. Ou alors, ouvrez la file d'attente, cliquez du bouton droit sur le document et choisissez Redémarrer.

>> Vous pouvez envoyer des documents vers une imprimante même quand vous travaillez au bistrot du coin à partir de votre ordinateur portable. Quand vous le connectez à l'imprimante, la file d'attente s'en aperçoit et envoie vos fichiers. Attention : une fois qu'ils ont été placés dans la file d'attente, les documents sont mis en forme pour l'imprimante en question. Si, par la suite, vous connectez l'ordinateur portable à un autre modèle d'imprimante, le résultat sera peut-être incorrect.

Imprimer une page Internet

Très tentante de prime abord, l'impression des pages Internet est rarement satisfaisante, notamment à cause de la marge droite qui tronque souvent la fin des lignes. La phénoménale longueur de certaines pages, ou les caractères si petits qu'ils sont à peine lisibles, font aussi partie des inconvénients.

Pire, la débauche de couleurs des publicités peut pomper les cartouches d'encre en un rien de temps. Quatre solutions sont cependant envisageables pour imprimer correctement des pages Internet. Les voici par ordre d'efficacité décroissante :

>> **Utilisez l'option Imprimer intégrée à la page Internet.** Certains sites, mais pas tous, proposent une discrète option Imprimer cette page, ou Version texte, ou Optimisé pour l'impression, etc. Elle demande au site d'éliminer tout le superflu des pages Internet et de refaire la mise en page en fonction du format de papier. C'est le moyen le plus sûr d'imprimer une page Internet.

>> **Dans le navigateur Internet, vous devez généralement cliquer sur le bouton représentant trois petits points en haut à droite, et choisir Imprimer dans le menu local qui s'affiche.** Au bout de longues années, certains concepteurs de pages Internet ont enfin compris que des visiteurs veulent imprimer leurs pages. Ils se sont donc débrouillés pour qu'elles se remettent d'elles-mêmes en forme lors de l'impression. Vous disposez d'un

aperçu avant impression par défaut qui permet de voir comment se présentera la page Web une fois imprimée. Il est fort possible qu'elle nécessite plusieurs feuilles de papier.

» **Copiez la partie qui vous intéresse et collez-la dans un traitement de texte.** Sélectionnez le texte désiré, copiez-le et collez-le dans un traitement de texte. Profitez-en pour supprimer les éléments indésirables ou superflus. Réglez les marges et imprimez ce qui vous intéresse. Le Chapitre 6 explique comment copier et coller.

» **Copiez la page Internet en totalité puis coller-la dans un traitement de texte.** Bien que cela demande un assez long travail, c'est aussi une option. Cliquez du bouton droit sur une partie vide de la page Internet, et choisissez Sélectionner tout. Cliquez du bouton droit à nouveau, et choisissez cette fois Copier (ou appuyez sur Ctrl + C). Ouvrez ensuite Microsoft Word ou un autre traitement de texte haut de gamme, et collez-y le document. En coupant les éléments indésirables et en remettant les paragraphes en forme, vous obtiendrez (parfois) un document parfaitement imprimable.

Ces conseils vous aideront eux aussi à coucher une page Internet sur papier :

» Le navigateur Internet de Windows 10, Edge, est conçu pour être rapide, et non puissant. Mais il est tout de même capable d'imprimer. Pour cela, cliquez sur le bouton Autres actions (les trois points à droite de la barre d'outils), puis sur Imprimer. Vous allez voir apparaître la boîte de dialogue illustrée sur la Figure 8.1

» Si le résultat n'est pas convaincant, essayez d'imprimer depuis Internet Explorer (en théorie, vous devriez pouvoir le retrouver en tapant son nom dans le champ Rechercher, à droite du menu Démarrer). Et vous avez parfaitement le droit de préférer un autre navigateur mieux à votre convenance. L'avantage de ce genre de programme, c'est qu'il est toujours gratuit.

» Si une page vous intéresse, mais qu'elle n'a pas d'options d'impression, envoyez-la-vous par courrier électronique. L'impression de ce message sera peut-être plus réussie.

» Si dans une page Internet, un tableau ou une photo dépasse du bord droit, essayez de l'imprimer en mode Paysage plutôt que Portrait.

Résoudre les problèmes d'impression

Si un document refuse d'être imprimé, assurez-vous que l'imprimante est allumée, son cordon branché à la prise, bien dotée en papier et qu'elle est connectée à l'ordinateur.

Si c'est le cas, branchez-la à différentes prises électriques en l'allumant et en vé-rifiant si le témoin d'allumage est éclairé. Si ce n'est pas le cas, l'alimentation de l'imprimante est sans doute en panne.

Il est pratiquement toujours moins cher de racheter une imprimante que de la faire réparer. C'est en particulier le cas pour les imprimantes à jet d'encre. Comme ils se rattrapent largement sur le prix des cartouches, les constructeurs n'hésitent pas à casser les prix du matériel.

Vérifiez ces points si le témoin d'allumage réagit :

>> Assurez-vous qu'un papier n'a pas bourré le mécanisme d'entraînement. Une traction régulière vient généralement à bout d'un bourrage. Certaines imprimantes ont une trappe prévue à cette fin. Sinon, ouvrir et fermer le cou-vercle décoince parfois le papier.

>> Y a-t-il encore de l'encre dans les cartouches de votre imprimante à jet d'encre, ou du toner dans votre imprimante laser ? Essayez d'imprimer une page de test : faites un clic du bouton droit sur le bouton Démarrer, puis sur l'icône Paramètres (engrenage). Dans la fenêtre Paramètres Windows, cliquez sur Périphériques. Dans la colonne éponyme de gauche, optez pour Imprimantes et scanners. Cliquez sur l'icône de votre imprimante, puis sur le bouton Gérer qui apparait dans un menu local. Dans la nouvelle fenêtre, cliquez sur le lien Imprimer une page de test. Vous saurez si l'ordinateur et l'imprimante parviennent à communiquer.

>> Procédez à la mise à jour du pilote de l'imprimante, un petit programme qui facilite la communication entre Windows et les périphériques. Allez sur le site Internet du fabricant, téléchargez le pilote le plus récent pour votre modèle d'imprimante, puis exécutez-le. Nous y reviendrons au Chapitre 13.

Voici pour finir deux conseils qui contribueront à protéger votre imprimante et ses cartouches :

>> Éteignez l'imprimante quand vous ne l'utilisez pas (en particulier si elle commence à prendre un peu d'âge). Autrement, la chaleur qu'elle dégage risquerait de dessécher l'encre des cartouches, réduisant ainsi leur durée de vie.

>> Ne débranchez jamais une imprimante par sa prise pour l'éteindre. Utilisez toujours le bouton Marche/Arrêt. L'imprimante peut ainsi ramener la ou les cartouches à leur position de repos, évitant qu'elles sèchent ou se colmatent.

CHOISIR LE BON PAPIER

Si vous vous êtes arrêté un jour au rayon des papiers pour imprimantes, vous avez sans doute été étonné de la variété du choix. Parfois, l'usage du papier est clairement indiqué, mais souvent, les caractéristiques sont sibyllines. Voici quelques indications :

>> **Le grammage :** il indique le poids d'une feuille d'un mètre carré. Celui d'un papier de bonne tenue doit être d'au moins 80 grammes. Un papier trop épais (au-delà de 120 ou 130 grammes) risque non seulement de bourrer dans l'imprimante, mais il coûte aussi plus cher en frais postaux.

>> **Le papier pour imprimante à jet d'encre :** le dessus est traité pour que l'encre ne diffuse pas et produise un lettrage bien net. Veillez à l'insérer de manière à ce que le côté traité soit encré, et non le dessous, ce qui réduirait la qualité de l'impression.

>> **Le papier pour photocopie :** il est traité pour accrocher les pigments de toner et résister à la température élevée de ces équipements. La technologie des photocopieuses et des imprimantes à laser étant la même, le papier pour photoco-

pies convient aussi aux imprimantes laser

>> **Le papier pour photos :** d'un grammage élevé et ayant reçu une couche de résine – ce qui justifie son prix relativement élevé –, le papier photo est réservé aux tirages. Quand vous l'insérez dans l'imprimante, veillez à ce que l'impression se fasse du côté brillant. Certains papiers sont équipés d'un petit carton qui facilite le cheminement parmi les rouleaux d'entraînement.

>> **Étiquettes :** il en existe de toutes les tailles. Attention au risque de décollement lorsque la feuille se contorsionne à l'intérieur de l'imprimante. Vérifiez, dans le manuel, si les planches d'étiquettes sont acceptées ou non.

>> **Transparents :** ce sont des feuilles en plastique spéciales, à séchage rapide, résistant à la fois aux contraintes mécaniques de l'imprimante et à la chaleur des rétroprojecteurs.

Avant tout achat, assurez-vous que le papier – surtout les papiers spéciaux – est spécifiquement conçu pour votre type d'imprimante.

Scanner avec l'utilitaire de Windows 10

Si vous êtes fatigué de jongler avec le programme fourni avec votre scanner, vous pouvez essayer l'application proposée par Windows 10. Appelée simplement Télécopie et numérisation, elle ne fonctionne malheureusement pas avec d'anciens matériels. Mais si votre scanner est relativement récent, cette application devrait pouvoir vous réconcilier avec la numérisation de vos précieux documents (ou de vos précieuses photos de famille quelque peu jaunies par les années).

Lorsque vous déballez un scanner, n'oubliez pas de le débloquer en tirant sur un petit levier ou en tournant un bouton spécial. Ce mécanisme protège la partie coulissante pendant le transport, mais il doit évidemment être déverrouillé pour pouvoir utiliser l'appareil.

Pour numériser quelque chose et l'enregistrer dans un fichier sur votre ordinateur, suivez ces étapes :

1. **Commencez par vous assurer que votre scanner est allumé, fonctionnel et relié à votre ordinateur.**

   Bien entendu, comme tout matériel récent qui se respecte, le scanner devrait automatiquement être reconnu. Nombre d'imprimantes à jet d'encre font également office de scanner, ce qui devrait faciliter la tâche de Windows.

2. **Dans le menu Démarrer, ouvrez l'application Télécopie et numérisation.**

   Cette application se trouve sous la lettre A dans le dossier Accessoires Windows.

   Si vous numérisez régulièrement des documents ou des photos, cliquez du bouton droit sur le mot Télécopie et numérisation, puis choisissez dans le menu l'option Épingler à l'écran de démarrage. Vous gagnerez ainsi du temps la prochaine fois.

3. **Pour vérifier que votre scanner est bien identifié, cliquez sur Outils/ Routage de la numérisation.**

   Le nom de votre scanner doit figurer dans la liste Scanneur.

   Si l'application Télécopie et numérisation ne trouve pas votre scanner, vérifiez encore une fois que celui-ci est bien allumé et correctement relié à un port USB de l'ordinateur, ou que votre connexion Wi-Fi n'a pas de problème. Le cas échéant, essayez avec un autre port pour voir si la situation s'arrange. Il est aussi possible que votre appareil soit dépassé et que Windows ne le reconnaisse pas. Vous en serez quitte à rester avec votre antique programme, ou à investir dans un équipement plus moderne.

4. **Cliquez Nouvelle numérisation. Dans la boîte de dialogue qui apparaît comme sur la Figure 8.6, définissez les paramètres suivants :**

   • **Profil :** Ce menu local peut contenir des profils de numérisation prédéfinis pour les documents et pour les photos. Choisissez un profil et les

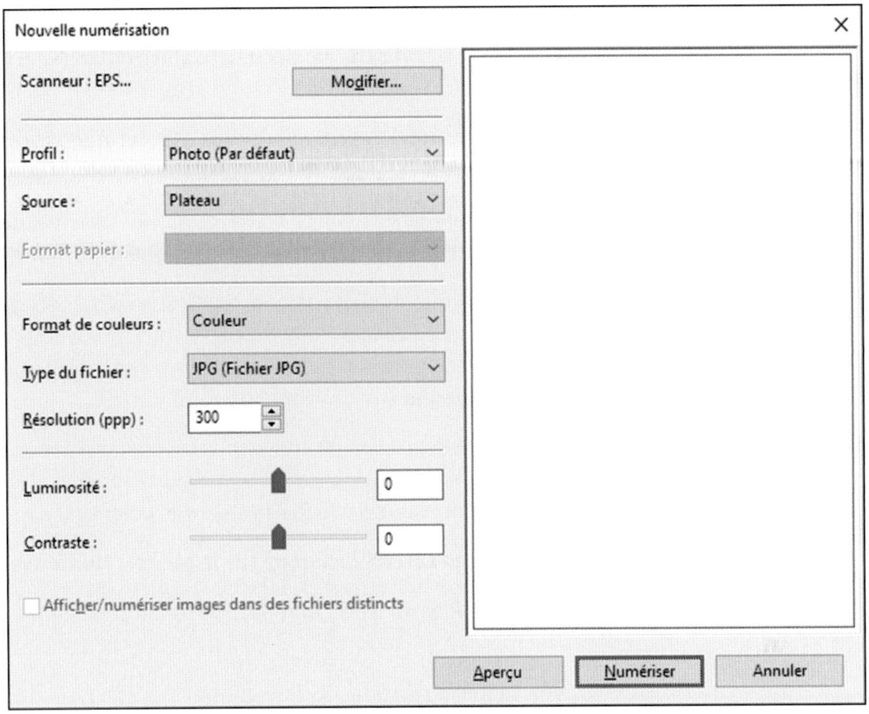

FIGURE 8.6
Une nouvelle
numérisation et ses
paramètres.

paramètres s'ajustent automatiquement. Vous pouvez créer vos profils personnalisés.

- **Format de couleur :** La couleur s'impose pour les photographies, ou encore des pages de magazine. Choisissez Nuances de gris pour pratiquement tout le reste, et Noir et blanc *uniquement* pour des dessins ou des images au trait (sinon, le résultat risque d'être assez atroce).

- **Type de fichier :** Permet de choisir le fichier graphique résultant de la numérisation comme BMP, JPEG, PNG ou TIFF. Le choix dépend de la finalité de la numérisation. Si vous la destinez à une impression, vous privilégierez le format TIFF.

- **Résolution (PPP) :** Dans la plupart des cas, la résolution par défaut de 300 points par pouce convient parfaitement (rappelons qu'un pouce, c'est 2,54 cm). Au-delà, il y aura plus de détails, mais les fichiers résultants seront aussi beaucoup plus gros, ce qui peut les rendre difficiles à joindre dans un e-mail. D'autre part, cela risque aussi de révéler davantage les défauts d'un document. Avec une résolution moins élevée, les fichiers seront plus petits au prix d'une perte de détails. À vous de voir ce qui convient le mieux en fonction de la source que vous voulez numériser.

- **Luminosité et contraste :** Ces deux curseurs permettent d'ajuster la luminosité et le contraste du document afin d'obtenir une numérisation plus lisible.

5. **Cliquez sur le bouton Aperçu pour vous assurer que votre scanner fonctionne correctement.**

Le scanner va faire une première passe, ce qui vous permet de vous faire une idée du résultat en fonction des réglages que vous avez choisis.

Si le résultat ne vous semble pas bon, reprenez le paramétrage de la numérisation, comme expliqué ci-dessus. Et si vous ne voyez qu'une surface blanche, vérifiez que vous avez bien débloqué l'appareil et que vous y avez placé votre document.

Dans le cas où le document ne couvre pas la vitre du scanner, servez-vous des poignées rondes de l'application afin d'ajuster au mieux la zone à numériser. Il vous suffit pour cela de faire glisser ces poignées.

6. **Quand vous êtes satisfait, cliquez sur le bouton Numériser.**

Une fois le travail terminé, la numérisation est affichée dans la liste des scans.

7. **Pour voir la numérisation, double-cliquez sur son nom dans la liste.**

Le scan s'ouvre alors dans l'application Photos.

L'application Télécopie et numérisation numérise votre image avec les réglages que vous avez opérés, et elle l'enregistre par défaut dans le dossier Numérisations.

8. **Pour envoyer la numérisation par mail, l'imprimer, ou la déplacer vers un autre dossier, faites un clic-droit sur son nom dans la liste des scans, et utilisez la commande ou le sous-menu approprié du menu contextuel qui s'affiche.**

La barre d'outils du programme propose quelques boutons permettant d'effectuer certaines de ces tâches comme Enregistrer sous, Transférer en tant que message électronique, ou encore Imprimer. Vous pouvez supprimer une numérisation par un clic sur le bouton (X rouge) situé dans la partie supérieure droite de la fenêtre du programme.

L'application Télécopie et numérisation suffit parfaitement à des travaux relativement simples. Mais, du fait qu'elle est totalement liée à Windows, elle est évidemment incapable de prendre en charge les éventuelles fonctionnalités plus évoluées de votre scanner.

Si vous recherchez un outil plus puissant, vous devrez installer le programme fourni par le constructeur. Dans certains cas, Windows Update est même capable d'aller rechercher ce logiciel dès que vous connectez votre scanner et de l'installer automatiquement.

Enfin, si le temps vous importe plus que la qualité, vous avez toujours comme solution de prendre un cliché du document avec l'appareil photo de votre smartphone ou de votre tablette. Bien entendu, ce n'est pas une bonne méthode avec des images, mais cela peut être très pratique pour garder une trace d'invitations ou encore de factures.

Place nette pour Internet

DANS CETTE PARTIE...

Trouver un fournisseur de services Internet et se connecter

Rester connecté avec les applications Messagerie, Contacts et Calendrier

Surfer en toute sécurité (ou presque)

Chapitre 9
Visiter des sites Internet

D ès son installation, Windows cherche à se connecter à l'Internet. Cela fait, il télécharge aussitôt les mises à jour qui lui permettront d'améliorer son fonctionnement. Mais Windows en profite aussi pour vérifier que vous ne venez pas d'installer une copie pirate.

Windows est à ce point dépendant de l'Internet (qui est la partie grand public de l'Internet) qu'il est livré avec un tout nouveau navigateur appelé *Microsoft Edge*. Rapide et léger, Edge vous aide à naviguer au quotidien dans le vaste monde de l'Internet.

En fait, Edge est une application *universelle*, ce qui signifie qu'elle présente le même aspect et se comporte de la même manière que vous l'utilisiez sur un PC, un smartphone ou une tablette sous Windows 10, et même sur une console de jeu Xbox One.

Ce chapitre vous explique comment lancer Edge, vous connecter l'Internet, visiter des sites Internet, et trouver en ligne ce que vous y recherchez.

Mais pour vous protéger des risques, ne manquez pas de lire le Chapitre 11. Vous apprendrez comment éviter les virus, logiciels espions, tentatives d'hameçonnage et autres parasites qui pourrissent l'Internet.

Le FAI, votre fournisseur d'accès Internet

Trois éléments sont indispensables pour se connecter à l'Internet : un ordinateur (ou ce qui en tient lieu), un navigateur Internet, et... un fournisseur d'accès Internet, ou FAI.

Vous avez d'ores et déjà ce qui tient lieu d'ordinateur, qu'il s'agisse d'un ordinateur portable ou de bureau, ou d'une tablette, et le navigateur Internet de Windows, Edge, se charge du côté logiciel de l'affaire.

Il ne vous reste plus qu'à choisir le fournisseur d'accès Internet. C'est lui qui vous fournit le *nom d'utilisateur* ainsi que le *mot de passe*, indispensables pour accéder au Web, qui est en fait le réseau d'ordinateurs connectés à l'Internet.

Trouver un fournisseur d'accès Internet est assez facile, car les offres pullulent dans les boutiques de téléphonie. Renseignez-vous aussi auprès de vos amis et comparez les offres. Voici quelques points à prendre en considération :

» Le moyen le plus utilisé en France pour se connecter à l'Internet est la ligne ADSL (*Asymetrical Digital Subscriber Line,* ligne d'abonné numérique asymétrique) ou le câble. L'ADSL autorise des connexions jusqu'à 20 mégabits par seconde (mbps). Le câble autorise des débits encore plus élevés, jusqu'à 100 mbps. La fibre optique, en voie de déploiement, sera encore plus rapide. L'offre Internet est souvent couplée à d'autres services, comme la téléphonie et la télévision par Internet (offre dite « triple-play »).

» Un seul abonnement Internet est suffisant pour toute la maison. La connexion peut en effet être partagée entre plusieurs ordinateurs, tablettes et smartphones.

» Toutes les régions ne sont pas encore desservies par l'ADSL. Une connexion par satellite est alors nécessaire. Elle est hélas plus lente que l'ADSL et plus onéreuse.

Se connecter sans fil à l'Internet

Windows recherche *constamment* à établir une connexion Internet, qu'elle soit ou non câblée. Dès qu'il en trouve une que vous aviez déjà utilisée auparavant, il s'y connecte automatiquement et communique la bonne nouvelle à Edge.

Mais quand vous êtes en déplacement, la connexion sans fil sera sans doute nouvelle. Vous devrez donc indiquer à Windows que vous désirez l'utiliser et l'autoriser à s'y connecter.

Voici comment vous connecter à un réseau, qu'il s'agisse du vôtre ou de celui d'un lieu public :

1. **À droite dans la barre des tâches, cliquez sur l'icône des notifications.**

   Le panneau des notifications apparaît.

2. **Cliquez sur le bouton Réseau.**

   Si votre ordinateur possède une connectique Wi-Fi, Windows liste tous les points d'accès situés à proximité (voir la Figure 9.1). Ne soyez pas étonné si la liste est longue. Et songez que, si vous êtes chez vous, vos voisins voient aussi probablement le vôtre. C'est d'ailleurs une des raisons pour lesquelles les codes de sécurité Wi-Fi sont si importants.

   Les signaux des réseaux sont classés en fonction de la force du signal détecté, le plus puissant apparaissant en premier.

3. **Cliquez sur le nom du réseau auquel vous voulez vous joindre, puis cliquez sur le bouton Se connecter.**

   Si vous cochez la case Connexion automatique avant de cliquer sur

FIGURE 9.1
Windows affiche tous les réseaux Wi-Fi de votre voisinage.

Se connecter, Windows se connectera spontanément à ce réseau chaque fois que l'ordinateur sera à portée.

Si vous êtes connecté à un réseau non sécurisé, qui n'exige de ce fait aucune clé ou mot de passe, la manipulation est terminée. Windows vous prévient que la connexion n'est pas sécurisée, mais vous laisse néanmoins continuer. Ne procédez à aucune transaction monétaire – achats ou opérations de banque – sur un réseau non sécurisé.

Pour ne pas vous faire de sérieux soucis, évitez les réseaux non sécurisés. Appelez plutôt l'accueil de l'hôtel, le type qui se tient derrière le bar du café ou l'équipe de l'aéroport pour demander un mot de passe sécurisé. Vous pouvez alors passer à l'étape suivante.

Un réseau public Wi-Fi n'est pas nécessairement gratuit. Dans un hôtel, vous avez accès à ce réseau parc que vous êtes client. Et, dans un aéroport, ce service est souvent payant.

4. **Saisissez la clé de sécurité si elle vous est demandée.**

Chaque fois que vous vous connectez à un réseau sécurisé, Windows vous demande de saisir une clé de sécurité, autrement dit un mot de passe. Si vous êtes chez vous, cette clé figure sur l'étiquette de votre box ou de votre routeur (c'est souvent un code de 26 lettres et chiffres).

Si vous êtes hors de chez vous, demandez au propriétaire du réseau de vous communiquer la clé. Et rappelez-vous : public ne veut pas forcément dire gratuit !

5. **Indiquez si vous désirez partager vos fichiers avec d'autres utilisateurs du réseau.**

Si vous vous connectez à votre propre réseau, choisissez l'option Oui, activer le partage et la connexion aux périphériques.

En revanche, si vous vous connectez depuis un lieu public, choisissez l'option Non, ne pas activer le partage ou la connexion aux périphériques. Nul ne pourra ainsi venir farfouiller dans vos fichiers.

Procédez comme suit si vous rencontrez des problèmes de connexion :

» Lorsque Windows ne parvient pas à se connecter à votre réseau sans fil, il effectue un diagnostic du réseau. S'il estime que le signal est trop faible, essayez de rapprocher l'ordinateur de la box ou du routeur.

» Si vous ne parvenez pas à vous connecter à un réseau sécurisé, essayez d'en trouver un qui ne le soit pas. Un réseau non sécurisé est parfait pour visiter sporadiquement des sites Internet. Mais, bien entendu, n'allez pas plus loin et surtout ne révélez rien sur votre compte bancaire ou votre carte de crédit.

» Les téléphones fixes sans fil et les fours à micro-ondes interfèrent avec les réseaux sans fil. Si possible, ne mettez pas le téléphone dans la même pièce que l'ordinateur et abstenez-vous de réchauffer une quiche pendant que vous vous baladez sur l'Internet.

» Si l'icône représentée dans la marge est visible dans la barre des tâches, cliquez dessus et passez directement à l'Étape 3. Quand vous travaillez dans le bureau de Windows, cette icône est un moyen rapide d'accéder à de nouvelles connexions Wi-Fi.

Visiter des sites avec Edge

Conçue pour une navigation rapide, à la volée, sur des sites modernes, l'application Microsoft Edge affiche aussi vite qu'elle le peut vos pages Internet. Mais cette rapidité est partiellement due à ses limitations. L'affichage en plein écran facilite la lecture, mais aucun menu n'est visible, ce qui rend la navigation assez ardue.

Pour lancer Edge, cliquez sur son icône dans la barre des tâches. L'application s'ouvre aussitôt et affiche le dernier site visité, ou bien les dernières nouvelles du monde, la météo locale ou encore des liens vers des sites populaires (voir la Figure 9.2).

Certes, le navigateur de Windows 10 dissimule l'essentiel de ses menus derrière des icônes plus ou moins ésotériques, mais un peu de repérage devrait vous aider à vous en sortir assez facilement :

» **Précédent :** cliquez sur cette icône pour revenir à la page que vous venez de quitter.

» **Suivant :** réaffiche la page que l'on vient de quitter.

» **Actualiser :** cette icône recharge la page afin de la mettre à jour et d'obtenir les informations ou les données les plus récentes.

» **Onglets mis de côté :** Contient des onglets que vous avez « mis à part », c'est-à-dire que vous mémorisez dans Edge (voir ci-dessous).

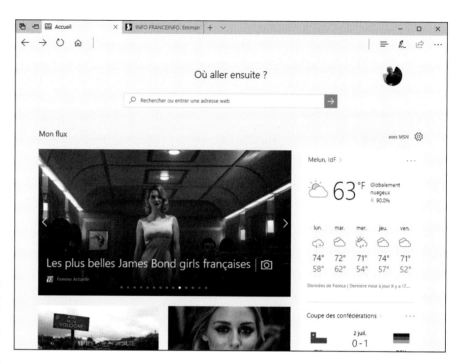

FIGURE 9.2
Edge permet d'afficher plusieurs sites Internet, chacun dans son propre onglet.

» **Définir ces onglets à part :** Place l'onglet actif dans les Onglets mis de côté.

» **Onglets :** Les sites que vous avez ouverts apparaissent dans des *onglets* en haut de la fenêtre du navigateur. Cliquez sur l'un d'entre eux, et vous revenez instantanément à la page correspondante (vous pouvez aussi refermer ces pages en cliquant sur la croix qui se trouve en haut et à droite de ces onglets).

» **Barre d'adresse :** saisissez l'adresse du site que vous désirez visiter. Ou alors, tapez simplement un sujet ou un thème. Edge proposera les sites correspondants (du moins, ceux qu'il retrouve). Vous ne savez pas très bien où aller ? Tapez quelques mots décrivant votre recherche, et le navigateur va rechercher et afficher tout ce qu'il retrouve à ce sujet. Il vous suffit lors de cliquer sur un des liens proposés pour accéder au site correspondant.

» **Nouvel onglet :** cliquez sur le bouton « + » de la barre des onglets pour afficher un écran (plus ou moins) vierge. Vous pouvez alors saisir l'adresse du site à visiter ou un nouveau critère de recherche.

» **Mode lecture :** cette option modifie l'affichage de manière à ce que la page Internet courante ressemble à une page de livre. Pour cela, les publicités ou les photos inutiles, ainsi que les options de mise en forme sans intérêt, sont rejetées de manière à ce que vous puissiez visualiser la page dans les meilleures conditions possibles.

» **Ajouter aux favoris ou à la liste de lectures :** cliquez sur cette icône pour ajouter la page courante à vos *favoris*, c'est-à-dire une liste de sites que vous visitiez régulièrement en général et que vous appréciez en particulier. Cliquer sur ce bouton vous permet aussi de sauvegarder une copie de la page que vous consultez pour la relire plus tard, aussi bien sur votre PC que votre tablette ou votre smartphone sous Windows 10.

» **Hub :** ce nom un peu étrange recouvre une fonction qui vous permet de revisiter des sites Internet que vous avez marqués comme favoris ou enregistrés dans votre liste de lecture. Elle donne également accès à l'historique des sites que vous avez visités ainsi qu'aux fichiers que vous avez téléchargés.

» **Note Web :** surtout destiné aux possesseurs de tablettes et de stylets, ce bouton sert à dessiner des légendes ou annotations et à enregistrer le résultat sous forme graphique. Vous pouvez ainsi mettre en valeur des passages avant de transmettre le résultat à un ami ou un collègue. Bien entendu, du fait même que l'enregistrement se fait sous forme graphique, tous les liens sont perdus.

» **Partager :** cliquez ici pour partager la page courante, en particulier via l'application de prise de notes OneNote, ou encore en enregistrant une capture d'écran de la page.

» **Paramètres etc. :** cette icône formée de trois points affiche un menu proposant des options pour ouvrir une nouvelle fenêtre, changer la taille du texte dans la page Internet courante, rechercher un mot dans la page affichée, imprimer celle-ci, l'épingler dans le menu Démarrer, l'ouvrir dans Internet Explorer, ou encore accéder aux paramètres de Edge.

Si vous êtes pressé, Edge et ses menus simplifiés est un excellent compagnon pour accélérer vos recherches et votre consultation de l'Internet.

Si vous avez cliqué ou tapé sur le mauvais bouton, mais que vous n'avez pas encore relâché votre doigt, *stop* ! L'action des boutons de commande ne se déclenche qu'une fois votre doigt enlevé de l'écran ou de la souris. Faites alors simplement glisser le doigt ou le pointeur de la souris pour l'éloigner du mauvais bouton. Ouf ! Vous pouvez tranquillement reprendre de fil des choses.

De site en site, de page en page

Tous les navigateurs Internet sont fondamentalement pareils. Vous pouvez même utiliser un concurrent d'Internet Explorer comme Firefox (`www.getfirefox.com`) ou Chrome (`www.google.com/chrome`).

Quel que soit le navigateur Internet que vous adoptez, tous permettent de naviguer entre les pages de trois manières :

» En cliquant sur un bouton ou un texte souligné appelé « lien », qui pointe vers une autre page ou un autre site et vous y mène aussitôt.

» En saisissant une adresse Internet dans la barre d'adresse du navigateur, et en appuyant ensuite sur Entrée.

» En cliquant sur les boutons de navigation de la barre d'outils du navigateur, généralement placée en haut de son interface.

Cliquer sur des liens

C'est le moyen de navigation le plus facile. Recherchez les liens – un mot souligné, un bouton ou une image – et cliquez dessus, comme l'illustre la Figure 9.3. Observez comment le pointeur de la souris se transforme en main dès qu'il survole un lien. Cliquez pour atteindre la nouvelle page ou un nouveau site.

Saisir une adresse Internet dans la barre d'adresse

La deuxième technique est la plus ardue. Si quelqu'un vous a griffonné une adresse Internet sur un morceau de papier, vous devrez la saisir dans le navigateur. C'est facile tant que l'adresse est simple. Mais certaines sont longues et compliquées, et la moindre faute de frappe empêche d'accéder au site.

Vous voyez la barre d'adresse, en haut de la Figure 9.3 ? Remarquez que j'ai tapé uniquement **pourlesnuls.fr**. Lorsque j'ai appuyé sur Entrée, Edge s'est débrouillé pour afficher la bonne adresse, sans que j'aie besoin de saisir en plus le préfixe `http://www`. Génial, non ?

FIGURE 9.3
Quand le pointeur
de la souris se
transforme en main,
cliquez pour aller à
la page ou sur le site
vers lequel il pointe.

Utiliser les icônes du navigateur Edge

Finalement, vous pouvez manœuvrer dans les voies de l'Internet en cliquant sur divers boutons proposés dans sa barre d'outils, comme expliqué plus haut (reportez-vous aux Figures 9.2 ou 9.3). Par exemple, cliquez sur le bouton Précédent, la flèche qui se trouve à gauche de la fenêtre, vous ramène directement à la page que vous veniez de visiter auparavant.

Laissez planer quelques instants le pointeur de la souris au-dessus d'un bouton affiche, dans Edge comme dans la plupart des programmes, une petite explication sur son rôle. C'est ce que l'on appelle une *info-bulle*.

Mettre de côté le contenu des onglets

Voici une nouveauté de Edge. Plutôt que de créer des Favoris, vous avez la possibilité de placer certains onglets dans une sorte de mémoire interne au navigateur Web. Vous pourrez ainsi rapidement afficher la page à laquelle renvoi ce contenu. Voici comment procéder :

1. **Dans un onglet ou plusieurs, affichez le contenu d'un ou plusieurs sites Web.**

2. **Cliquez sur le bouton Définir ces onglets à part en haut à gauche.**

3. **Répétez cette opération pour d'autres pages Web.**

Si plusieurs onglets sont ouverts en même temps, ils seront tous ajoutés aux onglets mise de côtés.

4. **Pour consulter ces onglets, cliquez sur le bouton Onglets que vous avez mis de côté en haut à gauche.**

L'ensemble de ces onglets s'affiche comme sur la Figure 9.4.

FIGURE 9.4
Les onglets mis de côté.

5. **Pour restaurer les onglets et ainsi les retirer de cette liste, cliquez sur le lien du même nom.**

6. **Pour ne restaurer qu'un onglet de la liste, cliquez simplement sur sa vignette.**

7. **Pour supprimer un onglet sans le restaurer, placez le pointeur de la souris sur sa vignette et cliquez sur le bouton X qui apparait en bas à droite.**

Demander à Edge d'ouvrir votre site favori

Votre navigateur Internet affiche automatiquement un site Internet après la connexion. Mais lequel ? Il peut s'agir de n'importe quel site à votre convenance. Cette *page de démarrage* peut être changée (même Microsoft aimerait beaucoup que vous arriviez chez lui) en procédant ainsi :

1. **Visitez votre site Internet favori.**

   Choisissez celui qui vous plaît. Personnellement, j'ouvre mon navigateur sur le moteur de recherche Google (https://www.google.fr/) afin de lancer une recherche ce qui est la nature même d'Internet. Mais vous pouvez aussi choisir le portail de votre fournisseur d'accès Internet.

2. **Cliquez dans la barre d'adresse, puis appuyez sur la combinaison Ctrl + C pour copier cette adresse.**

3. **Cliquez sur le bouton Paramètres etc., à droite de la barre d'outils de Edge, puis sur Paramètres, tout en bas du menu.**

   Le volet des paramètres du navigateur apparaît. Il contient diverses options.

4. **Dans la section qui indique** *Ouvrir Microsoft Edge avec*, **activez l'option Une ou des pages spécifiques.**

5. **Cliquez sur le champ Indiquer une URL.**

   En jargon d'informaticien, une URL (*Uniform Ressource Locator*) est tout bêtement une adresse Internet.

6. **Appuyez alors sur la combinaison Ctrl + V pour coller l'adresse récupérée lors de l'Étape 2 (voir la Figure 9.5). Cliquez ensuite sur l'icône de la disquette à droite du champ.**

   Pour ouvrir plusieurs pages de démarrage à la fois, il vous suffit de renseigner à nouveau ce champ en cliquant d'abord sur le signe « + Ajouter une nouvelle page ». Un nouveau champ apparaît. Tapez ici une autre adresse Internet. Vous pouvez répéter l'opération plusieurs fois selon ce que vous voulez voir s'afficher lorsque vous lancez Edge.

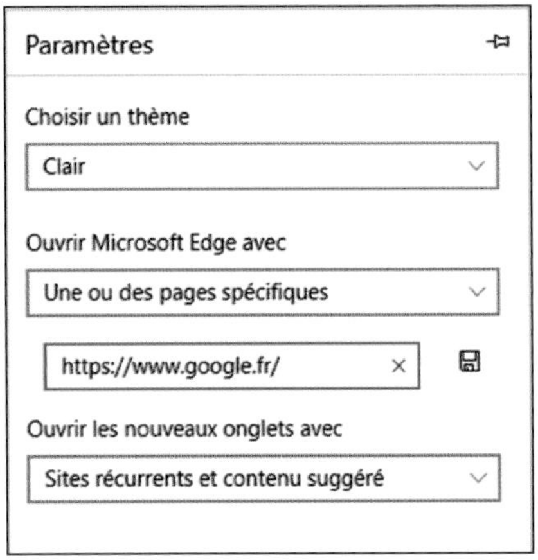

FIGURE 9.5
Définir une page de démarrage.

Les changements que vous apportez ainsi sont immédiatement mémorisés par Edge. Pour refermer le volet des paramètres cliquez quelque part ailleurs sur la fenêtre (en évitant de préférence les liens, bien sûr).

Lorsque Edge va s'ouvrir par la suite, il va afficher la ou les pages de démarrage que vous avez choisies. Vous pouvez bien entendu choisir ce que vous voulez faire : consulter vos pages, ouvrir un nouvel onglet et y saisir une autre adresse ou un critère de recherche, ou encore cliquer sur un lien.

Pour supprimer une page de démarrage, reprenez les Étapes 1 à 3 ci-dessus. Localisez l'adresse de la page, puis cliquez sur la croix affichée à droite de ce champ.

> » La page d'accueil d'un site Internet est l'équivalent de la page de couverture d'un magazine. Vous la regardez, puis vous en feuilletez les pages en cliquant sur des liens.

Revisiter vos pages favorites

Lors de vos visites, vous voudrez absolument mémoriser l'accès à une page sur laquelle vous avez flashé. Pour pouvoir y retourner rapidement, ajoutez-la à la liste des favoris de Edge en procédant ainsi :

1. **Cliquez sur l'icône des favoris, l'icône en forme d'étoile dans la barre d'outils de Edge. Dans le volet qui s'affiche alors, choisissez si vous voulez créer un favori ou ajouter la page à la liste de lecture.**

   Votre page Internet peut être mémorisée dans deux endroits différents :

   - **Favoris :** cliquez ici pour ajouter la page choisie à la liste des favoris afin d'y revenir rapidement plus tard. Les liens que vous enregistrez de cette manière vous renvoient toujours à la dernière version disponible de la page courante.

   - **Liste de lectures :** choisissez cette option pour retrouver plus tard des pages que vous voulez relire tranquillement. Cette option vous permet de retrouver ces pages dans leur état initial, tel qu'il se trouvait lorsque vous les avez consultées.

2. **Cliquez sur le bouton Ajouter.**

   Dans tous les cas (favori ou liste de lectures), vous pouvez éditer à votre convenance le nom donné par défaut à la page.

   Le bouton Ajouter mémorise votre choix, favori ou liste de lectures.

Pour retourner à la page qui vous a tant plu, cliquez sur le bouton Hub (l'icône de dossier frappé d'une étoile), Dans le volet qui s'affiche, cliquez sur l'icône souhaitée (l'étoile pour les favoris, ou les barres multiples pour les listes de lectures). Les noms des sites ou pages mémorisés apparaissent. Cliquez sur le nom voulu pour retrouver votre page.

Pour supprimer un élément des favoris ou de la liste de lectures, cliquez sur le bouton Hub. Sélectionnez ensuite dans le volet qui apparaît la catégorie voulue. Cliquez droit sur le nom que vous voulez effacer, puis choisissez Supprimer dans le menu qui s'affiche.

EDGE SE SOUVIENT D'OÙ VOUS VENEZ

Edge conserve la trace de tous les sites Internet que vous visitez. Bien que sa liste Historique soit très commode, elle peut aussi être un outil de flicage.

Pour voir ce que Edge a mémorisé, cliquez sur le bouton Hub, puis sur l'onglet Historique (celui qui représente une sorte d'horloge). Edge liste toutes les visites que vous effectuez en les classant par date (aujourd'hui, hier, ces derniers temps, etc.). Ceci vous permet évidemment de revenir à un site

que vous avez consulté il y a peu de temps et que vous souhaitez retrouver.

Pour ôter une page de l'historique, cliquez sur un des éléments temporels comme Au cours de la dernière heure. Vous accédez à la liste des sites visités à cette période. Placez le pointeur de la souris sur un des sites et cliquez sur le bouton Supprimer qui apparait alors sur sa droite.

Pour supprimer la liste entière, cliquez sur le lien qui indique Effacer tout l'historique.

Trouver des informations sur l'Internet

De même qu'il est quasiment impossible de retrouver un livre dans une bibliothèque sans la fiche qui indique sa cote, il est impossible de retrouver quoi que soit sur l'Internet sans un bon index.

Pour faciliter vos recherches, Edge vous permet d'utiliser un moteur de recherche dans lequel sont indexés des millions de sites Internet.

Tapez quelques mots champ directement dans la barre d'adresse – **orchidées Seychelles**, par exemple – et appuyez sur Entrée. Edge lance aussitôt la recherche avec Bing, le moteur de recherche de Microsoft. Il vous suffit alors de cliquer sur

un lien approprié pour apprendre des tas de choses passionnantes sur ces magnifiques fleurs.

Si Bing n'est pas votre tasse de thé, vous pouvez le remplacer par Google (`www.google.fr`) ou n'importe quel autre moteur de recherche de votre choix. Voici comment :

1. **Dans Edge, cliquez sur le bouton Paramètres etc., celui qui se trouve à droite de la barre d'outils, puis sur Paramètres.**

   Le volet des paramètres va s'afficher.

2. **Faites défiler la liste des paramètres, puis cliquez sur le bouton Afficher les paramètres avancés.**

4. Sous la rubrique Rechercher dans la barre d'adresses avec, cliquez sur le bouton Changer de moteur de recherche.

5. Dans la liste proposée par Edge, choisissez le moteur de recherche de votre choix.

6. Si nécessaire faites défiler le contenu de cette liste et cliquez sur le bouton Définir par défaut.

Edge remplace Bing par le moteur de recherche que vous venez de sélectionner. Si vous utilisez Internet Explorer, sachez que le choix que vous faites dans l'un n'a aucune influence sur l'autre. Les deux navigateurs sont totalement indépendants l'un de l'autre.

Trouver encore plus d'informations avec Cortana

Cliquer sur un lien dans une page Internet vous conduit facilement vers un autre site, ou une autre page d'un même site.

En cliquant droit sur un lien, vous pouvez ouvrir la page correspondante dans un nouvel onglet, ou même dans une nouvelle fenêtre. Ce menu contextuel vous propose aussi de copier l'adresse du lien, pour exemple pour le coller dans un message afin de faire connaître cette adresse géniale à la planète entière.

Mais comment faire si vous recherchez quelque chose pour lequel vous ne trouvez pas de lien cliquable ? Par exemple, vous voudriez trouver l'adresse d'un de ces nouveaux restaurants paléo à la mode et l'afficher sur une carte. Et que faire aussi si vous trouvez un mot que vous ne comprenez pas, et que vous voudriez simplement en apprendre plus sur ce terme ?

C'est à ce moment-là que l'assistant Cortana peut entrer en scène. Cet assistant personnel est capable de travailler à l'intérieur même de Edge pour compléter les informations que vous vous récupérez en ligne.

Voici comment il fonctionne :

1. **Lorsque vous visitez une page Internet dans Edge, mettez en surbrillance le mot ou l'expression qui vous intéresse.**

   Il suffit de faire un double clic sur ce mot. Vous pouvez également cliquer au début d'une expression, ou encore d'une phrase, maintenir enfoncé le bouton de la souris, puis, sans relâcher le bouton, faire glisser le pointeur jusqu'à la fin de l'expression ou de la phrase. Relâchez alors le bouton. Votre sélection est mise en surbrillance.

2. **Maintenant, cliquez droit sur l'information sélectionnée. Dans le menu contextuel qui s'affiche, cliquez sur l'option Demander à Cortana.**

   Cortana apparaît sur le bord droit de la fenêtre. Le petit robot se lance dans des recherches sur Internet et il essaie le plus rapidement possible de vous livrer des informations pertinentes (voir la Figure 9.6).

Cortana peut afficher des listes de sites, le contenu de pages Wikipédia, ainsi que d'autres informations ou images fournies par le moteur de recherche de Microsoft, Bing.

Si tout cela n'est pas encore satisfaisant, faites défiler le volet de Cortana jusqu'en bas et cliquez sur le lien qui vous propose de continuer la recherche sur Bing.

Enregistrer les informations provenant de l'Internet

L'Internet est comme une bibliothèque à domicile, mais sans la file d'attente pour déposer la liste de livres à consulter. Et à l'instar des photocopieuses que l'on

FIGURE 9.6
Cortana s'associe à
Edge pour trouver
des informations sur
ce que vous avez
sélectionné.

trouve dans toutes les bibliothèques, Edge propose plusieurs façons d'enregistrer les informations que vous récoltez, à des fins uniquement privées, car tout ce qui est sur l'Internet relève de la législation sur la propriété intellectuelle.

Cette section explique comment copier dans l'ordinateur les informations provenant de l'Internet, qu'il s'agisse d'une page entière, d'une photo, d'un son, d'une vidéo ou d'un programme.

L'impression des pages Internet est expliquée au Chapitre 8.

Enregistrer une page Internet

Vous voulez conserver cette longue page contenant la contre-valeur des euros en francs constants depuis un siècle ? Il vous faut absolument conserver cet itinéraire vers Béton-les-Gruyères ? Quand vous trouvez une information utile, sur l'Internet, vous ne résistez pas à l'envie de la sauvegarder dans l'ordinateur, de peur qu'un jour elle ne disparaisse de l'Internet (ce qui arrive plus fréquemment qu'on ne l'imagine) ou tout simplement pour la partager, voire pour l'imprimer.

216   PARTIE III : **Place nette pour Internet**

En fait, il n'y a rien de plus simple. Microsoft vous permet en effet de sauvegarder des pages Internet en l'ajoutant à votre liste de lectures, comme expliqué plus haut à la section « Revisiter vos pages favorites ».

Enregistrer du texte

Pour n'enregistrer qu'un peu de texte, sélectionnez-le, cliquez dessus du bouton droit, et exécutez la commande Copier (cette commande, ainsi que Couper et Coller, est expliquée au Chapitre 6). Ouvrez votre traitement de texte, collez votre sélection dans un nouveau document, puis enregistrez ce dernier dans votre dossier Documents en lui donnant un nom explicite.

Pour enregistrer la totalité du texte d'une page Internet, il est préférable d'enregistrer l'intégralité de la page comme nous l'avons vu à la section précédente.

Pour enregistrer du texte provenant d'une page Internet, mais sans conserver la mise en page ou les enrichissements (gras, italique…), collez-le d'abord dans le Bloc-notes. Sélectionnez ensuite le texte dans cette application puis collez-le dans le logiciel de traitement de texte de votre choix.

Enregistrer une image

Pour enregistrer une image qui se trouve dans une page Internet, cliquez dessus du bouton droit et, dans le menu qui apparaît, choisissez Enregistrer l'image (voir la Figure 9.7).

La fenêtre Enregistrer sous apparaît. Elle vous permet de renommer le fichier ou de conserver son nom d'origine. Cliquez sur le bouton Enregistrer, et le graphisme que vous venez de dérober honteusement sur Internet est stocké dans le dossier Images.

Le menu de la Figure 9.7 contient d'autres options fort commodes, notamment pour envoyer l'image par courrier électronique (Partager), ou encore la copier dans le Presse-papiers pour la coller dans un autre programme.

Une image provenant de l'Internet peut aussi servir de photo pour votre compte d'utilisateur : cliquez dessus du bouton droit, enregistrez-la dans le dossier Images puis, dans la catégorie Comptes de l'application Paramètres, faites de cette

image la nouvelle photo illustrant votre compte d'utilisateur (reportez-vous au Chapitre 2 pour plus d'informations sur les comptes).

Télécharger un programme, un son ou un autre type de fichier

Microsoft rend un peu plus facile le téléchargement de fichiers sur l'Internet. Mais, surtout, il est plus facile que jamais de *retrouver* ces fichiers une fois que vous les avez chargés.

Pour cela, il vous suffit de cliquer sur le lien associé au fichier, ou encore sur le bouton qui indique Télécharger ou encore Download (ce qui veut dire la même chose). Edge lance alors le téléchargement (ce qui est généralement rapide), et enregistre l'élément dans votre dossier judicieusement appelé Téléchargements.

Avant de cliquer sur un bouton Télécharger/Download, prenez quelques instants pour vérifier que c'est le *bon* bouton. De nombreux sites essaient délibérément de vous induire en erreur pour vous faire télécharger quelque chose de complètement différent, comme un programme malfaisant ou encore payant.

Pour retrouver ce que vous téléchargez, c'est très simple :

» **Dossier Téléchargements :** pour le trouver, ouvrez l'Explorateur de fichiers depuis la barre des tâches. Ce dossier apparaît dans le volet de gauche de l'Explorateur, soit directement dans la liste Accès rapide, soit encore sous la catégorie appelée Ce PC.

» **Historique des téléchargements de Microsoft Edge :** cliquez sur le bouton Hub afin d'ouvrir le volet correspondant. En haut du volet, cliquez sur le bouton qui représente une flèche dirigée vers le bas. Edge va afficher l'historique de vos téléchargements. Un clic sur la ligne voulue active soit le lancement d'un programme, soit l'ouverture d'une image dans l'application Photos, ou encore l'écoute d'un titre dans l'application Musique, etc. Vous disposez également d'un bouton Ouvrir le dossier qui vous renvoie au point précédent.

» Beaucoup de programmes téléchargés se trouvent dans un fichier préalablement compressé afin de réduire la durée du téléchargement. Un tel fichier est souvent appelé « fichier Zip » ou « fichier zippé », par allusion à la fermeture à glissière appelée *zip* aux États-Unis. Windows les traite comme s'il s'agissait de dossiers normaux. Vous pouvez donc les ouvrir d'un double clic. Pour en récupérer le contenu, cliquez du bouton droit sur le fichier Zip et, dans le menu, choisissez Extraire tout.

Chapitre 10
Vive la sociale ! Courrier, Contacts et Calendrier

DANS CE CHAPITRE :

» **Ajouter vos comptes**

» **Configurer le courrier**

» **Envoyer et recevoir des fichiers et des photos**

» **Gérer vos contacts**

» **Gérer votre agenda**

G râce à la mémoire permanente d'Internet, vos amis et connaissances ne disparaissent jamais ; les vieux copains d'université, les relations d'affaires et même vos anciens rivaux de l'école primaire vous attendent en ligne. Internet a créé un immense réseau social à partir des informations et des divers messages échangés sur les sites Web.

Windows vous aide à rester en contact avec les amis que vous aimez et à éviter ceux qui vous sont indifférents. Pour gérer votre vie sociale en ligne, il met à votre disposition une suite d'applications de réseaux sociaux interconnectés : Courrier, Contacts et Calendrier. Vous n'aurez aucune peine à deviner quelle application fait quoi !

Si vous avez utilisé ces applications avec les anciennes versions de Windows, vous allez trouver une différence : la nouvelle application Contacts de Windows 10 n'intègre plus vos comptes sur les réseaux sociaux. Visualiser le compte d'un ami ne fournit plus que des informations de base sur le contact. Exit donc Facebook et Twitter. Vous devrez donc passer par le Web ou par des applications spécialisées. Concurrence oblige ?

Quoi qu'il en soit, ces applications travaillent ensemble, ce qui simplifie considérablement la corvée de suivi des contacts et des rendez-vous. Ce chapitre décrit la suite des applications façon Windows et leur configuration.

Ajout de vos comptes à Windows

Pendant des années, vous avez entendu cette litanie : « Ne divulguez jamais votre nom d'utilisateur et votre mot de passe ». À présent, il semble que Windows veuille briser cette règle.

Lorsque vous ouvrez pour la première fois une des applications Contacts, Courrier ou Calendrier, Windows peut vous demander de saisir le nom de compte et le mot de passe de votre service de messagerie, ou encore de services tels que Google.

Ne paniquez pas. Si Microsoft et les autres réseaux ont accepté de partager vos informations, cela ne se fera effectivement que *si vous l'acceptez*. Et vous *devriez* autoriser Windows à se connecter à vos comptes pour qu'il puisse importer les informations dont vous avez besoin pour vos contacts, votre messagerie ou votre agenda.

Et, franchement, cette mise en commun de vos données personnelles vous permet de gagner énormément de temps. Lorsque vos comptes sont liés à Windows, votre ordinateur se connecte automatiquement à chaque service, il importe alors les informations relatives à vos « amis », et il les stocke dans vos applications.

Pour associer Windows à votre vie sociale en ligne, procédez de la manière suivante :

1. **Dans la barre des tâches de Windows, cliquez sur l'icône Courrier. .**

   Si cette icône est absente de la barre des tâches, ouvrez le menu Démarrer et cliquez sur la vignette Courrier de l'écran de démarrage.

Si vous n'avez pas encore créé un compte Microsoft, un message apparaît, rappelant que vous devez le faire (le Chapitre 2 explique comment vous connecter avec un compte Microsoft).

2. **Ajoutez de nouveaux comptes à l'application Courrier.**

   Lorsque vous ouvrez Courrier pour la première fois, il commence par vous souhaiter la bienvenue. Il vous demande ensuite d'ajouter votre ou vos comptes de messagerie. Si vous avez passé cette étape, vous ajouterez un compte en cliquant sur Comptes dans la partie gauche de l'application. Si Comptes n'est pas visible, cliquez sur les trois traits horizontaux en haut à gauche de la fenêtre. Cette action ouvre le volet Gérer les comptes (sur la droite) comme sur la Figure 10.1. Si vous avez ouvert votre session avec un compte Microsoft, celui-ci va également servir d'adresse de messagerie (elle se termine par exemple par Live, Hotmail ou Outlook). Cette adresse est automatiquement listée et déjà configurée.

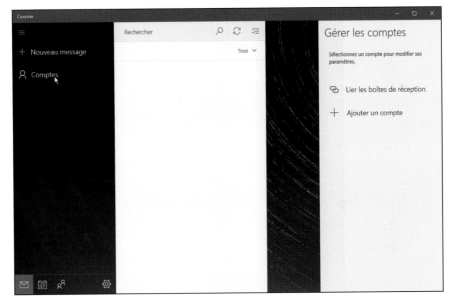

FIGURE 10.1
La volet Gérer les comptes permet d'ajouter vos comptes de messagerie.

3. **Dans le volet Gérer les comptes, cliquez sur le bouton Ajouter un compte.**

   L'application Courrier va lister, dans la boîte de dialogue Ajouter un compte, les types de comptes qu'il est possible de créer ici : Exchange (utilisé essentiellement dans des entreprises ou par des personnes qui utilisent la version en ligne d'Office 365), Google, iCloud (Apple), Outlook.com (on est tout de même chez Microsoft...), Autre compte (c'est-à-dire des comptes utilisant un accès de type POP ou IMAP), ou bien encore Configuration avancée (afin de définir un compte Exchange ActiveSync ou E-mail sur Internet).

4. **Par exemple, pour ajouter un compte Google, cliquez ce mot.**

   Windows affiche une fenêtre sécurisée (en l'occurrence une zone du site Web de Google) dans laquelle il vous invite à entrer votre adresse de messagerie Google (voir la Figure 10.2).

5. **Tapez m'adresse de messagerie, et cliquez sur Suivant.**

6. **Saisissez votre mot de passe et cliquez sur Suivant.**

7. **Ensuite, cliquez sur le bouton Autoriser.**

8. **Suivez les potentielles étapes supplémentaires.**

9. **Enfin, cliquez sur Se connecter.**

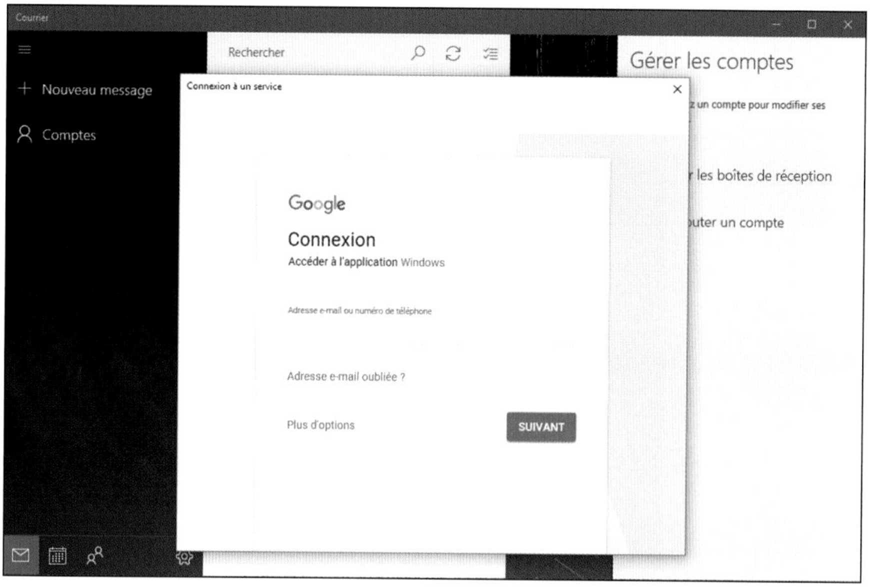

FIGURE 10.2
Ajouter un compte
de messagerie
Google.

Dès que le compte est bien identifié, les messages qu'il contient sont téléchargés dans Courrier.

Répétez les étapes précédentes pour ajouter d'autres comptes en autorisant chacun d'entre eux, si nécessaire, à partager leurs informations avec votre compte Windows.

Fournir vos noms de compte et mots de passe à Windows présente quelques avantages :

>> Au lieu d'avoir à saisir manuellement les informations de vos contacts, ils vous attendent déjà, et ce automatiquement, que vous définissiez un compte Google, Hotmail Outlook ou encore Windows Live.

>> Les applications de Windows fonctionnent bien avec les services d'autres sociétés que Microsoft. Par exemple, les anniversaires des membres de votre famille enregistrés dans votre agenda Google seront présentés dans l'application Calendrier sans que vous ayez à vous en soucier.

>> Vous n'appréciez pas les fonctionnalités de ces applications Windows ? Vous pouvez les ignorer et passer votre temps sur le bureau de Windows. À partir de là, vous pourrez accéder à Facebook et à vos autres applications à partir de votre navigateur, comme vous l'avez toujours fait.

Comprendre l'application Courrier

Windows 10 est livré avec une application intégrée de gestion de courrier. Il s'agit d'une application dite *dynamique*, ou encore vivante, car elle se met automatiquement à jour dans l'écran de démarrage et sur l'icône de la barre des tâches. Un coup d'œil sur la vignette de l'application Courrier vous renseignera notamment sur le nombre de messages arrivés.

Les sections qui suivent expliquent comment travailler avec les menus de l'application Courrier, et comment composer, envoyer et lire des messages (si vous n'avez pas encore importé vos comptes de messagerie, reprenez à partir de la première section de ce chapitre).

L'application Courrier, son écran principal, ses menus et les comptes

Pour démarrer l'application Courrier, cliquez sur son icône de la barre des tâches, ou bien sur sa vignette de l'écran de démarrage accessible via le bouton Démarrer.

L'application Courrier surgit devant vos yeux ébahis (voir la Figure 10.3). Elle liste en particulier les comptes que vous avez définis dans la section précédente.

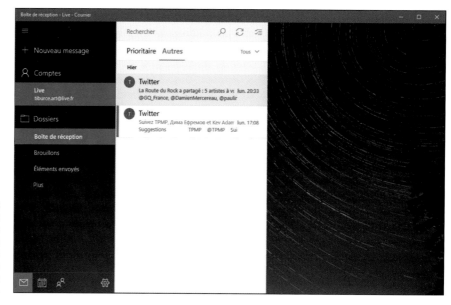

FIGURE 10.3
Les comptes de
messagerie et les
dossiers s'affichent
dans le volet de
gauche, les e-mails
apparaissant au
centre.

Si vous cliquez sur un message pour lire son contenu, vous obtiendrez une vue semblable à celle qui est illustrée sur la Figure 10.4.

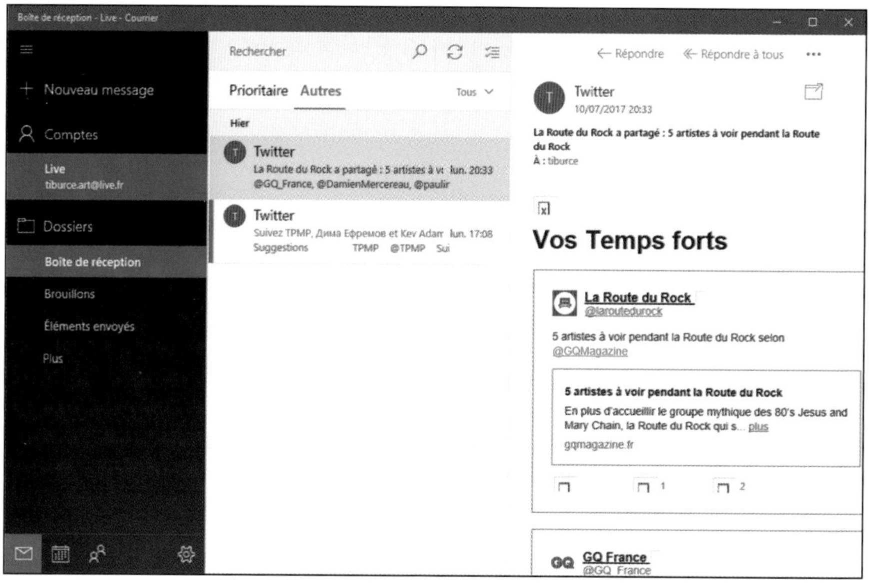

FIGURE 10.4
Un message et ses
options.

Le nombre de volets affichés simultanément dépend de la taille et de la résolution de votre écran. Vous pouvez en cas de besoin replier le volet de gauche en cliquant sur le bouton affichant trois traits en haut à gauche (reportez-vous à la Figure 10.2).

 Pour choisir un autre compte, cliquez dessus dans la liste Comptes.

Sous le nom du compte actif, l'application Courrier liste les dossiers qui lui sont associés :

» **Boîte de réception :** elle contient tous les messages reçus par le compte courant. L'application Courrier vérifie automatiquement et très régulièrement l'arrivée de nouveaux messages sur le serveur. Cependant, si vous vous lassez d'attendre, cliquez sur le bouton de synchronisation située à droite du champ Rechercher (en haut et au centre de l'interface). L'actualisation est immédiate.

» **Brouillons :** si vous n'avez rédigé qu'une partie d'un mail et si vous souhaitez le terminer ultérieurement, cliquez sur le bouton fléché, en haut et à gauche de la fenêtre de composition des messages. Le courrier en attente est immédiatement placé dans ce dossier. Il vous suffit de cliquer dessus pour l'ouvrir à nouveau et terminer votre missive (ou de cliquer du bouton droit puis sur la commande Supprimer pour l'expédier *ad patres*).

» **Éléments envoyés :** ce dossier stocke une copie de chaque message envoyé par vous (et non reçu).

» **Plus :** si vous avez créé des tas de dossiers pour y ranger soigneusement vos messages, cliquez ici pour les retrouver. En particulier, ce volet contient deux dossiers standards : Boîte d'envoi (pour vérifier l'état d'avancement d'un gros envoi) et Éléments supprimés (pour contrôler l'état de votre corbeille).

Les icônes affichées en bas du volet permettent de commuter entre les applications Courrier et Calendrier, d'envoyer des commentaires à Microsoft et d'accéder aux paramètres de l'application.

Composer et envoyer un message

Lorsque vous êtes prêt à envoyer un message, exécutez les étapes suivantes pour composer votre lettre et la déposer dans la boîte électronique, puis l'envoyer dans l'espace virtuel de votre destinataire :

L'APPLICATION COURRIER ET SES PARAMÈTRES

En cliquant sur la petite roue dentée, en bas de l'application Courrier, vous révélez le volet Paramètres, à droite de la fenêtre. Il vous permet d'ajuster divers réglages :

>> **Gérer les Comptes :** cliquez ici pour ajuster la configuration de vos comptes de messagerie ou en ajouter de nouveau. Cependant, si un compte de messagerie fonctionne normalement, il est rare d'avoir à y changer quoi que ce soit.

>> **Personnalisation :** vous n'aimez pas le fond plus ou moins grisâtre de l'application Courrier ? Cliquez ici pour le personnaliser en choisissant une photo dans votre dossier Images, une couleur d'accentuation, et aussi un mode de luminosité pour la section centrale.

>> **Actions rapides :** Permet de définir les actions qui seront réalisées tactilement par simple balayage de l'écran.

>> **Réponses automatiques :** En votre absence, Courrier avertira les personnes qui vous ont adressé un message que vous n'êtes pas là.

>> **Lecture :** indiquez ici si, lorsque vous refermez un message, l'application doit automatiquement (ou non) ouvrir le suivant, ainsi que la manière dont le message que vous venez de lire doit être (ou non) marqué.

Lorsqu'un message est marqué comme ayant été lu, il reste toujours possible de faire marche arrière. Pour cela, cliquez du bouton droit sur l'en-tête du message et choisissez l'option Marqué comme non lu(s) dans le menu qui s'affiche.

>> **Signature :** Ajoute une signature en fin de courrier. Par défaut il s'agit de « Provenance : Courrier pour Windows 10 ». Tapez le texte de votre choix dans ce champ de saisie.

>> **Notifications :** Permet de définir ou non les notifications qui vous avertiront de l'arrivée d'un message.

>> **Aide :** c'est surtout pour aider Microsoft à améliorer l'application.

>> **Centre de gestion de la confidentialité :** cette fonction mystérieuse et trop souvent oubliée autorise lorsqu'elle est activée (ce qui est le cas par défaut) les robots de Microsoft à vous envoyer des publicités, de même qu'elle autorise Cortana à lire vos messages. Au moindre doute sur la sincérité de Microsoft, n'hésitez pas à la désactiver.

>> **Commentaires :** Permet d'envoyer des commentaires à Microsoft à propos de l'application Courrier.

>> **À propos de :** révèle le numéro de version de l'application. Vous pouvez également en profiter pour consulter en ligne le contrat de licence qui vous est accordé (vous avez le droit de lire, d'écrire ou encore d'organiser des messages, et Microsoft a bien entendu tous les autres droits), ou encore les grandes proclamations sur la confidentialité de vos données, chose à laquelle plus personne ne croit.

En règle générale, vous ne devriez pas avoir de raisons particulières pour mettre un pied sur ce volet, mais c'est généralement la première destination à prendre quand quelque chose tourne mal.

1. **Cliquez sur l'icône Courrier de la barre des tâches, ou sur sa vignette de l'écran de démarrage accessible via le bouton Démarrer.**

2. **Si nécessaire, choisissez le compte de messagerie à partir duquel envoyer un message.**

3. **Dans le volet gauche, cliquez sur Nouveau message.**

   Un message vide apparait sur la droite.

4. **Entrez l'adresse de messagerie du destinataire dans le champ À.**

   Dès que vous commencez à saisir les premières lettres, l'application Courrier scanne votre liste d'adresses dans l'application Contacts et affiche sous la zone À, une liste de correspondances éventuelles. Si l'adresse de votre destinataire se trouve ici, cliquez simplement dessus. L'application Courrier ajoute alors automatiquement le nom du contact.

   Pour envoyer un message à plusieurs personnes, procédez de la même manière en cliquant simplement à la suite du nom précédent.

   Pour effacer le dernier nom que vous venez d'ajouter dans le champ À, il vous suffit d'appuyer sur la touche de retour arrière. Et pour effacer un nom quelconque, cliquez dessus puis appuyez sur la touche Suppr.

5. **Pour ajouter des contacts en copie (Cc) ou en copie invisible par les autres (Cci), cliquez sur le bouton Cc et Cci, à droite du champ À.**

6. **Cliquez dans le champ Objet situé au-dessus de la zone de saisie de votre message, et indiquez le sujet de votre message.**

   Bien que techniquement facultatif, l'objet permet aux destinataires d'avoir une idée sur le contenu du mail et de trier leur courrier, et éventuellement de décider si ce message vaut le coup d'être ouvert. De plus, la plupart des gens détestent les messages sans objet. Cela leur fait perdre leur temps, et votre prose risquerait de finir très vite dans la corbeille...

7. **Saisissez le texte de votre message dans la zone vide sous la ligne Objet.**

   Vous n'êtes pas limité pour la taille du message. Si vous orthographiez mal un mot, l'application Courrier le souligne immédiatement en rouge. Pour le corriger, faites un clic du bouton droit sur le mot souligné et choisissez la bonne orthographe dans la liste des propositions qui vous sont faites (d'accord, vous avez parfaitement le droit de n'en faire qu'à votre tête, et, après tout, c'est peut-être vous qui avez raison).

   Le bandeau qui se trouve juste au-dessus de votre message présente trois onglets servant à compléter éventuellement votre message :

- **Format :** commencez par sélectionner une partie du message, puis cliquez sur cet onglet et choisissez vos options de mise en forme, comme sur la Figure 10.5. En cliquant sur les chevrons, vous pouvez ainsi modifier le style de la police de caractères, celui des paragraphes, ou encore utiliser un style prédéfini. Veillez tout de même à ne pas abuser de ces outils sous peine de rendre votre message illisible et inaudible.

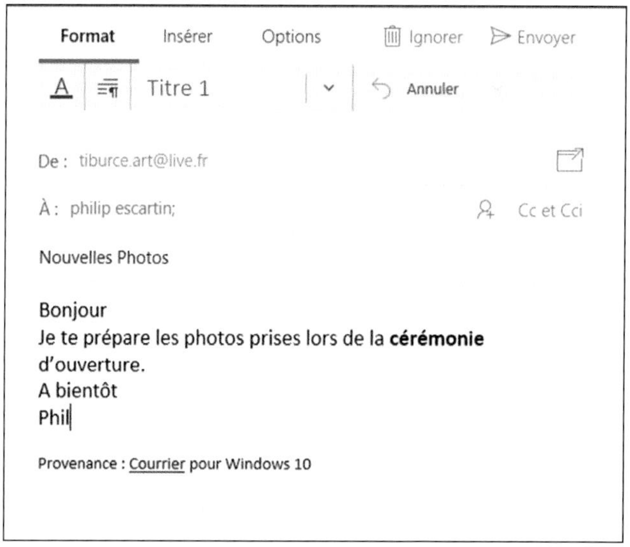

FIGURE 10.5
Mettre en forme un message.

Format   Insérer   Options   🗑 Ignorer   ➤ Envoyer

A | 🖹 | Titre 1 | ∨ | ↺ Annuler

De : tiburce.art@live.fr

À : philip escartin;   👤 Cc et Cci

Nouvelles Photos

Bonjour
Je te prépare les photos prises lors de la **cérémonie** d'ouverture.
A bientôt
Phil

Provenance : Courrier pour Windows 10

Si votre correspondant(e) lit ses messages sur un smartphone ou une tablette dont vous ne connaissez pas la marque et la référence, ou bien encore s'il ou elle n'arrive pas à se séparer de son vieux logiciel de messagerie, il est possible que la mise en forme de votre texte ne soit ni reconnue ni acceptée. C'est un point important à prendre en considération.

- **Insérer :** cliquez ici pour joindre un fichier (nous allons y revenir plus loin dans ce chapitre). Vous pouvez également attacher au message un tableau, une image, ou encore transformer un passage sélectionné en lien hypertexte.

La plupart des fournisseurs de services Internet limitent la taille des pièces jointes. Lorsqu'elles atteignent 20 ou 25 Mo, elles ne sont tout simplement pas envoyées. De quoi partager deux ou trois chansons, quelques photos numériques et la plupart des documents. Quant aux vidéos, il vaut mieux oublier... De toute manière, au-delà d'une certaine taille, il est toujours préférable de copier les fichiers sur OneDrive ou un autre nuage Internet, et de communiquer uniquement un lien de téléchargement. Sur One-Drive, par exemple, sélectionnez les éléments voulus, puis cliquez avec le bouton droit de la souris et choisissez Partager un lien OneDrive. Il ne vous reste qu'à coller le lien dans votre message et à appuyer sur Entrée. Celui-ci en sera d'autant plus léger et rapide à envoyer comme à charger. Cela fera gagner beaucoup de temps à vos correspondants, surtout s'ils n'ont pas spécialement envie d'admirer les photos du petit dernier…

» **Options :** indiquez ici un ordre d'importance du message. C'est là aussi que vous pouvez faire vérifier l'orthographe du message en sélectionnant la langue dans laquelle il est rédigé.

Le correcteur orthographique met en surbrillance les erreurs qu'il détecte et propose des corrections. Cliquez sur celle qui convient, et le mot mal orthographié sera immédiatement corrigé.

Si le correcteur signale systématiquement une erreur sur le même mot, alors que vous savez pertinemment qu'il est correctement écrit (ce qui arrive souvent avec les noms propres), cliquez simplement sur Ignorer tout dans la liste des propositions. Vous avez également la possibilité d'ajouter le mot au dictionnaire en cliquant sur le bouton qui l'affiche en le faisant précéder d'un signe « + ».

8. **Cliquez sur le bouton Envoyer dans l'angle supérieur droit de la fenêtre.**

L'application Courrier transfère immédiatement votre message par le biais de l'Internet jusqu'à la boîte de réception du/de la/des destinataire(s). Selon le débit de votre connexion et les capacités des serveurs de messagerie, le courrier peut arriver au bout de quelques secondes, mais parfois de quelques jours ; la moyenne étant de quelques petites minutes, et même souvent de quelques secondes.

Si vous *ne voulez pas* envoyer le message, cliquez sur le bouton Ignorer (la poubelle) situé vers l'angle supérieur droit de la fenêtre.

Lire un message reçu

Lorsque votre ordinateur (ou votre smartphone, ou votre tablette) est connecté à l'Internet, la vignette Courrier de l'écran de démarrage, et l'icône de la barre des tâches vous alertent dès qu'un nouveau message est arrivé. La vignette de l'application Courrier se met à jour automatiquement pour afficher le nombre des messages reçus, ainsi que l'expéditeur et l'objet des derniers messages non lus (du moins, si elle a assez de place pour cela).

Pour lire un message ou y répondre, exécutez les étapes suivantes :

1. **Ouvrez Courrier par un clic sur son icône de la barre des tâches ou sur sa vignette de l'écran de démarrage.**

L'application Courrier s'ouvre et affiche la boîte de réception. Les messages sont répertoriés de manière chronologique, le dernier arrivé étant affiché en haut de la liste (reportez-vous à la Figure 10.3).

Pour trouver rapidement un message particulier, cliquez sur l'icône de la loupe située vers la partie supérieure droite de la liste des messages. Cette action ouvre un champ Rechercher dans lequel vous pouvez saisir le nom d'un expéditeur ou encore un mot-clé. Appuyez sur la touche Entrée pour voir tous les messages qui correspondent à votre critère.

2. **Cliquez sur le sujet du message que vous souhaitez lire.**

Le corps du message va s'afficher dans la partie droite de la fenêtre ou dans sa propre page.

3. **Une fois que vous avez lu le message, plusieurs possibilités s'offrent à vous, chacune étant accessible à partir des boutons situés en haut de la fenêtre (reportez-vous à la Figure 10.6) :**

FIGURE 10.6
les options à la lecture d'un message.

- **Ne rien faire** : vous êtes indécis ? Ne faites rien ; le message sera simplement conservé dans la boîte de réception. Cliquez simplement sur la flèche pour revenir en arrière.

- **Répondre** : cliquez sur ce bouton pour afficher une fenêtre tout à fait semblable à celle qui vous permet de composer vos messages à quelques exceptions près. Tout d'abord, le nom du destinataire et le sujet sont déjà renseignés (celui-ci est précédé de la mention RE:, histoire de bien préciser qu'il s'agit d'une réponse). En outre, le message d'origine est généralement conservé au bas de votre réponse.

- **Répondre à tous** : certains courriers sont adressés simultanément à plusieurs personnes. Si vous voyez plusieurs destinataires dans un message, vous pouvez répondre à tout le monde en cliquant sur ce bouton.

- **Transférer** : vous avez un quelque chose qu'une autre personne doit simplement voir ? Cliquez sur ce bouton pour transmettre une copie du message à cette autre personne (ou à plusieurs destinataires).

Si vous ne pouvez pas voir toutes les options, cliquez sur le bouton Actions (trois petits points). Vous découvrirez alors les fonctions illustrées à la Figure 10.7. Vous pourrez déplacer le message dans le dossier Éléments supprimés (l'appellation varie selon l'origine des comptes). Pour les détruire définitivement, cliquez sur Plus, puis le dossier Éléments supprimés, sélectionnez ce que vous voulez, puis supprimez une seconde fois ce qui l'était déjà (si vous voyez ce que je veux dire).ce bouton révèle d'autres commandes. Vous noterez en particulier les options Définir un indicateur, qui place un petit drapeau coloré à droite de l'en-tête du message pour rappeler son importance, Imprimer, si vous avez besoin d'une trace d'un message sur papier, et Déplacer, qui vous permet de transférer un message de votre boîte de réception vers un autre dossier

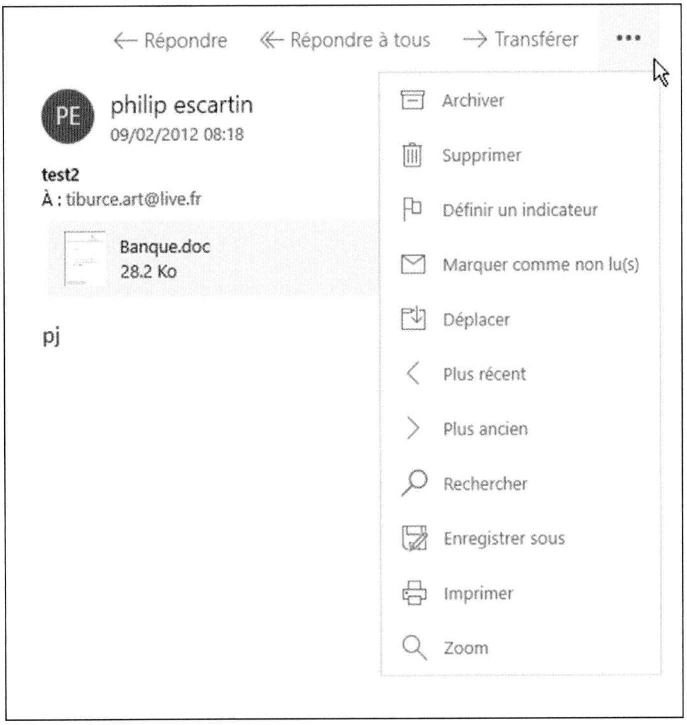

FIGURE 10.7
Des options supplémentaires.

Vous n'êtes pas obligé d'ouvrir un message pour exécuter les actions les plus importantes. Dans votre boîte de réception, les en-têtes des messages que vous survolez affichent de petites icônes pour les archiver, les supprimer ou définir un indicateur. De plus, un clic du bouton droit sur un en-tête affiche un menu proposant cinq outils courants : Archiver, Supprimer, Définir un indicateur, Marquer comme non lu(s) et Déplacer.

L'application Courrier est un client de messagerie de base. Si vous avez besoin d'une application plus performante, vous pouvez revenir au client de messagerie spécifique à votre messagerie. Sinon, vous pouvez ouvrir votre navigateur Internet habituel et gérer votre messagerie à partir du site dédié, par exemple celui d'Outlook (`www.outlook.com`) ou celui de Google (`www.gmail.com`).

Si jamais vous recevez un message suspect venant d'une banque, d'eBay, d'une administration ou de tout autre site impliquant un compte bancaire, ne cliquez surtout pas sur les liens proposés par le message. Des sites d'hameçonnage envoient des messages qui tentent de récupérer les comptes et les mots de passe des utilisateurs en leur présentant par exemple, une interface de connexion en tous points semblable à celle de leur banque. L'hameçonnage ou *phishing* est traité plus en détail dans le Chapitre 11.

Votre confiance à des limites ? Vous ne voulez pas que la vignette de l'application Courrier de l'écran de démarrage affiche quoi que ce soit de particulier ? Cliquez du bouton droit dessus, et choisissez Plus/Désactiver la vignette dans le menu qui s'affiche (l'option devient alors Activer la vignette). Certes, cela n'arrêtera pas grand monde, mais vous vous sentirez peut-être un peu plus rassuré(e).

Envoyer et recevoir des fichiers

Comme quelques places de cinéma glissées dans une enveloppe avec une lettre, une pièce jointe est un fichier qui se greffe sur un message électronique. Vous pouvez envoyer ou recevoir tout type de fichier en pièce jointe.

Les sections qui suivent décrivent comment envoyer et recevoir un fichier via l'application Courrier.

Sauvegarder une pièce jointe reçue avec un courrier

Lorsqu'une pièce jointe est associée à un message, elle se reconnaît facilement grâce à l'icône de trombone qui l'accompagne. Lorsque vous ouvrez le message, vous pouvez voir une image générique ou encore un message qui vous propose de télécharger le fichier.

Sauvegarder le ou les fichiers joints ne demande que quelques étapes :

1. **Faites un clic-droit sur l'icône de la pièce-jointe.**

2. **Dans le menu contextuel qui s'affiche, exécutez la commande Enregistrer, comme le montre la Figure 10.8.**

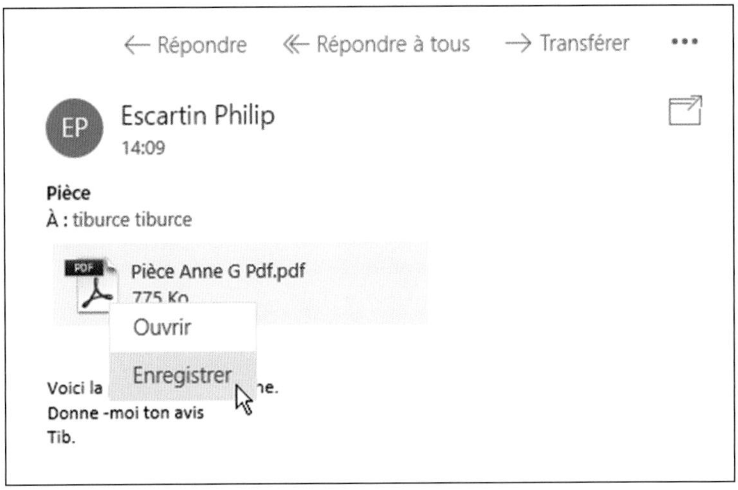

FIGURE 10.8
Pour enregistrer
une pièce jointe.

> ← Répondre   ← Répondre à tous   → Transférer   •••
>
> **EP** Escartin Philip
>   14:09
>
> **Pièce**
> À : tiburce tiburce
>
> **PDF** Pièce Anne G Pdf.pdf
>   775 Ko
>   Ouvrir
>
>   Enregistrer
>
> Voici la ...... ne.
> Donne -moi ton avis
> Tib.

La boîte de dialogue Enregistrer sous va s'afficher. Par défaut, c'est le dossier Documents qui vous est proposé. Pour en changer, choisissez un des autres dossiers disponibles dans le volet de gauche de l'Explorateur de fichiers (pourquoi pas Images si s'en est une ?).

Sauvegarder le fichier dans l'un de vos dossiers principaux, comme Documents, Images ou encore Musique est le meilleur moyen de le retrouver plus tard.

Si le résultat proposé ne vous convient pas, vous pouvez aussi en créer un (voyez le Chapitre 5 pour plus de détails). Cliquez sur le bouton Nouveau dossier et entrez ensuite le nom que vous voulez donner à ce dossier. Faites ensuite un double clic sur le nom du dossier que vous venez de créer pour l'ouvrir.

3. **Une fois le dossier de destination sélectionné, cliquez sur le bouton Enregistrer pour terminer l'opération (vous pouvez aussi changer le nom de fichier proposé par défaut).**

Même une fois la pièce jointe sauvegardée, elle reste attachée à votre e-mail. En effet, la procédure ci-dessus ne fait qu'en enregistrer une *copie*. Si vous effacez par mégarde le fichier que vous avez sauvegardé, vous pourrez toujours en retrouver l'original dans vos messages, et donc l'enregistrer à nouveau.

L'antivirus intégré à Windows, Windows Defender, analyse automatiquement le courrier électronique et les pièces jointes au fur et à mesure de leur arrivée. Windows Defender est étudié au Chapitre 11.

Envoyer un fichier en tant que pièce jointe

L'envoi d'un fichier par l'application Courrier fonctionne un peu comme l'enregistrement d'une pièce jointe, mais en sens inverse : au lieu d'enregistrer ce fichier dans un dossier ou une bibliothèque, vous le sélectionnez dans un dossier ou une bibliothèque, et vous l'associez à un message.

Pour envoyer un fichier en tant que pièce jointe dans l'application Courrier, procédez de la manière suivante :

1. **Ouvrez l'application Courrier et créez un nouveau message, comme décrit précédemment dans ce chapitre.**

2. **Cliquez sur l'onglet Insérer, puis sur le bouton Fichiers (pour envoyer un document) ou Images (pour une photo) dans la fenêtre de composition de message.**

   La boîte Ouvrir de l'Explorateur de fichier va s'afficher. Elle vous montre par défaut le contenu de votre dossier Documents.

   Si le dossier Documents ou Images contient le fichier que vous voudriez transmettre, passez à l'Étape 4. Pour faire un autre choix, suivez l'Étape 3.

3. **Déplacez-vous jusqu'au dossier contenant le fichier que vous souhaitez envoyer.**

   Cliquez sur Ce PC et sélectionnez la bibliothèque et/ou le dossier (ou encore l'unité de disque) contenant le fichier. La plupart des fichiers sont stockés dans les bibliothèques Documents, Images, Musique et Vidéos.

   Cliquez sur le nom d'un dossier pour voir les fichiers qu'il contient. Si ce n'est pas le bon dossier, cliquez sur la flèche qui pointe vers le haut pour revenir en arrière. Faites un nouvel essai.

4. **Cliquez sur le nom du fichier que vous souhaitez envoyer puis cliquez sur le bouton Ouvrir de la fenêtre.**

Cliquez sur un fichier pour le sélectionner. Pour joindre plusieurs fichiers, sélectionnez-les tout en maintenant enfoncée la touche Ctrl.

Si vous avez sélectionné trop de fichiers, il suffit de cliquer à nouveau sur les noms des fichiers non désirés *tout en maintenant enfoncée la touche Ctrl* pour les désélectionner. Lorsque vous cliquez sur le bouton Ouvrir, l'application Courrier ajoute le ou les fichiers à votre message.

5. **Cliquez sur le bouton Envoyer.**

Votre courrier est envoyé à son destinataire avec sa ou ses pièces jointes.

Lorsque vous envoyez un fichier attaché, vous ne faites qu'en transmettre une copie. L'original reste bien sagement dans votre ordinateur.

Gérer vos relations avec l'application Contacts

Lorsque vous avez permis à l'application Courrier de s'interconnecter avec vos comptes de messagerie, Windows a collecté au passage tout ce qu'il peut trouver dans vos carnets d'adresses en ligne. Il est donc probable que l'application Contacts est déjà peuplée d'informations sur des tas de personnes.

Pour voir toutes vos relations dans l'application Contacts, cliquez sur la vignette Contacts dans le menu Démarrer. La fenêtre de Contacts apparaît. Elle liste tous vos amis en ligne dans l'ordre alphabétique (voir la Figure 10.9).

L'application Contacts synchronise automatiquement la plupart des informations qu'elle peut collecter lorsque vous commencez à échanger avec quelqu'un.

À l'occasion, cependant, vous devrez ajouter ou éditer manuellement les entrées dans votre carnet d'adresses. Les sections qui suivent expliquent comment procéder pour tenir à jour votre liste de contacts.

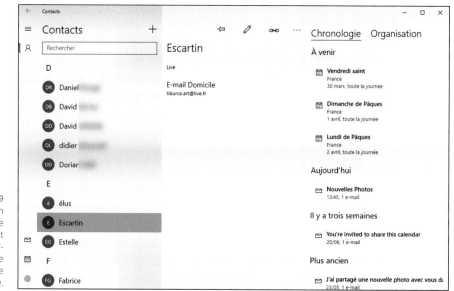

FIGURE 10.9
L'application
Contacts affiche
automatiquement
vos amis réper-
toriés à partir de
vos comptes de
messagerie.

Ajouter des contacts

Bien que l'application Contacts aime gérer automatiquement les évolutions de votre carnet d'adresses, vous pouvez facilement ajouter des personnes à l'ancienne, en le faisant à la main.

Pour ajouter une personne à l'application Contacts, ce qui la fera apparaître dans les applications Courrier et Calendrier, procédez de la manière suivante :

1. Dans le menu Démarrer, cliquez sur la vignette Contacts.

La fenêtre de l'application Contacts apparaît.

2. Cliquez sur l'icône Ajouter un contact.

3. Si l'application le demande, choisissez le compte à utiliser pour sauvegarder le nouveau contact.

Si vous avez défini plusieurs comptes dans l'application Courrier, vous allez devoir indiquer celui qui sera associé au nouveau contact.

La bonne réponse dépend largement du téléphone portable que vous utilisez. Si vous possédez par exemple un smartphone Android, choisissez votre compte Google. Dans ce cas, le contact apparaîtra dans votre carnet d'adresses Gmail, et donc automatiquement sur votre smartphone.

L'application Contacts mémorise votre choix et ne vous pose plus la question par la suite.

4. **Remplissez le formulaire Nouveau contact.**

   Les noms de la plupart des champs se passent d'explication (voir la Figure 10.10). Cliquez sur le bouton Autre pour ajouter des détails comme la fonction, le site Web, une note, etc.

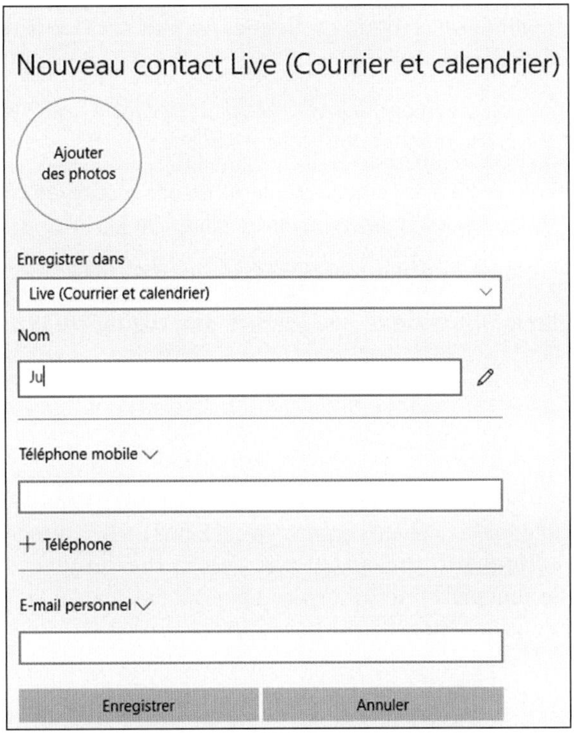

FIGURE 10.10
Ajouter un contact.

5. **Cliquez sur le bouton Enregistrer (la petite disquette – une antiquité ! – visible en haut et à droite de la fenêtre).**

L'application Contacts enregistre les nouvelles informations.

Supprimer ou modifier des contacts

Il peut arriver que les informations relatives à un contact aient changé. Voyons comment supprimer ou modifier un contact :

1. **Cliquez sur la vignette Contacts dans le menu Démarrer.**

   L'application Contacts apparaît sur l'écran.

2. **Pour supprimer un contact, cliquez du bouton droit sur son nom.**

3. **Dans le menu contextuel, choisissez l'option Supprimer.**

   La personne disparaît de l'application Contacts, ainsi que du compte de messagerie qui lui est associé.

4. **Pour modifier un contact, cliquez dessus puis sur l'icône du crayon en haut du panneau central.**

   Vous pouvez également cliquer-droit sur le contact et exécuter la commande Modifier dans le menu contextuel qui s'affiche.

   La fiche du contact apparaît. La seule différence avec l'exemple de la Figure 10.10 est que la fenêtre indique maintenant Modifier le contact.

   Elle apparaît comme une marge horizontale en bas de l'écran.

5. **Modifiez les informations du contact, puis cliquez sur le bouton Enregistrer.**

   Votre carnet d'adresses est mis à jour, aussi bien dans l'application Contacts que dans le compte de messagerie correspondant.

Pour envoyer rapidement un message à une relation, il vous suffit de cliquer sur la ligne E-mail dans la fiche du contact, ce qui lance l'application Courrier. De même, un clic sur un numéro de téléphone sert à déclencher un appel, et sur la ligne Carte à localiser le contact.

Gérer les rendez-vous dans le calendrier

Après avoir entré vos comptes de messagerie en ligne comme Gmail, Outlook ou autres, comme cela est décrit dans la première section de ce chapitre, vous avez déjà, sans le savoir, mis à jour l'application Calendrier avec les rendez-vous déjà créés avec ces comptes.

Pour voir vos rendez-vous, cliquez sur la vignette Calendrier du menu Démarrer ou de l'écran de démarrage. Vous pouvez également accéder à votre agenda en cliquant sur le bouton qui se trouve en bas de l'application Courrier.

Lors de son premier lancement, l'application Calendrier vous demande d'ajouter vos comptes de messagerie. Ceux qui ont déjà été définis dans l'application Courrier sont automatiquement déjà présents.

L'application Calendrier (qui n'est que l'autre visage de l'application Courrier) vous montre tous les rendez-vous associés à vos comptes de messagerie, comme Outlook.com ou encore Google (voir la Figure 10.11).

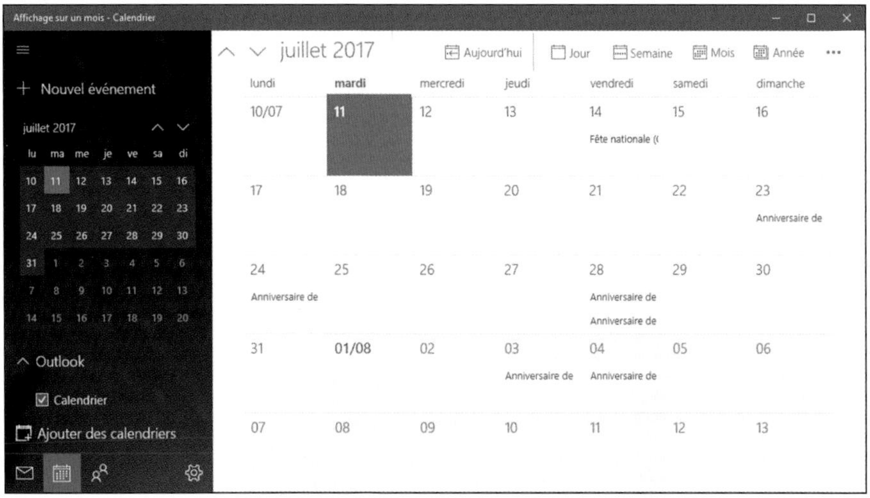

FIGURE 10.11
L'application Calendrier.

L'application Calendrier affiche par défaut une vue par mois. Pour passer à d'autres vues, cliquez en haut de la fenêtre sur le bouton de votre choix : Jour, Semaine de travail, Semaine, Mois, ou Année.

Quel que soit le mode de visualisation, vous pouvez parcourir les rendez-vous en cliquant sur les petites flèches situées en haut et à droite de la fenêtre. Cliquez sur la flèche droite pour avancer dans le temps, cliquez sur la flèche gauche pour revenir en arrière. Pour retourner à la date courante, cliquez sur le bouton Aujourd'hui.

Pour ajouter un rendez-vous à l'application Calendrier, procédez de la manière suivante :

1. **Cliquez sur la vignette Calendrier dans le menu Démarrer ou l'écran de démarrage.**

   Le calendrier apparaît, comme celui présenté précédemment sur la Figure 10.11.

2. **Cliquez sur l'icône Nouvel événement, en haut et à gauche de la fenêtre.**

Un formulaire vierge s'affiche. Si vous avez juste besoin de spécifier une heure, un lieu et un calendrier, remplissez-le et cliquez sur Terminer. Sinon, cliquez sur Autres détails pour obtenir un formulaire plus complet.

3. **Remplissez le formulaire.**

La plupart des informations n'appellent pas d'explications particulières, comme l'illustre la Figure 10.12.

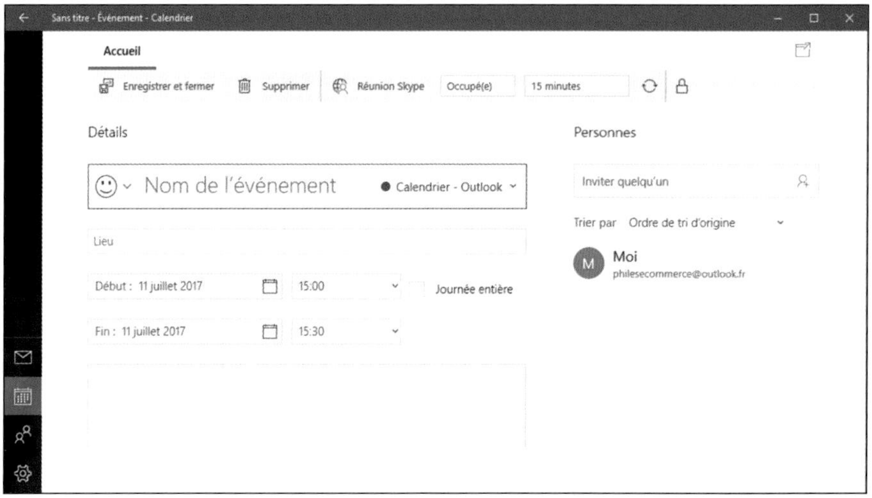

FIGURE 10.12
Renseignez la date
de rendez-vous,
l'heure de début, la
durée, etc.

Si vous avez déclaré plusieurs comptes de messagerie dans votre application Courrier, le renseignement du champ Calendrier risque d'être délicat. En effet, vous devez indiquer dans ce champ le compte de messagerie auquel sera affecté ce nouveau rendez-vous.

Comme avec l'application Contacts, la réponse s'articule principalement autour de votre téléphone portable. Choisissez votre compte Google (Gmail) si vous utilisez un smartphone Android. Ou choisissez votre compte Microsoft si vous possédez un téléphone sous Windows.

Si vous utilisez votre compte Microsoft, sachez que vous pouvez télécharger et installer sur votre smartphone (ou votre tablette) l'application Outlook qui est disponible aussi bien sous Android que sur iPhone. Cette application assurera la synchronisation de votre agenda avec votre smartphone.

Les applications développées par Microsoft ne se synchronisent pas bien, voire pas du tout, avec les produits Apple.

4. **Cliquez sur le bouton Enregistrer et fermer.**

L'application Calendrier ajoute le nouveau rendez-vous au Calendrier de Windows, ainsi qu'au compte que vous avez sélectionné à l'Étape 3.

 Pour supprimer ou modifier un rendez-vous, ouvrez-le dans le Calendrier en cliquant dessus, puis cliquez sur le bouton Supprimer. Si vous voulez le modifier, ouvrez-le de la même manière, apportez les changements voulus, puis cliquez sur le bouton Enregistrer et fermer pour valider la mise à jour.

Chapitre 11
L'ordinateur : Une histoire de sécurité

DANS CE CHAPITRE :

» **Windows et ses messages d'avertissement**

» **Internet et la sécurité**

» **Échapper à l'hameçonnage**

» **Mettre en place un contrôle parental**

Travailler avec Windows, c'est un peu comme conduire une voiture : vous êtes à peu près en sécurité tant que vous respectez les signaux et les distances de sécurité, que vous ne roulez pas à une vitesse excessive sans vous préoccuper des autres, et que vous ne passez pas votre temps à regarder le paysage sur les côtés.

Mais dans le monde de Windows et de l'Internet, apprendre le Code de la route n'est pas si simple que cela, voir et comprendre les signaux n'a rien d'évident, et trouver le volant, les pédales ou le frein à main demande une gymnastique mentale incroyable. Même des choses qui ont l'air tout à fait innocentes, comme un message envoyé par un ami, ou un programme trouvé sur Internet, peuvent se révéler être des virus capables d'infecter votre ordinateur et vous poser des tas de problèmes.

Ce chapitre est donc conçu pour vous aider à ne pas vous fourvoyer dans des rues mal famées, à vous protéger vous-même et à minimiser les risques d'accident.

Windows et ses messages d'avertissement

Après plus d'une vingtaine d'années de développement, Windows reste toujours assez naïf. Il arrive, lorsque vous exécutez un programme ou que vous essayez de modifier un réglage sur votre PC, ou encore quand vous voulez installer un nouveau matériel, qu'il soit incapable de savoir si c'est *vous* qui faites le travail, ou si c'est un *virus* qui tente de s'infiltrer.

Dans ce cas, Windows ne se pose pas trop de questions existentielles. Au moindre risque réel ou supposé, il obscurcit l'écran et affiche un message de sécurité vous demandant d'accorder (ou de refuser) votre autorisation pour poursuivre (ou non) l'opération (voir la Figure 11.1).

FIGURE 11.1
Ce type de message vise à protéger votre ordinateur de l'exécution d'une application que vous n'auriez pas démarrée vous-même.

Lorsque vous voyez apparaître ce genre de fenêtre, vous savez que Windows se fait bien du souci pour vous, et surtout pour lui. En cas de doute, et si ce n'est pas vous qui avez démarré l'application, cliquez sur le bouton Non, ou Ne pas installer. Mais si c'est bien vous qui êtes à l'origine de l'action, cliquez sur Oui, ou sur Installer.

Mais tout cela ne vaut que si la session est ouverte avec un compte Administrateur. Si ce n'est pas le cas, inutile de se poser des questions : vous n'avez *pas* le droit d'installer quoi que ce soit. Vous devez partir à la recherche de l'administrateur du PC et le convaincre de saisir son mot de passe pour pouvoir poursuivre.

Eh oui : un robot de sécurité particulièrement vigilant monte la garde devant la porte de Windows. Cela peut être parfois agaçant, mais la sécurité est à ce prix

Éviter les virus avec Windows Defender

Lorsqu'on commence à parler de virus, alors *tout* devient suspect. Les virus voyagent non seulement en s'accrochant à des e-mails, des programmes, des fichiers, des réseaux ou encore des clés USB, mais aussi à des écrans de veille, des thèmes, des barres d'outils et des tas d'autres compléments à Windows.

Pour combattre ce fléau, Windows 10 contient une nouvelle version de son bras armé, Windows Defender, un programme spécialisé dans la sécurité et la lutte contre les virus.

Windows Defender analyse tout ce qui rentre dans votre ordinateur, et ce, quelle qu'en soit la source : téléchargements, messages, courriers électroniques, disques, clés USB, réseaux, etc. Il est même capable de jeter un coup d'œil sur vos fichiers stockés sur OneDrive.

S'il détecte un individu mal intentionné, il affiche un message d'avertissement dans un bandeau, aussi bien dans l'écran d'accueil que sur le Bureau. Il met alors le virus en quarantaine, ce qui l'empêche d'infecter votre ordinateur.

Windows Defender travaille en arrière-plan sans jamais s'arrêter. Mais rien ne dit qu'un petit malin n'arrive pas un jour à tromper sa vigilance. Si votre PC commence à avoir un comportement qui vous semble étrange, demandez à Windows Defender de passer immédiatement l'ordinateur au scanner en suivant ces étapes :

1. **Ouvrez le menu Démarrer, et cliquez sur l'icône Paramètres (engrenage).**

2. **Dans la fenêtre Paramètres Windows, cliquez sur Mise à jour et sécurité.**

3. **Dans la colonne Mise à jour et sécurité (à gauche), choisissez Windows Defender.**

4. **Cliquez sur le bouton Ouvrir le centre de sécurité Windows Defender.**

5. **Dans la colonne de gauche, cliquez sur l'icône des trois traits située en haut à gauche de la fenêtre Windows defender.**

Cette action permet d'afficher le libellé des icônes de cette colonne.

6. **Cliquez sur l'icône Protection contre les virus et les menaces, comme sur la Figure 11.2.**

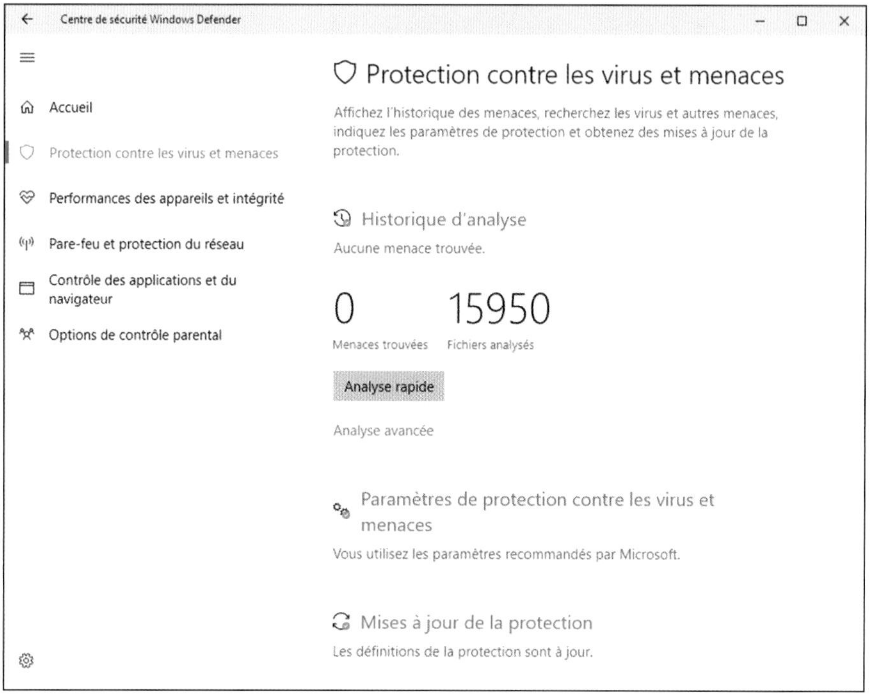

← Centre de sécurité Windows Defender	— □ ✕

≡

⌂ Accueil

○ Protection contre les virus et menaces

♡ Performances des appareils et intégrité

(ᵢᵖ) Pare-feu et protection du réseau

▭ Contrôle des applications et du navigateur

⚔ Options de contrôle parental

○ Protection contre les virus et menaces

Affichez l'historique des menaces, recherchez les virus et autres menaces, indiquez les paramètres de protection et obtenez des mises à jour de la protection.

🕑 Historique d'analyse
Aucune menace trouvée.

0   15950
Menaces trouvées   Fichiers analysés

Analyse rapide

Analyse avancée

°ₒ Paramètres de protection contre les virus et menaces
Vous utilisez les paramètres recommandés par Microsoft.

⟳ Mises à jour de la protection
Les définitions de la protection sont à jour.

⚙

FIGURE 11.2
Pour accéder aux options d'analyse de Windows Defender.

7. **Cliquez sur le bouton Analyse rapide.**

Pour une analyse plus approfondie qui nécessitera plus de temps, cliquez sur le lien Analyse avancée. Dans la liste des options d'analyse illustrée à la Figure 11.3, activez l'option Analyse complète.

Windows Defender exécute immédiatement une analyse rapide de votre ordinateur.

Même si Windows Defender se tient derrière votre épaule pour vous protéger, suivez ces quelques règles pour réduire les risques d'infection :

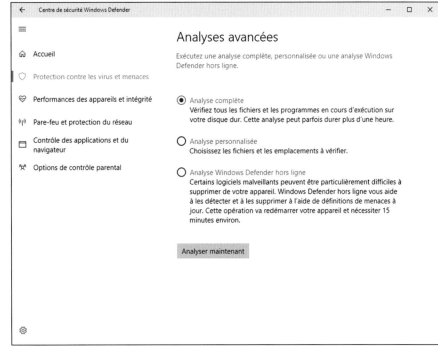

» Les mises à jour de Windows Defender se font automatiquement via Windows Update. C'est pourquoi il est important d'être connecté à l'Internet régulièrement, si ce n'est en permanence, de manière à ce que Windows Defender dispose toujours des renseignements les plus récents possible. Cependant, si la section Mises à jour de la protection (visible ne bas de la Figure 11.2) indique que la protection n'est pas à jour, cliquez sur le bouton afin d'obliger Windows à procéder à la mise à jour des définitions de virus.

» Dans vos messages, n'ouvrez les pièces jointes que si vous les attendez. Si vous recevez d'un ami un fichier qui vous semble curieux, n'y touchez pas. Contactez immédiatement cette personne pour savoir si elle vous a *réellement* envoyé quelque chose.

» Faites très attention à tous les éléments qui arrivent dans votre boîte de réception et qui vous demandent de cliquer sur un lien. Si ce message vous dit par exemple que telle ou telle personne voudrait être votre ami sur Facebook, ne cliquez pas. Visitez votre page Facebook et vérifiez si cette personne est signalée comme voulant faire partie de vos amis. Plus vous éviterez de toucher aux liens dans les e-mails, et mieux vous vous porterez.

» Si vous recevez un message douteux qui semblant provenir d'une banque ou même de votre opérateur Internet, et qui vous demande de cliquer sur un lien, puis de saisir votre nom ainsi qu'un mot de passe – pire encore, un numéro de compte bancaire ou de carte bancaire –, *n'en faites rien*. Il s'agit presque assurément d'une tentative d'*hameçonnage*, c'est-à-dire d'une escroquerie visant à soutirer votre argent. J'y reviendrais un peu plus loin dans ce chapitre.

» N'installez pas *deux* antivirus car ils risquent d'entrer en conflit et ralentir sensiblement votre PC. Si vous voulez tester un nouveau système de défense, commencez par désactiver le premier, voire le désinstaller. Redémarrez l'ordinateur, puis installez l'antivirus que vous voulez essayer. Un nouveau redémarrage sera certainement nécessaire.

» Si vous utilisez un autre antivirus, il y a de fortes chances pour que Windows Defender soit désactivé. *A priori*, cet antivirus développé par une autre société spécialisée en la matière assure la sécurité de votre ordinateur. En cas de doute, ou si vous préférez utiliser Windows Defender, commencez par désactiver la protection antivirus de votre application. Pour cela, accédez au Centre de sécurité Windows Defender, et cliquez sur la rubrique Accueil (icône d'une maison). Cliquez ensuite sur le lien Afficher les fournisseurs d'antivirus. Dans

WINDOWS DEFENDER EST-IL EFFICACE ?

Comme plusieurs versions précédentes, Windows 10 contient le programme de protection antivirus Windows Defender. Il est rapide, se met automatiquement à jour, et attrape les intrus les plus courants avant même qu'ils n'arrivent à envahir votre ordinateur.

Mais est-il *meilleur* que d'autres applications spécialisées, y compris celles qui vous font payer tous les ans plusieurs dizaines d'euros pour vous protéger ? La réponse dépend de plusieurs choses.

Par exemple, la plupart des antivirus tiers sont capables d'intercepter plus de virus que Windows Defender. Cependant, ce travail supplémentaire peut ralentir votre PC. De plus, certaines suites de sécurité puissantes émettent parfois de fausses alarmes, ce qui ne vous laisse pas d'autre choix que de gérer vous-même cette désagréable situation.

Windows Defender fonctionne mieux avec les utilisateurs qui sont capables de repérer la présence d'un virus potentiel dans un message, et qui évitent de cliquer sur des liens ou des pièces jointes suspects. Par contre, ceux qui demandent une tranquillité maximale sans avoir à se prendre la tête préféreront certainement un programme payant. Il n'y a pas de bonne ou de mauvaise réponse en soit.

Tout dépend donc du niveau de confort que vous souhaitez atteindre. Si vous trouvez un bon anti-virus, à un prix raisonnable, et qui ne ralentit pas trop votre ordinateur, n'hésitez pas. Mais si vous avez confiance dans votre capacité à intercepter une attaque potentielle avant que vous n'ayez cliqué sur quoi que ce soit, Windows Defender pourrait bien vous suffire. Et il est gratuit...

la boîte de dialogue Sécurité et maintenance qui s'affiche, ouvrez la section Sécurité par un clic sur le chevron situé sur la droite. Dans la section Protection antivirus, cliquez sur le lien Afficher les applications antivirus installées. Dans la boîte de dialogue Sécurité et maintenant, cliquez sur l'antivirus à utiliser, et cliquez sur le bouton Activer. Si nécessaire, désactivez ceux à ne pas utiliser de manière à ce qu'un seul logiciel antivirus soit opérationnel.

Éviter l'hameçonnage

Un jour, vous recevez un message qui semble provenir de votre banque, d'eBay, de PayPal ou bien encore du ministère des Finances. Ce message vous dit qu'il y a un problème avec votre compte, et que vous devez cliquer sur quelque chose, puis entrer votre nom d'utilisateur et votre mot de passe pour que tout rentre dans l'ordre.

Même si tout paraît normal et que le site Internet vers lequel on veut vous renvoyer ressemble comme deux gouttes d'eau à celui de votre banque, d'eBay, de PayPal ou du ministère des Finances, et ainsi de suite. Ce site est frauduleux et vous risquez d'être une victime d'une arnaque appelée *hameçonnage*, ou encore par l'anglicisme *phishing*. Les fraudeurs envoient des millions de ces messages, dans l'espoir qu'un destinataire naïf ou non prévenu fournira son nom d'utilisateur et son mot de passe.

Bien entendu, si ce message est dans une langue étrangère, en anglais notamment, il n'y a même pas à se poser la question. C'est de l'hameçonnage. Détruisez-le immédiatement.

Parfois, il est presque impossible de faire la différence lors de la lecture entre un vrai message et un faux. Pourtant, c'est très simple : ils sont *tous* faux ! Vous pouvez consulter vos relevés bancaires par Internet, faire des achats ou bien payer vos impôts. Mais jamais, jamais, un de ces organismes ne vous enverra un message contenant un lien demandant votre mot de passe ou votre nom d'utilisateur. *Jamais.*

En cas de doute, ouvrez un onglet de votre navigateur et rendez visite au *véritable* site Internet en tapant son adresse (et surtout pas en faisant un copier/coller depuis le message suspect !). Il est plus que vraisemblable que vous constaterez très vite qu'il n'y a aucun problème avec votre compte.

Microsoft Edge, utilise la technologie SmartScreen que vous activez dans les paramètres avancés de Edge, comme le montre la Figure 11. 4.. Ce filtre compare l'adresse d'un site Internet avec une liste de noms connus pour être liés à des problèmes d'hameçonnage. S'il trouve ce nom, le filtre SmartScreen devrait vous prévenir et vous empêcher d'entrer. Dans ce cas, refermez simplement la page Internet.

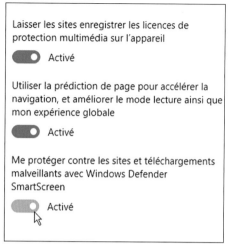

Laisser les sites enregistrer les licences de protection multimédia sur l'appareil

🔵 Activé

Utiliser la prédiction de page pour accélérer la navigation, et améliorer le mode lecture ainsi que mon expérience globale

🔵 Activé

Me protéger contre les sites et téléchargements malveillants avec Windows Defender SmartScreen

🔵 Activé

FIGURE 11.4
Activer le filtre SmartScreen.

 Des sites sont spécialisés dans la recherche de sites frauduleux. C'est le cas de WOT (`www.mywot.com`), McAfee SiteAdvisor (`www.mcafee.com/fr`) et d'autres encore.

Les cyberdélinquants sont notoirement difficiles à localiser et à arrêter. Ils opèrent depuis n'importe où sur la planète, ce qui complique énormément le travail de la police.

Si vous êtes victime d'une cyberattaque, ou si vous découvrez par hasard un fait qui vous semble grave, vous pouvez en France communiquer les informations dont vous disposez sur un site spécialisé : `internet-signalement.gouv.fr`.

» Si vous avez, hélas, déjà entré votre nom et votre mot de passe dans un site d'hameçonnage, il faut réagir immédiatement. Visitez le site authentique et changez votre mot de passe. Contactez l'organisme en cause et demandez leur aide. Faites de même avec votre agence bancaire. C'est le seul moyen de stopper les voleurs avant qu'ils n'aient eu le temps de s'en prendre à votre compte. Soyez réactif : dès leurs mauvais coups faits, ils disparaissent dans la nature généralement en quelques heures.

» La remarque précédente est encore plus vraie si vous avez communiqué des données concernant votre carte bancaire.

» L'ouverture d'une pièce jointe piégée peut installer un virus qui crypte le contenu de l'ordinateur. Le code de décryptage ne peut être obtenu qu'en payant une rançon. Mais parfois, la rançon payée, le pirate informatique ne s'occupe plus de l'ordinateur qu'il a rendu inutilisable.

La plupart des problèmes liés à des virus, à de l'hameçonnage ou au cryptage de l'ordinateur sont malencontreusement provoqués par le manque de vigilance de l'utilisateur de l'ordinateur.

Configurer le contrôle parental

Voilà une fonctionnalité qui peut plaire aux parents, et que les enfants n'apprécieront pas du tout. Le contrôle dit parental offre différentes stratégies pour limiter ce que peuvent faire les autres utilisateurs d'un même PC, notamment quand ils souhaitent surfer sur Internet. Et cela ne s'adresse pas qu'aux enfants, mais potentiellement à tout le monde...

Le contrôle parental fonctionne en ligne, via un site Internet appartenant à Microsoft. En fliquant, oups... pistant l'activité de vos enfants grâce au suivi de l'activité mémorisée à partir de leur compte Microsoft, vous avez la possibilité d'espionner leurs activités en ligne, que ce soit sur un PC Windows 10 ou un smartphone Windows 10. Tout ce qui est ainsi enregistré reste uniquement en ligne, et vous pouvez accéder à ces informations à partir de votre PC, d'une tablette ou d'un smartphone. Et que vous vous sentiez ou non à l'aise avec cela en tant que parents, c'est une autre affaire. Mon rôle se borne à vous expliquer comment cela fonctionne...

Comme vous l'avez bien compris, le contrôle parental de Windows 10 ne fonctionne que si vous et vos enfants avez un compte Microsoft.

» Il vous faut un compte Administrateur (voyez le Chapitre 14 pour plus d'informations à ce sujet). Si tout un chacun peut se servir du même PC, assurez-vous que tous les autres utilisateurs ont un compte de type Standard (vos enfants, la nounou, votre conjoint(e), le reste de la famille, et y compris vous-même, en plus du compte Administrateur).

» Si vos enfants, votre conjoint(e), la nounou, etc., ont leur propre PC, créez sur chacun d'eux un compte Administrateur à votre usage personnel, et mettez tous les autres comptes en comptes Standard.

Pour activer le contrôle familial, suivez ces étapes :

1. **Une fois que vous avez créé un compte d'enfant comme expliqué au Chapitre 14, vous devez l'ajouter au contrôle parental et configurer ce contrôle.**

Si d'autres membres de votre famille possèdent leur propre ordinateur, vous devriez tout de même les définir en tant qu'utilisateurs familiaux sur votre ordinateur personnel. Ceci permettra de lier tout le monde, et donc de pouvoir suivre l'activité en ligne de vos enfants.

Lorsque vous ajoutez des membres de votre famille à la liste des comptes utilisateur définis sur votre PC, chacun d'entre eux reçoit un message l'invitant à rejoindre votre réseau familial. Une fois qu'ils ont accepté l'invitation (et s'ils l'acceptent...), leurs comptes apparaissent automatiquement sur votre ordinateur.

2. **Ensuite, ouvrez le menu Démarrer, et cliquez sur l'icône Paramètres (engrenage).**

3. **Dans la fenêtre Paramètres Windows, cliquez sur Mise à jour et sécurité, puis sur Windows Defender (colonne de gauche).**

4. **Cliquez sur le bouton Ouvrir le Centre de sécurité Windows Defender.**

5. **Dans ce Centre de sécurité, cliquez sur Options de contrôle parental en bas de la colonne de gauche.**

6. **Cliquez sur le lien Afficher les paramètres du contrôle parental comme sur la Figure 11.5.**

Cette action démarre Microsoft Edge et vous connecte à la page Web de gestion du contrôle parental.

7. **Dans la page Web du contrôle parental, cliquez sur le bouton Ajouter un membre de la famille.**

8. **Dans la boîte de dialogue qui apparaît, indiquez qu'il s'agit d'un enfant, et tapez l'adresse mail que vous avez utilisé pour créer son compte, puis cliquez sur le bouton Envoyer une invitation.**

Bien évidemment, comme il s'agit d'un enfant c'est vous qui allez contrôler l'invitation et y répondre favorablement.

9. **Relevez les messages du compte de messagerie, puis cliquez sur le bouton Accepter l'invitation du mail envoyé par Microsoft Family, comme sur la Figure 11.6.**

10. **Dans la nouvelle page Web qui apparaît, cliquez sur le bouton Rejoindre la famille.**

Dès que cela est effectif, une notification apparaît furtivement au niveau de la Zone de notification. Vous constatez alors que votre enfant est ajouté aux membres de la famille.

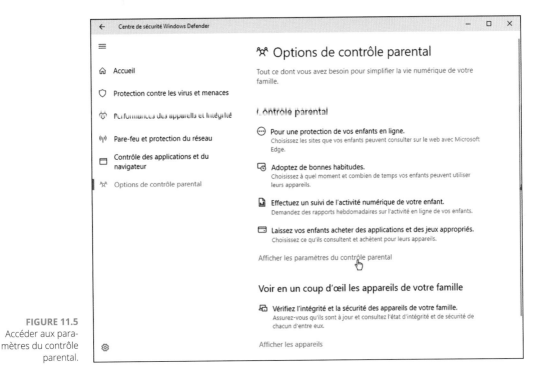

FIGURE 11.5
Accéder aux para-
mètres du contrôle
parental.

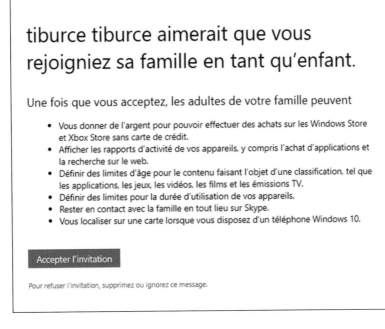

FIGURE 11.6
Accepter l'invitation
dans le mail de
confirmation.

Vous devez maintenant gérer les autorisations, c'est-à-dire définir quand et combien de temps l'enfant peut utiliser l'ordinateur, mais aussi ce qu'il peut faire ou pas.

11. **Dans la la fenêtre Famille et utilisateurs des Paramètres Windows, cliquez sur le compte de l'enfant, puis sur le bouton Autoriser.**

12. **Cliquez sur le lien Gérer les paramètres de famille en ligne.**

13. **Dans le navigateur Web, localisez le compte d'enfant, et cliquez sur son lien Gérer les autorisations.**

Vous accédez à un contenu identique à celui de la Figure 11.7.

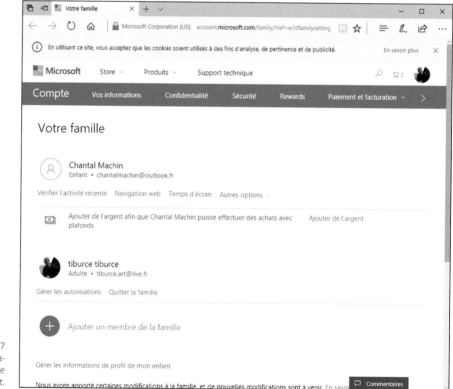

FIGURE 11.7
Gérer les autorisa-
tions d'un compte
d'enfant.

Vous pouvez ainsi gérer les éléments suivants qui sont identifiés sous forme de liens :

● **Vérifier l'activité récente :** Permet de contrôler ce que votre enfant a fait avec l'ordinateur aussi bien au niveau des applications que des sites et des jeux.

- **Navigation Web :** C'est ici que vous pourrez lister les adresses Internet autorisées et celles qui ne le sont pas. Veillez aussi à ce que le filtre Bloquer les sites inappropriés soit activé.

- **Temps d'écran :** Permet de définir des plages horaires d'utilisation de la console Xbox et du PC jour par jour. Il suffit de positionner les commutateurs sur Activé puis de définir ces plages horaires.

- **Autres options :** Contient diverses options supplémentaires comme Applications, jeux et médias qui permet de définir la limite d'âge qui s'applique à votre enfant. L'option Achats et dépenses permet d'allouer une certaine somme d'argent que votre enfant pourra dépenser sur le Windows Store. Vous pouvez également limiter les catégories d'achat, voire interdire toute tentative d'achat.

Windows applique le contrôle parental de manière indépendante pour chacun des utilisateurs concernés. Désolé pour vous si vous avez une grande famille !

14. **Quand vous pensez avoir donné les bonnes autorisations, vous pouvez fermer votre navigateur Web.**

Vos définitions sont immédiatement appliquées. Vous pouvez passer à autre chose.

Même si le contrôle parental est techniquement efficace, à trop vouloir interdire on peut aussi obtenir l'effet inverse de ce que l'on voulait faire. N'oubliez pas que nos chères têtes blondes sont bien souvent assez malignes pour contourner les interdictions de leurs parents... Jetez un coup d'œil de temps en temps sur ce que font vos enfants avec votre (ou leur) ordinateur, et discutez avec eux si vous pensez qu'ils prennent un risque ou voient des choses inadaptées pour leur âge.

IV

Personnaliser et faire évoluer Windows 10

DANS CETTE PARTIE...

Personnaliser les paramètres de Windows

Aider Windows à fonctionner en douceur

Partager un ordinateur entre plusieurs personnes

Connecter des ordinateurs en réseau

Chapitre 12
Personnaliser Windows avec les Paramètres Windows

DANS CE CHAPITRE :

» **Comprendre la nouvelle logique de Windows en matière de paramétrage**

» **Modifier l'apparence de Windows**

» **Changer de mode vidéo**

» **Installer et supprimer des programmes et des applications**

» **Régler le maniement de votre souris**

» **Configurer automatiquement la date et l'heure de votre ordinateur**

---

l fallait s'en douter et Microsoft l'avait annoncé depuis quelques temps : la grande nouveauté de la mise à jour Creator Update est la disparition de l'accès direct au Panneau de configuration. Cet élément de Windows permettait d'appliquer la totalité des réglages du système. Alors ? Comment les choses se passent-elles aujourd'hui ?

Le Panneau de configuration n'a pas vraiment disparu. Cependant, Windows 10 ne propose plus cette possibilité dans le menu contextuel du bouton Démarrer (accessible via un clic-droit). Désormais, la plupart des réglages et autres actes de personnalisation se déroulent dans la fenêtre Paramètres Windows. Des liens de certaines options ouvriront parfois des boîtes de dialogue provenant du Panneau de configuration.

Vous aimez le Panneau de configuration et l'annonce de cette nouvelle vous fend le cœur ? Rassurez-vous ! Vous pouvez y accéder de la manière suivante : Dans le champ Taper ici pour rechercher de Cortana, saisissez Panneau de configuration, et cliquez sur la vignette dans la liste des résultats affichée par Cortana. Et voilà ! Le Panneau de configuration is back !

Trouver le bon réglage

Windows comprend des centaines de réglages qui sont répartis entre l'écran Paramètres et le bon vieux Panneau de configuration. Il est peu probable que le seul hasard vous conduise directement au réglage que vous voulez modifier. Plutôt que de cliquer sur des tas de menus et de boutons sans savoir où vous allez, laissez Windows partir à la chasse à votre place.

Pour trouver le réglage dont vous avez besoin, suivez ces étapes :

1. **Cliquez dans le champ Taper ici pour rechercher de Cortana puis saisissez un mot décrivant ce que vous recherchez, un paramètre en l'occurrence.**

   Lorsque vous tapez la première lettre, chaque élément, objet ou paramètre qui contient ce caractère apparaît dans une liste au-dessus du champ de saisie. Si vous ne connaissez pas le nom exact de votre réglage, contentez-vous d'un terme simple, comme **souris**, **affichage**, **utilisateur**, **sécurité**, comme l'illustre la Figure 12.1.

   Aucune proposition ne vous convient ? Appuyez plusieurs fois sur la touche de retour arrière afin d'en effacer le contenu. Tapez un autre mot.

   Le champ de saisie – déjà rencontré dans le Chapitre 7 – liste également d'autres correspondances trouvées pour votre mot-clé : des fichiers présents sur votre ordinateur, des applications de la boutique Windows Store, et même des informations provenant de sites Internet.

2. **Cliquez sur la proposition répondant à votre problème.**

Windows vous mène directement à la page de ce paramètre soit dans la fenêtre des Paramètres Windows, soit dans une boîte de dialogue du traditionnel Panneau de configuration.

Une autre manière de rechercher un paramètre consiste à cliquer sur l'icône Paramètres, dans la colonne à gauche du menu Démarrer. Ensuite, dans le panneau Paramètres qui apparaît, saisissez la requête dans le champ de saisie Rechercher un paramètre.

Faire connaissance avec les Paramètres Windows

Pour accéder aux Paramètres Windows, cliquez sur le bouton Démarrer, puis sur l'icône Paramètres, dans la colonne de gauche.

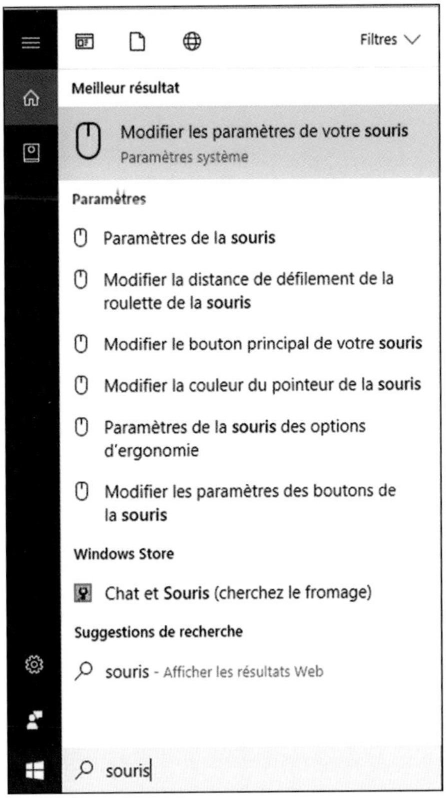

FIGURE 12.1
Recherche du paramétrage de la souris.

L'écran du panneau Paramètres apparaît (voir la Figure 12.2). En fait, cette fenêtre est pratiquement identique quel que ce soit l'appareil : PC, tablette, smartphone et même téléviseur.

Dans le panneau Paramètres les réglages sont classés en plusieurs catégories, dont chacune sera traitée plus en profondeur dans ce chapitre :

» **Système :** c'est fourre-tout contenant tout ce qui ne peut pas être classé ailleurs. Par exemple, vous pourrez à partir d'ici régler la *résolution* de l'écran, autrement la quantité d'informations que celui-ci peut afficher sans que tous les caractères ne deviennent illisibles. Vous y trouverez même des réglages pour dire à l'application Cartes comment elle doit réagir lorsqu'elle est déconnectée de l'Internet.

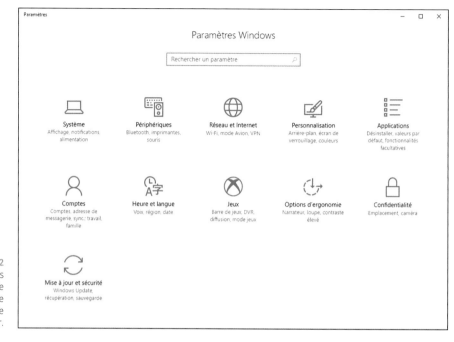

FIGURE 12.2
L'écran Paramètres
vous permet de
personnaliser le
comportement de
votre ordinateur.

» **Périphériques :** dans Windows, les *périphériques* sont des éléments physiques, comme la souris, le clavier, une imprimante ou encore un scanner. De ce fait, cette section vous permet par exemple d'ajuster le fonctionnement de la molette de la souris, ou encore d'indiquer la manière dont l'ordinateur doit se comporter lorsque vous insérez une carte mémoire. Bref, vous trouvez ici un fatras de réglages auquel il sera sans doute plus facile d'accéder en faisant appel au champ Rechercher (voir plus haut).

» **Réseau et Internet :** la configuration Wi-Fi accessible ici sera plus facilement réalisable depuis l'icône correspondante sur la barre des tâches (voyez à ce sujet le Chapitre 9). Pour le reste, cette section est surtout dédiée aux *geeks* qui pourront y paramétrer leur réseau privé virtuel, ou encore aux vieux de la vieille qui y retrouveront de quoi créer une connexion d'accès réseau à distance. Bref, la plupart des éléments listés ici ont purement et simplement été jetés là un jour de grand nettoyage du Panneau de configuration.

» **Personnalisation :** choisissez ici une nouvelle image de fond pour votre bureau ou votre écran de verrouillage (celui qui vous accueille lorsque vous allumez votre PC). Il est aussi possible ici de personnaliser certaines parties du menu Démarrer, ou encore de dire si vous voulez que les éléments récemment ouverts soient affichés dans la barre des tâches ou sur l'écran d'accueil.

» **Applications :** Permet de gérer les programmes et les applications installées sur le PC. C'est ici que désormais vous désinstallerez vos logiciels. Si les applications se désinstallent directement depuis cette fenêtre, il n'en va pas toujours de même pour les programmes qui peuvent ouvrir une fenêtre propre au logiciel à désinstaller ou bien ouvrir la bonne vieille boîte de dialogue Désinstaller ou modifier un programme du Panneau de configuration

» **Comptes :** ici, vous créez ou modifiez les comptes des personnes qui peuvent utiliser votre ordinateur, ou bien encore supprimer ces comptes si ces personnes ne sont plus les bienvenues. Ce sujet est traité dans le Chapitre 14. C'est là également que vous pouvez changer votre mot de passe ou encore l'image associée à votre compte. Visitez la section Synchroniser vos paramètres pour contrôler ce qui devrait être coordonné entre les appareils sur lesquels vous avez activé votre compte Microsoft.

» **Heure et langue :** pour régler la date, l'heure, la région et la langue d'utilisation de votre ordinateur.

» **Jeux :** Permet de définir des options d'utilisation des jeux comme la configuration de la barre de jeux, l'optimisation de Windows avec le Mode jeu, le type de diffusion, ou bien encore la capture de jeux DVR.

» **Options d'ergonomie :** ces réglages permettent de configurer Windows pour les handicapés.

» **Confidentialité :** de nos jours, Internet laisse très peu de place à la vie privée... Pour autant, cette section vous permet de voir quels contrôles Windows vous offre pour limiter la quantité de données que les applications et les sites Internet peuvent collecter sur vous. Par exemple, il est possible de choisir les applications autorisées à accéder à vos informations de compte, celles qui auront le droit d'utiliser la webcam, ou encore celles qui pourront voir votre liste de contacts.

» **Mise à jour et sécurité :** donne accès aux options de Windows Update, de l'historique des fichiers, et de récupération de votre système. Si tout cela vous fait un peu peur, voyez le Chapitre 11 pour en savoir plus sur Windows Defender, et le Chapitre 18 pour découvrir l'historique des fichiers ainsi que les utilitaires de restauration.

Retenez bien que Windows 10 Creator Update cherche à mettre un terme à l'utilisation directe du Panneau de configuration et ne vous y donne accès que pour des paramétrages très précis via des boîtes de dialogue spécifiques. Microsoft considère en effet que les réglages des différentes rubriques de la fenêtre Paramètres Windows suffisent à la très grande majorité des utilisateurs.

Système

Comme une voiture qui aurait pris de l'âge, Windows a besoin d'une révision de temps à autre. En fait, une bonne maintenance est capable de le maintenir tellement en forme qu'une bonne partie du Chapitre 13 est consacrée à ce sujet. Vous y découvrirez comment accélérer le fonctionnement de Windows, comment libérer de l'espace sur votre disque dur.

Vous y définirez aussi la résolution d'affichage de Windows, les notifications et les actions, les paramètres du mode tablette, et bien d'autres choses encore.

Comptes utilisateurs

J'explique dans le Chapitre 14 comment créer des comptes séparés pour chacune des personnes qui utilisent votre PC. Cela leur permet de travailler ou de jouer, tout en limitant les dommages qu'elles pourraient causer à Windows ou à vos fichiers. En fait, vous ne devriez avoir que rarement besoin de visiter cette section.

Si vous voulez créer un compte d'utilisateur pour un visiteur, voici une petite astuce qui vous évitera de feuilleter tout de suite les pages de ce livre pour consulter le Chapitre 14 : ouvrez le menu Démarrer puis cliquez sur le bouton Paramètres. Dans la fenêtre Paramètres, cliquez sur Comptes puis sur Famille et autres utilisateurs dans le volet de gauche.

Réseau et Internet

Connectez votre PC à une box Internet, et Windows se met immédiatement à avaler des tas d'informations en provenance du Internet. Connectez-le à un autre PC, et il va tout de suite vouloir les relier pour former un groupement résidentiel, ou un autre type de réseau. Vous n'aviez pas encore de groupe résidentiel ? Voyez le Chapitre 14.

Même si Windows fait très bien le travail sans avoir besoin d'assistance, la catégorie Réseau et Internet contient tout de même quelques outils utiles pour résoudre certains problèmes.

Le Chapitre 15 est entièrement centré sur cette affaire de réseaux. Pour ce qui concerne l'Internet, revoyez le Chapitre 9.

Personnalisation

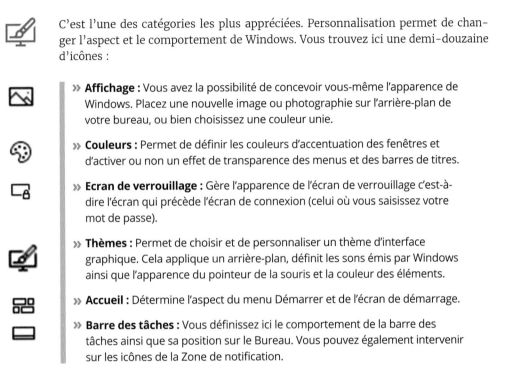

C'est l'une des catégories les plus appréciées. Personnalisation permet de changer l'aspect et le comportement de Windows. Vous trouvez ici une demi-douzaine d'icônes :

>> **Affichage :** Vous avez la possibilité de concevoir vous-même l'apparence de Windows. Placez une nouvelle image ou photographie sur l'arrière-plan de votre bureau, ou bien choisissez une couleur unie.

>> **Couleurs :** Permet de définir les couleurs d'accentuation des fenêtres et d'activer ou non un effet de transparence des menus et des barres de titres.

>> **Ecran de verrouillage :** Gère l'apparence de l'écran de verrouillage c'est-à-dire l'écran qui précède l'écran de connexion (celui où vous saisissez votre mot de passe).

>> **Thèmes :** Permet de choisir et de personnaliser un thème d'interface graphique. Cela applique un arrière-plan, définit les sons émis par Windows ainsi que l'apparence du pointeur de la souris et la couleur des éléments.

>> **Accueil :** Détermine l'aspect du menu Démarrer et de l'écran de démarrage.

>> **Barre des tâches :** Vous définissez ici le comportement de la barre des tâches ainsi que sa position sur le Bureau. Vous pouvez également intervenir sur les icônes de la Zone de notification.

Dans les quelques sections qui suivent, nous allons voir comment modifier certains aspects de Windows, et comment y procéder de la manière la plus rapide possible. Ainsi, ne soyez pas étonné de passer de l'écran Paramètres au Panneau de configuration, ou l'inverse, en fonction du réglage à appliquer.

Changer l'arrière-plan du bureau

Un arrière-plan, ou papier peint si vous préférez, est simplement une image qui recouvre votre bureau. Pour le modifier, suivez ces étapes :

1. **Cliquez du bouton droit sur le fond du bureau, et dans le menu contextuel qui apparaît, choisissez la commande Personnaliser.**

Windows affiche le panneau Arrière-plan (voir la Figure 12.3).

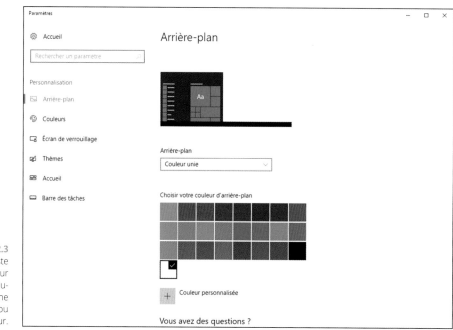

FIGURE 12.3
Cliquez sur la liste déroulante pour choisir si votre bureau affichera une splendide photo ou une simple couleur.

Vous ne pouvez pas cliquer du bouton droit en mode Tablette. Au lieu de cela, vous devrez presser le bouton Démarrer, taper le mot Paramètres, puis toucher l'icône Personnalisation.

2. **Ouvrez le menu local Arrière-plan..**

Il permet de sélectionner une image, une couleur, et même un diaporama, autrement une série de photos qui s'enchaîneront automatiquement à des intervalles prédéfinis.

Les images d'arrière-plan peuvent être enregistrées dans de nombreux formats : BMP, GIF, JPG, JPEG, DIB ou encore PNG. Cela signifie que vous avez la possibilité d'utiliser pratiquement n'importe quelle photo ou image trouvée sur le Internet ou provenant d'un appareil numérique.

Lorsque vous cliquez sur la vignette d'une image, Windows l'affiche instantanément sur le fond du bureau. Si vous êtes satisfait du résultat, passez directement à l'Étape 3. Sinon, recommencez l'Étape 2.

3. **Dans la liste Choisir un ajustement, décidez si vous voulez remplir, ajuster, étirer, mettre en mosaïque, ou encore centrer votre image.**

Toutes les images ne remplissent pas parfaitement le bureau. Les petits dessins, par exemple, doivent être étirés pour remplir tout l'espace, ou bien être démultipliés en un certain nombre de rangées sur l'écran de manière à occuper celui-ci. Si le résultat ne vous enthousiasme pas, essayez l'une des options Remplir ou Ajuster de la liste Choisir un ajustement pour définir l'apparence de votre bureau, ou bien encore essayez de centrer l'image en acceptant de laisser un bord uni de chaque côté de celle-ci.

Vous pouvez également varier les images en sélectionnant l'option Diaporama. Il suffit pour cela de les cocher dans la zone d'affichage de leurs vignettes. Le fond du bureau sera alors changé par défaut toutes les trente minutes.

Vous trouvez soudain une magnifique image dont vous aimeriez faire votre arrière-plan alors que vous naviguez sur le Internet ? Faites un clic du bouton droit sur cette image et sélectionnez l'option Enregistrer l'image d'arrière-plan. Windows va alors copier cette illustration dans le dossier Images de votre ordinateur vous pourrez alors la choisir pour l'afficher sur le fond de votre bureau.

Personnaliser l'écran de verrouillage

L'écran de verrouillage s'affiche au démarrage de Windows, après une période d'inactivité de l'ordinateur, ou lorsque vous le lancez volontairement pour quitter votre poste de travail sans mettre l'ordinateur en veille.

Voici comment afficher un autre écran de verrouillage :

1. **Cliquez du bouton droit sur le fond du bureau, et dans le menu contextuel qui apparaît, choisissez la commande Personnaliser.**

Le panneau Arrière-plan que nous venons d'étudier apparaît.

2. **Ds la colonne Personnalisation (à gauche), cliquez sur Écran de verrouillage.**

Vous accédez à l'écran illustré à la Figure 12.4.

3. **Dans la liste Arrière-plan, cliquez sur l'option voulue.**

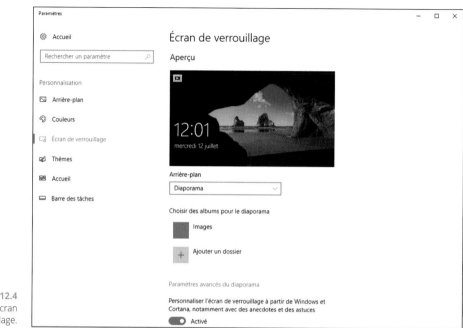

FIGURE 12.4
Paramétrer l'écran
de verrouillage.

Vous avez le choix entre un arrière-plan prédéfini par Windows ou bien une image personnalisée, ou encore un diaporama.

Avec Windows à la une Microsoft change la photo sur l'écran de verrouillage à chaque fois que vous accédez à cet écran.

4. **Servez-vous des autres options pour personnaliser encore plus votre écran de verrouillage.**

   Par défaut, vos nouveaux messages devraient être présents. Mais vous pouvez aussi afficher des notifications supplémentaires en cliquant sur un des boutons « + ».

5. **Dans le menu qui apparaît, choisissez l'application dont les notifications seront affichées par l'écran de verrouillage (voir la Figure 12.5).**

6. **Pour supprimer une application de l'écran de verrouillage, cliquez sur sa vignette et, dans le menu local qui apparaît, cliquez sur le bouton Aucun.**

7. **Si vous le souhaitez, vous pouvez changer l'application par défaut qui affiche ses détails sur l'écran d'accueil. Cliquez sur sa vignette, et choisissez un autre programme dans le menu local qui apparaît.**

Écran de verrouillage

Aucun

☀ Météo

📞 Téléphone

💬 Messaging

Ⓢ Skype

🕐 Alarmes et horloge

📅 Calendrier

📧 Courrier

⊞ Windows Store

...formations sur l'état

...uhaitez afficher l'état rapide

...cran de verrouillage sur l'écran

Paramètres de l'écran de verrouillage de Cortana

FIGURE 12.5
Ajouter une appli-
cation à l'écran de
verrouillage.

Choisir un écran de veille

Aux temps préhistoriques de l'informatique, un effet de rémanence – une image fantôme indélébile –affectait l'écran lorsqu'un programme restait affiché trop longtemps. Pour éviter cet inconvénient, les utilisateurs installaient un *économiseur d'écran* de manière à éviter qu'un affichage trop statique n'endommage les photophores de l'écran. Ce problème n'existe pas sur les écrans plats. L'économiseur d'écran est devenu un *écran de veille*.

Windows est livré avec plusieurs écrans de veille. Pour y accéder, suivez par exemple la procédure suivante :

1. **Ouvrez la fenêtre Paramètres Windows et choisissez la catégorie Personnalisation. Cliquez ensuite sur Écran de verrouillage.**

2. **En bas du panneau Écran de verrouillage, cliquez sur le lien Paramètres de l'écran de veille.**

Le panneau Paramètres de l'écran de veille apparaît.

3. **Sélectionnez un modèle d'écran de veille dans le menu Écran de veille (voir Figure 12.6).**

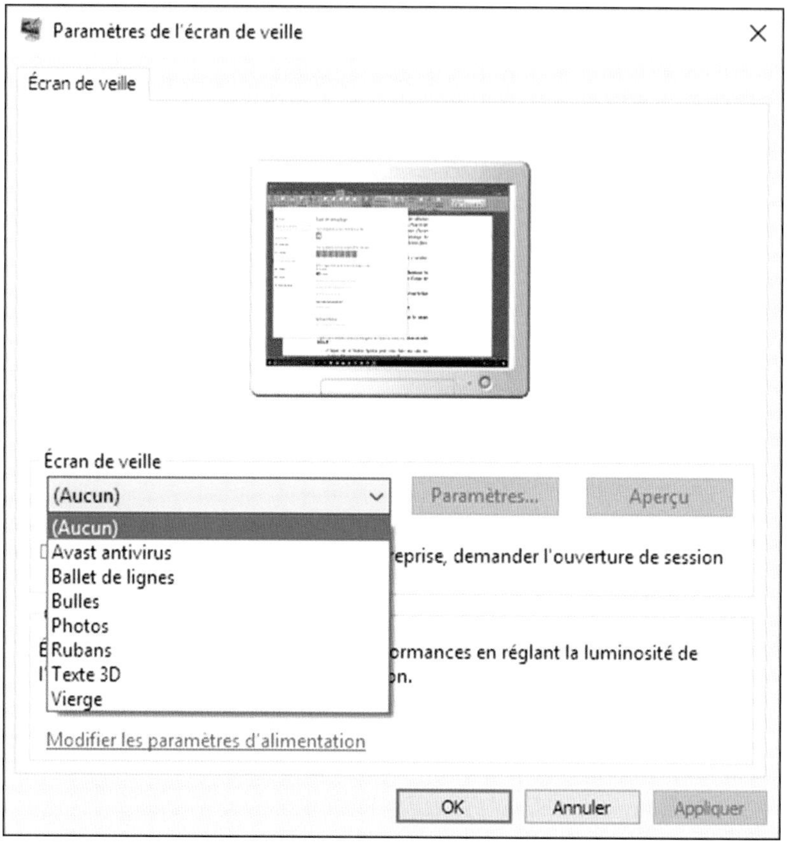

FIGURE 12.6
Choisir, tester et
configurer un écran
de veille.

Cliquez sur le bouton Aperçu pour vous faire une idée du résultat. N'hésitez pas à tester tous les écrans.

(Facultatif) Cliquez sur le bouton Paramètres. Certains écrans de veille proposent différentes options, permettant par exemple de régler la vitesse de défilement des photographies.

4. **Dans le champ Délai, indiquez la durée d'inactivité de l'ordinateur au terme de laquelle l'écran de veille entrera en service.**

5. **Si vous le voulez, vous pouvez également ajouter un peu de sécurité en cochant la case À la reprise, demander l'ouverture de session.**

   Cela peut vous éviter de voir votre ordinateur « squatté » pendant les quelques minutes où vous êtes parti faire une pause café. Dans ce cas, Windows demandera votre mot de passe lorsque vous bougerez la souris ou appuierez sur une touche du clavier.

6. **Les réglages terminés, cliquez sur le bouton OK.**

   Windows sauvegarde vos choix.

Pour consommer moins d'électricité, oubliez les écrans de veille et mettez le PC en veille : cliquez sur le bouton Démarrer, cliquez sur l'icône Marche/Arrêt dans la colonne de gauche, puis choisissez Mettre en veille. Pour « réveiller » le PC, il suffira d'appuyer sur une touche ou d'actionner la souris. Le mot de passe sera exigé.

Changer le thème de Windows

Les *thèmes* sont simplement des ensembles de réglages qui définissent l'apparence de votre bureau. Vous pouvez par exemple enregistrer dans un thème la configuration de votre écran de veille et l'arrière-plan du bureau. Vous n'avez plus ensuite qu'à passer d'un thème à un autre pour changer le costume de votre PC.

Pour essayer l'un des thèmes prédéfinis de Windows, cliquez sur le bouton Démarrer, puis dans la colonne de gauche, choisissez Paramètres. Cliquez sur Personnalisation, puis sur Thèmes. Choisissez un des thèmes proposés dans la section Appliquer un thème visible sur la Figure 12.7.

Vous pouvez personnaliser un thème en modifiant les paramètres Arrière-plan, Couleur, Sons, et Curseur de la souris. Une fois les modifications apportées, cliquez sur le bouton Enregistrer le thème. Dans la boîte de dialogue qui apparaît, nommez votre thème et cliquez sur le bouton Enregistrer. Sa vignette s'ajoute à celles des thèmes prédéfinis de Windows.

Vous pouvez supprimer des thèmes personnalisés (donc enregistrés par vos soins) en cliquant-droit sur l'icône d'un de vos thèmes non utilisés. Dans le menu contextuel, exécutez la commande Supprimer.

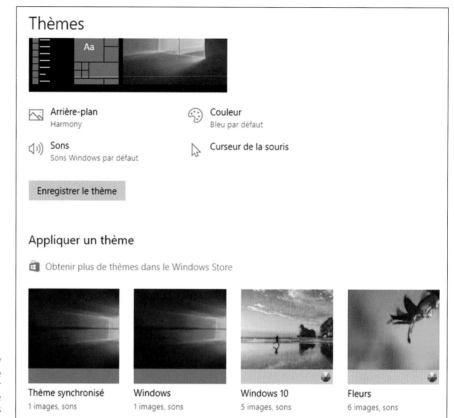

FIGURE 12.7
Choisissez un thème
prédéfini pour
changer l'aspect de
Windows et les sons
qu'il utilise.

Pour trouver d'autres thèmes, cliquez sur le lien Obtenir plus de thèmes dans le Windows Store. Cette action ouvre l'application éponyme. Faites votre choix parmi les centaines de thèmes gratuits mis à votre disposition.

Changer la résolution de l'écran

La *résolution de l'écran* fait partie de ces multiples paramètres que l'on configure une bonne fois pour toutes, et que l'on oublie ensuite. Cette résolution détermine la quantité d'informations graphiques que Windows est capable d'afficher sur votre écran. Si vous l'augmentez, il sera capable d'afficher plus de *pixels*. Si vous la diminuez, tout deviendra plus grand, mais vous verrez moins de choses.

Pour trouver la résolution la plus confortable pour vos yeux, ou bien si un programme ou un jeu vous suggère de changer cette résolution ou de *mode vidéo*, suivez ces étapes :

1. **Cliquez sur le menu Démarrer, puis sur l'icône Paramètres. Dans la fenêtre Paramètres, cliquez sur le bouton Système.**

2. **Dans la page Système, cliquez sur Affichage.**

3. **Dans le menu local Résolution, choisissez la résolution à appliquer comme sur la Figure 12.8.**

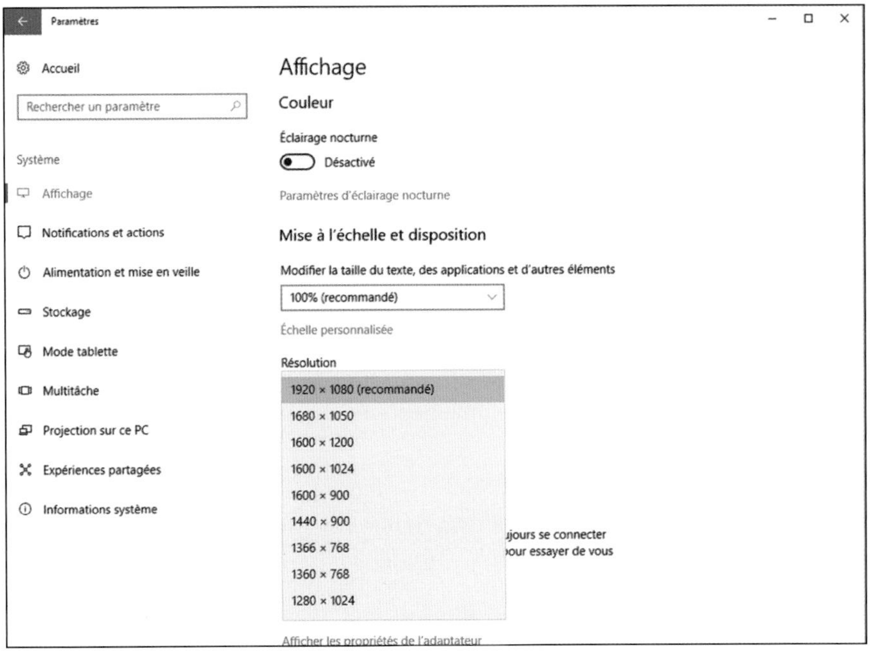

FIGURE 12.8
Plus la résolution est élevée, et plus Windows peut afficher d'informations.

La liste propose une série de valeurs. Plus celles-ci sont élevées, plus la résolution est importante, et donc plus Windows pourra afficher d'informations sur votre écran. En même temps, cela réduit la taille relative des textes et des images.

Il n'y a pas ici de choix qui serait bon ou mauvais, mais il est tout de même conseillé d'appliquer la résolution recommandée par Windows (et n'oubliez pas aussi que vous aurez besoin de pas mal de pixels si vous voulez regarder des vidéos dans de bonnes conditions).

4. **La résolution changeant immédiatement, cliquez ensuite sur le bouton Conserver si cela vous convient, ou Restaurer pour revenir à la résolution que vous utilisiez.**

5. **Si vous êtes satisfait du résultat, refermez simplement la fenêtre des paramètres.**

Une fois votre résolution d'affichage ajustée selon vos besoins et désirs, vous n'aurez probablement plus jamais à y revenir, à moins que vous ne changiez d'écran plus tard. Une autre raison de revenir à cette fenêtre, c'est l'ajout d'un second écran à votre PC. Voyez ce qu'en dit la section qui suit.

Augmenter l'espace de travail avec un second écran

Vous voilà à la tête non plus d'un, mais de deux écrans. Vous avez peut-être récupéré le second sur un PC moribond, ou c'est un cadeau qu'on vous a fait, ou toute autre bonne raison. Branchez-le sur votre PC, placez-le à côté du premier écran, et voilà votre bureau Windows doublé. Windows va en effet étendre par défaut votre espace de travail sur les deux écrans. De quoi par exemple consulter une encyclopédie en ligne d'un côté, tout en rédigeant votre article de l'autre.

 Pour brancher un second écran, l'ordinateur doit posséder une sortie écran DVI, HDMI ou VGA supplémentaire, ou, pour un ordinateur portable, une sortir HDMI ou VGA.

 Si votre ordinateur est équipé d'une sortie numérique HDMI et que l'écran possède un port analogique VGA, ou si l'ordinateur ne propose qu'une sortie VGA tandis que l'écran possède un port DVI numérique, un simple câble équipé des connecteurs appropriés est insuffisant. Vous devrez en plus utiliser un convertisseur numérique/analogique HDMI vers VGA par exemple, ou analogique/numérique, VGA vers DVI.

Une fois le branchement (second écran ou vidéoprojecteur) réalisé, suivez ces étapes :

1. **Cliquez sur le menu Démarrer, puis sur l'icône Paramètres. Dans la fenêtre Paramètres, cliquez sur le bouton Système.**

2. **Dans la page Système, cliquez sur Affichage.**

Les écrans sont visibles côte à côte, comme sur la Figure 12.9. Si le second écran n'apparaît pas, cliquez sur le lien Détecter. Vous devrez peut-être l'éteindre, attendre vingt ou trente secondes, puis le rallumer.

Paramètres   — ⊓ ✕

⚙ Accueil   Affichage

🔍 Rechercher un paramètre   Sélectionner et réorganiser des affichages

Système   Sélectionnez un affichage ci-dessous pour modifier ses paramètres. Certains
                                   paramètres sont appliqués à tous les affichages.
🖵 Affichage

🗋 Notifications et actions   ┌─────────┬─────────┐
                                              │   │   │
⏻ Alimentation et mise en veille   │   1   │   2   │
                                              │   │   │
🔋 Batterie   └─────────┴─────────┘

🖹 Stockage   Aucun autre écran n'a été détecté.
                                                      Identifier   Détecter
🖵 Mode tablette

📱 Multitâche   Luminosité et couleur

🖧 Projection sur ce PC   Modifier la luminosité

✕ Expériences partagées
                                   Éclairage nocturne
ⓘ Informations système

3. **Cliquez sur l'une des vignettes et faites-la glisser de manière à ce que la disposition de ces écrans virtuels corresponde à l'emplacement physique sur votre bureau de vos écrans réels. Choisissez ensuite l'écran qui sera considéré comme l'écran principal.**

Vous avez un doute sur les écrans ? Cliquez sur le bouton Identifier. Windows affichera un numéro sur chaque écran. Vous pouvez alors disposer les vignettes dans le bon ordre.

Vous pouvez maintenant, si nécessaire, cliquer sur la vignette du second écran, puis cocher l'option Faire de cet affichage l'affichage principal (donc celui qui contient le bouton Démarrer).

La résolution de chaque écran peut être configurée de manière indépendante en cliquant au préalable sur la vignette correspondante.

Périphériques

Accessible via les Paramètres Windows, Cette partie contrôle les éléments de votre PC que vous pouvez toucher physiquement ou brancher. Il est possible ici d'ajuster les réglages de votre affichage, de votre souris, de vos haut-parleurs, de votre clavier, de vos imprimantes, de votre scanner, de votre appareil photo numérique, ou encore de votre tablette graphique, etc.

Pour autant, il n'y a pas de motif valable pour passer son temps ici, d'autant que la plupart de ces paramètres se retrouvent ailleurs, par exemple en cliquant droit sur une icône et en choisissant dans le menu la commande Propriétés.

Que vous arriviez à ces pages après avoir ouvert le Panneau de configuration ou via un raccourci, les sections qui suivent décrivent les raisons les plus populaires de les visiter.

Régler le volume et les sons

La rubrique Son permet de régler le volume audio de votre PC, ce qui peut-être bien pratique si vous essayez de jouer discrètement sur votre tablette Windows pendant une réunion particulièrement ennuyeuse.

Les tablettes sous Windows possèdent généralement un dispositif de réglage du volume sonore sur leur bord gauche (ou droit). Le bouton du haut augmente le volume, et celui du bas le diminue. Réglez le son comme il faut un peu avant de commencer à jouer à Angry Birds ou à Candy Crush dans la salle de conférence...

Pour régler le volume audio depuis votre bureau, cliquez sur la petite icône de haut-parleur, à droite de la barre des tâches, puis faites glisser le curseur pour augmenter ou réduire le son (voir la Figure 12.10). Si vous ne voyez pas cette icône, faites un clic du bouton droit sur l'horloge, choisissez Paramètres de la barre des tâches. Faites défiler le contenu de la fenêtre qui s'affiche afin de localiser la section Zone de notification. Cliquez alors sur le lien Sélectionner les icônes à afficher dans la barre des tâches. Basculez ensuite le commutateur de l'icône Volume sur Activé.

Pour rendre votre PC muet, cliquez sur l'icône du haut-parleur qui se trouve à gauche du contrôle de volume (reportez-vous à la Figure 12.10). Un nouveau clic sur cette icône, et l'ordinateur retrouve sa voix.

FIGURE 12.10
Cliquez sur l'icône de haut-parleur, puis faites glisser le curseur pour ajuster le volume sonore.

Cliquez du bouton droit sur l'icône de haut-parleur, puis choisissez dans le menu qui apparaît l'option Ouvrir le mixeur du volume, et vous pourrez alors configurer plus finement le niveau sonore pour différentes applications. Vous pouvez tranquillement faire exploser des mines dans votre jeu favori, pendant que votre programme de messagerie vous avertira en douceur de l'arrivée d'un nouveau courrier (malheureusement, les sons pour les *applications* ne peuvent pas être configurés ici).

Installer ou configurer des haut-parleurs

La plupart des PC sont fournis avec seulement deux haut-parleurs. D'autres en ont quatre, et d'autres encore, destinés au jeu ou au *home cinema*, peuvent en posséder jusqu'à huit. Pour prendre en compte toutes ces configurations possibles, Windows inclut un outil de configuration et de test de haut-parleurs.

Si vous installez de nouvelles enceintes, ou si vous n'êtes pas certain que votre installation actuelle est parfaitement configurée, suivez ces étapes :

1. **Cliquez du bouton droit sur l'icône du haut-parleur, à droite dans la barre des tâches. Dans le menu qui apparaît, choisissez Périphériques de lecture.**

2. **Dans la boîte de dialogue Son, cliquez sur l'icône qui correspond à votre matériel, puis sur le bouton Configurer.**

   La boîte de dialogue Configurer les haut-parleurs apparaît (voir la Figure 12.11).

3. **Cliquez sur le bouton Tester. Ajustez si nécessaire les réglages de vos haut-parleurs, puis cliquez sur le bouton Suivant.**

   Windows va vous demander de choisir le nombre de haut-parleurs à utiliser et de valider leur position. Chacun va jouer un son tour à tour pour que vous puissiez bien vous rendre compte du résultat.

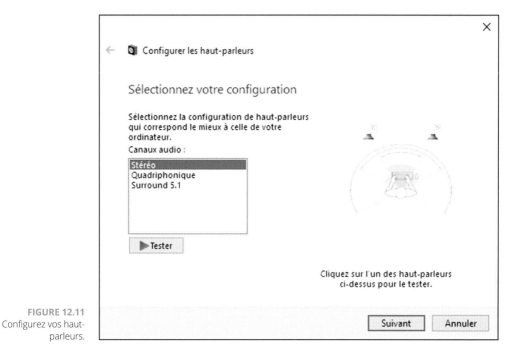

FIGURE 12.11
Configurez vos haut-parleurs.

4. **Cliquez sur Terminer pour clore la configuration. Recommencez la même procédure pour vos autres dispositifs audio. Cliquez sur OK quand vous avez fini.**

Tant que vous y êtes, vous devriez aussi tester le réglage de volume de votre micro en cliquant sur l'onglet Enregistrement de la boîte de dialogue Son. Parcourez également les réglages des autres appareils audio que vous auriez pu vous offrir.

Si vos haut-parleurs et votre micro n'apparaissent pas dans cette boîte de dialogue, c'est que Windows ne les a pas reconnus, et donc qu'il ne sait pas qu'ils sont branchés sur votre PC. Cela signifie généralement que vous devez installer un nouveau *pilote*, un travail ennuyeux que je traite dans le Chapitre 13.

Ajouter un appareil Bluetooth

La technologie Bluetooth vous permet de connecter des appareils sans fil à votre ordinateur, ce qui peut vous aider à faire un peu de ménage sur votre bureau. Avec une tablette, il est possible d'ajouter ainsi une souris et un clavier sans accaparer l'un de vos ports USB.

Les liaisons Bluetooth peuvent aussi permettre une communication sans fil entre votre téléphone portable et votre ordinateur ou votre tablette, du moins si votre matériel et votre fournisseur d'accès vous y autorisent.

Pour ajouter un dispositif Bluetooth à votre système, suivez ces étapes

1. **Assurez-vous tout d'abord que l'appareil Bluetooth est allumé et opérationnel.**

   Parfois, il vous suffit d'actionner un commutateur. Dans d'autres cas, il faut appuyer sur un bouton jusqu'à ce que sa petite lumière commence à clignoter.

2. **Dans le menu Démarrer, cliquez sur l'icône Paramètres.**

3. **Cliquez sur le bouton Périphériques.**

   La liste des dispositifs connectés à votre système va apparaître.

4. **Cliquez sur l'option Ajouter un appareil Bluetooth, et choisissez Bluetooth.**

   L'ordinateur recherche un nouvel appareil Bluetooth situé à portée.

   Si rien ne se passe, recommencez à partir de l'Étape 1 et vérifiez que votre appareil Bluetooth est bien allumé (attendez tout de même une trentaine de secondes avant de recommencer).

5. **Lorsque le nom de votre dispositif apparaît sous le bouton Ajouter un périphérique, cliquez dessus ou tapotez-le.**

6. **Si nécessaire, saisissez le code associé à votre matériel puis demandez à jumeler le tout.**

   C'est là que la situation se complique. Pour des raisons de sécurité, vous devez prouver que vous êtes bien assis devant votre *propre* ordinateur, et que vous n'êtes pas un vulgaire malfrat qui tenterait de le pirater. Malheureusement, les appareils emploient des techniques plus ou moins différentes pour vous demander de prouver votre innocence.

   Parfois, vous devez entrer une chaîne secrète de chiffres (un *passcode*) aussi bien sur votre dispositif Bluetooth que sur votre ordinateur. En général, ce code se dissimule quelque part dans le manuel de votre appareil. Mais vous devez faire vite avant que l'autre bout de la chaîne se lasse et arrête d'attendre.

   Dans certains cas, par exemple avec une souris Bluetooth, vous devez appuyer à ce moment sur un petit bouton. Les téléphones portables peuvent aussi vous demander d'appuyer ou de cliquer sur quelque chose lorsque les codes sont identiques des deux côtés.

En cas de doute, tapez **0000**. C'est le code universel et par défaut du matériel Bluetooth.

L'ordinateur et le dispositif Bluetooth correctement appariés, le nom et l'icône de celui-ci apparaîtront dans la liste des périphériques de l'écran Paramètres.

Si l'appareil Bluetooth, un smartphone par exemple, n'est pas identifié, vérifiez que vous avez bien activé sa visibilité dans le paramétrage Bluetooth du téléphone.

Ajouter une imprimante

Les constructeurs d'imprimantes étant incapables de se mettre d'accord sur une procédure d'installation standard, deux voies s'offrent éventuellement à vous :

» Certains fabricants vous demandent simplement de brancher l'imprimante en reliant un câble à un port USB de votre ordinateur. Windows détecte alors automatiquement le nouveau matériel, le reconnaît et l'installe. Il ne vous reste plus qu'à mettre de l'encre ou du toner, insérer du papier dans le bac prévu à cet effet, et c'est tout.

» D'autres fabricants utilisent une approche moins souple. Ils vous demandent d'installer leur logiciel *avant* de connecter l'imprimante. Et celle-ci risque de ne pas fonctionner correctement si vous ne respectez pas cet ordre d'installation.

Il n'y a hélas qu'une seule façon de savoir comment vous y prendre : consulter le manuel de l'imprimante (dans le meilleur des cas, vous trouverez dans le carton de celle-ci un joli document plein de couleurs qui décrit toute la procédure à suivre).

Si votre imprimante n'est pas livrée avec un ou deux CD-ROM, insérez vos cartouches, mettez du papier dans le bas, et suivez ces étapes :

1. **Commencez par installer les pilotes de l'imprimante livré sur CD ou que vous téléchargerez depuis le site Web du constructeur.**

2. **Windows étant actif et bien éveillé, branchez l'imprimante au PC et allumez-la.**

   Si l'imprimante est Wi-Fi vérifiez que sa fonctionnalité sans fil est bien active. Un témoin lumineux atteste de l'activation du Wi-Fi sur l'imprimante.

Windows, avec un peu de chance, affichera un message vous informant que l'imprimante a été installée avec succès. Mais ne vous en contentez pas et effectuez quelques tests.

3. **Cliquez sur le bouton Démarrer puis sur l'icône Paramètres.**

4. **Dans la fenêtre Paramètres, cliquez sur Périphériques.**

5. **Dans la colonne de gauche, cliquez sur Imprimantes et scanners.**

6. **Cliquez sur le bouton Ajouter une imprimante ou un scanner.**

La recherche commence et Windows va afficher les périphériques présents, dont les imprimantes. Avec un peu de chance, vous allez y retrouver la vôtre. Si ce n'est pas le cas, cliquez sur Je ne trouve pas l'imprimante recherchée dans la liste. Suivez les différentes étapes de l'assistant qui se propose à vous.

Une fois l'imprimante identifiée, cliquez sur sa vignette dans la fenêtre Imprimantes et scanners, et cliquez sur le bouton Gérer comme sur la Figure 12.12. Dans la fenêtre Gérer votre appareil, cliquez sur le lien Imprimer une page de test. Si tout se déroule comme vous l'espériez, vous avez terminé. Félicitations.

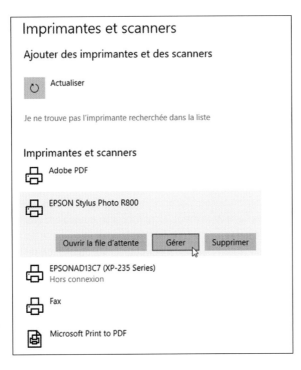

FIGURE 12.12
Cliquez sur ce bouton pour accéder aux options de votre imprimante.

La page de test ne s'est pas imprimée correctement ? Vérifiez que tous les éléments de l'emballage ont bien été retirés de l'imprimante, et qu'elle est bien alimentée en encre ou en toner. Si cela ne suffit pas, il est bien possible que le matériel soit défectueux. Il ne vous reste plus qu'à retourner à la boutique où vous l'avez acheté, ou à contacter le service après-vente adéquat.

Windows possède par défaut une imprimante appelée Microsoft XPS Document Printer. Comme ce n'est pas *réellement* une imprimante, vous pouvez l'ignorer sans problème.

Avec de nombreuses applications, vous pouvez aussi demander à imprimer un document sous la forme d'un fichier au format PDF. Vous pourrez ensuite, par exemple, transmettre ce fichier via un e-mail. Et si votre correspondant(e) n'arrive pas à le lire, dites-lui de télécharger et d'installer Acrobat Reader (`get.adobe.com/reader/`).

Et voilà. Pour la plupart des utilisateurs, tout cela est suffisant et l'imprimante fonctionne très vite parfaitement. Dans le cas contraire, reportez-vous au Chapitre 8 pour plus d'explications sur les problèmes d'impression.

Si plusieurs imprimantes sont attachées ou connectées à votre ordinateur, faites un clic du bouton droit sur l'icône de celle dont vous vous servez le plus souvent, et choisissez l'option Définir comme imprimante par défaut dans le menu contextuel. Windows s'en servira alors automatiquement, sauf spécification contraire de votre part.

» Pour supprimer une imprimante dont vous ne vous servez plus, accédez à la fenêtre Imprimantes et scanners comme vous l'avez fait pour installer votre imprimante. Cliquez sur la vignette du matériel puis sur le bouton Supprimer. . Son nom n'apparaîtra plus lorsque vous lancerez une impression à partir d'une application. Si Windows vous propose de désinstaller aussi les pilotes et tout le logiciel associé, cliquez sur Oui (à moins que vous ne pensiez avoir à réinstaller ce matériel à l'avenir).

» Vous pouvez modifier les paramètres d'impression dans la plupart des programmes. Ouvrez le menu Fichier ou son équivalent (vous devrez peut-être appuyer sur la touche Alt du clavier pour faire apparaître les menus), et sélectionnez-y la commande Imprimer, ou Configuration de l'impression, ou quelque chose du même style. La fenêtre qui s'affiche vous permet de définir une taille de papier, de configurer graphismes et polices de caractères, et plein d'autres choses encore, par exemple l'impression recto verso.

» Pour partager rapidement une imprimante sur un réseau, créez un groupe résidentiel (voyez à ce sujet le Chapitre 14). Avec un peu de chance, votre imprimante devrait être facilement accessible à tous les utilisateurs du réseau.

>> Si le logiciel associé à votre imprimante vous semble confus, essayez de cliquer sur un bouton Aide ou son équivalent dans la boîte de dialogue correspondante. Chaque imprimante a ses propres options et paramètres, et Windows ne peut pas tout savoir sur votre modèle particulier.

Heure et langue

 Microsoft a conçu cette rubrique pour les utilisateurs itinérants, ceux qui voyagent loin et traversent les fuseaux horaires. Sinon, cette information n'apparaît le plus souvent qu'une seule fois, lors de la première mise en route de l'ordinateur. Windows se souvient de la date et de l'heure, même quand votre PC est éteint.

Les possesseurs d'appareil portable, comme ceux qui doivent travailler dans différentes langues, apprécieront cependant de pouvoir adapter facilement tout cela à leurs besoins.

Vous pouvez facilement régler la date, l'heure, et la région :

1. **Faites un clic-droit sur l'horloge de la Zone de notification (à droite de la barre des tâches).**

2. **Dans le menu contextuel qui s'affiche, choisissez Ajuster la date et l'heure comme sur la Figure 12.13.**

3. **Dans la fenêtre qui s'affiche, décochez l'option Régler l'heure automatiquement, puis cliquez sur le bouton Modifier.**

4. **Dans la boîte de dialogue qui apparaît, réglez la date et l'heure. Validez par un clic sur le bouton Modifier.**

5. **Pour choisir un autre fuseau horaire, désactivez le commutateur Définir le fuseau horaire automatiquement, puis choisissez un fuseau dans le menu local Fuseau horaire.**

Deux autres sections sont proposées :

>> **Région et Langue :** Si vous êtes bilingue ou multilingue, visitez cette zone pour choisir d'autres langages en fonction des documents sur lesquels vous travaillez. Vous voyagez au Mexique ? Cliquez sur l'icône de cette catégorie et choisissez ce pays dans la liste Pays ou région. Automatiquement, Windows va basculer vers le format de date et de monnaie de ce pays.

>> **Voix :** Contient les réglages de la synthèse vocale de Windows.

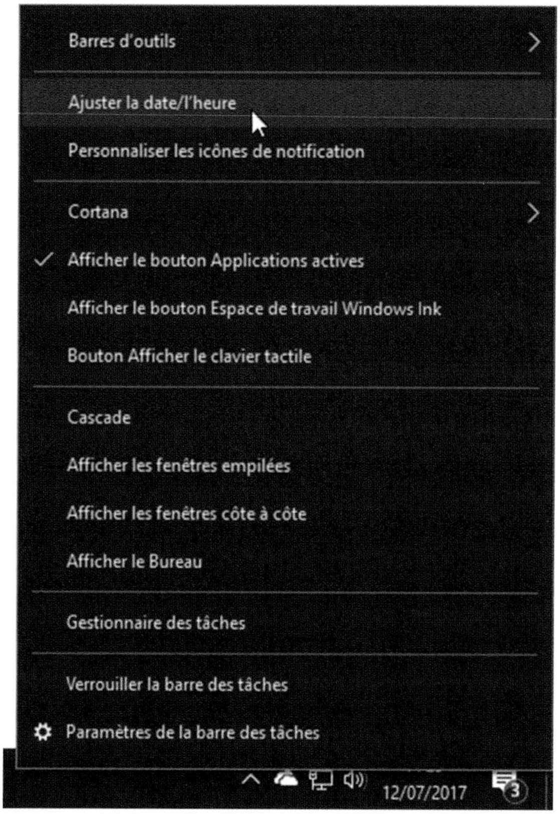

FIGURE 12.13
Pour régler rapi-
dement la date et
l'heure.

Ajouter ou supprimer des programmes

Supprimer une application de l'écran de démarrage ne demande aucun effort particulier. Cliquez du bouton droit sur une des vignettes de cet écran. Dans le menu
contextuel qui s'affiche, cliquez sur Détacher de l'écran de démarrage. Simple
comme bonjour...

En fait, cette action ne supprime pas réellement l'application. Vous la retrouverez
dans la liste des applications du menu Démarrer. Pour se débarrasser totalement
d'une application ou d'un programme de votre PC, suivez ces étapes :

1. **Cliquez sur le bouton Démarrer puis faites un clic-droit sur la vignette
d'une application ou d'un programme dans la liste du menu Démarrer.**

2. Choisissez Désinstaller dans le menu contextuel qui s'affiche..

3. Si une mini boîte de dialogue apparaît, cliquez sur Désinstaller.

4. Si la boîte de dialogue Désinstaller ou modifier un programme apparaît, comme sur la Figure 12.14

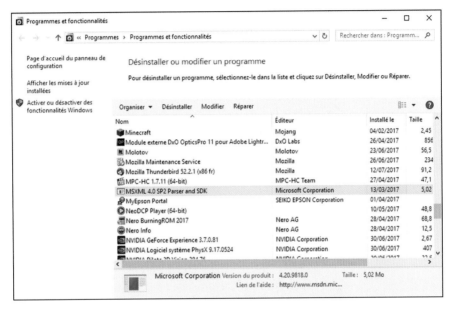

FIGURE 12.14
Désinstaller certains
programmes via
cette boîte de
dialogue.

5. Sélectionnez l'élément à désinstaller. Plusieurs options sont alors possibles en fonction du programme :

- **Modifier** ou **Déplacer :** l'option Modifier permet à l'éditeur du programme de lui apporter des modifications. Si la place commence à manquer dans la mémoire principale de la tablette, le bouton Déplacer permet de déplacer le programme vers la carte mémoire installée dans l'appareil. Sur un PC, le bouton Déplacer est inopérant.

- **Réparer :** Utile quand un programme ne fonctionne pas comme prévu. L'application réinstalle des librairies qui sont peut-être corrompues. Généralement le programme fonctionne de nouveau correctement.

- **Désinstaller :** cliquez sur ce bouton pour supprimer totalement le programme de l'ordinateur. Vous devrez confirmer ce choix.

La désinstallation d'un programme est définitive (vous pourrez toujours le réinstaller si vous avez conservé le fichier d'installation, ou l'adresse du site Internet d'où vous l'avez téléchargé, ou le CD d'origine). Contrairement aux autres éléments que vous supprimez, un programme désinstallé ne laisse aucune trace dans la Corbeille.

Pour désinstaller un programme, passez toujours par le Panneau de configuration. Ne vous contentez pas d'effacer les fichiers ou les dossiers de l'application. Cela risquerait fort de ne pas résoudre le problème et même de déstabiliser Windows.

Installer de nouveaux programmes

De nos jours, la plupart des programmes s'installent automatiquement dès que vous insérez leur CD-ROM (ou leur DVD) dans votre lecteur, ou après un double-clic sur leur fichier, une fois le téléchargement terminé.

Si vous n'êtes pas sûr qu'un programme se soit installé correctement, recherchez son nom dans le menu Démarrer. S'il apparaît dans la liste alphabétique Toutes les applications, vous avez gagné.

Dans le cas contraire, voici quelques conseils qui pourraient bien vous aider :

» Pour installer des programmes, vous devez être connecté avec un compte au niveau Administrateur (ce qui est normalement et automatiquement le cas de l'acheteur de l'ordinateur). Cela permet d'éviter que les enfants, des personnes indésirables ou tout autre individu avec un compte limité ou invité, puissent infecter votre ordinateur avec un programme malveillant. Les comptes d'utilisateurs sont expliqués au Chapitre 14.

» Les programmes récupérés sur l'Internet sont normalement stockés dans le dossier Téléchargements de Windows. Ouvrez l'Explorateur de fichiers depuis la barre des tâches. Cliquez ensuite sur Téléchargements, dans la rubrique Accès rapide du volet de gauche. Double-cliquez alors sur le nom du programme que vous venez de télécharger pour l'installer.

» Nombre de programmes font preuve de gourmandise en vous proposant lors de leur installation de créer un nouveau raccourci sur le bureau, dans le menu Démarrer *et* dans la barre d'accès rapide. Dites Oui à tout. Vous pourrez ainsi lancer le programme depuis votre bureau, ce qui vous évitera une recherche dans le menu Démarrer. Et si vous changez d'avis, aucun problème : faites un clic du bouton droit sur l'icône du programme, et choisissez de Détacher ce programme de la barre des tâches pour vous débarrasser de cette icône.

>> Une bonne idée, c'est de toujours créer un point de restauration avant d'installer un nouveau programme (voyez à ce sujet le Chapitre 13). Si celui-ci commence à vous jouer des tours, servez-vous de l'utilitaire de restauration du système pour revenir à un état stable de Windows et retrouver celui-ci dans l'état où il se trouvait avant cette installation.

>> Alors que vous double-cliquez sur le fichier .exe du programme à installer, vous voyez apparaître un message abscons signalant qu'il manque un élément (souvent une librairie dll), empêchant ainsi le programme de s'installer. Pas de panique. Fermez ce message. Ensuite, faites un clic du bouton droit sur le fichier d'installation. Dans le menu contextuel qui apparaît, choisissez l'option Exécuter en tant qu'administrateur. Dans la boîte de dialogue Contrôle de compte d'utilisateur, cliquez sur le bouton Oui. Le programme devrait maintenant s'installer sans aucun problème.

Modifier Windows pour l'adapter à un handicap

La fenêtre Paramètres Windows donne accès aux options d'ergonomie.

Si votre vue est déficiente, vous apprécierez de pouvoir agrandir la taille des caractères affichés à l'écran.

Il est désormais possible de régler les options d'ergonomie depuis l'écran d'accueil, en exécutant la procédure suivante :

1. **Ouvrez le menu Démarrer puis dans la colonne à gauche, cliquez sur l'icône Paramètres.**

2. **Dans la fenêtre Paramètres, cliquez sur la catégorie Options d'ergonomie.**

   Vous accédez aux sous-catégories et options de la Figure 12.15 :

   • **Narrateur :** en activant cette option, tout le contenu, actions, et comportements sont décrits par une voix. Le narrateur est idéal pour les malvoyants. Vous pouvez choisir la voix, la tonalité et la vitesse de la diction. Vous pouvez définir les catégories de sons émis, et les indications vocales des mouvements du curseur (pointeur de la souris).

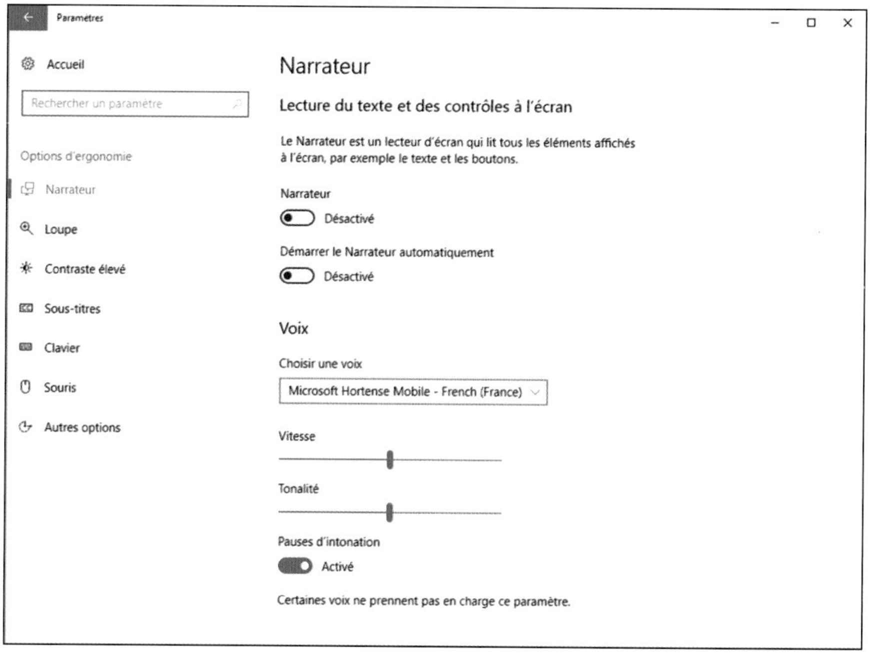

FIGURE 12.15
Les options
d'ergonomie sont
accessibles depuis la
fenêtre Paramètres.

- **Loupe :** si vous avez des problèmes de vue, la loupe agrandit l'affichage sur l'écran pour que vous puissiez mieux repérer la position de la souris.

- **Contraste élevé :** élimine la plupart des couleurs à l'écran de manière à ce que les personnes ayant des difficultés de vision puissent mieux distinguer les fenêtres et la position du pointeur de la souris.

- **Sous-titres :** ces options permettent d'afficher si possible les sous-titres dans les films.

- **Clavier :** permet de définir le comportement du clavier en fonction de votre aptitude à l'utiliser malgré votre handicap. Vous pouvez activer le clavier visuel afin de taper les caractères à l'aide de votre souris.

- **Souris :** permet de choisir la taille de la souris et son niveau de contraste. Vous pouvez également activer une option qui permet de déplacer le pointeur de la souris avec les touches du clavier.

- **Autres options :** donne accès à des paramétrages spécifiques comme la durée d'affichage des notifications, l'épaisseur du curseur (point d'insertion des zones de saisie de texte), et l'affichage ou non de l'arrière-plan de Windows.

Certaines associations peuvent proposer une assistance pour aider les personnes handicapées à opérer ces réglages afin qu'elles puissent utiliser leur ordinateur dans les meilleures conditions possibles.

Chapitre 13
Efficacité
et sécurisation

DANS CE CHAPITRE :

» **Créer un point de restauration**

» **Sauvegarder votre ordinateur avec l'Historique des fichiers**

» **Libérer de la place sur votre disque dur**

» **Accélérer votre ordinateur**

» **Rechercher et installer un nouveau pilote**

S i vous rencontrez *déjà* des problèmes avec Windows, rendez-vous immédiatement au Chapitre 18. Toutefois, si votre PC semble fonctionner mais pas au maximum de ses possibilités, lisez ce chapitre qui explique comment maintenir un ordinateur Windows au mieux de sa forme.

Vous allez trouver ici une sorte de « check-list », chaque section décrivant une tâche assez simple, et surtout nécessaire, pour que Windows (et vous avec) soit en pleine forme. Vous découvrirez par exemple ici comment activer la sauvegarde automatique des fichiers avec le programme de Windows appelé *Historique des fichiers*.

Si quelqu'un vous dit que votre ordinateur a un mauvais pilote, ne le prenez pas comme une insulte personnelle. Un *pilote* est un petit programme qui aide Windows à dialoguer avec divers matériels internes et externes connectés à votre ordinateur. Ce chapitre vous explique aussi comment vous débarrasser d'un mauvais pilote pour mettre le bon derrière le volant.

En plus de tout ce qui est décrit dans ce chapitre, assurez-vous que ses outils Windows Update (pour les mises à jour) et Windows Defender (pour se débarrasser des intrus malveillants) sont bien activés en mode de pilotage automatique. Si nécessaire, reportez-vous au Chapitre 11. Ces programmes font un gros travail pour aider votre ordinateur à fonctionner en toute sécurité.

CRÉER UN POINT DE RESTAURATION

Windows prend ses distances avec les points de restauration des anciennes versions. Il propose d'autres outils sur lesquels nous reviendrons au Chapitre 18. Mais les fans des points de restauration ne sont pas oubliés, et il est toujours possible d'y faire appel pour remettre votre PC dans un état antérieur où il se sentait en meilleure forme.

Pour créer un point de restauration, suivez ces étapes :

1. **Cliquez dans le champ Taper ici pour rechercher et saisissez le mot restauration.**

   Une liste de fonctions correspondant à la restauration apparaît.

2. **Cliquez sur Créer un point de restauration.**

   La fenêtre Propriétés système s'affiche en ouvrant son onglet Protection du système. Vous y trouvez une liste d'options concernant la restauration du système (voir la Figure 13.1).

3. **Dans la liste des lecteurs disponibles, cliquez sur Disque C: (Système). Cliquez ensuite sur le bouton Configu-**

rer. Dans la fenêtre qui apparaît, cliquez sur l'option Activer la protection du système, puis sur le bouton OK.

De cette manière, vous activez la protection pour votre disque C:, ce qui est indispensable pour pouvoir créer un point de restauration. Vous revenez à l'onglet Protection du système.

4. **Cliquez sur le bouton Créer situé dans la partie inférieure droite de la boîte de dialogue.**

5. **Entrez un nom pour votre nouveau point de restauration puis cliquez sur Créer.**

   Windows fait le travail demandé, puis vous informe que le point de restauration a été créé. Cliquez sur Fermer. Vous pouvez refermer la boîte de dialogue Propriétés système.

En créant vos propres points de restauration les bons jours, vous saurez immédiatement lesquels utiliser lorsque le temps se couvre. Je vous expliquerai dans le Chapitre 18 comment ressusciter votre ordinateur à partir d'un point de restauration.

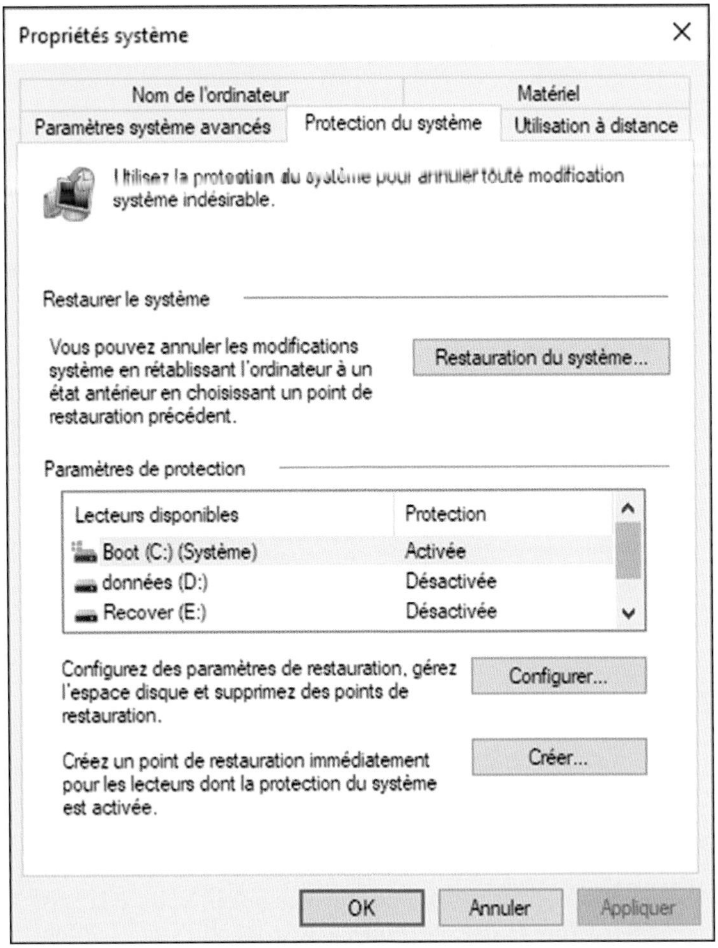

FIGURE 13.1
Créer un point de
restauration.

Windows et ses outils de maintenance

Windows contient toute une boîte à outils pour améliorer son fonctionnement. Certains s'exécutent automatiquement, ce qui limite votre intervention à vérifier qu'ils sont bien activés. D'autres vous aident à prévenir des désastres potentiels en sauvegardant les fichiers de votre PC.

Pour accéder à cette boîte à outils de survie, cliquez sur le bouton Démarrer, puis sur l'icône Paramètres (engrenage). Dans la fenêtre Paramètres Windows, choisissez Mise à jour et sécurité. Dans la colonne de gauche, cliquez sur Résoudre les problèmes. . La fenêtre illustrée sur la Figure 13.2 apparaît.

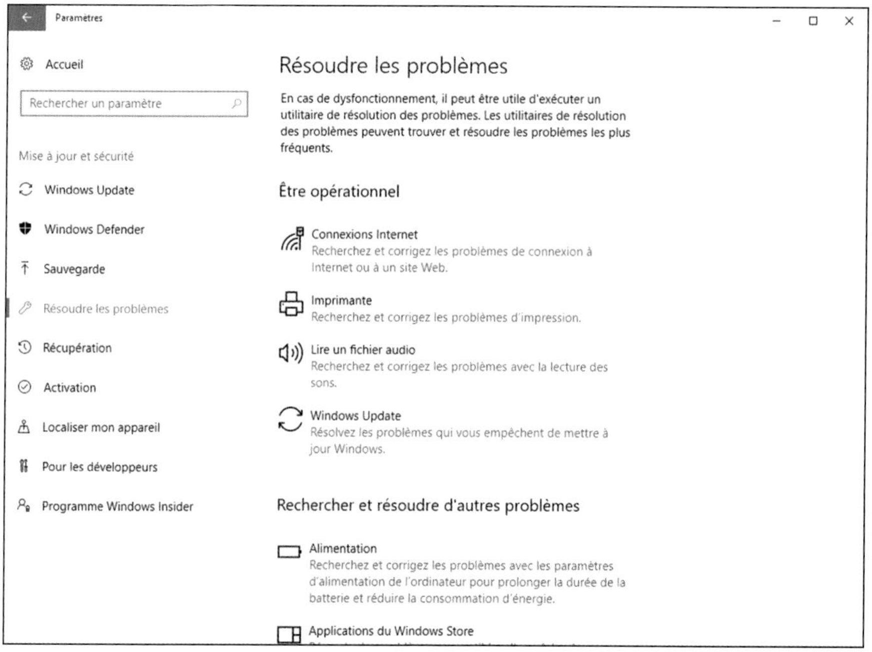

FIGURE 13.2
Les outils Système et sécurité de Windows.

Windows envisage ici les problèmes les plus communément rencontrés comme ceux qui peuvent nuire à votre connexion Internet, au fonctionnement de votre imprimante, à la lecture des fichiers audio, voire à la mise à jour de Windows. Faites défiler la liste et cliquez sur la fonction qui… ne fonctionne pas correctement, et laissez-vous guider par un assistant. Par exemple, si vous rencontrez un problème avec votre connexion Ethernet, c'est-à-dire la connexion filaire de votre box :

1. **Cliquez sur Carte réseau dans la section Rechercher et résoudre d'autres problèmes.**

2. **Cliquez ensuite sur le bouton Exécuter l'utilitaire de résolution des problèmes.**

3. **Indiquez alors le type de connexion à contrôler en activant, dans notre exemple, Ethernet. Cliquez sur Suivant.**

4. **Dans les solutions proposées, cliquez sur Essayez ces réparations en tant qu'administrateur.**

Si tout se passe bien, Windows vous indique que le problème a été réparé. Si ça se passe mal, il va falloir mettre les mains dans le cambouis. Visitez le Chapitre 18, voire appelez l'assistance technique de votre ordinateur.

Sauvegarder l'ordinateur avec l'Historique des fichiers

Malheureusement, votre disque dur peut tomber en panne, anéantissant de ce fait tout ce qu'il contient : toutes vos photographies numériques, vos morceaux de musiques, vos lettres, vos données financières, les vieux documents que vous aviez numérisés, bref tout ce que vous aviez pu créer et enregistrer sur votre PC.

C'est pourquoi vous devez régulièrement sauvegarder vos fichiers. Si votre disque dur vous lâche, ces copies de sauvegarde sauveront vos documents du désastre.

Windows 8 a introduit une solution de sauvegarde appelée *Historique des fichiers*. Il est présent dans Windows 10. Une fois que vous l'avez réveillé, cet historique sauvegarde le contenu de vos bibliothèques une fois par heure. Ce programme est facile à activer, facile à configurer, s'exécute automatiquement, et sauvegarde tout ce dont vous pourrez avoir besoin un jour.

Mais avant que l'Historique des fichiers ne devienne opérationnel, vous avez besoin de deux éléments :

» **Un disque dur externe :** cet accessoire est indispensable pour pouvoir réaliser automatiquement ces sauvegardes. Après l'avoir connecté à un port USB de l'ordinateur, Windows le reconnaît immédiatement. Il vous suffit de le laisser connecté pour que les sauvegardes s'effectuent automatiquement.

Utilisez une clé USB si vous avez un ordinateur portable, ou une carte mémoire si vous possédez une tablette, pour vos sauvegardes. Mais, il y a un inconvénient : si on vous vole votre appareil, et que cet accessoire était branché dessus, vous perdez tout d'un coup...

» **Activer l'Historique des fichiers :** cet outil est livré gratuitement avec toutes les versions de Windows. Mais il ne fera rien tant que vous ne lui aurez pas donné l'ordre de démarrer.

Pour que Windows puisse automatiquement sauvegarder votre travail toutes les heures, suivez ces étapes :

1. **Branchez le disque dur externe ou la clé USB sur un port USB de l'ordinateur**

2. **Cliquez sur le bouton Démarrer, puis sur l'icône Paramètres (engrenage).**

3. **Sélectionnez la catégorie Mise à jour et sécurité, puis cliquez sur Sauvegarde dans la colonne de gauche.**

   La fenêtre Sauvegarde s'affiche (voir la Figure 13.3).

FIGURE 13.3
Pour mettre en
œuvre la sauve-
garde.

4. **Si ce n'est déjà le cas, basculez le commutateur en position Activé, puis cliquez sur le lien Plus d'options.**

   Vous accédez aux paramètres illustrés à la Figure 13.4. Comme il s'agit d'une première utilisation de cette fonction, toutes les options sont grisées. En effet, vous devez indiquer à Windows sur quel lecteur externe la sauvegarde devra s'opérer.

5. **Faites défiler le contenu de cette fenêtre afin de cliquer sur le lien Voir les paramètres avancés dans la section Paramètres associés.**

   Cette action ouvre la boîte de dialogue Historique des fichiers.

6. **Si le lecteur (disque dur) proposé par défaut ne vous convient pas, cliquez sur Sélectionner un lecteur (colonne de gauche).**

7. **Dans la liste des lecteurs détectés, cliquez sur celui à utiliser pour votre sauvegarde, puis sur le bouton OK.**

8. **Revenu dans la boîte de dialogue Historique des fichiers, cliquez sur le bouton Activer, comme le montre la Figure 13.5.**

   Un message peut vous demander si vous souhaitez recommander ce lecteur aux membres du groupe résidentiels. Répondez Oui si vous souhaitez qu'ils puissent restaurer des fichiers depuis les sauvegardes ou Non si vous ne le souhaitez pas.

9. **Fermez la boîte de dialogue Historique des fichiers.**

   Windows lance une sauvegarde par défaut visible dans la fenêtre Options de sauvegarde.

   Windows définit un certain nombre de dossiers standard à sauvegarder. Voici comment en ajouter, en supprimer, ou simplement en exclure.

10. **Cliquez sur le bouton Ajouter un dossier de la section Sauvegarder ces dossiers.**

    Sélectionnez tout simplement les dossiers que vous souhaitez ajouter à la sauvegarde.

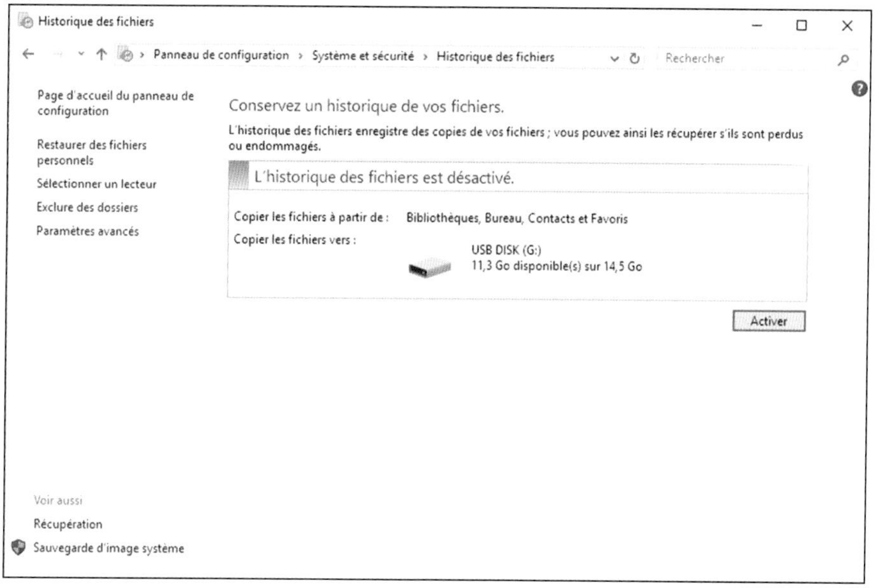

FIGURE 13.5
Activez la sauve-
garde sur le lecteur
sélectionné.

11. **Excluez des dossiers selon le même principe mais par un clic sur Ajouter un dossier de la section Exclure ces dossiers.**

L'Historique des fichiers fait un travail remarquable pour vous faciliter l'existence, de manière totalement automatique. Pour autant, quelques connaissances un peu plus poussées à son sujet vous seront utiles :

» Si vous essayez de sauvegarder une unité de disque en réseau sur un autre PC, Windows vous demandera d'entrer le nom et le mot de passe d'un compte Administrateur sur l'autre machine.

» L'Historique des fichiers sauvegarde tout ce qui se trouve dans vos biblio-thèques (Documents, Musique, Images et Vidéos) ainsi que le contenu du dossier Public. Ce qui paraît naturel, puisque c'est là que vous stockez nor-malement vos fichiers.

» Normalement, Windows effectue une sauvegarde toutes les heures. Pour modifier ce réglage, cliquez sur le lien Voir les paramètres avancés. Dans la boîte de dialogue Historique des fichiers qui apparait, cliquez sur Paramètres avancés (colonne de gauche). Choisissez la fréquence voulue dans le menu local Enregistrer les copies des fichiers puis cliquez sur le bouton Enregistrer les modifications (vous pouvez régler de toutes les dix minutes à une fois par jour).

Initialement, Windows sauvegarde la totalité du contenu des dossiers concernés. Par la suite, il va uniquement enregistrer les fichiers qui ont été modifiés depuis la dernière fois. Mais comme il conserve des copies de tout le monde, ceci vous permet d'avoir des tas de sauvegardes parmi lesquelles vous pourrez faire votre choix en cas de besoin.

» Le Chapitre 18 explique comment restaurer des fichiers qui ont été sauvegardés avec l'Historique. Mais vous pourriez peut-être aller y jeter un coup d'œil tout de suite. Non seulement l'Historique des fichiers travaille dans l'urgence, mais il vous permet en plus de comparer l'état actuel des fichiers avec les versions enregistrées quelque temps auparavant. Cela vous permet de rappeler à la vie de meilleures versions dans le cas où vous auriez récupéré les pires.

» Windows place vos sauvegardes dans un dossier appelé FileHistory du disque que vous avez choisi. Ne déplacez pas ce dossier, ou sinon Windows risque de ne plus pouvoir le retrouver le jour où vous aurez besoin d'effectuer une restauration.

Utiliser l'Historique des fichiers est aussi une bonne méthode pour transférer des fichiers vers un nouvel ordinateur. Voyez aussi à ce sujet le Chapitre 20.

Trouver des informations techniques sur votre ordinateur

Vous pouvez trouver des informations sur votre système informatique pour le cas où vous auriez besoin de les communiquer à un quelconque service technique.

Pour cela, cliquez sur le bouton Démarrer puis sur l'icône Paramètres (engrenage). Dans la fenêtre Paramètres Windows, choisissez Système. En bas de la colonne de gauche, cliquez sur Informations système pour consulter un certain nombre d'informations techniques sur les entrailles de votre système (voir la Figure 13.6) :

» **Nom du PC :** Affiche le nom que vous avez assigné à ce PC lors de l'installation de Windows. Ce nom peut être utile pour accéder au PC depuis un réseau.

» **Organisation :** cette section identifie le nom de votre ordinateur ainsi que son *groupe de travail*, un terme utilisé lorsque plusieurs machines sont reliées en réseau (les réseaux sont traités dans le Chapitre 15). Windows définit automatiquement le nom du groupe de travail dans le cas d'un réseau domestique. Par défaut, c'est WORKGROUP.

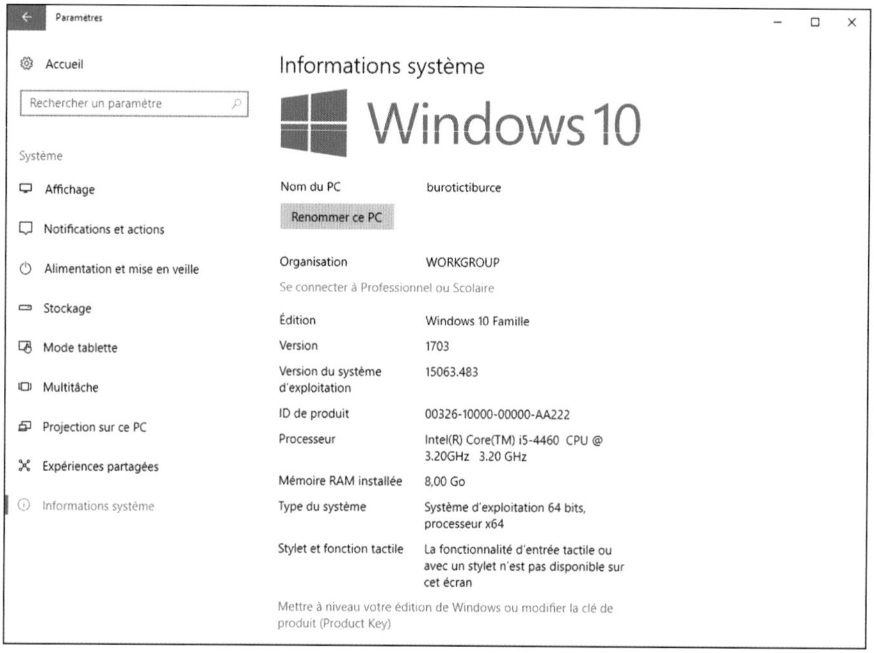

FIGURE 13.6
Des informations
techniques sur votre
PC.

>> **Édition:** Windows existe en plusieurs versions. Cette section permet de savoir laquelle tourne sur votre ordinateur.

>> **Version :** indique la version de votre édition de Windows. Le chiffre 1703 signifie que la version est bien Creator Update. En effet sa date de mise en œuvre est Mars 2017, soit 0317 en Français, mais 1703 en anglais.

>> **Version du du système d'exploitation :** Chiffre très technique qui pourra renseigner le support technique Microsoft en cas de souci majeur avec votre PC.

>> **ID du produit :** identifie la version commerciale de Windows. Il s'agit d'un numéro d'identification.

Pour accéder à l'ancienne boîte de dialogue Système, cliquez sur le lien Informations système de la section Paramètres associés ; Là vous découvrirez entre autres :

>> **Activation de Windows :** pour empêcher les gens d'acheter une seule copie de Windows pour l'installer sur plusieurs ordinateurs, Microsoft exige que Windows soit *activé*, un processus qui lie le fonctionnement du système d'exploitation à ce seul ordinateur.

Le volet gauche de cette boîte de dialogue propose des tâches plus avancées qui pourront peut-être vous servir un jour de grande panique, lorsque quelque chose semble mal tourner sur votre PC et que vous cherchez l'issue de secours. Voyons brièvement cela :

» **Gestionnaire de périphériques :** cette option liste tout ce que contient votre ordinateur, mais avec une présentation franchement inamicale. Si vous voyez un point d'exclamation devant le nom d'un matériel, cela signifie qu'il y a un problème avec lui. Double-cliquez dessus pour voir les explications que donne Windows à ce sujet. Parfois, un bouton proposant une aide à la résolution du problème apparaît. Cliquez bien sûr dessus pour que Windows tente de régler lui-même la situation.

» **Paramètres d'utilisation à distance :** rarement utilisé, cet outil complexe permet à des techniciens de prendre le contrôle de votre PC via l'Internet. Assurez-vous que c'est vraiment un technicien et qu'il est compétent. Vous pourrez alors le laisser faire pour résoudre vos difficultés. Et ne croyez jamais les messages qui vous demandent d'activer l'utilisation à distance. C'est une arnaque bien connue...

» **Protection du système :** cette option vous permet de créer des points de restauration (reportez-vous au début de ce chapitre). Vous pouvez également utiliser ce lien pour restaurer votre PC dans un état antérieur, disons à un jour où il était en bien meilleure forme.

» **Paramètres système avancés :** seuls les technogourous aiment passer du temps ici. Tous les autres utilisateurs peuvent s'en passer.

La plupart des réglages et paramètres qui se trouvent dans la fenêtre Système sont plutôt compliqués. Ne vous cassez pas trop la tête avec eux, à moins de savoir exactement ce que vous faites, ou que quelqu'un d'une assistance technique vous dise de changer tel ou tel paramètre.

Libérer de l'espace sur le disque dur

Windows occupe un certain espace sur votre disque dur, même s'il est plus mince que certaines versions précédentes. Si vos programmes commencent à se plaindre d'un manque de place, essayez ce qui suit :

1. **Cliquez sur le bouton Démarrer, puis sur l'icône Paramètres (engrenage).**

2. **Cliquez sur Système, puis sur Stockage dans la colonne de gauche.**

La section Stockage local permet d'apprécier le niveau d'occupation de vos disques ou des partitions de votre unique disque dur comme le montre la Figure 13.7.

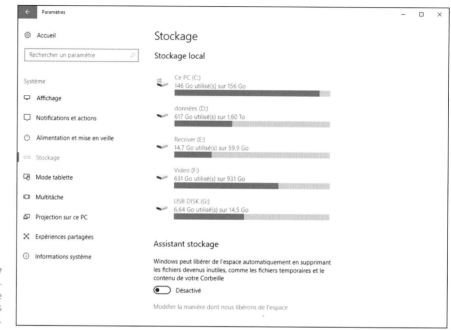

FIGURE 13.7
Evaluez l'occupation de l'espace de stockage de vos disques.

4. **Pour que Windows gère automatiquement le stockage, activez l'Assistant de stockage en cliquant sur son commutateur.**

Ce choix peut s'avérer dangereux car Windows va supprimer régulièrement le contenu de la Corbeille. Or, il est toujours préférable d'ouvrir la Corbeille avant de la vider afin de ne pas supprimer des fichiers importants qui y auraient été placés accidentellement.

5. **Si vous procédez à l'automatisation de la gestion de l'espace de stockage, cliquez sur le lien Modifier la manière dont nous modifions de l'espace, et désactivez l'option Supprimer les fichiers qui sont dans la Corbeille depuis plus de 30 jours.**

6. **Pour lancer un nettoyage immédiat, cliquez sur le bouton Nettoyer maintenant comme sur la Figure 13.8.**

Une autre technique consiste à ouvrir l'Explorateur de fichiers, et à faires un clic-droit sur l'icône du lecteur à nettoyer, par exemple le disque C:. Dans le menu contextuel qui s'affiche, choisissez Propriétés. Dans la boîte de dialogue Proprié-

FIGURE 13.8
Nettoyer l'espace de
stockage.

tés, cliquez sur le bouton Nettoyage de disque. Dans la boîte de dialogue qui apparaît, cochez les zones à vider et décochez celles à laisser en l'état, comme sur la Figure 13.9. Cliquez sur OK. Dans le message de confirmation qui apparaît, choisissez Supprimer les fichiers.

Si vous avez procédé à une mise à niveau vers Windows 10, votre ancienne version est normalement conservée sur votre disque dur dans un dossier appelé windows. old. Ce dossier prend une place importante, et vous pouvez vous en débarrasser en cliquant sur le bouton Nettoyer les fichiers système de la boîte de dialogue Nettoyage de disque. Bien entendu, la conséquence de cette action, c'est que vous ne pouvez plus revenir à cette ancienne version (voyez à ce sujet le Chapitre 18).

Un bouton d'arrêt plein de pouvoirs

Au lieu d'utiliser l'icône Marche/Arrêt du menu Démarrer (voyez à ce sujet le Chapitre 2), éteignez Windows en cliquant du bouton droit sur le bouton Démarrer et choisissez Arrêter ou se déconnecter. Vous disposez ainsi d'une option supplémentaire : Se déconnecter. Elle s'ajoute aux autres options que sont Mettre en veille, Arrêter et Redémarrer.

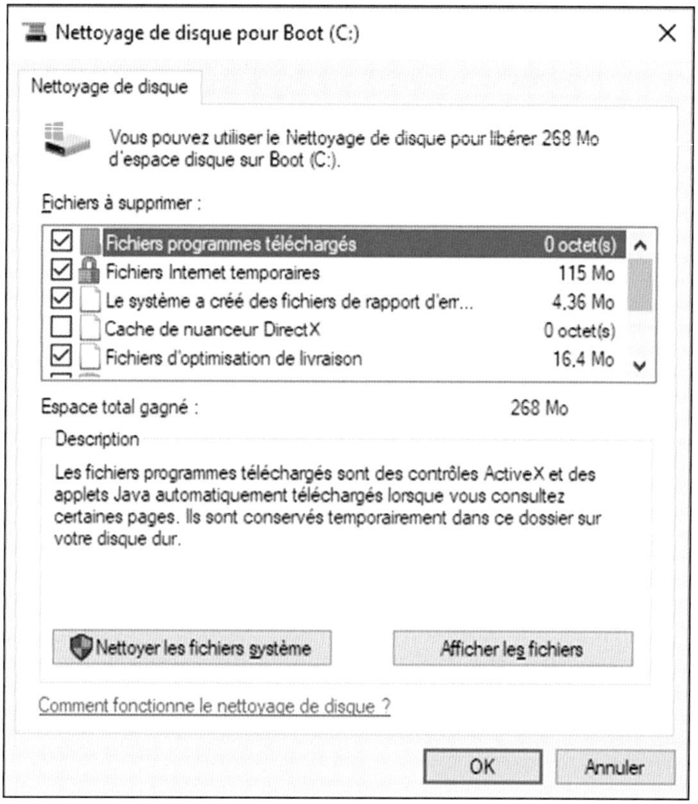

FIGURE 13.9
Pour un meilleur
contrôle sur le net-
toyage des disques.

Se déconnecter signifie refermer sa session utilisateur pour revenir à l'écran d'accueil de Windows. Veillez d'abord à enregistrer les fichiers ouverts, ainsi que les
applications actives.

Mettre en veille suspend l'activité de l'ordinateur sans l'arrêter. Il consomme ainsi
peu d'énergie et en le réveillant, vous reprenez vos tâches dans l'état où vous les
aviez laissées.

Les commandes de Windows sont accessibles en quelques petits clics de souris,
mais vous pouvez aussi dire à Windows comment il doit réagir quand vous appuyez
sur le bouton Marche/Arrêt *physique* de l'ordinateur. Arrêter ou ne pas arrêter, là
est la question.

Cette même question se pose aux utilisateurs d'un ordinateur portable : que doit-il
faire quand le couvercle est refermé ?

Pour choisir votre réponse, suivez ces étapes :

1. **Cliquez sur le bouton Démarrer, puis sur l'icône Paramètres .**

2. **Cliquez ensuite sur la catégorie Système.**

3. **Dans le volet de gauche, choisissez Alimentation et mise en veille.**

   La fenêtre des options d'alimentation s'affiche.

4. **Cliquez sur le lien Paramètres d'alimentation supplémentaires de la section Paramètres associés.**

5. **Dans la boîte de dialogue Options d'alimentation qui apparaît, cliquez sur le lien Choisir l'action qui suit la fermeture du capot.**

6. **Dans les deux menus locaux Lorsque je ferme le capot, choisissez ce que doit faire Windows selon que l'ordinateur est branché au secteur ou bien fonctionne sur batterie.**

   Vous avez le choix entre :

   - **Ne rien faire :** Dans ce cas, lorsque vous fermez le capot, l'ordinateur continue à fonctionner. Utile lorsque, par exemple, vous branchez l'ordinateur sur la TV et que vous ne voulez pas être perturbé par la lumière de l'écran du PC.

   - **Veille :** L'ordinateur reste sous tension, mais fonctionne au ralenti, l'écran et les disques durs étant en inactivité. Appuyez sur une touche du clavier pour réveiller l'animal.

   - **Mettre en veille prolongée :** Windows enregistre la configuration actuelle de votre bureau (notamment les applications ouvertes) et éteint l'ordinateur. Appuyez sur une touche du clavier ou sur le bouton Marche/Arrêt pour réveiller Windows qui se présente comme il était au moment où vous avez fermé le capot du portable.

   - **Arrêter :** Windows éteint l'ordinateur et ferme toutes les applications et les programmes.

7. **Cliquez sur le bouton Enregistrer les modifications pour valider vos choix.**

Configurer des périphériques qui ne fonctionnent pas (une histoire de pilotes)

Windows est livré avec un ensemble de *pilotes*, qui sont des programmes lui permettant de communiquer avec les gadgets branchés sur votre PC. Normalement, Windows reconnaît automatiquement vos nouveaux matériels, et tout fonctionne pour le mieux dans le meilleur des mondes. Parfois, il va voir sur l'Internet s'il trouve des instructions lui permettant de terminer automatiquement le travail.

Mais il peut aussi arriver que ce beau conte de fées ne se déroule pas comme espéré. Vous branchez quelque chose qui est trop nouveau pour que Windows le connaisse, ou quelque chose de trop ancien pour qu'il s'en souvienne. À moins qu'un appareil connecté à votre PC ne commence à perdre la tête, et qu'un message bizarre vous demande d'installer un nouveau pilote (ou *driver* si la chose ne connaît pas le français).

Dans de tels cas, il va vous falloir trouver et installer vous-même un pilote Windows adapté à ce matériel. Les meilleurs pilotes sont fournis avec un programme d'installation qui enregistre automatiquement le logiciel au bon endroit, ce qui doit suffire à résoudre le problème. Mais les pires vous laissent vous débrouiller par vos propres moyens.

Si Windows ne reconnaît pas automatiquement, et donc n'installe pas, le pilote qui convient à votre nouveau matériel (même si vous redémarrez votre PC), suivez ces étapes :

1. **Visitez le site Internet du constructeur et téléchargez la dernière version en date du pilote pour Windows.**

   Le nom du site Internet du fabricant est généralement écrit quelque part sur l'emballage ou dans la documentation. Sinon, vous pouvez effectuer une recherche avec Google ou avec Bing en tapant son nom. Vous avez alors une bonne chance de tomber sur un lien du genre `www.nomdufabricant` suivi de `.fr`, ou `.com`, ou encore `.com/fr`.

   Recherchez dans les menus du site Internet les liens Support, Téléchargements, ou *Downloads* (c'est pareil, mais en anglais). Vous devez alors entrer généralement le nom de votre modèle, voire son numéro de série, votre système d'exploitation (en l'occurrence Windows 10), ou d'autres informations encore avant de pouvoir accéder au pilote. Certains sites Internet vous demandent même de créer un compte justifiant que vous avez bien acheté un produit de leur marque.

Vous ne trouvez aucun pilote dédié à Windows 10 ? Essayez alors de télécharger une version pour Windows 8.1, 8 ou même 7. Bien souvent, le résultat est le même.

2. **Une fois le programme téléchargé, lancez son installation.**

Il suffit dans certains cas de valider le message affiché par votre navigateur Internet, et dans d'autres de double-cliquer sur le nom du fichier. Si c'est ce qui se produit, vous êtes pratiquement sauvé. Sinon, passez à l'Étape 3.

Si l'icône du fichier que vous venez de télécharger montre comme une petite fermeture Éclair, faites un clic du bouton droit dessus et choisissez dans le menu qui s'affiche l'option Extraire tout afin de *décompresser* son contenu dans un nouveau dossier. Windows donne à ce dossier le même nom que le fichier, ce qui permet de le retrouver plus facilement.

3. **Faites un clic du bouton droit sur le bouton Démarrer et, dans le menu contextuel qui apparaît, choisissez Gestionnaire de périphériques.**

La fenêtre correspondante apparaît. Elle affiche la liste de tous les dispositifs qui se trouvent dans votre ordinateur ou qui lui sont attachés. Celui qui vous pose problème devrait se signaler par la présence sur sa gauche d'une icône figurant un point d'exclamation sur fond jaune.

4. **Cliquez sur la ligne correspondant au matériel suspect. Ouvrez ensuite le menu Action, en haut de la fenêtre, et choisissez-y l'option Ajouter un matériel d'ancienne génération.**

Cette commande lance l'assistant Ajout de matériel qui vous guide pas à pas dans la procédure d'installation de votre matériel en installant si nécessaire votre nouveau pilote. Mais reconnaissons que cette technique a parfois de quoi dérouter même des utilisateurs expérimentés…

Pour éviter ce genre de problème, le mieux est de toujours avoir des pilotes à jour. Même ceux que vous trouvez sur le disque fourni dans l'emballage d'un nouveau matériel sont bien souvent déjà périmés (mais toujours utilisables). Visitez le site Internet du constructeur, et téléchargez la dernière version en date des pilotes. Il y a de bonnes chances pour qu'elle règle certains problèmes que d'autres utilisateurs ont pu rencontrer par le passé.

Vous avez des problèmes avec un nouveau pilote ? Revenez au Gestionnaire de périphériques, double-cliquez sur la ligne du matériel incriminé, puis activez l'onglet Pilote dans la boîte de dialogue qui apparaît. Respirez un grand coup, puis cliquez sur le bouton Restaurer le pilote. Windows élimine le pilote que vous veniez d'installer pour réactiver la version antérieure. Ce qui ne règle pas forcément votre problème…

Vous venez de découvrir Windows 10. Les constructeurs de matériels aussi... Ils aiment mettre sur le marché de nouveaux appareils. Et pour mieux vous pousser à changer d'imprimante ou autre périphérique, ils laissent de côté la mise à jour de leurs pilotes qui étaient destinés à d'anciennes versions de Windows. Pas de chance pour vous. Désolé...

Chapitre 14

Partager un ordinateur avec plusieurs utilisateurs

W indows permet à plusieurs personnes de partager un ordinateur, un portable ou une tablette sans que personne ne puisse jeter un coup d'œil sur les fichiers des autres.

Le secret ? Windows associe à chaque personne un *compte d'utilisateur* personnel qui l'isole efficacement des autres. Lorsque quelqu'un clique sur son nom et saisit son mot de passe, l'ordinateur lui donne accès à ce qui lui appartient, et uniquement à cela. Il affiche en particulier l'écran d'accueil et le bureau de *cette* personne, avec ses propres réglages, ses programmes et ses fichiers. Il lui interdit de regarder dans les dossiers possédés par d'autres utilisateurs.

Ce chapitre vous explique comment configurer des comptes d'utilisateurs séparés pour chacun des membres de votre famille, y compris le « propriétaire » de l'ordinateur, ou pour tout autre visiteur occasionnel, susceptible d'accéder à votre système.

Il vous explique aussi comment créer des comptes pour vos enfants, ce qui vous permet de suivre leurs activités et de poser des limites là où vous les pensez nécessaires.

Les comptes d'utilisateurs

Windows préfère, sans tout de même l'exiger, que vous définissiez un compte d'utilisateur pour chaque personne qui utilise votre PC. Un tel compte fonctionne un peu comme une invitation personnalisée à une soirée : chacun porte un badge à son nom, ce qui aide Windows à savoir qui est assis devant le clavier. La notion de compte couvre plusieurs aspects sous Windows 10 Creator Update. En effet, Microsoft distingue les membres de votre famille des autres utilisateurs. Ainsi, vous créerez des comptes d'adulte et d'enfant, chacun pouvant être standard ou d'administrateur. Pour les autres utilisateurs, vous définirez un compte standard ou d'administrateur, qui peut être local ou basé sur une adresse mail.

Pour commencer à jouer avec le PC, l'utilisateur doit cliquer sur son propre nom dans l'écran de démarrage (voir la Figure 14.1) ou en bas à gauche de l'écran de connexion.

Windows autorise chaque type de compte à effectuer, ou non, tel ou tel type de tâche. Prenons une image. Si l'ordinateur était un hôtel, le compte Administrateur serait celui du gérant, le type qui doit avoir la clé de toutes les chambres. Un client aurait un compte Standard, lui donnant accès à sa chambre et aux parties communes. Pour utiliser un langage un peu plus « informatique », tous ces types de comptes ont des caractéristiques bien précises :

>> **Administrateur :** l'administrateur contrôle tout l'ordinateur. Il peut décider qui a le droit de jouer avec le PC, et de ce que chaque autre utilisateur peut ou ne peut pas faire. Dans le cas d'un ordinateur sous Windows, c'est généralement son propriétaire qui détient ce compte seigneurial. L'administrateur crée des comptes pour chacun des autres membres de la famille ou de l'équipe, et il décide des autorisations qu'il délivre ou qu'il refuse.

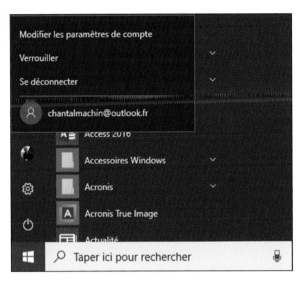

FIGURE 14.1
Windows permet à
chaque utilisateur
de se connecter
avec son propre
compte.

» **Standard :** les titulaires d'un compte Standard ont accès à la majeure partie de l'ordinateur, mais ils ne peuvent pas lui apporter des changements importants. Ils n'ont par exemple pas le droit d'installer de nouveaux programmes. Mais ils sont autorisés à lancer ceux qui existent, à la condition toutefois que l'administrateur les ait installés pour tout le monde.

Dans la gestion des comptes familiaux, vous pouvez définir des comptes standard ou d'administrateur de type :

» **Enfant :** c'est un compte standard, mais qui permet de définir un contrôle parental afin de « surveiller » et de définir l'activité d'un enfant sur un ordinateur. Ce sujet a été abordé dans le Chapitre 11.

» **Adulte :** les comptes d'adultes ne peuvent pas être limités dans leur usage personnel. En effet, vous ne définirez pas, en tant qu'administrateur, des jours et des heures d'utilisation de l'ordinateur. De plus les comptes d'adultes permettent de gérer les paramètres familiaux en ligne, ainsi que de consulter et de restreindre l'activité des comptes d'enfant.

Voici quelques règles classiques à appliquer lorsqu'un même ordinateur doit être partagé entre plusieurs personnes :

» Dans une famille, les parents ont en général un compte Administrateur, les enfants ont chacun leur compte Enfant ou leur compte Standard.

» Dans un appartement partagé par plusieurs personnes, le propriétaire du PC se réserve le compte Administrateur, et les colocataires possèdent un compte Standard.

Pour que personne d'autre que vous n'ait la possibilité d'accéder à votre propre compte, vous devez le protéger par un mot de passe (nous y reviendrons plus loin dans ce chapitre).

Parfois, quelqu'un se connecte avec son compte, mais l'ordinateur finit par se mettre en veille si aucune action du clavier ou de la souris n'est enregistrée pendant un certain temps. Lorsque le PC se réveille, seuls le nom du compte et l'image associée apparaissent sur l'écran. Windows liste cependant les noms des autres comptes en bas et à gauche de l'écran, ce qui permet de changer facilement d'utilisateur.

ATTRIBUEZ-VOUS AUSSI UN COMPTE STANDARD

Si un programme malveillant arrive à se glisser dans votre ordinateur, et que vous êtes connecté en tant qu'administrateur, il peut causer beaucoup de ravages. C'est très risqué, car un compte Administrateur peut supprimer ou endommager à peu près tout et n'importe quoi. C'est pourquoi Microsoft suggère de créer *deux* comptes pour vous-même : un compte Administrateur *et* un compte Standard. Au quotidien, servez-vous du second, et n'ouvrez une session avec le premier que pour réaliser des tâches de maintenance ou encore installer de nouveaux programmes.

De cette manière, Windows vous traitera exactement comme n'importe quel autre utilisateur stan-dard. Lorsque l'ordinateur est sur le point de faire quelque chose de potentiellement nuisible, ou simplement trop poussé, Windows vous demande de saisir le nom et le mot de passe du compte d'administrateur. Entrez ces informations, et Windows vous laissera passer la porte. Mais vous savez alors que quelque chose est sans doute suspect, ou du moins risque de modifier des paramètres importants de l'ordinateur.

Il est certain qu'avoir un second compte est une astreinte. Mais après tout, c'est comme sortir sa clé pour ouvrir la porte de son domicile. Vous verrouillez votre habitation pour votre sécurité. Avec Windows, c'est pareil.

Modifier un compte utilisateur ou ajouter un nouveau compte

Windows 10 propose deux méthodes légèrement différentes pour l'ajout de comptes utilisateur. Il peut séparer en effet ces comptes en deux types de personnes, disons celles que vous avez en toute probabilité à ajouter à votre ordinateur.

» **Membres de la famille :** en faisant ce choix, vous pouvez automatiquement définir des contrôles pour les comptes de vos enfants. Et tous les adultes définis ici seront tout aussi automatiquement à même de surveiller l'utilisation de l'ordinateur par les enfants. Tous les membres de la famille doivent posséder un compte Microsoft. Si ce n'est pas le cas, le processus vous aide à les créer.

» **Autres utilisateurs :** ce type de compte concerne logiquement toutes les autres personnes qui sont susceptibles d'utiliser l'ordinateur, notamment des invités, et qui n'ont aucun besoin de savoir ce que font vos enfants.

Windows 10 dans sa version actuelle, ne permet plus de définir des comptes Invité. De facto, pour vos potentiels invités, des amis pendant un week-end par exemple, créez simplement un compte Autres utilisateurs, standard, local (c'est-à-dire sans nécessité une adresse mail), et sans mot de passe.

Les sections qui suivent vous expliquent comment créer les deux types de comptes, comment activer le compte Invité, et comment modifier un compte existant.

En tant que citoyens de seconde zone, les comptes Standard ont moins de droits. Mais le pouvoir *réel* est détenu par l'administrateur. Lui seul peut créer ou supprimer n'importe quel autre compte, supprimant ainsi de l'ordinateur le nom, les fichiers et les paramètres du condamné. C'est pourquoi il ne faut jamais se fâcher avec l'administrateur d'un ordinateur !

Ajouter un compte pour un membre de la famille

Ajouter un membre de la famille introduit une importante distinction dans la nature du compte. Si vous définissez un compte pour un enfant, l'activité de celui-ci pourra être encadrée par les limites que vous imposerez, comme cela est expliqué au Chapitre 11. Et si vous ajoutez un adulte, celui-ci aura également la possibilité de traquer le comportement des enfants.

Si vous voulez créer un compte sans rapport avec votre famille, choisissez l'option Ajouter un autre utilisateur sur ce PC, dans la section Autres utilisateurs de la fenêtre Famille et autres utilisateurs.

Les administrateurs ont le pouvoir d'ajouter tous ces types de comptes en suivant ces étapes :

1. **Cliquez sur le bouton Démarrer, puis dans la colonne à gauche, cliquez sur l'icône Paramètres (engrenage).**

2. **Dans la fenêtre Paramètres Windows, cliquez sur le bouton Comptes.**

   L'écran Comptes apparaît (voir la Figure 14.2). Il sert à personnaliser votre compte, et à créer ou gérer des comptes pour d'autres utilisateurs

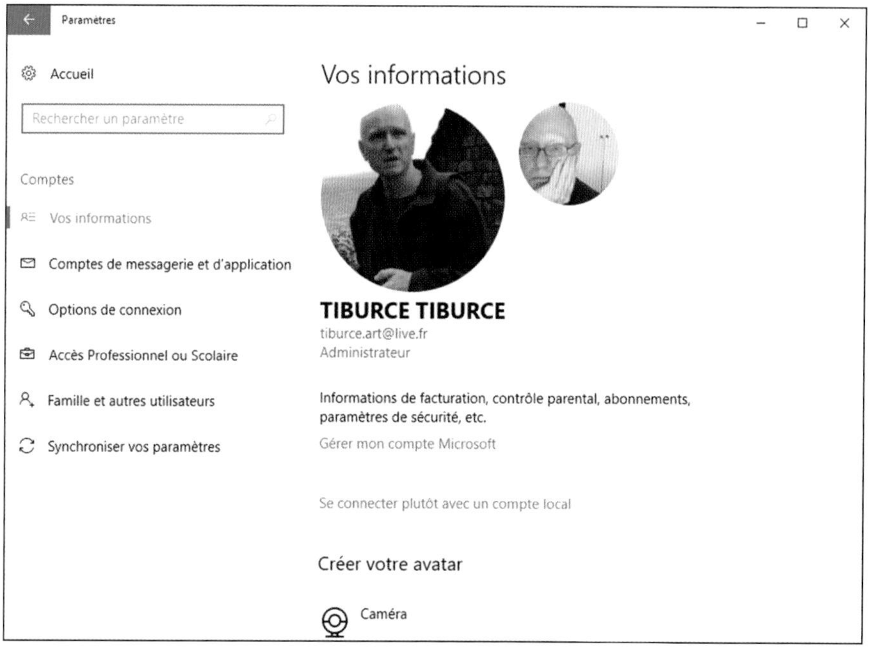

Paramètres   — ☐ ✕

⚙ Accueil

🔍 Rechercher un paramètre

Comptes

R≡ Vos informations

✉ Comptes de messagerie et d'application

🔍 Options de connexion

🗄 Accès Professionnel ou Scolaire

👤 Famille et autres utilisateurs

🔄 Synchroniser vos paramètres

Vos informations

TIBURCE TIBURCE
tiburce.art@live.fr
Administrateur

Informations de facturation, contrôle parental, abonnements, paramètres de sécurité, etc.

Gérer mon compte Microsoft

Se connecter plutôt avec un compte local

Créer votre avatar

⊙ Caméra

FIGURE 14.2
Cliquez sur la ligne Famille et autres utilisateurs pour créer un nouveau compte.

3. **Cliquez sur l'option Famille et autres utilisateurs (pour créer un compte qui n'a rien à voir avec votre famille, passez à l'Étape 5).**

   La fenêtre illustrée sur la Figure 14.3 vous permet d'ajouter deux types de comptes : un pour les membres de la famille (suivez l'Étape 4) et un pour les autres personnes (passez à l'Étape 5). Sur cette figure, vous constatez qu'un compte d'enfant a été créé dans la section Votre famille.

4. **Cliquez sur Ajouter un membre de la famille (bouton +), et suivez les étapes pour envoyer une invitation à la personne.**

   La création d'un compte pour enfant et les autorisations parentales sont expliquées au Chapitre 11.

   La fenêtre qui apparaît demande si vous voulez ajouter un enfant ou un adulte (voir la Figure 14.4). Activez le bouton radio approprié, puis indiquez

quelle adresse de messagerie sera utilisée pour cette personne. Vous avez plusieurs options :

- Si vous connaissez déjà l'adresse de messagerie de la personne, sai-sissez-la dans le champ correspondant. Cliquez ensuite sur le bouton Suivant (si cette adresse n'est pas déjà un compte Microsoft, elle sera transformée en un compte de ce type).

- Si vous ne connaissez pas cette adresse de messagerie, cliquez sur le lien La personne que je souhaite inviter ne dispose pas d'une adresse e-mail. Ceci vous conduit à une page où vous pourrez créer pour elle une nou-velle adresse, qui servira aussi de compte Microsoft.

Nous avons testé plusieurs options, avec et sans adresse, et avons été confronté à bien des soucis dès l'instant où nous voulions utiliser un compte de messagerie autre que outlook.com (ou assimilé comme Hotmail ou encore Live) pour créer un compte d'enfant. En effet, lorsque vous souhai-tez utiliser une adresse Yahoo! Mail par exemple, Microsoft va chercher à vérifier que vous êtes bien une personne physique. Pour cela, vous devez indiquer votre numéro de téléphone mobile, puis cliquer sur un lien par lequel un code numérique vous sera envoyé par SMS. Croyez-le ou non, après moult tentatives, nous avons toujours reçu un message par lequel le délai d'obtention du code avait expiré. Donc impossible de transformer notre adresse Yahoo! en un compte Microsoft (alors que c'est a priori possible, puisque Microsoft ne doit pas imposer sa messagerie Outlook.com). La procédure nous demande de recommencer dans 24h, le support technique de Microsoft nous indiquant qu'après trois tentatives infructueuses avec le même numéro de téléphone, il n'était plus possible d'obtenir le dit code avant 24h. Observons qu'à aucun moment un quelconque message fait état de cette restriction ! Le lendemain, nous avons de nouveau essayé d'utiliser la même adresse Yahoo! Et là on nous dit que c'est impossible car il s'agit d'une adresse Microsoft existante. A devenir fou ! Nous avons donc décidé de suivre la procédure indiquant que nous voulions une nouvelle adresse, et de surcroit Outlook.com. cette fois, aucun problème, pas même besoin de la valider par un code. Microsoft ne peut imposer sa messagerie ? Conclura qui voudra !

Quelle que soit l'option choisie, le membre de la famille que vous invitez, adulte ou enfant, va recevoir un message l'informant qu'il ou elle a été invi-té(e) à posséder un compte familial sur votre ordinateur. Une fois l'invitation acceptée, ce compte apparaîtra automatiquement sur votre PC.

Si la personne ignore l'offre (vous êtes fâchés ?), ou si elle ne répond pas dans les deux semaines qui suivent (elle est en exploration dans une forêt vierge ?), l'invitation devient invalide. Si nécessaire, il faudra donc reprendre toute la procédure.

5. **Choisissez Ajouter un autre utilisateur sur ce PC.**

    Vous utiliserez aussi cette option pour créer (ou disons « simuler » les anciens comptes Invités. Microsoft se met à compliquer les choses en demandant comment cette personne va se connecter (voir la Figure 14.5). Ici nous vous conseillons alors de créer un compte local, c'est-à-dire qui n'a pas besoin d'une adresse mail.

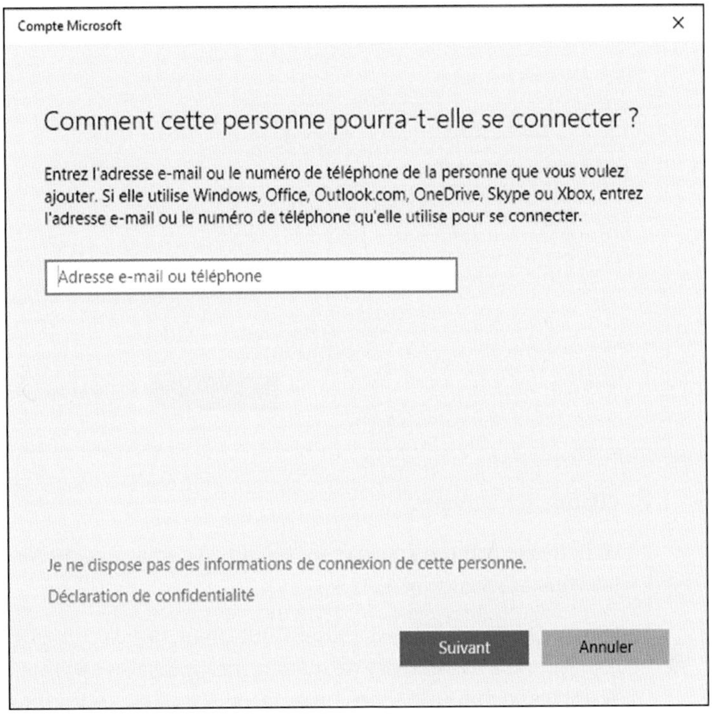

FIGURE 14.5
Adresse de messa-
gerie obligatoire ?
Que nenni !

6. **Cliquez sur le lien Je ne dispose pas des informations de connexion de cette personne.**

    Microsoft insiste, et vous propose d'entrer une adresse mail existant, voire d'en obtenir une nouvelle.

7. **Pour créer un compte local, cliquez sur le lien Ajouter un utilisateur sans compte Microsoft.**

    Voilà, comme le montre la Figure 14.6, vous n'avez qu'à indiquer le nom de l'utilisateur et éventuellement définir un mot de passe. Pour simuler un compte Invités, appelez ce compte PCInvité (car Invité tout court est refusé par Windows), et laissez les autres champs de saisie vide.

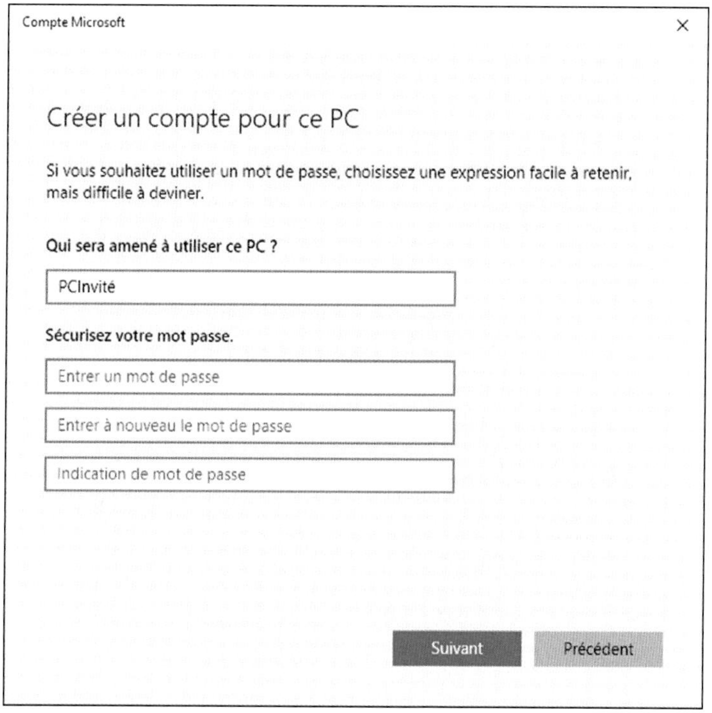

Compte Microsoft   ✕

Créer un compte pour ce PC

Si vous souhaitez utiliser un mot de passe, choisissez une expression facile à retenir, mais difficile à deviner.

Qui sera amené à utiliser ce PC ?

PCInvité

Sécurisez votre mot passe.

Entrer un mot de passe

Entrer à nouveau le mot de passe

Indication de mot de passe

                                        Suivant   Précédent

FIGURE 14.6
Un compte local est bien suffisant pour des utilisateurs qui n'appartiennent pas à votre famille.

8. **Cliquez sur Suivant.**

   Le nouveau compte apparaît sur l'écran de démarrage de Windows (reportez-vous à la Figure 14.1).

   Lorsque la personne veut utiliser l'ordinateur, elle va choisir le compte qui correspond à son adresse de messagerie, puis saisir son mot de passe. Windows va farfouiller dans l'Internet, et si tout est conforme (adresse et mot de passe), elle va gentiment accéder à son bureau personnel. Vous avez terminé.

Windows crée par défaut des comptes de type Standard pour tous les nouveaux utilisateurs. Vous pouvez, si vous le souhaitez, les transformer par la suite en compte Administrateur (voir la prochaine section). Mais c'est très vivement déconseillé...

Modifier un compte utilisateur existant

L'application Paramètres vous permet de créer un nouveau compte pour un membre de votre famille ou pour un ami. C'est ce que nous avons vu dans la section précédente. Il vous sert aussi à personnaliser votre propre compte, à changer votre mot de passe ou encore à basculer entre compte Microsoft et compte local.

Les administrateurs peuvent même modifier d'autres comptes, et les changer en comptes Standard ou Administrateur et ceci quel qu'ils soient, c'est-à-dire adulte, enfant, ou autre utilisateur.

Vous ne pouvez pas modifier les comptes Microsoft de cette manière. Seuls leurs titulaires ont accès en ligne à leurs propres données. En revanche, vous pouvez parfaitement changer un compte local.

Voici comment modifier un compte d'utilisateur local :

1. **Cliquez sur le bouton Démarrer, puis sur l'icône Paramètres (engrenage).**

2. **Dans la fenêtre Paramètres Windows, cliquez sur Comptes.**

3. **Dans la colonne de gauche, choisissez Famille et autres utilisateurs.**

4. **Cliquez sur la vignette du compte à modifier.**

5. **Dans le menu local qui s'affiche, cliquez sur Changer le type de compte, comme sur la Figure 14.7.**

   Vous constatez que c'est également dans ce menu local que vous pouvez supprimer un compte par un clic sur le bouton Supprimer. Pour supprimer

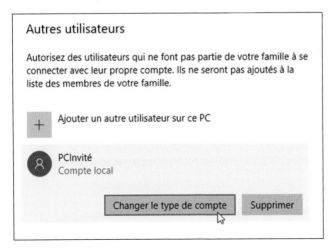

FIGURE 14.7
Modifier le type de compte.

le compte vous cliquerez ensuite sur le bouton Supprimer le compte et les données.

Pour les comptes des membres de la famille, vous devrez cliquer sur le lien Gérer les paramètres de famille afin de supprimer le compte dans une fenêtre de votre navigateur Web, via Windows Family.

6. **Dans la boîte de dialogue qui apparaît, ouvrez le menu local Type de compte, et choisissez entre Administrateur et Utilisateur standard (Figure 14.8).**

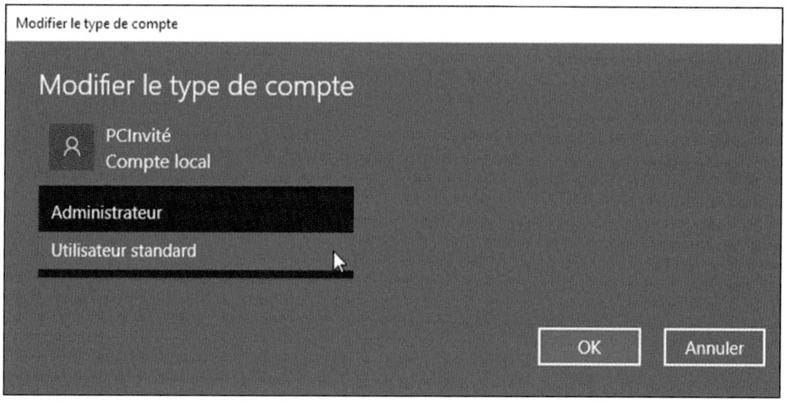

Modifier le type de compte

Modifier le type de compte

PCInvité
Compte local

Administrateur

Utilisateur standard

OK   Annuler

FIGURE 14.8
Choisissez entre
Administrateur et
Standard.

La gestion des comptes dans la fenêtre Paramètres Windows est très restreinte. En effet, vous ne pouvez pas modifier les mots de passe des comptes ou en créer un pour un compte local qui n'en a pas par exemple. Voici comment disposer d'options supplémentaires dans la gestion des comptes des autres utilisateurs :

1. **Cliquez dans le champ Taper ici pour rechercher, saisissez Panneau de configuration.**

C'est désormais la seule méthode pour accéder au Panneau de configuration.

2. **Cliquez sur cette proposition dans la liste des résultats et, dans la fenêtre qui s'affiche, cliquez sur Comptes des utilisateurs, comme sur la Figure 14.9, puis de nouveau sur Comptes d'utilisateur**

Windows affiche alors les informations de votre compte.

3. **Cliquez sur le lien Gérer un autre compte.**

Vous obtenez la liste des comptes créés sur cet ordinateur.

4. **Cliquez sur un compte d'un autre utilisateur.**

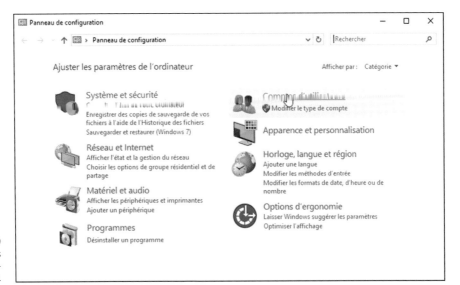

FIGURE 14.9
Modifier les
comptes d'utilisa-
teurs.

En effet, les options des comptes des membres de la famille sont gérées en ligne via le lien idoine de la fenêtre Famille et autres utilisateurs accessible depuis les Paramètres Windows. Le seul petit souci est que dans la boîte de dialogue actuellement ouverte, impossible de distinguer un compte enfant ou adulte d'un compte d'un autre utilisateur. L'absence de certaines options vous permettra de conclure que vous êtes en présence d'un compte familial.

Vous disposez alors des options suivantes :

- **Modifier le nom du compte :** c'est le moment de corriger une faute de saisie, voire même de modifier votre propre nom.

- **Créer ou modifier un mot de passe :** chaque compte devrait être associé à un mot de passe qui empêche d'autres personnes d'y accéder. C'est donc l'occasion de réparer ce grave oubli, ou encore de changer un mot de passe défini depuis un peu trop longtemps.

- **Modifier le type de compte :** vous pouvez ici promouvoir un compte Standard au rang d'Administrateur, ou inversement rétrograder un Administrateur au rang de simple Standard.

- **Supprimer le compte :** ne choisissez surtout pas cette option à la légère. Supprimer un compte risque fort de supprimer aussi tous les fichiers qui lui sont associés. Pour éviter cela, il vaut mieux choisir l'option Conserver les fichiers dans la fenêtre de confirmation. Cette option place les fichiers personnels de l'utilisateur dans un dossier de votre bureau. D'autre part, vous ne devez même pas songer à supprimer votre compte d'utilisateur principal, celui que vous avez créé en tant que propriétaire. Les conséquences seraient terribles !

- **Gérer un autre compte :** termine les modifications apportées au compte courant, et vous ramène à la fenêtre Choisir l'utilisateur à modifier.

5. **Quand vous avez terminé, refermez la fenêtre en cliquant sur la croix rouge qui se trouve à droite de sa barre de titre.**

Toute modification opérée sur un compte d'utilisateur est immédiatement appliquée.

Passer rapidement d'un utilisateur à un autre

Windows permet à toute une famille, une troupe de colocataires ou aux employés d'une petite société de partager le même ordinateur. Celui-ci mémorise tous les fichiers et programmes de chaque utilisateur disposant d'un compte. Maman peut jouer aux échecs avant de rendre le clavier à sa grande fille qui va aller tchatcher avec ses copines. Quand Maman revient, une heure ou deux plus tard, sa partie d'échecs en est exactement là où elle l'avait laissée, ce qui lui a laissé le temps de réfléchir à une attaque surprise.

Passer d'un utilisateur à un autre est facile et rapide. Lorsque quelqu'un d'autre veut accéder à son compte, par exemple pour consulter ses messages, suivez ces étapes :

1. **Ouvrez le menu Démarrer.**

2. **Cliquez sur l'avatar de votre compte d'utilisateur, en haut de la colonne à gauche.**

Un menu apparaît (voir la Figure 14.10).

3. **Choisissez le nom de l'utilisateur dont vous voulez activer le compte.**

Windows conserve votre connexion, mais il affiche immédiatement l'écran d'ouverture de session de l'autre personne afin qu'elle puisse saisir son mot de passe. Bien tendu, avec un compte local sans mot de passe, la session de l'utilisateur s'ouvre immédiatement.

Lorsque l'autre utilisateur n'a plus besoin de l'ordinateur, il lui suffit de reprendre les étapes ci-dessus. Cette fois, la personne va cliquer sur son avatar dans le menu

Démarrer, et choisir l'option Se déconnecter. Windows referme alors sa session, ce qui vous permet de reprendre la vôtre, en tapant bien entendu votre mot de passe pour retrouver votre propre bureau.

 Gardez présentes à l'esprit les remarques suivantes pour bien gérer l'utilisation du PC par de multiples utilisateurs :

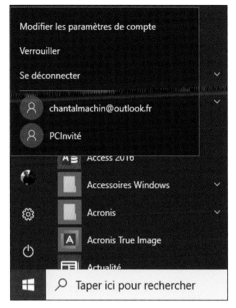

» Lorsque le nombre de comptes est assez important, vous pouvez ne plus vous souvenir de celui que vous utilisez. Dans ce cas, ouvrez le menu Démarrer, et cliquez sur l'icône en haut à gauche présentant trois traits horizontaux. La troisième icône en partant du bas affiche l'avatar et le nom du compte actuellement utilisé.

 » Ne redémarrez pas le PC si quelqu'un d'autre est encore connecté, car cette personne perdrait tout le travail qui n'a pas encore été sauvegardé. Windows 10 vous demandera de toute manière une confirmation, ce qui vous laisse une chance de demander à l'autre personne de reprendre sa session et d'enregistrer ses documents.

» Si un compte d'utilisateur Standard essaie de modifier un réglage du système ou d'installer un logiciel, une fenêtre va s'ouvrir pour demander l'autorisation de l'Administrateur. Si vous acceptez cette action, entrez dans cette fenêtre votre mot de passe. Windows effectue alors l'action demandée, exactement comme si vous l'aviez déclenchée depuis votre propre compte.

Partager des fichiers entre des comptes

Normalement, le système de comptes d'utilisateurs dresse un mur entre les fichiers de chacun, ce qui évite que Noé n'aille voir ce que fait Nathan, et réciproquement. Mais comment faire si Noé rédige par exemple un rapport conjointement avec Nathan ? Bien sûr, chacun pourrait transmettre à l'autre une copie de son travail via sa messagerie, ou encore copier ces fichiers sur une clé USB qui serait échangée à chaque étape du travail.

Mais il y a plus simple en faisant appel aux bibliothèques de Windows. Placez une copie du ou des fichiers voulus dans une des bibliothèques du dossier appelé Public. Ce dossier public est visible par *tout le monde*. Chacun peut donc y accéder, modifier son contenu et même le supprimer. Et cela vaut également pour toute personne qui se connecterait avec le compte Invité.

Plus largement, un dossier public est accessible depuis les autres ordinateurs connectés au PC via un groupement résidentiel (une façon simple de créer un réseau, qui sera décrite dans le Chapitre 15).

Voici comment trouver un dossier public et y enregistrer les fichiers qui peuvent être partagés avec les autres utilisateurs :

1. **Ouvrez l'Explorateur de fichiers depuis la barre des tâches.**

   Le volet de gauche de l'Explorateur de fichiers affiche notamment vos quatre bibliothèques (Documents, Images, Musique et Vidéos) ainsi que tout le contenu accessible sur l'ordinateur.

2. **Dans le volet de gauche, cliquez si nécessaire sur la ligne qui indique Ce PC (si c'est un PC, bien sûr) afin d'ouvrir son contenu.**

3. **Cliquez sur le nom de votre disque local C:.**

   Son contenu va s'afficher dans le volet de droite.

4. **Cliquez double sur le dossier Utilisateurs, puis sur le dossier Public, et enfin sur le nom de la bibliothèque où vous voulez partager vos fichiers.**

   Ouvrez par exemple ainsi la bibliothèque Images publiques.

   La beauté d'un dossier public réside dans le fait qu'il est visible par tout le monde. Si Chloé place une chanson dans son dossier Musique publique, elle apparaîtra automatiquement dans le même dossier chez Virginie, Noé et Nathan.

5. **Copiez les fichiers et/ou les dossiers que vous voulez partager avec les autres utilisateurs dans le dossier public approprié.**

   Dès que la copie est terminée, tout un chacun peut en profiter, mais aussi en faire ce qu'il veut, y compris renommer ou supprimer les fichiers. C'est d'ailleurs pourquoi il est généralement préférable de *copier* les fichiers dans un dossier public plutôt que de les y *déplacer*.

Voici quelques conseils supplémentaires sur l'utilisation des dossiers publics :

» Si vous remarquez dans un dossier public quelque chose que vous ne voulez plus partager, déplacez-le en sens inverse vers votre propre dossier personnel. Par exemple, faites glisser *cet* album des Beatles du dossier Musique publique vers le dossier Musique. Plus de partage !

» Si le PC est relié à un réseau (voyez à ce sujet le Chapitre 15), vous pouvez créer un *groupe* ou *groupement résidentiel*, ce qui est une façon simple de partager des fichiers à la maison ou dans une petite entreprise. Une fois ce groupement activé, tous les utilisateurs des PC du réseau pourront accéder au contenu des bibliothèques qui ont été partagées. C'est un procédé simple et pratique pour partager photos, musiques et vidéos.

Changer l'image d'un compte d'utilisateur

Voici quelque chose d'important : vous *voulez* remplacer cette horrible silhouette que Windows affecte par défaut à votre compte d'utilisateur. Trouvez quelque chose qui vous ressemble plus en choisissant une image sur votre disque dur (ou un autre support), ou encore en vous prenant en photo avec la caméra de votre ordinateur.

Pour modifier l'image associée à un compte d'utilisateur, ouvrez le menu Démarrer et cliquez sur la vignette de votre compte, en haut et à gauche de l'écran. Dans le menu qui s'affiche, choisissez l'option Modifier les paramètres du compte. Windows présente alors l'écran de la Figure 14.11.

La page du compte propose deux méthodes pour modifier votre image (ou *avatar*) :

» **Caméra :** cette option n'est disponible que si une webcam est attachée à votre ordinateur (ce qui est le cas avec les portables comme avec les tablettes). Elle vous permet de choisir entre l'application de gestion de la caméra de Windows, ou un autre programme adapté que vous auriez vous-même installé.

» **Rechercher une valeur :** cette curieuse appellation sert à choisir une image présente dans l'ordinateur, cliquez sur le bouton Parcourir. Un écran Ouvrir apparaît. Il affiche le contenu de votre dossier Images dans le menu qui s'affiche. Cliquez sur la vignette voulue, puis sur le bouton Choisir une image. Vous pouvez alors refermer la page Paramètres pour revenir à votre bureau et constater que votre nouvel *avatar* est bien là.

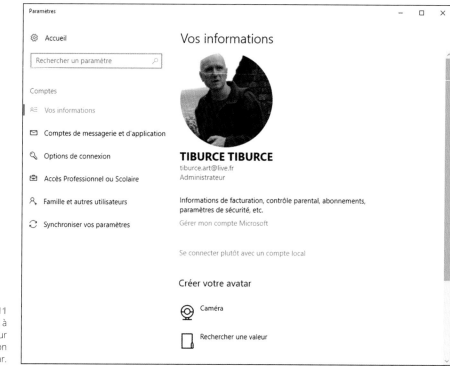

Voici quelques conseils supplémentaires pour bien choisir votre avatar :

>> Une fois votre photo choisie, elle est attachée à votre compte Microsoft et à tout ce à quoi vous vous connectez avec ce compte : votre téléphone Microsoft, par exemple, les sites Internet de Microsoft, ou encore tout ordinateur sous Windows auquel vous accédez via ce compte.

>> Vous pouvez parfaitement repérer une image intéressante sur l'Internet et la télécharger vers votre dossier Images pour l'utiliser comme avatar (dans votre navigateur, faites un clic du bouton droit sur l'image voulue et choisissez dans le menu contextuel l'option Enregistrer sous ou son équivalent).

>> Ne vous souciez pas de savoir si l'image est trop petite ou trop grande. Windows ajuste automatiquement sa taille pour qu'elle remplisse l'espace dévolu à la vignette de l'avatar.

>> Seuls les titulaires d'un compte de type Administrateur ou Standard peuvent changer leur avatar. Les invités n'auront droit qu'à une anonyme silhouette grise...

MON COMPTE MICROSOFT ET MOI

Comme toutes les autres sociétés de l'ère numérique (sans parler des organismes officiels ou officieux), Microsoft collecte des informations sur vous. Ce n'est même pas une surprise. Google, Facebook et la plupart des sites Internet font de même, et il en va ainsi de votre banque, de votre fournisseur de services Internet, de votre compagnie d'assurances, de votre caisse de retraite et de tout un tas d'autres organismes.

Pour protéger dans une certaine mesure votre vie privée, Microsoft permet de voir quelles informations il a stockées sur vous (du moins certaines d'entre elles), et de supprimer les éléments que vous trouvez superflus.

Pour cela, visitez le site `https://account.micro-soft.com/about`. Saisissez votre adresse Microsoft et votre mot de passe. Vous pouvez alors visualiser et éditer vos informations, gérer vos services et abonnements, voir ce que vous avez dépensé au profit de Microsoft, enregistrer vos gadgets Windows (ce qui peut être important le jour ou le petit bijou s'égare), accéder au contrôle parental, ou bien contrôler ce qui est dit sur votre activité et vos options de sécurité.

Notez de surcroît que, si un enfant quitte le foyer ou s'il atteint sa majorité et refuse tout contrôle de votre part, c'est là aussi que vous pourrez le supprimer de la famille, et donc créer un nouveau compte soit d'adulte soit d'autre utilisateur.

Mots de passe et sécurité

Avoir un compte d'utilisateur n'a aucun intérêt et aucun sens si vous ne lui associez pas un mot de passe. Sinon, n'importe qui peut cliquer sur votre nom dans l'écran de verrouillage et aller voir tout ce que contiennent vos fichiers (et même les détruire !).

Les administrateurs, en particulier, *doivent* avoir des mots de passe. Sinon, cela revient à autoriser tout un chacun à faire ce qu'il veut avec le PC.

Pour créer ou modifier un mot de passe, suivez ces étapes :

 Les possesseurs d'un compte Microsoft peuvent changer leur mot de passe à tout instant et depuis n'importe où en accédant au site `https://account.microsoft.com/about`.

1. **Ouvrez le menu Démarrer puis cliquez sur le bouton Paramètres.**

2. **Dans la fenêtre Paramètres, cliquez sur le bouton Comptes.**

3. **Cliquez sur le lien Options de connexion.**

4. **Dans la section Mot de passe, cliquez sur le bouton Modifier.**

   Si aucun mot de passe n'a encore été défini, ce bouton indiquera Créer.

5. **Tapez votre actuel mot de passe, et cliquez sur Se connecter.**

   En effet, Windows doit s'assurer que c'est bien vous qui demandez le change-ment de mot de passe. On n'est jamais trop prudent.

6. **Dans l'écran qui apparaît, saisissez votre ancien mot de passe (voir la Figure 14.12).**

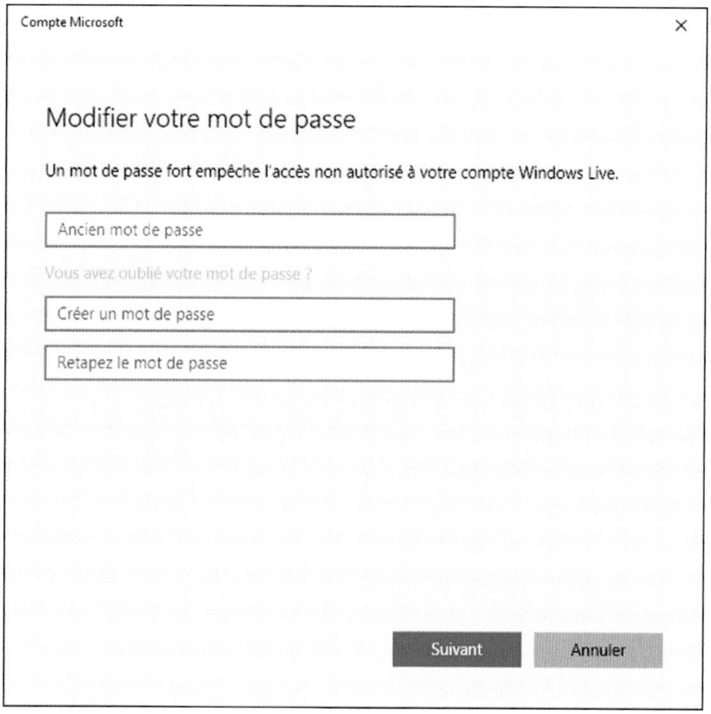

Compte Microsoft   ✕

Modifier votre mot de passe

Un mot de passe fort empêche l'accès non autorisé à votre compte Windows Live.

> Ancien mot de passe

Vous avez oublié votre mot de passe ?

> Créer un mot de passe

> Retapez le mot de passe

                                        Suivant   Annuler

FIGURE 14.12
Pour plus de
sécurité, changez
régulièrement votre
mot de passe.

Vous ne vous en souvenez plus ! Morbleu ! Vous venez pourtant de le taper à l'Étape 5 !

Si vous modifiez un mot de passe existant, vous devez d'abord saisir l'an-cienne version dans un premier champ avant de définir le nouveau (cela pour éviter qu'un individu mal intentionné n'arrive à changer votre mot de passe pendant que vous êtes parti faire une pause).

7. **Ensuite, tapez votre nouveau mot de passe dans le champ Créer un mot de passe, et confirmez-le dans le champ Retapez le mot de passe.**

Saisir deux fois un mot de passe permet d'éliminer le risque d'erreur.

8. **Cliquez sur Suivant.**

Pour plus d'informations sur les mots de passe, reportez-vous au Chapitre 2.

CRÉER UN DISQUE DE RÉINITIALISATION DU MOT DE PASSE

Un disque de réinitialisation du mot de passe est une sorte de clé qui vous permet d'ouvrir à nouveau votre compte *local* dans le cas où vous auriez oublié votre mot de passe.

Vous ne pouvez *pas* créer un disque de réinitialisation du mot de passe avec un compte Microsoft.

Suivez ces étapes :

1. **Cliquez dans le champ Taper ici pour rechercher.**

2. **Saisissez les mots** *Disque de réinitialisation*. **Dès que le bouton Créer un disque de réinitialisation du mot de passe apparaît en haut de la fenêtre, cliquez dessus.**

Un assistant vous guide dans la création de ce « disque » sur une clé USB ou une carte mémoire.

Le jour où vous oubliez votre mot de passe, insérez votre disque de réinitialisation. Windows va vous demander de choisir un nouveau mot de passe, et la vie va reprendre son cours. N'oubliez pas de ranger votre disque de réinitialisation dans un endroit *vraiment* sûr, car toute personne qui le trouverait pourrait accéder à votre compte.

Vous pouvez changer autant de fois que vous le voulez de mot de passe. Le disque de réinitialisation sera toujours là pour vous donner une clé grâce à laquelle vous arriverez à déverrouiller votre compte.

Chapitre 15
Mettre des ordinateurs en réseau

DANS CE CHAPITRE :

» **Les éléments d'un réseau**

» **Choisir entre réseau filaire et réseau sans fil**

» **Configurer un petit réseau**

» **Se connecter sans fil**

» **Créer un groupe résidentiel pour partager des fichiers**

» **Partager une connexion Internet, des fichiers et des imprimantes en réseau**

Acheter un PC supplémentaire peut engendrer de nouveaux problèmes : comment faire en sorte que plusieurs ordinateurs partagent une même connexion Internet et la même imprimante ? Et comment partager des fichiers entre plusieurs machines ?

La solution porte un nom : *réseau*. Lorsque vous connectez deux PC ou plus, Windows les présente les uns aux autres, leur permettant automatiquement d'échanger des informations, de partager une connexion Internet ou encore de se servir de la même imprimante pour éditer des documents.

De nos jours, la plupart des ordinateurs sont capables de dialoguer sans avoir à jongler avec des quantités de câbles. Ces connexions *sans fil* permettent aux ordinateurs de papoter par le biais d'ondes radio plutôt qu'en passant par des fils.

Ce chapitre explique comment relier tous les ordinateurs de la maison (ou du bureau) de manière à ce qu'ils puissent partager des choses. Une fois que vous avez créé un réseau sans fil, vous pouvez partager votre connexion Internet non seulement avec votre PC sous Windows, mais aussi avec des smartphones, des tablettes et autres gadgets informatisés. Et si vous acceptez de leur donner votre code Wi-Fi, même vos invités pourront se connecter à l'Internet avec les propres petites machines.

Vous trouverez aussi ici des explications un peu techniques. Ne vous y risquez pas trop, à moins de disposer d'un compte d'administrateur, et de ne pas craindre un peu de prise de tête avant de constater au final que cela marche...

Comprendre les réseaux et leurs composants

Un *réseau* est un ensemble formé de deux ordinateurs au moins qui sont connectés pour partager des fichiers. Mais les réseaux concernent un champ qui peut aller du « agréablement simple » au « terriblement complexe ». Pour autant, tous les réseaux partagent plusieurs points communs :

>> **Un routeur :** cette petite boîte est comme un agent qui règle la circulation des données entre les ordinateurs et en contrôle le flux. La plupart des routeurs (les *box* des fournisseurs d'accès Internet si vous préférez) supportent à la fois les connexions filaires et sans fil.

>> **Un adaptateur réseau :** chaque ordinateur a besoin de son propre *adaptateur réseau*, un truc électronique qui l'aide à communiquer avec les autres. Vous trouvez d'une part les adaptateurs filaires, qui assurent donc la connexion par l'intermédiaire d'un câble. Et il y a les adaptateurs sans fil (typiquement, le fameux Wi-Fi) qui transforment les données en signaux radio qui sont transférés entre ordinateur et routeur.

>> **Câbles réseau :** les ordinateurs et autres appareils qui sont connectés en Wi-Fi n'ont pas besoin de câbles. Ceux-ci sont indispensables aux autres pour qu'ils soient branchés sur le routeur (ou la box, comme vous voulez).

Lors que vous connectez un modem sur un routeur, celui-ci distribue immédiate-ment le signal Internet à chaque ordinateur du réseau.

La distinction entre modem (l'appareil qui reçoit les signaux) et routeur (celui qui les diffuse) ne se pose pas avec les box des fournisseurs d'accès Internet qui intègrent les deux.

La plupart des réseaux domestiques ressemblent à une espèce de toile d'araignée avec des fils qui relient le routeur aux ordinateurs (voir Figure 15.1). D'autres PC, tablettes, smartphones et divers gadgets n'ont quant à eux même pas besoin de câbles pour participer au réseau.

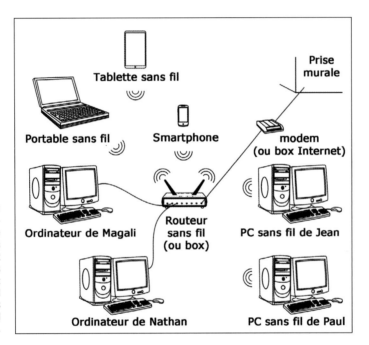

FIGURE 15.1
Un réseau res-semble à une toile d'araignée, tous les ordinateurs et autres composants communiquant avec un routeur central grâce à des câbles ou bien sans fil comme ici.

Le routeur (ou la box) répartit efficacement les données entre tous les ordinateurs et autres gadgets qui lui sont connectés, de manière à ce que la connexion Internet puisse être partagée par tous.

Windows permet aussi à plusieurs ordinateurs de partager la même imprimante. Si deux personnes tentent d'imprimer un document ou une photo en même temps, il met une tâche en attente, puis reprend ce travail une fois l'imprimante libérée de son autre tâche.

Un routeur sans fil délivre un signal Internet à *tous* les matériels Wi-Fi connectés dans son environnement, pas seulement aux ordinateurs sous Windows. Cela inclut donc les smartphones, les tablettes, les ordinateurs portables, les iPad d'Apple, et même certains systèmes de *home cinema* et de loisirs (télévisions, lecteurs Blu-ray, consoles, etc.). Sans oublier tout le voisinage...

RÉSEAU SANS FIL OU RÉSEAU FILAIRE ?

Vous pouvez facilement relier par un câble des ordinateurs qui sont posés sur le même bureau ou qui se trouvent dans la même pièce. Au-delà, ces câbles deviennent encombrants. La plupart des ordinateurs actuels (notamment les portables sous leurs différentes formes, de même que les tablettes et les téléphones portables) possèdent un adaptateur sans fil (Wi-Fi si vous préférez) qui leur permet de communiquer par ondes radio.

Mais plus vous vous éloignez du signal (ou plus il y a de murs qui s'interposent), et plus celui-ci faiblit. Et plus il faiblit, plus la connexion ralentit et devient mauvaise. Deux ou trois murs intermédiaires peuvent suffire à empêcher des ordinateurs de se parler. De plus, les réseaux sans fil sont généralement plus compliqués à configurer que les réseaux filaires.

De surcroît, les solutions filaires sont aussi plus rapides, plus efficaces, plus sûres et en définitive moins onéreuses. Mais si votre conjoint ne veut pas voir des câbles passer le long des murs, le Wi-Fi peut être votre meilleure option. Et pour un maximum d'efficacité, combinez les deux : filaire dans votre bureau, sans fil dans le reste de la maison...

De surcroît, les boîtiers CPL constituent une autre façon de concevoir un réseau filaire, car ils utilisent non pas des câbles apparents, mais votre propre installation électrique : vous branchez vos boîtiers CPL (pour Courant Porteur en Ligne) sur des prises, et le tour est joué. De plus en plus répandue, cette solution peut donner de très bons résultats (par exemple, pour relier la box à votre téléviseur), mais elle est aussi nettement plus chère et dépend totalement de la qualité de votre installation électrique. Le seul moyen de savoir si elle peut vous convenir, c'est d'essayer... Il vaut mieux alors se faire prêter un jeu de boîtiers CPL pour effectuer des tests avant de se lancer dans un achat !

Configurer un petit réseau

Si vous devez mettre en réseau un tas d'ordinateurs, vous avez probablement besoin d'un autre livre que celui-ci. En général, les réseaux sont assez faciles à configurer, mais partager leurs ressources est un travail qui peut devenir rapidement très complexe, surtout si les ordinateurs contiennent des données sensibles. En revanche, si vous avez juste besoin de connecter entre eux quelques machines, que ce soit chez vous ou au bureau, la procédure est beaucoup plus simple.

Dans cette section, nous allons donc voir ce dont vous avez besoin : comment réaliser votre installation, et comment configurer votre réseau dans Windows.

Les composants du réseau

Pour constituer votre réseau, vous avez pour l'essentiel besoin de trois éléments :

» **Un routeur ou box :** c'est lui qui joue le rôle du magicien. De nos jours, les routeurs que l'on trouve sur le marché comprennent un modem, c'est-à-dire le composant qui se charge de tout ce qui concerne la connexion Internet elle-même, un émetteur/récepteur sans fil (seule la norme dite 802.11a/b/g/n est à considérer sans se poser de question) et un certain nombre de prises pour y brancher toutes sortes d'appareils (ordinateur, téléphone, téléviseur, et ainsi de suite). Pour la plupart d'entre nous, ce routeur va se présenter sous la forme d'une « box » ADSL ou fibre fournie par votre prestataire Internet et qui comprend tout ce dont vous avez besoin (y compris une prise gigogne, dite filtre ADSL, qui vient s'insérer sur l'arrivée de votre ligne de téléphone).

» **Des adaptateurs réseau (facultatif) :** les ordinateurs contiennent systématiquement un adaptateur filaire (ou *Ethernet*), et Wi-Fi pour ce qui concerne les portables. Si vous avez un ordinateur dépourvu du Wi-Fi, vous trouverez facilement de quoi pallier cela en achetant un petit adaptateur venant se brancher sur un port USB.

» **Des câbles réseau (facultatif) :** vous n'avez pas ou ne voulez plus du Wi-Fi ? Achetez des câbles *Ethernet*, qui ressemblent à des cordons de téléphone, mais avec une prise (dite RJ45) un peu plus grosse. Il vous faut dans ce cas un câble par machine. Prenez-les d'une longueur suffisante et de bonne qualité.

Configurer une connexion sans fil

Si vous avez opté pour le routeur sans fil de votre fournisseur d'accès Internet (une *chose*box), tout devrait y être configuré à l'avance, et vous n'avez normalement à vous préoccuper de rien. Si : de bien noter le numéro de téléphone de l'assistance du prestataire, et de faire preuve d'une bonne dose de patience le jour où vous en aurez besoin...

Vous avez évidemment pris un abonnement ADSL ou fibre avec téléphone inclus. Mais comme justement, votre problème, c'est que votre box refuse d'accéder à l'Internet, le téléphone qui va avec ne fonctionne pas... Et pas question évidemment de pouvoir accéder au site Internet du prestataire. Avoir un téléphone portable à portée de main est donc indispensable.

Sinon, et dans le cas où vous posséderiez un routeur acheté dans le commerce, vous aurez besoin de deux informations essentielles :

» **Un nom réseau (SSID) :** c'est un nom court qui permet d'identifier chaque ordinateur ou appareil mis en réseau. Dans le cas d'une box, il est automatiquement attribué par celle-ci. Sinon, choisissez quelque chose de court et de simple à retenir, l'important étant que chaque appareil ait un identifiant unique.

» **Une clé de sécurité :** pour préserver la sécurité de vos données, tout routeur devrait posséder une clé, ce qui permet d'encrypter les informations pour qu'une personne mal intentionnée ne puisse pas (en théorie) les décoder. Il existe à l'heure trois formats pour ces clés : WEP (c'est mieux que rien), WPA (c'est bien mieux que WEP) et WPA2 (c'est encore meilleur). Avec une box, cette clé de sécurité est prédéfinie et réputée unique, et vous la trouvez écrite sur une étiquette collée sur le boîtier.

 Notez par écrit les informations qui vous sont fournies (le nom SSID et la clé de sécurité). Vous en aurez certainement besoin le jour où vous aurez un problème. D'autre part, la clé de sécurité est indispensable pour connecter un nouvel appareil Wi-Fi à votre réseau sans fil.

Configurer Windows pour le connecter à un réseau

En principe, tout est très simple dans le cas d'une box et d'un réseau filaire : vous branchez un côté de votre câble Ethernet dans le port réseau de votre ordinateur, vous branchez l'autre extrémité dans un des ports de votre box (n'importe lequel fera l'affaire, sauf si l'un de ces ports est spécifiquement dédié à la télévision), vous allumez la box et vous attendez qu'elle soit opérationnelle, vous allumez votre ordinateur, vous ouvrez votre session Windows et c'est tout. L'Internet est à vous ! Et si vous avez d'autres systèmes filaires à ajouter, c'est pareil.

Configurer une connexion sans fil est une autre histoire. Une fois votre box (ou votre routeur) opérationnelle, vous devez expliquer à Windows comment s'y connecter. Voyons rapidement comment procéder (revoyez le Chapitre 9 pour plus de détails) :

1. **Dans la partie droite de la barre des tâches, cliquez sur l'icône de la Wi-Fi.**

Windows détecter puis liste tous les réseaux sans fil situés à portée. Si tout va bien, c'est le vôtre qui apparaît en premier, et tout est pour le mieux dans le meilleur des mondes (voir la Figure 15.2). Remarquez que son nom est son identifiant SSID, comme nous l'avons vu plus haut.

3. **Cliquez sur le nom de votre box. Avec de la chance, vous verrez s'afficher des informations vous disant que la connexion est bien établie, et que tout cela s'est fait automatiquement. Sinon, cliquez sur le nom du « bon » réseau sans fil, puis cliquez sur le bouton Se connecter.**

Si vous cochez la case Se connecter automatiquement avant de cliquer sur le bouton Se connecter, Windows va, la prochaine fois, comme il le dit, se connecter automatiquement à ce réseau sans fil, ce qui devrait vous éviter toute nouvelle manipulation.

4. **Entrez le code de sécurité associé à la box.**

Voyez le cas échéant l'étiquette collée à votre box, ou ressortez le papier sur lequel vous avez noté ce code. Il se peut aussi que le système ait prévu un appariement automatique en appuyant sur un bouton de la box (bouton dit WPS).

À ce stade, Windows 10 vous offre la possibilité de partager votre code avec vos contacts. D'accord, cette option peut être intéressante si vous construisez un réseau public, ou si vous avez une confiance aveugle dans tous vos contacts. Prudence étant mère de sûreté, il vaut sans doute mieux passer outre.

FIGURE 15.2
Windows affiche tous les réseaux Wi-Fi détectés.

Par défaut, Windows 10 traite votre nouvelle connexion sans fil comme étant un réseau *public*, du même genre que ce que vous pouvez trouver dans un hôtel ou un aéroport. Vous ne pourrez pas trouver ou accéder à vos autres machines en réseau tant que vous n'aurez pas créé un groupe résidentiel. Nous allons y revenir dans la prochaine section.

Si vous rencontrez toujours des problèmes, essayez ce qui suit :

>> Les téléphones fixes sans fil et les fours à micro-ondes sont connus pour interférer avec les réseaux Wi-Fi. Placez votre téléphone sans fil dans une autre pièce, et ne faites pas cuire un plat cuisiné pendant que vous naviguez sur l'Internet.

>> La barre des tâches affiche près de l'horloge une icône qui vous montre l'état de votre réseau. Vous pouvez vous en servir pour vous connecter à votre réseau sans fil, exactement comme dans la fenêtre Paramètres (à condition bien entendu que cette icône affiche le dessin caractéristique du Wi-Fi).

Configurer ou connecter un groupe résidentiel

Créer un réseau entre vos ordinateurs et autres gadgets appropriés leur permet de partager facilement diverses ressources : connexion Internet, imprimantes et même vos fichiers. Mais comment faire pour partager *certains* fichiers tout en gardant aux autres leur caractère privé ?

La solution proposée par Windows est ce que Microsoft appelle un *groupe résidentiel* (ou groupement résidentiel, c'est pareil). C'est un mode de fonctionnement en réseau simple, dans lequel sont partagés les fichiers dont tout le monde peut profiter sans grands risques : musiques, vidéos, photos et aussi l'imprimante de la famille. Activez ce groupement résidentiel, et Windows commencera immédiatement à rendre ces éléments disponibles (à l'exception notable du dossier Documents, que vous ne voulez probablement *pas* partager).

Sachez cependant que les groupements résidentiels ne concernent que les ordinateurs sous Windows 7, 8, 8.1, et bien entendu 10. Vista comme XP en sont exclus !

Voyons donc comment, votre réseau étant bien en place, configurer un groupement résidentiel sous Windows, et comment un autre ordinateur sous Windows peut rejoindre un groupement résidentiel déjà actif :

1. **Cliquez sur le bouton Démarrer, puis sur l'icône Paramètres (engrenage).**

2. **Dans la fenêtre Paramètres Windows, cliquez sur l'icône Réseau et Internet.**

3. **Dans la section de droite Modifier vos paramètres réseau, cliquez sur Groupement résidentiel.**

4. **Si aucun groupe résidentiel n'est présent sur un des appareils connectés à votre réseau, cliquez sur le bouton Créer un groupe résidentiel, comme sur la Figure 15.3, puis cliquez sur Suivant.**

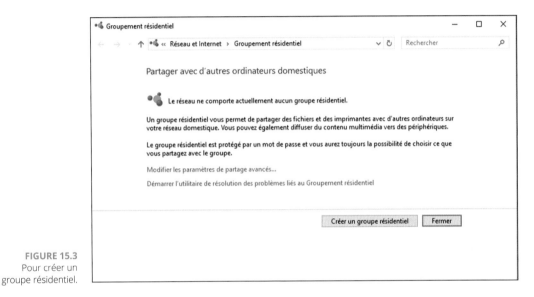

FIGURE 15.3
Pour créer un
groupe résidentiel.

Si vous voyez un bouton Joindre, le groupement a déjà été créé sur votre réseau. L'ordinateur qui sert de base au groupement émet un mot de passe que vous devez récupérer pour participer à la fête.

Vous ne connaissez pas ce mot de passe ? Sur l'ordinateur qui est à l'origine du groupe résidentiel, ouvrez n'importe quel dossier dans l'Explorateur Windows. Dans le volet de gauche, faites un clic du bouton droit sur la ligne du groupement résidentiel et choisissez l'option Afficher le mot de passe du Groupement résidentiel (Windows 7 préfère Afficher le mot de passe du groupe résidentiel). Notez bien ce mot de passe, et entrez-le tel quel sur l'ordinateur qui souhaite participer au groupement.

Dans tous les cas, Windows va ensuite vous demander ce que vous souhaitez partager.

5. Sélectionnez les éléments à partager (voir la Figure 15.4), cliquez sur
Suivant.

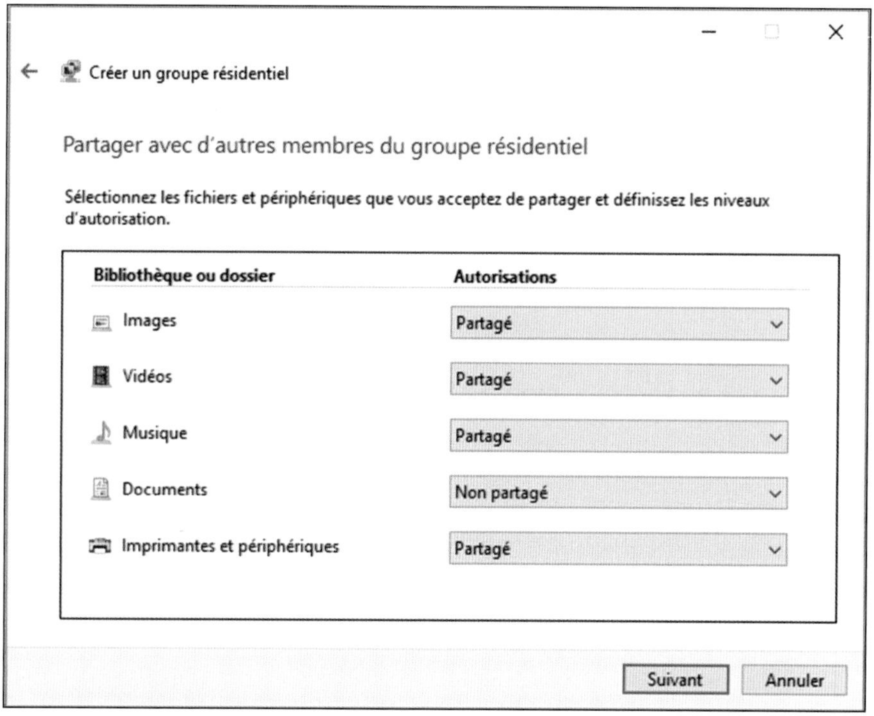

←	🖳 Créer un groupe résidentiel		— ☐ ×

Partager avec d'autres membres du groupe résidentiel

Sélectionnez les fichiers et périphériques que vous acceptez de partager et définissez les niveaux
d'autorisation.

Bibliothèque ou dossier	Autorisations
🖼 Images	Partagé ⌄
🎞 Vidéos	Partagé ⌄
♪ Musique	Partagé ⌄
📄 Documents	Non partagé ⌄
🖨 Imprimantes et périphériques	Partagé ⌄

Suivant   Annuler

FIGURE 15.4
Choisissez ce que
vous voulez partager
avec votre groupe
résidentiel.

La plupart des gens veulent bien partager leurs musiques, leurs photos, leurs
vidéos et des appareils externes comme des imprimantes. Par contre, la
bibliothèque Documents contient souvent des données plus privées. Elle est
donc généralement désactivée. Vous pouvez également partager des dispositifs multimédias adaptés, comme un téléviseur, un lecteur Blu-ray ou encore
une console de jeu.

Partager un dossier permet aux autres utilisateurs d'accéder à tout son
contenu, par exemple pour regarder des photographies ou visionner un film.
Méfiez-vous par contre des bêtises qu'ils pourraient faire, par exemple en
supprimant des fichiers.

6. Notez le mot de passe mot de passe du groupe résidentiel afin de le
transmettre à tous ceux qui voudront rejoindre ce groupe.

Ce mot de passe est sensible à la casse. Autrement, majuscules et minuscules sont bien différenciées. Attention donc aux erreurs de saisie !

Vous devrez saisir le même mot de passe sur tous les ordinateurs que vous voulez ajouter à votre groupe résidentiel. Bien entendu, lorsque vous voulez connecter un nouvel appareil, le PC sur lequel a été créé le groupe résidentiel doit être allumé et actif.

Une fois toutes ces étapes franchies, vous avez créé ou rejoint un groupe résidentiel qui est accessible par tout ordinateur de votre réseau qui utilise Windows 10, 8.1, 8 ou 7. Vous avez aussi choisi ce que vous voulez partager avec les autres membres du groupe. Nous verrons dans la prochaine section comment accéder aux éléments ainsi mis en commun.

Les groupes résidentiels sont strictement attachés au monde de Windows. Ils ne vous permettront donc pas de partager des éléments avec des iPad, ni même avec des smartphones. Pour cela, vous devriez faire appel au stockage sur le nuage Internet OneDrive. Pour en savoir plus à son sujet, revoyez le Chapitre 5.

» Lorsque vous créez ou rejoignez un groupement résidentiel, vous choisissez les bibliothèques que vous voulez partager, mais ce uniquement avec votre *propre* compte. Si une autre personne se sert du même PC que vous, et qu'elle veut aussi partager ses bibliothèques, elle doit faire ceci : ouvrir un dossier quelconque, faire un clic du bouton droit dans le volet de navigation sur la ligne Groupe résidentiel, et choisir dans le menu contextuel l'option Modifier les paramètres du Groupement résidentiel. Dans la fenêtre qui s'affiche, elle aura à cliquer sur le lien Modifier ce que vous partagez avec le groupe résidentiel, puis choisir les éléments voulus et confirmer.

» Vous avez changé d'idée sur ce que vous vouliez partager dans le groupement résidentiel ? Reportez-vous au paragraphe précédent pour redéfinir vos choix.

» Vous avez oublié le mot de passe associé au groupement ? Ouvrez un dossier quelconque, faites un clic du bouton droit dans le volet de navigation sur la ligne Groupe résidentiel, et choisissez dans le menu contextuel l'option Afficher le mot de passe du Groupement résidentiel.

Accéder à ce que les autres ont partagé

Pour voir les bibliothèques partagées par les autres utilisateurs de votre PC et de votre réseau, vous devez cliquer sur l'icône de l'Explorateur Windows (vous la trouverez sur la barre des tâches).

Dans la fenêtre de l'Explorateur Windows, cliquez dans le volet de navigation, à gauche, sur la ligne Groupe résidentiel. La partie principale de la fenêtre, à droite, va montrer les noms et les icônes de chacun des comptes ayant choisi de partager des fichiers dans le groupement résidentiel.

 Vous pouvez également voir qui est connecté avec votre réseau, que ce soit par câble ou sans fil, en cliquant sur la ligne Réseau, toujours dans le volet de navigation.

Pour naviguer dans les bibliothèques partagées par quelqu'un d'autre dans le groupement résidentiel, double-cliquez sur son nom dans le volet de droite de l'Explorateur Windows. Ces bibliothèques apparaissent instantanément. Elles sont à votre disposition, comme si c'étaient les vôtres.

Vous pouvez non seulement naviguer, mais aussi effectuer d'autres actions :

» **Ouvrir :** pour ouvrir un fichier présent dans un dossier partagé, double-cliquez tout simplement sur son icône. Le programme qui lui est associé va se lancer. Si vous voyez un message d'erreur, c'est peut-être que le format de ce fichier n'est pas reconnu par vos propres applications. La solution ? Acheter ou télécharger un programme adapté, ou bien encore demander à la personne concernée de sauvegarder son fichier dans un format reconnu par votre ordinateur.

» **Copier :** pour recopier un fichier, faites-le glisser vers une de vos bibliothèques ou un de vos dossiers. Pour cela, cliquez sur son icône puis, le bouton gauche de la souris enfoncé, déplacez cette icône vers le nom d'une de vos bibliothèques (ou vers un autre dossier de votre disque dur). Quand vous arrivez au bon endroit, relâchez le bouton de la souris. Windows va effectuer la copie. Une autre méthode consiste à faire un clic du bouton droit sur l'icône source et à choisir dans le menu contextuel l'option Copier. Activez ensuite le dossier de destination, faites un clic du bouton droit sur le fond de la fenêtre et choisissez Coller dans le menu (les raccourcis Ctrl + C pour la copie et Ctrl + V pour le collage donnent le même résultat).

» **Supprimer et modifier :** comme cela a été noté un peu plus haut, vous pourrez (ou pas) effectuer ces actions plus « violentes » selon que le ou la propriétaire des bibliothèques a ou non autorisé ce genre d'opération. En tout état de cause, et sauf erreur de votre part, changer ou effacer l'œuvre de quelqu'un d'autre est *mal*, et pourrait vous valoir d'être rejeté du groupe résidentiel.

Les groupes résidentiels ne sont malheureusement disponibles que sur des PC ou des tablettes sous Windows 10, 8.1, 8 et 7. Les utilisateurs qui seraient restés à Vista ou à XP n'ont comme autre solution que de copier les fichiers qu'ils veulent communiquer dans leur dossier Public ou Documents partagés.

Partager une imprimante dans un réseau

Si vous avez créé un groupement résidentiel, le partage d'une imprimante est extrêmement facile. Vous la branchez sur un port USB d'un des ordinateurs de votre réseau, et Windows devrait la reconnaître automatiquement dès que vous l'allumez.

Du coup, Windows annonce la bonne nouvelle à tous les autres PC de votre réseau. En peu de temps, le nom et l'icône de l'imprimante devraient apparaître sur tous les ordinateurs et dans leurs menus d'impression.

Il est vrai que c'est ce qui se passe quand tout va bien... Pour vous en assurer, voici comment savoir si l'imprimante est bien reconnue par les autres PC de votre réseau. Cliquez sur le bouton Démarrer, puis sur Paramètres. Dans la fenêtre qui apparaît, cliquez sur le bouton Périphériques. Il ne vous reste plus qu'à cliquer dans le volet de gauche sur le lien Imprimantes et scanners pour voir tous les matériels disponibles, y compris donc ceux qui sont partagés en réseau.

Notez que l'imprimante peut également être reconnue et utilisée par un Mac ou, si la connexion s'effectue par la Wi-Fi et qu'elle est compatible AirPrint ou Android, par un iPhone ou un iPad ou par un smartphone ou une tablette tournant sous Android.

Musique, photos et vidéos

DANS CETTE PARTIE...

Montrer vos photos à votre famille et à vos amis

Copier des photos de votre appareil numérique ou de votre smartphone vers votre PC

Lire des films et des vidéos sur votre ordinateur ou votre tablette

Organiser vos photos en albums

Chapitre 16
Écouter et copier de la musique

Quoique minimaliste, l'application Groove Musique s'en tient à l'essentiel. En quelques petits clics, elle se met à jouer de la musique enregistrée sur votre ordinateur ou sur OneDrive. Et, si vous payez un abonnement mensuel (ou annuel) Music Pass, vous pourrez écouter des tas de musiques diverses et variées et des stations radio sur Internet.

Malheureusement, l'histoire s'arrête là. L'application Groove Musique ne sait pas copier le contenu de vos CD sur votre ordinateur, pas plus que créer des CD à partir de vos fichiers musicaux. Et elle n'est pas plus capable de rejouer les CD que vous insérez dans votre lecteur.

Et c'est en fait exactement la manière dont fonctionnent les tablettes sous Windows ainsi que de nombreux ordinateurs portables. Ils ne disposent tout simplement pas de lecteur de disque. En fait, les possesseurs de tablettes, de smartphones et autres appareils itinérants veulent simplement une chose : pouvoir écouter leurs chansons favorites ou leurs albums préférés sur leur belle machine.

En bref, nous sommes entrés dans l'aire du *streaming*, c'est-à-dire de la diffusion en direct.

Avec un ordinateur de bureau, par contre, vous aurez probablement envie de faire appel à un de vos vieux compagnons : le Lecteur Windows Media. Celui-ci ressemble pour l'essentiel à ce que vous avez connu depuis des lustres (du moins si vous ne débarquez pas dans le monde de l'informatique). À une exception importante près : il n'est plus capable de lire les DVD.

Ce chapitre vous explique comment alterner entre l'application Groove Musique et le Lecteur Windows Media. Il vous montre également comment trouver mieux pour répondre à vos besoins musicaux.

Écouter de la musique avec l'application Groove Musique

L'application Groove Musique apprécie que vous aimiez écouter les chansons de votre jeunesse. Par contre, elle ne reconnaît que les fichiers musicaux restaurés à partir de votre ancien PC, enregistrés sur OneDrive, ou qui, pouvant le plus pouvant aussi le moins, stockés sur une clé USB connectée sur votre ordinateur. Par contre, elle détourne le nez si vous essayez de rejouer vos vieux CD ou DVD. Il n'y a donc aucun espoir de ce côté-là.

Mais pourquoi Windows ne sait-il plus rejouer aussi facilement tous ces vieux airs que vous aimez tant ? Vraisemblablement, la réponse tient en deux temps. D'un côté, une concurrence féroce. De l'autre, la volonté de Microsoft de *vendre* ce qu'il vous propose. Faites votre choix, mais parier sur les deux est sans doute l'hypothèse la plus vraisemblable.

Si tout ce que vous voulez, c'est écouter ou acheter de la musique numérique, l'application Groove Musique gère ce travail d'une manière assez simple. Lorsque vous l'ouvrez, le programme affiche les fichiers musicaux enregistrés sur votre ordinateur, et si vous avez un compte Microsoft, dans le dossier Musique de One-Drive (voir la Figure 16.1).

Pour lancer l'application Groove Musique et commencer à écouter vos chansons, suivez ces étapes :

1. **Ouvrez le menu Démarrer, jetez un œil sur l'écran de démarrage, et cliquez sur la vignette de l'application Groove Musique dans le groupe Jouer et découvrir.**

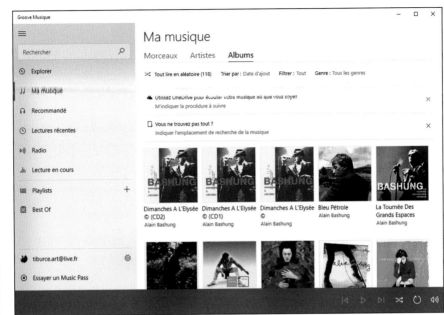

FIGURE 16.1
L'application Groove
Musique joue les
morceaux présents
dans l'ordinateur ou
sur OneDrive.

L'application Groove Musique apparaît, comme l'illustre la Figure 16.1. Elle montre les vignettes de vos albums, les artistes de votre médiathèque, ou encore les morceaux qui composent celle-ci.

Selon l'importance et l'emplacement de votre médiathèque, vous devrez peut-être faire preuve de patience, le temps que l'application Groove Musique récupère tous les morceaux et les albums.

Immobilisez le pointeur de la souris sur les diverses icônes pour afficher une info-bulle indiquant à quoi elles servent.

2. **Pour écouter un album ou un titre, affichez le contenu de Groove Music sous la forme de vignettes d'album par un clic sur l'onglet Albums en haut de l'interface.**

3. **Placez le pointeur de la souris sur la pochette de l'album à écouter, puis cliquez sur le bouton Tout lire qui apparait en bas à gauche.**

4. **Pour lire des morceaux en particulier, cliquez sur la pochette d'un album, puis sur le bouton lecture qui apparait à droite de la chanson à écouter lorsque vous placez le pointeur de la souris dessus.**

Vous pouvez aussi lister tous les titres répertoriés par Musique groove en cliquant sur l'onglet Morceaux en haut à droite. Placez le pointeur de la souris sur le titre à écoute, et cliquez sur le bouton Lire qui s'affiche sur sa droite.

5. **Réglez le son.**

La barre de lecture affichée en bas de la fenêtre vous offre plusieurs icônes classiques : lecture aléatoire, répéter le titre, revenir au titre précédent ou passer au suivant, mettre en pause ou reprendre la lecture.

LE TOUR DE L'APPLICATION GROOVE MUSIQUE

L'application Groove Musique ne fait à peu près rien d'autre que jouer votre musique. Mais vous pouvez facilement la pousser jusque dans ses retranchements minimalistes :

» **Créer des playlists :** les playlists, ce sont des listes de lecture, sortes de compilations contenant vos morceaux préférés. Pour cela, cliquez sur l'icône Playlist, dans la colonne de gauche puis, dans le panneau qui apparaît, cliquez sur Nouvelle playlist en haut de la fenêtre. Dans la boîte de dialogue qui apparaît, tapez le nom de la liste de lecture comme **Ma compil d'enfer** dans le champ Nommer cette liste, puis cliquez sur le bouton Créer une playlist. Ensuite, cliquez sur la vignette d'un album contenant un ou plusieurs titres à ajouter à votre sélection. Faites un clic du bouton droit sur les chansons à ajouter à votre sélection, et cliquez sur le bouton Ajouter à dans le menu qui apparaît. Dans le menu qui s'affiche, cliquez sur le nom de votre liste de lecture. Il vous suffira ensuite de cliquer dans le volet de gauche sur le nom de votre playlist pour en lancer l'écoute.

Vous pouvez également faire glisser la vignette d'un album ou d'un titre sur le nom de votre playlist pour compléter celle-ci. Et si vous avez envie de changer d'air, ouvrez la playlist qui commence à vous lasser, cliquez sur le bouton Autres

et choisissez Supprimer. Mais rassurez-vous : tout cela n'est que virtuel et vos fichiers restent bien en place.

» **Accéder à OneDrive :** l'application Groove Musique est capable de jouer environ 50 000 morceaux enregistrés dans le dossier Musique de votre espace OneDrive. Une connexion Internet efficace est bien sûr requise.

» **Épingler sur l'écran d'accueil :** lorsque vous cliquez du bouton droit sur un album ou un titre, cette option permet d'ajouter la sélection au menu Démarrer afin d'y accéder plus rapidement.

» **Essayer une Music Pass :** cette icône, tout en bas de la colonne de gauche, donne accès à un espace musique qui fonctionne comme Deezer et Spotify. Pour acheter de la musique à l'unité vous devez passer par le Windows Store.

» **Essayer une autre application :** si l'application Groove Musique ne suffit pas à votre bonheur, vous pouvez parfaitement faire un tout autre choix. Par exemple, VLC ou encore MediaMonkey, téléchargeables depuis l'Internet, sont d'excellents programmes gratuits.

Finalement, le plus important dans tout cela, c'est de pouvoir écouter la musique que vous aimez.

Pour ajuster le volume, cliquez sur l'icône du haut-parleur, dans la barre d'outils. Vous pouvez également vous servir de l'icône équivalente dans la barre des tâches de Windows, vers la droite de celle-ci.

Les tablettes disposent d'un ou deux boutons situés sur une des tranches de l'appareil pour régler manuellement le volume sonore.

L'application Groove Musique continue à diffuser votre ou vos morceaux, même quand vous changez de programme ou que vous activez le bureau. Pour faire une pause ou changer de piste, vous devez bien entendu revenir à l'application Groove Musique.

Retour vers le futur : le Lecteur Windows Media

Microsoft espère que l'application Groove Musique et la boutique en ligne Windows Store lui seront financièrement bénéfiques. C'est pourquoi vous êtes fortement incité à passer par l'application Groove Musique. Ouvrez par exemple un fichier MP3 depuis l'Explorateur de fichiers, et vous êtes immédiatement renvoyé à l'application Groove Musique.

Avec ses larges contrôles, l'application Groove Musique est bien adapté aux tablettes. Par contre, sur votre PC, vous préférerez peut-être un programme plus évolué. Heureusement, le bon vieux Lecteur Windows Media, malgré ses longues années de service, est toujours présent et fidèle au rendez-vous. Par contre, vous ne le trouverez pas aussi facilement que cela dans le menu Démarrer.

Voici comment démarrer avec le Lecteur Windows Media :

1. **Cliquez dans le champ Taper ici pour rechercher, et saisissez Lecteur Windows Media.**

2. **Dans la liste des résultats, cliquez sur la vignette du programme.**

Pour retrouver plus facilement le Lecteur Windows Media, faites un clic-droit sur sa vignette dans la liste des résultats de Cortana. Dans le menu contextuel qui apparait, optez pour Epingler à l'écran de démarrage ou pour Epingler à la barre des tâches.

Si vous souhaitez systématiquement écouter vos musiques avec le Lecteur Windows Media, suivez l'étape 3 :

3. **Dans la colonne de gauche du menu Démarrer, cliquez sur Paramètres afin d'ouvrir la fenêtre Paramètres Windows.**

4. **Dans la fenêtre Paramètres Windows, cliquez sur Applications, puis sur Applications par défaut dans la colonne de gauche.**

Le volet de droite affiche les applications et les programmes associés à votre messagerie, votre musique, vos vidéos et autres éléments. L'option Lecteur de musique du volet de droite indiquer l'application par défaut Groove Musique

5. **Cliquez sur Groove Musique puis, dans le menu, choisissez Lecteur Windows Media (voir Figure 16.2).**

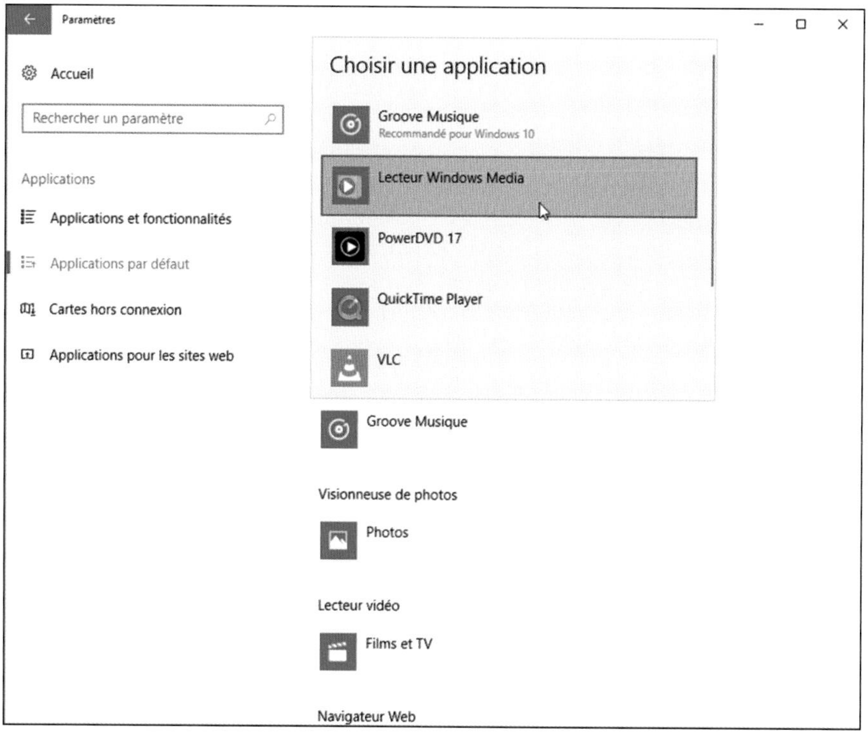

FIGURE 16.2
Choisissez le Lecteur Windows Media comme programme par défaut pour écouter vos morceaux de musique.

Ce choix impose à Windows de lire tous vos fichiers audio avec le Lecteur Windows Media, reléguant ainsi l'application Groove Musique au placard.

6. **Refermez la fenêtre Paramètres Windows.**

Dès lors, c'est le Lecteur Windows Media qui se lancera quand vous double-cliquerez sur un fichier de musique. Vous pouvez également charger ce lecteur en cliquant sur l'icône que vous avez épinglée dans le menu Démarrer ou sur la barre des tâches.

 Cette manipulation ne désactive pas l'application Groove Musique, qui est toujours disponible, mais maintenant uniquement depuis le menu Démarrer ou son écran de démarrage.

LECTEUR WINDOWS MEDIA, TOUTE PREMIÈRE FOIS

La première fois que vous lancez le Lecteur Windows Media, vous voyez apparaître une fenêtre d'accueil vous souhaitant la bienvenue et vous demandant de choisir les paramètres initiaux du programme. Deux options s'offrent à vous :

» **Paramètres recommandés :** pour les impatients. Cette option reprend les réglages par défaut prévus par Microsoft, en prenant le Lecteur Windows Media comme lecteur par défaut pour la plupart des formats audio et vidéo, à l'exception notable des fichiers MP3 (ils restent bien entendu lisibles directement dans l'application Groove Musique). Le Lecteur Windows Media va également s'adresser à l'Internet pour récupérer les informations qui peuvent être disponibles sur vos fichiers (par exemple, le titre des morceaux, l'artiste, la pochette du disque, etc.). Par ricochet, Microsoft va aussi savoir ce que vous écoutez... Contentez-vous des para-

mètres recommandés si vous êtes pressé. Vous pourrez toujours modifier ces réglages une autre fois.

» **Paramètres personnalisés :** si vous aimez toucher aux boutons *et* si vous êtes soucieux des questions de confidentialité, choisissez cette option pour personnaliser le comportement du Lecteur Windows Media. Une série de fenêtres va vous permettre de choisir les types de musiques et de vidéos que le lecteur pourra jouer, et de contrôler jusqu'à quel point vos pratiques musicales et filmographiques pourront être espionnées par Microsoft. Si vous avez quelques minutes devant vous, vous pouvez choisir cette option et affronter ces (horribles) écrans d'options.

Si vous voulez par la suite personnaliser les réglages du Lecteur Windows Media, cliquez dans sa fenêtre sur le bouton Organiser, puis choisissez la commande Options.

Le Lecteur Windows Media et sa bibliothèque

Vous pouvez lancer le Lecteur Windows Media en cliquant sur son icône dans la liste des applications du menu Démarrer, ou sur sa vignette de l'écran de démarrage ou de la barre des tâches si vous l'y avez épinglé comme expliqué plus haut dans ce chapitre.

Lorsque le Lecteur Windows Media s'ouvre, le programme trie automatiquement les fichiers multimédias qu'il trouve sur votre ordinateur : musiques, photos, vidéos ou encore émissions TV enregistrées. Il catalogue alors tout dans sa *propre* bibliothèque.

Si vous remarquez que certains fichiers de votre PC n'apparaissent pas dans cette bibliothèque, alors que vous aimeriez pouvoir en profiter dans le Lecteur Windows Media, vous pouvez lui expliquer où ils se trouvent en suivant ces étapes :

Contrairement à l'application Groove Musique, le lecteur Windows Media ne peut jouer des fichiers stockés sur votre espace OneDrive que s'ils sont synchronisés avec votre PC. Autrement dit, il n'accepte pas de lire des musiques enregistrées uniquement sur l'Internet.

1. **Dans la fenêtre du Lecteur Windows Media, cliquez sur le bouton Organiser. Dans le menu qui s'affiche, choisissez alors l'option Gérer les bibliothèques.**

   Le sous-menu correspondant liste les quatre types de médias que le lecteur peut gérer : Musique, Vidéos, Images et TV enregistrée.

2. **Choisissez le nom de la bibliothèque que vous voulez compléter.**

   Une fenêtre apparaît. Elle montre les dossiers qui sont actuellement catalogués dans la bibliothèque correspondante (voir Figure 16.3). Par exemple, la catégorie Musique gère par défaut les emplacements votre dossier d'utilisateur Musique.

   Vous n'êtes absolument pas limité à votre disque dur. Un disque externe, une clé USB ou un emplacement partagé en réseau sont parfaitement acceptés et reconnus.

3. **Cliquez sur le bouton Ajouter, et sélectionnez le dossier ou le disque qui contient vos fichiers. Quand c'est fait, cliquez sur le bouton Inclure le dossier, puis sur OK.**

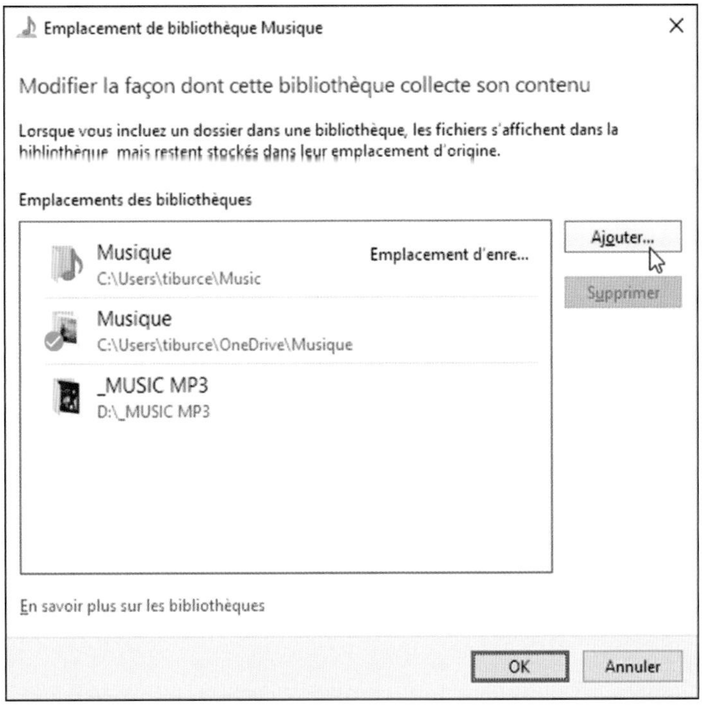

FIGURE 16.3
Cliquez sur le bouton Ajouter et naviguez vers le dossier que vous voulez ajouter à la bibliothèque.

Vous pouvez sélectionner un disque dur que vous consacrez au stockage de vos musiques et qui, *de facto*, contient des dossiers et des sous-dossiers remplis de chansons.

Dès que vous demandez à inclure un nouveau dossier, ou un nouveau disque, le Lecteur Windows Media commence immédiatement à analyser son contenu en ajoutant par exemple les musiques qu'il y trouve à sa bibliothèque.

Si vous voulez compléter votre tableau de chasse, reprenez l'Étape 3 autant de fois que nécessaire pour que votre bibliothèque contienne tous les fichiers multimédias qui vous intéressent.

La procédure inverse est évidemment possible. Reprenez les deux premières étapes ci-dessus. Mais au lieu de cliquer sur Ajouter, sélectionnez cette fois l'emplacement que vous voulez retirer, puis cliquez sur le bouton Supprimer (revoyez la Figure 16.3).

Lorsque vous lancez le Lecteur Windows Media, le programme montre les fichiers multimédias qu'il a collectés et rangés dans sa bibliothèque (voir Figure 16.4).

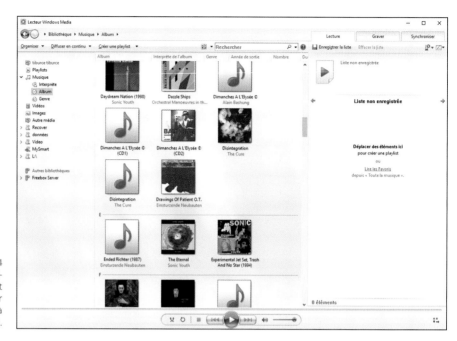

Mais, sans que vous vous en rendiez compte, son travail d'archiviste continue en permanence :

» **Suivi des bibliothèques :** le Lecteur Windows Media surveille en permanence vos bibliothèques Musique, Images et Vidéos, de même que les autres dossiers que vous avez ajoutés. Chaque fois que vous modifiez le contenu d'une de *vos* bibliothèques, il actualise la *sienne*. Bien sûr, vous pouvez changer la manière dont il se comporte en reprenant les étapes précédentes.

» **Ajout des éléments diffusés :** chaque fois que vous jouez un fichier musical sur votre PC, ou depuis l'Internet, le Lecteur Windows Media ajoute un lien vers ce fichier ou vers son emplacement Internet de manière à ce que vous puissiez le retrouver facilement plus tard. Cependant, et à moins que vous n'en décidiez autrement, il n'ajoute pas les éléments qui ont été joués par d'autres personnes, ou lus depuis un lecteur externe connecté sur un port USB ou encore depuis une carte mémoire. De plus, il ne peut pas rejouer des musiques stockées sur votre espace OneDrive, à moins qu'elles ne soient synchronisées avec votre PC (voyez à ce sujet le Chapitre 5).

» **Musique récupérée depuis un CD :** si vous insérez un CD dans le lecteur de votre ordinateur, Windows vous propose d'en extraire le contenu (les pros disent *ripper*). Cela revient à lire le contenu du CD et à en créer une copie numérique sur votre PC (nous y reviendrons un peu plus loin dans ce chapitre). Un CD ainsi extrait apparaîtra automatiquement dans la bibliothèque du Lecteur Windows Media (par contre, il n'est pas capable de faire la même chose pour des films sur DVD, qu'il refuse d'ailleurs de lire).

Pour rechercher les fichiers dont vous avez envie ou besoin sur votre système ou votre réseau, répétez à volonté les étapes décrites dans cette section. Le Lecteur Windows Media va ignorer les éléments qu'il connaît déjà pour se concentrer sur ce qu'il y a de nouveau.

Le Lecteur Windows Media ne dispose pas d'un éditeur permettant de modifier les informations internes, ou *tags*, contenues dans les fichiers multimédias. Il se contente de les récupérer et si nécessaire de les ajuster à partir d'une base de données en ligne.

C'EST QUOI, LES TAGS ?

Tous les fichiers de musique contiennent une certaine quantité de données que l'on appelle des *tags* (des balises, ou des marqueurs si vous voulez) qui fournissent des informations sur le titre, l'artiste, l'album, le genre, l'emplacement d'une image de la couverture dudit album, etc. Vous pouvez ensuite demander au Lecteur Windows Media d'organiser, afficher et classer vos morceaux musicaux selon ces tags plutôt qu'en fonction des noms des fichiers. Pratiquement tous les lecteurs de musique numérique, y compris les iPod, fonctionnent sur le même principe.

En fait, ces tags (ou balises) sont si importants que le Lecteur Windows Media recherche en permanence ces informations, et les stocke automatiquement dans sa bibliothèque lorsqu'il les trouve.

Certaines personnes se soucient peu de ces informations, tandis que d'autres s'y réfèrent méticuleusement. Si ces données sont déjà remplies et que cela vous suffit, vous pouvez demander au Lecteur Windows Media d'arrêter de les recher-

cher. Pour cela, cliquez sur le bouton Organiser, choisissez ensuite la commande Options, activez l'onglet Bibliothèque, puis décochez la case associée à l'intitulé Récupérer des informations supplémentaires sur Internet. Sinon, laissez cette option en l'état de manière à ce que le lecteur essaie automatiquement de récupérer ces données.

Si le Lecteur Windows Media se trompe, il vous reste toujours la possibilité de corriger manuellement son erreur. Faites un clic du bouton droit sur le nom d'un album ou d'un des titres qu'il contient, puis choisissez la commande Rechercher les informations sur l'album. Une fenêtre va afficher ce que le programme trouve comme données plus ou moins exactes sur l'album (du moins de son point de vue). Si le Lecteur Windows Media trouve une différence avec les informations collectées sur Internet, des menus locaux permettent se synchroniser ces infos. Pour saisir vous-mêmes des informations, faites un clic-droit sur la vignette de l'album et, dans le menu contextuel, choisissez Modifier.

Naviguer dans les bibliothèques du Lecteur Windows Media

Les bibliothèques du Lecteur Windows Media sont ce qui se cache derrière la scène du théâtre musical ou de la salle de cinéma. C'est là que vous organisez vos fichiers, que vous créez des sélections (ou *playlists*), que vous copiez ou gravez des CD, et que vous choisissez ce que vous voulez écouter ou regarder.

Lorsque vous le lancez, il affiche par défaut la bibliothèque Musique, ce qui est assez logique. Mais, en réalité, le Lecteur Windows Media gère plusieurs bibliothèques, conçues pour cataloguer non seulement vos musiques, mais aussi vos images, vos vidéos ou encore les émissions de télévision que vous avez enregistrées.

Tous les éléments jouables sont disponibles dans le volet de navigation qui est affiché sur le côté gauche de la fenêtre du programme (voir Figure 16.5). Vous y voyez en haut votre nom d'utilisateur, puis les catégories qui représentent les bibliothèques du lecteur, ou encore d'autres bibliothèques ainsi que, par exemple, le ou les serveurs multimédias installés sur votre système. Vous pouvez y retrouver notamment les collections de fichiers multimédias créées et partagées par d'autres utilisateurs de votre PC ou par les membres de votre groupe résidentiel ou de votre réseau (les groupes résidentiels sont expliqués au Chapitre 15).

FIGURE 16.5
Cliquez sur le type de média qui vous intéresse dans le volet de navigation du Lecteur Windows Media.

Le Lecteur Windows Media organise vos fichiers en plusieurs catégories :

» **Playlists :** vous aimez écouter des chansons, des titres ou des albums dans un certain ordre ? Cliquez sur le bouton Créer une playlist, au-dessus de la liste des titres choisis, pour enregistrer une sélection qui viendra s'insérer dans cette catégorie. Les playlists sont abordées plus loin dans ce chapitre.

Vous avez appris à créer des playlists dans l'application Groove Musique un peu plus haut dans ce chapitre.

» **Musique :** c'est là que vous retrouvez tous vos fichiers musicaux. Le Lecteur Windows Media reconnaît la plupart des formats musicaux courants : MP3, WMA, WAV, et même les fichiers 3GP utilisés par certains téléphones portables (il est aussi capable de relire certains fichiers AAC non protégés contre la copie, comme ceux qui sont disponibles sur iTunes). Windows 10 ajoute à la liste la lecture des fichiers musicaux au format FLAC, un format qui compresse la musique sans aucune perte de qualité, contrairement au MP3.

» **Vidéos :** vous devriez trouver ici les vidéos que vous avez enregistrées à l'aide d'une caméra (externe ou intégrée à votre ordinateur) ou d'une webcam, ou bien encore que vous avez téléchargées sur l'Internet. Cette bibliothèque reconnaît les formats AVI, MPG, ASF, DivX, quelques fichiers MOV, et plusieurs autres formats moins répandus. Windows 10 ajoute aussi le support du format MKV, très répandu de nos jours.

» **Images :** le Lecteur Windows Media est capable d'afficher vos images individuellement ou en présentant un diaporama simple. Cependant, votre propre bibliothèque Images est un bien meilleur point d'entrée (par exemple, pour redresser des photographies couchées, ce que ne sait pas faire le Lecteur Windows Media). Voyez à ce sujet le Chapitre 17.

» **Autres médias :** Répertorie des médias qui ne sont pas stockées dans les bibliothèques de Windows.

» **Autres bibliothèques :** vous pouvez trouver ici les fichiers partagés par les autres membres de votre groupe résidentiel (voyez à ce sujet le Chapitre 15), ou encore des *serveurs* multimédias capables de diffuser des contenus sur votre réseau.

Lorsque vous cliquez sur une catégorie, le Lecteur Windows Media vous permet de visualiser son contenu de plusieurs manières. Vous pouvez par exemple trier vos fichiers selon le nom de l'artiste en cliquant dans la colonne Interprète de l'album.

Vous pouvez également choisir de classer vos musiques selon le nom des albums, ou encore par genre musical. Le volet principal affiche alors comme des piles de

OUI, MICROSOFT VOUS ESPIONNE

Tout comme le gouvernement, ou bien la banque ou l'hypermarché dont vous avez accepté la carte d'achats, le Lecteur Windows Media vous espionne. La déclaration de confidentialité du programme peut se résumer ainsi : le Lecteur Windows Media informe Microsoft de tout ce que vous écoutez ou visualisez. Vous pouvez trouver cela très intrusif, mais, d'un autre côté, si Microsoft ne sait pas ce que vous jouez, le lecteur ne pourra pas retrouver des informations sur l'artiste, l'album, les chansons ou encore la couverture du disque.

Si cela ne vous choque pas et ne vous gêne pas, laissez les choses en l'état. Sinon, choisissez le niveau de surveillance que vous êtes prêt à tolérer. Pour cela, cliquez sur le bouton Organiser, en haut et à gauche de la fenêtre, puis choisissez dans le menu la commande Options. Dans la boîte de dialogue qui apparaît, activez l'onglet Confidentialité. Décochez alors les cases des options qui ne vous conviennent pas, en particulier :

> » **Afficher les informations sur les médias provenant d'Internet :** si cette option est sélectionnée, le Lecteur Windows Media va dire à Microsoft quel disque vous écoutez et retrouver des informations sur celui-ci afin de les afficher dans sa fenêtre (artiste, album, titres des chansons, image de couverture, etc.).

> » **Mettre à jour les fichiers de musique à l'aide d'informations provenant d'Internet :** Microsoft examine vos fichiers, et, s'il en reconnaît un dont les données ne sont pas à jour, il les enregistre dans ce fichier (ce sont les *tags* décrits plus haut).

> » **Envoyer un identificateur de lecteur unique aux fournisseurs de contenus :** cette option permet à d'autres sociétés que Microsoft de vous pister pendant que vous utilisez le Lecteur Windows Media. Pour éviter d'encombrer inutilement leurs bases de données, laissez cette case vierge.

> » **Cookies :** comme bien d'autres programmes et sites Internet, le Lecteur Windows Media enregistre vos activités dans de petits fichiers que l'on appelle des *cookies*. Ce n'est pas forcément quelque chose de mauvais, car cela permet au lecteur de mieux connaître vos préférences.

> » **Programme d'amélioration de l'expérience utilisateur :** sous ce vocable gentillet se cache le summum de l'espionnage individuel et de la dépersonnalisation de ladite expérience. Personnellement, je décoche cette case.

> » **Historique :** le Lecteur Windows Media mémorise les fichiers que vous avez joués récemment dans un *historique*. Pour que les autres membres de votre groupe résidentiel ou de votre réseau (votre patron, par exemple ?) ne puissent pas savoir ce que vous faites de votre temps, décochez les quatre cases de cette section, et cliquez également sur les boutons intitulés Effacer l'historique et Effacer les caches.

couvertures de disques, un peu comme si vous classiez vos CD sur le parquet de votre salon.

Pour lire quelque chose dans le Lecteur Windows Media, double-cliquez dessus, ou bien faites un clic du bouton droit et choisissez Lire dans le menu contextuel qui s'affiche (ou bien Lire tout pour écouter un album en entier).

Musique !

Le Lecteur Windows Media peut jouer plusieurs types de fichiers musicaux, mais ils ont tous un point commun, celui d'être placés dans une liste de lecture lorsque vous les lancez les uns après les autres.

Vous pouvez commencer à écouter de la musique dans le Lecteur Windows Media de différentes manières, même s'il n'est pas déjà en cours d'exécution :

» Cliquez sur l'icône de l'Explorateur de fichiers sur votre barre des tâches. En-suite, localisez le dossier voulu, faites un clic du bouton droit sur le nom d'un album ou d'un fichier de musique, et choisissez l'option Lecture. Le lecteur va apparaître et commencer à jouer la musique choisie.

» Dans votre propre bibliothèque Musique, faites un clic du bouton droit sur les éléments que vous voulez écouter, et choisissez dans le menu l'option Ajouter à puis Liste de lecture. Les fichiers sont ajoutés à la liste de lecture, et ils seront joués lorsque les titres déjà présents seront finis.

» Insérez un CD de musique dans le lecteur de votre PC. Windows va vous proposer d'écouter son contenu. Suivez le mouvement.

» Double-cliquez sur le nom d'un fichier contenant de la musique, qu'il se trouve dans un dossier ou sur votre bureau, et le Lecteur Windows Media commence à le jouer immédiatement.

Vous n'êtes pas nécessairement obligé(e) d'écouter votre musique via les haut-parleurs de votre appareil, ou en y branchant un casque. Si vous disposez d'un équipement multimédia adapté (en particulier un ampli ou un téléviseur connectés), le Lecteur Windows Media est capable de le détecter sur votre réseau et d'y diffuser non seulement votre musique, mais aussi vos vidéos ou vos images. Pour savoir si ce petit miracle est possible, cliquez sur l'onglet Lecture, puis sur le bouton Lire sur (vous pouvez également cliquer droit sur un titre).

Pour faire la même chose dans la bibliothèque du Lecteur Windows Media, faites un clic du bouton droit sur le nom d'une chanson et choisissez dans le menu l'option Lire. La lecture commence, et le titre apparaît dans la liste d'écoute.

Mais il existe encore d'autres méthodes :

» Pour jouer un album complet, faites un clic du bouton droit sur sa pochette, puis sur Lire dans le menu qui s'affiche.

» Pour écouter à la suite les uns des autres plusieurs morceaux ou albums, faites un clic du bouton droit sur le premier et choisissez Lire dans le menu contextuel qui apparaît. Passez au suivant, faites un clic du bouton droit, puis cliquez sur l'option Ajouter à, et enfin sur Liste de lecture. Le programme « empile » les morceaux au fur et à mesure que vous les sélectionnez, et les affiche dans le volet Lecture qui apparaît sur le côté droit de l'interface, comme sur la Figure 16.6.

FIGURE 16.6
Création spontanée d'une liste de lecture temporaire que vous pourrez toutefois sauvegarder.

» Pour revenir à un élément que vous avez écouté récemment, faites un clic du bouton droit sur l'icône du Lecteur Windows Media dans la barre des tâches. Lorsque la liste des éléments joués récemment apparaît, cliquez sur le titre voulu.

» Votre bibliothèque musicale ne vous satisfait pas ? Vous pouvez dans ce cas copier vos CD favoris sur votre disque dur. C'est ce que l'on appelle une extraction, ou encore *ripping*. Nous y reviendrons plus loin dans ce chapitre.

Contrôler votre lecture

Nous venons de voir les différentes manières de jouer de la musique à partir de la bibliothèque du Lecteur Windows Media. Mais la fenêtre de celui-ci est peut-être un peu envahissante. C'est pourquoi Microsoft en propose une version plus allegee.

Pour cela, cliquez sur le bouton Basculer en mode Lecture en cours, en bas et à droite de la fenêtre du programme. Vous voyez alors le lecteur changer d'apparence (voir Figure 16.7).

Cet affichage assez minimaliste vous montre ce qui est en cours de lecture, avec en accompagnement une image de la pochette de disque (si elle est disponible, bien sûr). Les boutons de contrôle vous permettent d'ajuster le volume, de changer de piste (ou de vidéo), ou encore de permuter entre lecture et pause.

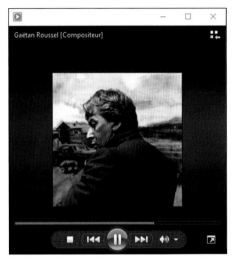

FIGURE 16.7
Les boutons de cette fenêtre sont semblables à ceux d'un lecteur de CD ou d'un magnétophone.

Le Lecteur Windows Media offre les mêmes contrôles de base quel que soit le type du fichier en cours de lecture : musique, vidéo, CD ou encore diaporama. En cas de besoin, laissez le pointeur de la souris survoler quelques instants un bouton, et Windows affichera un petit texte d'explication.

Ces boutons fonctionnent comme ceux de n'importe quel « vrai » lecteur de CD ou de DVD, à ceci près qu'il y en a un peu plus, et qu'un clic du bouton droit affiche un menu contextuel qui propose toute une série de tâches supplémentaires.

Vous pouvez également accéder à ces options via la barre de menus du Lecteur Windows Media qui apparaît lorsque vous appuyez sur la touche Alt de votre clavier. Pour qu'elle s'affiche en permanence, appuyez sur Alt, puis choisissez Affichage/Afficher la barre de menus. Vous pouvez également faire un clic-droit sur la partie centrale du mini lecteur du Lecteur Windows Media et accéder aux éléments suivants :

» **Afficher la liste :** ouvre sur le bord droit de la fenêtre un volet qui affiche le contenu de la liste de lecture, ce qui est pratique pour passer directement à un autre morceau. L'option devient alors Masquer la liste.

» **Plein écran :** le lecteur occupe tout l'écran. L'option devient alors Quitter le mode Plein écran.

» **Lecture aléatoire :** joue les titres au hasard.

» **Répéter :** rejoue en boucle le morceau.

» **Visualisations :** choisissez entre afficher la pochette de l'album, la remplacer par divers effets visuels, ou encore vous passer de visualisation.

» **Améliorations :** permet d'ouvrir un égaliseur, de changer la vitesse de lecture, d'améliorer le rendu sonore, etc.

» **Paroles et sous-titres :** affiche ces éléments, s'ils sont bien sûr disponibles. Bien pratique pour une soirée karaoké !

» **Acheter plus de musique :** pour ceux qui veulent acheter de la musique en ligne.

» **Lecture en cours toujours visible :** place la fenêtre du lecteur au-dessus de toutes les autres sur le bureau.

» **Options supplémentaires :** affiche la boîte de dialogue Options. Vous pouvez y modifier les paramètres du Lecteur Windows Media pour spécifier par exemple la manière d'extraire le contenu des CD, ou bien de stocker le contenu de la bibliothèque, et bien d'autres tâches encore.

» **Aide sur la lecture :** affiche la partie de l'aide de Windows qui concerne le Lecteur Windows Media.

 Les contrôles de la fenêtre de lecture s'effacent de l'écran si vous n'avez pas déplacé votre souris pendant un certain temps. Pour les afficher à nouveau, faites simplement bouger le pointeur de la souris au-dessus de la fenêtre du lecteur.

 Pour revenir à l'interface « bibliothèque » du Lecteur Windows Media, cliquez sur le bouton Basculer vers la bibliothèque, en haut et à droite de la fenêtre.

 Lorsque vous minimisez le Lecteur Windows Media dans la barre des tâches du bureau, vous pouvez déplacer le pointeur de la souris au-dessus de son icône. Une petite fenêtre va s'afficher. Elle vous permet de mettre en pause ou de reprendre la lecture, ainsi que de passer d'un morceau à un autre.

Lire des CD

Dès que vous insérez un CD dans le lecteur de votre ordinateur, le Lecteur Windows Media le reconnaît et commence à le lire (à moins que votre PC ne soit configuré pour que ce soit une autre application qui s'exécute).

En général, le lecteur est capable d'identifier automatiquement l'artiste, le titre de l'album ainsi que son contenu. Et, bien souvent, il est même capable d'afficher une image de la pochette du disque.

Avec les contrôles décrits plus haut, vous pouvez passer de piste en piste, ajuster le volume et effectuer d'autres réglages.

Si, pour une raison inconnue, le Lecteur Windows Media ne commence pas la lecture de votre CD, jetez un coup d'œil sur le volet de navigation, à gauche de la fenêtre. Normalement, votre bibliothèque devrait afficher une icône de disque et montrer le nom de votre CD (ou indiquer quelque chose comme Inconnu). Cliquez sur cette ligne, puis sur le bouton de lecture, en bas de la fenêtre.

Si le téléphone sonne, vous pouvez appuyer sur la touche F7 pour couper le son (puis pour le rétablir), ou bien sur la combinaison de touches Ctrl + P pour basculer entre lecture et pause.

Vous voulez copier le contenu du CD sur votre disque dur ? Patientez encore un peu. Nous allons y revenir bientôt.

Lire des DVD

Mais passons maintenant aux mauvaises nouvelles. Le Lecteur Windows Media de Windows ne lit *pas* les DVD vidéo. C'est un choc, puisque c'était encore possible sous Windows 7 (sauf pour les versions les plus basiques). Que s'est-il passé ?

Selon les gens de chez Microsoft, les DVD appartiennent au passé et ne sont plus nécessaires. Ils en veulent pour preuve le fait que les tablettes et les ordinateurs portables ultra minces n'ont même pas de lecteur de DVD. Et ils ajoutent que la plupart des gens regardent sur leur ordinateur des vidéos qu'ils récupèrent sur l'Internet ou lisent leurs DVD sur leur poste de télévision. Bien.

Une autre raison, bien plus pragmatique, c'est que Microsoft ne veut plus payer les licences des sociétés qui possèdent les droits sur les décodeurs MPEG-2 et Dolby Digital, indispensables pour la lecture des DVD.

Pour autant, il existe d'autres alternatives pour regarder un DVD sous Windows :

» **Vous pouvez acheter un logiciel multimédia spécialisé.** La plupart des constructeurs intègrent une version d'évaluation d'un tel logiciel dans leurs ordinateurs. Vous avez ensuite la possibilité de payer pour disposer d'une licence complète.

» **Vous pouvez télécharger un logiciel gratuit qui donnera à peu près le même résultat.** L'un des meilleurs, d'origine française, mais mondialement connu, est VLC (`www.videolan.org`). Il sait à peu près tout relire, y compris le format Blu-ray, et a bien d'autres cordes à son arc. Cependant, certains problèmes de lectures apparaissent avec des DVD-R et -RW, comme des sautes de vidéos d'intro et des menus animés.

» **Le constructeur de votre ordinateur a peut-être installé son propre lecteur de DVD (ou multimédia).** Vérifiez cela en cliquant sur Tous les programmes dans le menu Démarrer.

Lire des vidéos et des programmes TV

Lire des vidéos, c'est la même chose que pour des musiques. Vous cliquez sur la ligne Vidéos dans le volet de navigation du Lecteur Windows Media, vous repérez l'élément que vous voulez visualiser dans la partie principale de la fenêtre et vous double-cliquez dessus. Il ne vous reste plus qu'à regarder.

Le Lecteur Windows Media vous permet de regarder des vidéos de diverses tailles. Pour plus de confort, appuyez par exemple sur Alt + Entrée pendant la diffusion pour passer d'une taille d'écran à une autre. Servez-vous de la même combinaison pour revenir à votre fenêtre initiale.

» Pour que la vidéo se conforme au mieux à la taille de votre fenêtre, faites un clic du bouton droit dessus pendant sa diffusion. Dans le menu qui s'affiche, choisissez Vidéo, puis l'option Ajuster la vidéo au lecteur lors du redimensionnement.

» Vous pouvez également passer en mode Plein écran en cliquant sur le bouton qui est affiché en bas et à droite de la fenêtre du Lecteur Windows Media.

» Si vous choisissez de regarder une vidéo provenant de l'Internet, la vitesse de votre connexion détermine la qualité du résultat. Avec une bonne connexion ADSL, la visualisation de vidéos HD ne pose généralement pas de problème. Sinon, l'image risque de « geler » ou de grésiller en cours de diffusion.

Quant aux radios Internet, le Lecteur Windows Media ne s'en soucie pas. Vous pouvez toujours entrer l'adresse d'un serveur en ouvrant le menu Fichier et en choisissant la commande Ouvrir une URL. Mais encore faut-il que la station diffuse ses programmes au format MP3 ou WMA. Il existe certainement plus simple en faisant directement confiance à votre navigateur habituel.

Créer, enregistrer et éditer des listes de lecture

Une *liste de lecture*, autrement dit une sélection, ou encore une *playlist*, est simplement une liste de titres musicaux (et/ou vidéos) que vous voulez rejouer dans un certain ordre. La beauté de ces listes vient de ce que vous pouvez faire avec elles. Enregistrez une sélection de vos chansons préférées, par exemple, et celles-ci seront toujours à portée de clic.

Si vous avez lu les sections consacrées à l'application Groove Musique plus haut dans ce chapitre, vous savez ce que sont les playlists, donc les listes de lecture.

Vous pouvez créer ainsi des listes de lecture pour les longues soirées d'hiver, pour les dîners entre amis, pour un anniversaire, et ainsi de suite.

Pour créer une liste de lecture, suivez ces étapes :

1. **Ouvrez le Lecteur Windows Media puis le volet des listes de lecture.**

Vous ne voyez pas le volet des listes de lecture sur le bord droit de la fenêtre du Lecteur Windows Media ? Cliquez sur l'onglet Lecture, en haut et vers la droite de la fenêtre.

2. **Faites un clic du bouton droit sur un album ou un titre que vous voulez placer dans votre sélection. Dans le menu qui s'affiche, choisissez Ajouter à, puis Liste de lecture.**

Vous pouvez tout aussi bien cliquer sur des éléments, puis les faire glisser sur le volet de la liste de lecture, à droite de la fenêtre (reportez-vous à la Figure 16.6).

Le Lecteur Windows Media commence immédiatement à jouer votre sélection. Celle-ci apparaît dans le volet de droite dans l'ordre selon lequel vous avez choisi les titres.

3. **Affinez votre sélection en modifiant l'ordre de la liste, ou encore en supprimant des éléments en trop, ou bien en ajoutant d'autres titres comme lors de l'Étape 2.**

Un morceau a été ajouté par erreur ? Faites un clic du bouton droit sur sa ligne, puis choisissez dans le menu contextuel l'option Supprimer de la liste. Vous pouvez aussi reclasser le contenu de votre liste en faisant glisser des éléments vers le haut ou vers le bas.

Le bas de la liste de lecture montre le nombre de morceaux, ainsi que leur durée totale de diffusion.

4. **Lorsque votre liste de lecture vous convient, cliquez sur le bouton Enregistrer dans la liste située dans la partie supérieure gauche de l'onglet Lecture.**

5. **Remplacez les mots Playlist sans titre qui sont sélectionnés par le titre de votre choix, et validez-le en appuyant sur Entrée pour terminer.**

Votre liste va maintenant apparaître dans la rubrique Playlists du volet de navigation. Il vous suffit de double-cliquer sur son nom pour démarrer la lecture.

Lorsque votre sélection musicale est enregistrée, vous pouvez par exemple graver votre musique sur un CD. Voyez pour cela l'astuce suivante.

En fait, rien n'est plus simple à faire. Si votre sélection tient en moins de 80 minutes, vous pouvez la transformer en un disque que vous pourrez écouter dans votre voiture (ou ailleurs). Insérez un CD vierge dans votre graveur, puis cliquez sur l'onglet Graver. Cliquez dans le volet de droite sur le lien qui vous propose d'importer votre nouvelle sélection (si elle est trop longue, le Lecteur Windows Media la répartira automatiquement sur plusieurs disques). Il ne vous reste plus qu'à cliquer sur le bouton de gravure.

Pour éditer une liste de lecture déjà enregistrée, double-cliquez sur son nom dans la rubrique Playlists du volet de navigation. Vous pouvez alors ajouter des éléments, en supprimer, ou réorganiser la *playlist*. Quand vous avez terminé, cliquez sur le bouton Enregistrer la liste.

Extraire des CD sur votre PC

Le Lecteur Windows Media sait copier le contenu de vos CD sur votre PC sous la forme de fichiers MP3 (le principal standard de la musique numérique). Mais vous devrez lui préciser que vous *voulez* des fichiers MP3, et non WMA, un format Microsoft qui n'est (évidemment pas) reconnu sur les matériels Apple et de nombreux autres.

Pour passer du WMA, que le Lecteur Windows Media retient par défaut, au plus universel MP3, ou encore à l'excellent FLAC, cliquez sur le bouton Organiser, en haut et à gauche de la fenêtre, puis sur Options. Activez l'onglet Extraire de la musique. Dans la section des paramètres d'extraction, choisissez dans la liste Format soit MP3, soit FLAC, comme sur la Figure 16.8. Dans le cas du MP3, vous pouvez ensuite choisir la qualité sonore à l'aide de la glissière qui se trouve vers le bas de la boîte de dialogue. Vous pouvez aller de 128 Kbits/s (le moins bon) jusqu'à 320 Kbits/s (le meilleur, si votre lecteur supporte un tel débit).

Pour copier un CD sur votre disque dur, suivez ces étapes :

1. **Ouvrez le Lecteur Windows Media et insérez un CD de musique dans votre lecteur.**

   Le Lecteur Windows Media va interroger le disque et essayer de retrouver sur l'Internet les informations qui lui sont associées : nom de l'artiste, album et titres des morceaux. S'il ne réussit pas automatiquement, passez à l'Étape 2. Sinon, passez à l'Étape 3.

2. **Si nécessaire, faites un clic du bouton droit sur la première piste et choisissez dans le menu l'option Rechercher les informations sur l'album.**

   Tapez le nom de l'album dans le champ de recherche, puis cliquez sur le bouton Rechercher. Si votre album apparaît dans la liste des références trouvées, cliquez sur le bandeau correspondant, puis sur le bouton Suivant et enfin sur Terminer.

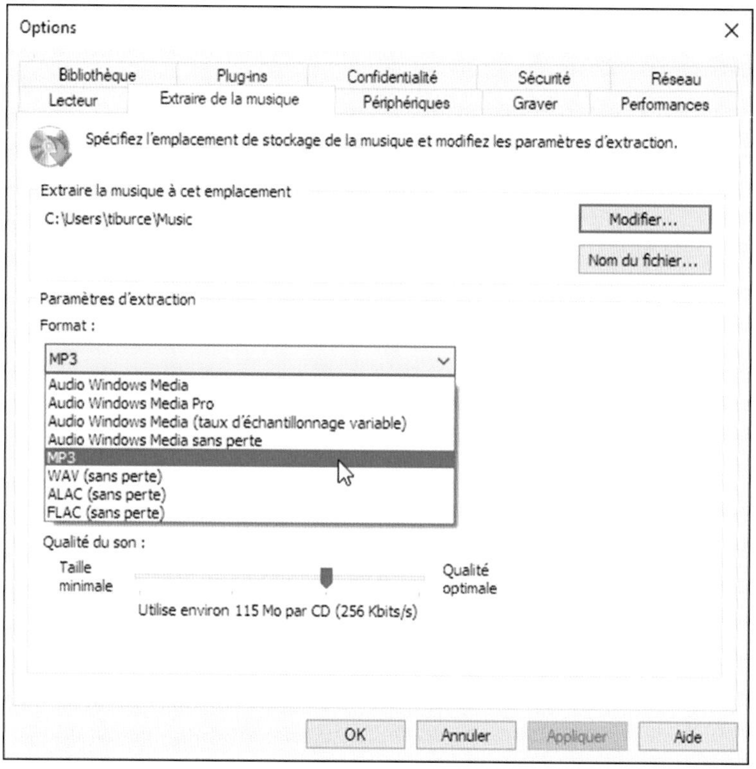

Options ✕

Bibliothèque	Plug-ins	Confidentialité	Sécurité	Réseau
Lecteur	Extraire de la musique	Périphériques	Graver	Performances

Spécifiez l'emplacement de stockage de la musique et modifiez les paramètres d'extraction.

Extraire la musique à cet emplacement

C:\Users\tiburce\Music

[Modifier...]

[Nom du fichier...]

Paramètres d'extraction

Format :

MP3	⌄

Audio Windows Media
Audio Windows Media Pro
Audio Windows Media (taux d'échantillonnage variable)
Audio Windows Media sans perte
MP3
WAV (sans perte)
ALAC (sans perte)
FLAC (sans perte)

Qualité du son :

Taille
minimale ————————————●———————————— Qualité
optimale

Utilise environ 115 Mo par CD (256 Kbits/s)

[OK] [Annuler] [Appliquer] [Aide]

FIGURE 16.8
Pour convertir des musiques des CD audio au format portable MP3.

Dans le pire des cas, il vous restera toujours la possibilité de faire un clic du bouton droit sur le nom de chaque piste, puis de choisir l'option Modifier et d'entrer manuellement le titre du morceau.

3. **Quand vous êtes prêt, cliquez sur le bouton Extraire le CD.**

Si la fenêtre du Lecteur Windows Media n'est pas assez large, il se peut que ce bouton n'apparaisse pas. Cliquez sur les chevrons qui suivent le bouton Créer une playlist pour le révéler.

Voyons quelques remarques et astuces complémentaires pour bien réussir vos extractions :

» Normalement, tous les titres sont extraits des CD. Pour faire un choix plus resserré, cliquez sur la case qui se trouve devant les pistes que vous ne voulez pas retenir pour la décocher. Si vous vous en apercevez seulement une fois la chanson extraite, ce n'est pas bien grave. Ouvrez la bibliothèque Musique du Lecteur Windows Media, localisez le titre en trop, faites un clic du bouton droit dessus et choisissez l'option Supprimer.

» Certains éditeurs ajoutent à leurs CD une protection contre la copie. Dans ce cas, maintenez enfoncée la touche de majuscule pendant quelques secondes, avant et après insertion du disque dans le lecteur de votre PC. Cela suffit parfois à empêcher le logiciel de protection contre la copie de se réveiller. Mais parfois seulement...

» Le Lecteur Windows Media enregistre automatiquement les pistes que vous extrayez vers votre bibliothèque Ma musique dans des dossiers portant le nom des albums d'où elles proviennent. Vous pouvez les y retrouver en ouvrant l'Explorateur de fichiers en plus de la bibliothèque du Lecteur Windows Media.

Graver des disques musicaux

Pour créer un CD de musique avec vos morceaux préférés, commencez par créer une liste de lecture contenant ce qui vous intéresse. Procédez ensuite comme expliqué plus haut, dans la section « Créer, enregistrer et éditer des listes de lecture ».

Mais supposons maintenant que vous vouliez reproduire un de vos CD, par exemple pour en avoir un exemplaire en permanence dans votre voiture ? Vous n'allez pas prendre de risques avec votre original. Pas plus que vous n'allez attendre que vos enfants transforment leurs CD en frisbees...

Malheureusement, ni le Lecteur Windows Media, ni Windows 10 lui-même, ne vous proposent ce genre d'option. Vous devez donc vous débrouiller tout seul (ou trouver une application capable de le faire de manière plus automatisée).

Pour créer une copie d'un CD musical parfaitement fidèle à l'original, suivez ces étapes :

1. **Procédez à l'extraction de son contenu sur votre disque dur (comme nous venons de le voir dans la précédente section).**

   Avant cela, commencez par choisir la meilleure qualité d'extraction possible. Pour cela, cliquez sur le bouton Organiser, puis sur Options. Activez l'onglet Extraire de la musique dans la boîte de dialogue Options. Dans les paramètres d'extraction, sélectionnez le format WAV (sans perte). D'accord, FLAC c'est la même qualité, mais en moins volumineux grâce à sa compression sans perte. Cliquez sur OK pour confirmer.

2. **Insérez un CD vierge dans le graveur de votre PC.**

3. **Dans le volet de navigation, ouvrez la rubrique Album de la catégorie Musique. Localisez le nom du CD que vous venez d'extraire.**

4. **Faites un clic du bouton droit sur l'album. Dans le menu contextuel, choisissez Ajouter à, puis Liste de gravure.**

   Si cette liste n'était pas vide, servez-vous du bouton Effacer la liste sous l'onglet Graver du Lecteur Windows Media. Reprenez alors l'Étape 4.

5. **Cliquez sur le bouton Démarrer la gravure situé dans la partie supérieure gauche de l'onglet Graver.**

Si vous ne prenez pas une qualité sans perte (WAV ou FLAC) pour extraire votre musique, le Lecteur Windows Media compacte vos pistes lorsqu'il les enregistre sur le disque dur. Cela en altère plus ou moins la qualité. En gravant ces fichiers sur un nouveau CD, vous obtenez donc quelque chose de moins bon que l'original. C'est pourquoi les formats WAV et FLAC sont les meilleurs pour réaliser ce type d'opération.

 Utilisez le format WAV *uniquement* pour copier des CD. Quand c'est fait, effacez les fichiers extraits de votre disque dur. Pourquoi ? Pas pour échapper à la police, mais tout simplement parce que ces fichiers sont *beaucoup* plus volumineux. Si vous souhaitez en conserver un double sur votre ordinateur, il vaut mieux recommen-

LE BON ET LE MAUVAIS LECTEUR...

Microsoft ne vous dira rien là-dessus, mais le Lecteur Windows Media n'est absolument pas le seul programme Windows vous permettant d'écouter de la musique ou de regarder des films. Par exemple, de nombreuses personnes se servent d'iTunes, car cela leur permet de gérer facilement ce qu'ils veulent charger sur leur iPad, leur iPod ou leur iPhone pour leurs loisirs itinérants. D'autre part, le Lecteur Windows Media n'est pas capable de lire tous les fichiers audio et vidéo.

De plus, de nombreux utilisateurs préfèrent se servir d'applications moins « propriétaires », notamment comme VLC.

En fait, il y a tellement de formats multimédias en compétition qu'il est souvent utile d'installer plusieurs lecteurs ! Bien entendu, cela peut être déroutant, car chaque programme se bat avec les autres pour être le premier sur la liste, celui qui se lancera par défaut.

Mais Windows vous laisse tout de même une grande latitude de choix en vous permettant depuis l'application Paramètres de sélectionner quels programmes vous voulez associer à quels types de fichiers. Revoyez à ce sujet la section « Retour vers le futur : le Lecteur Windows Media », vers le début de ce chapitre.

cer l'extraction en sélectionnant cette fois FLAC, ou MP3 avec un débit de bonne qualité. Votre disque dur vous dira merci !

Une solution plus simple consiste à acheter un programme de gravure proposant une option de duplication de CD en un clic...

Chapitre 17
Gérer ses photos (et ses films)

DANS CE CHAPITRE :

» **Copier des photos et des vidéos depuis un appareil numérique ou un smartphone**

» **Prendre des photos avec la caméra de votre ordinateur**

» **Visualiser des photos**

» **Sauvegarder vos photos numériques sur CD**

D e nos jours, bon nombre d'appareils photo numériques sont de vrais petits ordinateurs. Mais le plus impressionnant dans tout cela restent les smartphones dont la qualité photographique des appareils haut de gamme est tout à fait exceptionnelle. De facto, le smartphone est de plus en plus utilisé par le grand-public pour rapporter des souvenirs de voyage. Immédiatement disponible et moins encombrant qu'un compact ou qu'un Reflex numérique, le téléphone mobile est devenu l'appareil photo de prédilection du plus grand nombre. Il est naturel que Windows les traite comme de nouveaux amis. Branchez un appareil photo numérique ou un smartphone sur votre PC, allumez-le, et Windows va saluer le nouveau venu en lui proposant de copier son contenu sur votre disque dur.

 Windows traite de la même manière une clé USB remplie de photos, ou encore une carte SD.

Ce chapitre vous explique donc comment transférer vos photos de l'appareil numérique (ou du smartphone) vers l'ordinateur, les montrer à votre famille et vos amis, les envoyer par e-mail et les stocker là où vous pourrez facilement les retrouver plus tard.

Mais avant tout, voici un bon conseil. Avant de commencer à créer un album pour enregistrer vos photos de famille sur votre ordinateur, prenez le temps d'activer et de configurer correctement l'Historique des fichiers, l'outil de sauvegarde automatique de Windows décrit dans le Chapitre 13 (ce chapitre vous explique aussi comment copier vos photos sur un CD ou un DVD). Les ordinateurs peuvent passer, mais vos souvenirs sont irremplaçables.

Copier des photos dans votre ordinateur

La plupart des appareils photo numériques sont fournis avec un logiciel servant à transférer le contenu de la carte mémoire de l'appareil vers votre ordinateur. Mais vous n'avez en fait même pas besoin d'installer ce genre de programme : Windows est là !

Windows est capable d'extraire le contenu de pratiquement n'importe quelle marque et n'importe quel modèle d'appareil photo numérique (ou de smartphone). Il vous permet notamment de regrouper vos sessions photographiques en différents dossiers, chacun étant nommé selon l'événement concerné.

 Les possesseurs d'iPhone et d'iPad doivent utiliser iTunes pour copier leurs photos et leurs vidéos sur leur ordinateur.

Pour importer dans votre ordinateur des images stockées sur votre appareil photo numérique (disons, APN pour simplifier) ou votre smartphone, suivez ces étapes :

1. **Branchez le câble fourni avec votre appareil photo sur votre ordinateur.**

   La plupart des APN sont livrés avec deux câbles : un pour le relier à votre poste de télévision, et un autre pour le connecter à votre ordinateur. Vous avez bien sûr besoin ici du second.

   Pour un smartphone, utilisez le câble USB qui sert également à recharger l'appareil.

   Insérez le connecteur le plus petit du côté de votre appareil photo, et le plus gros (il est rectangulaire et assez plat) dans un port USB de l'ordinateur ou de la tablette. Normalement, il n'est pas possible de se tromper : si cela ne rentre pas d'un côté, il suffit d'essayer l'autre...

2. **Allumez votre appareil photo et attendez que Windows identifie sa présence.**

Un smartphone étant déjà allumé, Windows va identifier immédiatement sa présence.

3. **Une notification apparaît en bas de l'écran au niveau de la Zone de notification de Windows. Cliquez dessus afin d'ouvrir une boîte de dialogue permettant d'indiquer à Windows comment gérer la prochaine connexion de votre appareil.**

Pour répertorier vos images et les retoucher sans investir dans un autre logiciel, indiquez que vous souhaitez utiliser l'application Photos de Windows. Elle sera alors capable d'afficher le contenu de la carte mémoire de votre appareil photo numérique ou de la mémoire interne de votre smartphone, comme sur la Figure 17.1.

Lorsque vous connectez un smartphone, vous devez indiquer sur l'appareil comment l'ordinateur doit l'utiliser. Pour gérer plus facilement vos images, optez pour Appareil photo (PTP), ou une commande équivalente.

4. **Cochez les vignettes des images à importer et décochez les autres. Cliquez sur le bouton Continuer.**

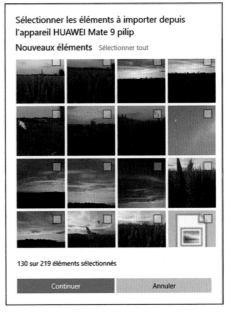

FIGURE 17.1
Photos propose d'importer les photos de votre appareil.

Pour sélectionner la totalité du contenu de l'appareil, cliquez sur le lien Sélectionner tout. Pour ne sélectionner que quelques photos, choisissez Effacer tout, puis cochez les images à importer.

Si la boîte de dialogue d'importation n'apparaît pas, cliquez sur le bouton Importer en haut à droite. Dans la liste des appareils identifiés, choisissez votre appareil photo numérique ou votre smartphone.

5. **Dans l'étape suivante, indiquez l'emplacement où importer vos photos sur votre ordinateur, et spécifiez comment les organiser.**

Par défaut, l'importation se fait dans le dossier Images (Pictures) du PC. Si vous consacrez un disque dur au stockage de vos images, indiquez ce chemin d'accès par ce biais. Décidez ensuite de créer des dossiers soit par mois soit par jour dans le menu local Importer dans des dossiers organisés par.

Ne cochez pas l'option Supprimer les éléments importés depuis <*nom de votre appareil*> après l'importation. En effet, si un problème survient pendant le transfert des images, vous risquez de perdre des photos de manière irréversible. Vous supprimerez ces images depuis l'appareil photo ou le smartphone.

6. **Cliquez sur Importer.**

Vos photos sont désormais copiées sur votre ordinateur et gérées par Photos.

Importer sans l'applications Photos

Certains utilisateurs seront perturbés par l'application Photos, et souhaiteront importer simplement les images dans l'ordinateur et ne pas se sentir otage de ce programme.

Ouvrez l'Explorateur de fichiers depuis la barre des tâches (si Windows ne le fait pas automatiquement). Cliquez sur l'icône Ce PC dans le volet de gauche. Votre appareil amovible, quel qu'il soit, va apparaître dans la liste. Si vous ne le croyez pas, portez votre attention sur la section Périphériques et lecteurs du volet droit de l'Explorateur de fichiers. Cliquez du bouton droit sur le nom de votre appareil, puis cliquez sur Importer les images et les vidéos dans le menu qui s'affiche, comme sur la Figure 17.2.

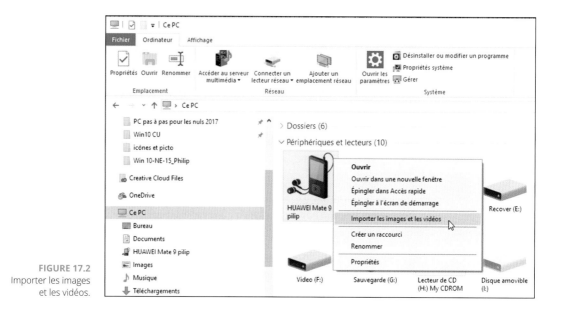

FIGURE 17.2
Importer les images et les vidéos.

La boîte de dialogue Importer des images et des vidéos vous propose pour cela deux options (voir la Figure 17.3) :

- **Vérifier, organiser et regrouper les éléments à importer :** si vous avez des tas de séances photo, cette option vous permet de les classer par groupes, chaque groupe étant copié dans un dossier différent. Cela prend plus de temps, mais vous pouvez ainsi faire la différence entre les vacances d'hiver à la montagne, le week-end chez Tata Louise et l'anniversaire du petit dernier.

- **Importer tous les nouveaux éléments maintenant :** si vous sauvegardez vos photos au fur et à mesure des séances de prise de vue, cette approche plus simple et plus rapide recopie toutes vos images dans le même dossier. Pour utiliser cette option, voyez l'Étape 4.

Le lien Autres options, en bas de la boîte de dialogue, vous permet de changer l'emplacement dans lequel Windows place vos photos importées (par défaut, le dossier Images), de définir un mode pour nommer les sous-dossiers et les fichiers, ou encore de supprimer les images de l'appareil photo une fois l'importation terminée. Jetez-y un coup d'œil pour le cas où les options par défaut ne vous conviendraient pas.

1. **Sélectionnez Importer tous les nouveaux éléments maintenant.**

   Essayez de saisir une description courte, mais explicite, comme par exemple **Eté 2017**. Windows va copier tous les fichiers trouvés dans un dossier dont le nom sera formé par défaut de la date d'importation et de la légende « Ski 2016 ». Chaque fichier sera renommé de la même manière, en y ajoutant un numéro d'ordre. Exemple : `2017-07-30 Eté 2017 001.jpg`, et ainsi de suite.

Ajouter un mot ou une phrase explicite facilite par la suite la recherche de vos photos en saisissant ce critère dans le champ Rechercher du bureau. Dans la fenêtre d'importation, vous pouvez d'ailleurs saisir plusieurs mots-clés en cliquant sur le bouton Ajouter des balises.

2. **Tapez une courte description dans le champ Entrer un nom, puis cliquez sur le bouton Importer.**

C'est terminé pour vous...

3. **Si vous souhaitez davantage de contrôle, cliquez sur le bouton Vérifier, organiser et regrouper les éléments à importer, puis sur Suivant.**

Windows va examiner la date et l'heure de chacune des prises de vues. Il vous propose ensuite un classement en une série de groupes qu'il vous propose d'importer (voir la Figure 17.4).

4. **Ajustez si nécessaire le regroupement des images en fonction de ce que vous souhaitez obtenir.**

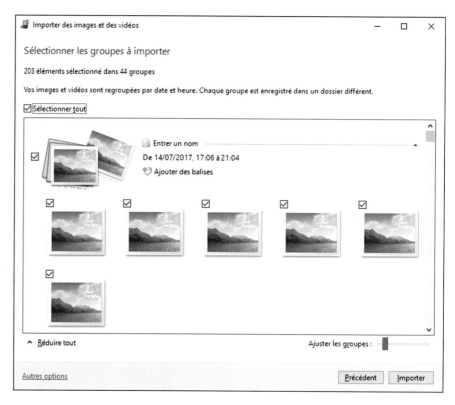

FIGURE 17.4
Windows propose un regroupement de vos images selon la date et l'heure de prise de vue. Vous pouvez modifier les groupes, et les sélectionner ou non, avant de les importer.

Vous n'aimez pas la méthode de classement de Windows ? Modifiez-la en faisant glisser la barre Ajuster les groupes vers la gauche ou vers la droite. Dans le premier cas, vous multipliez le nombre de groupes en réduisant l'intervalle entre les prises de vue (jusqu'à trente minutes). Dans le second, vous obtenez des groupes moins nombreux, mais bien sûr plus volumineux. En poussant le curseur jusqu'à l'extrémité de la barre, toutes vos photos seront placées dans un seul et même dossier.

Si vous ne voyez pas trop ce que peut bien contenir un groupe, cliquez sur son bandeau pour le développer (et ensuite pour le refermer).

5. **Approuvez les groupes choisis, donnez-leur une appellation en cliquant sur la ligne Entrer un nom, ajoutez éventuellement une ou plusieurs balises descriptives (séparés les mots-clés par un point-virgule), décochez éventuellement les photos ou les groupes que vous ne voulez pas copier, puis cliquez sur le bouton Importer.**

Le titre que vous donnez à un groupe dans le champ Entrer un nom devient le nom du dossier dans lequel sera placé son contenu.

Ajouter des balises permet de retrouver plus facilement vos photos via le système de recherche de Windows, décrit au Chapitre 7.

Par défaut, Windows n'efface pas les photos de votre appareil une fois la copie terminée sur votre ordinateur. Simple prudence de sa part. Mais vous risquez ensuite de ne plus avoir assez de mémoire pour prendre de nouveaux clichés. Vous pouvez donc changer d'avis en cours de route en cliquant sur le lien Autres options, et en cochant la case Supprimer les fichiers du périphérique après l'importation. Il est malgré tout conseillé de vérifier les images importées avant de procéder à leur suppression sur l'appareil pour les réimporter en cas de souci. Par conséquent, nous recommandons d'effacer les images via les fonctions adéquates de l'appareil.

Une fois la copie terminée, Windows affiche le dossier contenant vos nouvelles images.

Copier les photos avec l'Explorateur de fichiers

Vous pouvez aussi décider de copier manuellement les fichiers de l'appareil photo vers le ou les dossiers que vous voulez. Dans ce cas, choisissez l'option Ouvrir le dossier et afficher les fichiers (Explorateur de fichiers) de la boîte de dialogue qui apparaît lorsque vous cliquez sur le bandeau d'insertion.

Si vous n'avez pas eu le temps de cliquer sur ce bandeau, ouvrez tout simplement l'Explorateur de fichiers comme vous le feriez pour copier et coller des fichiers quelconques.

Dans le volet de navigation, cliquez sur l'icône de votre carte mémoire ou de votre appareil photo numérique, ou encore de votre smartphone. Il arrive que l'icône de l'appareil soit identifiée sous le nom de Disque amovible. Ensuite, double-cliquez sur les différents dossiers de ce périphérique d'images jusqu'à l'affichage de son contenu dans le volet droit de l'Explorateur de fichiers, comme le montre la Figure 17.5.

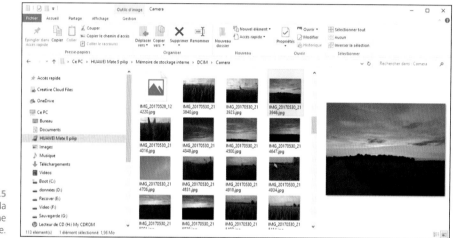

FIGURE 17.5
Le contenu de la mémoire interne d'un smartphone.

Sélectionnez alors les photos à importer. Pour tout sélectionner rapidement, exécutez le raccourci clavier Ctrl + A. Pour sélectionner plusieurs images qui se suivent, cliquez sur la première d'entre elles. Ensuite, maintenez la touche Maj enfoncée, et cliquez sur la dernière. Pour ajouter à la sélection d'autres photos de ce même dossier, maintenez la touche Ctrl enfoncée, et cliquez sur leur vignette.

Une fois votre sélection effectuée, cliquez sur le bouton Copier vers de l'onglet Organiser de l'Explorateur de fichiers. Choisissez-y un des dossiers proposés par Windows. Si aucun ne correspond à l'emplacement où vous désirez importer vos photos, cliquez sur l'option Choisir un emplacement. Parcourez ensuite vos disques durs et dossiers pour localiser l'emplacement de votre importation. Vous pouvez également créer un dossier par un clic sur le bouton Créer un nouveau dossier. Une fois le dossier choisi, cliquez sur le bouton Copier.

Prendre des photos avec l'application Caméra

La plupart des tablettes, des ordinateurs portables et certains PC de bureau sont équipés d'une caméra, aussi appelée *webcam*. Elles sont incapables de prendre une vue rapprochée en haute résolution d'un oiseau rare sur une branche d'arbre, mais ils répondent parfaitement au rôle qui leur est dévolu : obtenir rapidement une photo pour l'envoyer par e-mail, ou encore la poster sur Facebook et autre réseau social.

Pour prendre une photo avec l'application Caméra, suivez ces étapes :

1. **Dans le menu Démarrer, cliquez sur la vignette Caméra présente sous la lettre C de la liste des applications.**

   Vous pouvez aussi saisir Caméra dans le champ Taper ici pour rechercher de Cortana, puis cliquez sur la vignette de cette application dans la liste des résultats.

2. **Si l'application vous demande l'autorisation d'utiliser la caméra et le micro de votre ordinateur, ainsi que votre localisation, acceptez ou refusez.**

   Par mesure de sécurité, Windows peut demander la permission d'activer votre caméra, afin d'éviter à des applications malveillantes de vous espionner sans que vous vous en rendiez compte.

   Le programme vous demande également si vous acceptez d'être localisé. Cette information sera ensuite intégrée dans les images que vous prendrez. Ceci peut être pratique si vous prenez des selfies en vacances, par exemple, mais représenter une invasion de votre vie privée lorsque vous êtes chez vous, en famille ou chez des amis.

   Presque tout de suite après, votre caméra va se mettre en action et montrer sur votre écran ce qu'elle voit : vous.

   Si votre ordinateur ou votre tablette possède deux capteurs (généralement un à l'avant et un à l'arrière de l'appareil), vous pouvez inverser les objectifs en cliquant sur l'icône affichée en haut et au centre de la fenêtre.

3. **Cliquez sur l'icône d'appareil photo pour prendre un cliché, ou sur celle de la caméra pour commencer à filmer (un nouveau clic sur cette icône arrête l'enregistrement).**

L'application Caméra sauvegarde vos photos et vidéos dans un dossier appelé Pellicule de votre bibliothèque Images. Cependant, si vous choisissez la synchronisation avec OneDrive lorsque vous configurez votre compte Microsoft, les clichés ou vidéos que vous prenez avec l'application Caméra seront également stockés sur votre espace Internet (le Chapitre 5 vous explique comment changer le comportement de OneDrive).

Voir des photos avec l'application Photos

La bête à deux têtes qu'est Windows a deux manières de visualiser vos photos numériques : une avec l'application Photos, et l'autre avec le programme de bureau Visionneuse de photos Windows.

Très clairement, Microsoft souhaite que vous utilisiez l'application Photos. Elle vous propose trois modes de visualisation de vos clichés :

>> **Collection :** lorsque vous l'ouvrez, l'application Photos vous montre *toutes* les photos qu'elle localise en les classant par date. Bien que ce mode ne laisse rien de côté, cette accumulation peut être fastidieuse à consulter, sauf si vous savez exactement ce que vous recherchez.

>> **Albums :** les photos sont présentées selon une approche plus précise, en les partageant en groupes selon la date et le nom du dossier dans lequel elles sont enregistrées. Les doublons sont automatiquement éliminés, ce qui vous permet de vous y retrouver plus facilement.

>> **Dossiers :** Liste tous les dossiers dans lesquels Photos doit idenfier des images. Pour ajouter des dossiers, cliquez sur le lien Choisir où regarder, puis sur Ajouter un dossier dans la section Sources de la fenêtre Paramètres. Dans la boîte de dialogue sélectionnez le dossier concerné, comme le dossier Images de OneDrive.

Nous avons vu comment importer vos photos dans cette application, voyons maintenant comment utiliser ces deux modes plus précisément.

Visualiser votre photothèque

Lorsque vous l'ouvrez, l'application Photos balaie automatiquement vos images et les affiche dans sa fenêtre sous la forme de grandes vignettes. Le classement est effectué par date de prise de vue. Ceci facilite la visualisation des photos des dernières vacances (par exemple) sur une tablette, un smartphone, ou même un PC disposant d'un grand écran ou raccordé à un téléviseur.

Au passage, l'application effectue quelques réglages subtils afin notamment d'en améliorer la luminosité.

Pour lancer l'application Photos et visualiser vos souvenirs, suivez ces étapes :

1. **Cliquez sur la vignette Photos dans l'écran de démarrage du menu Démarrer.**

   Vous pouvez aussi saisir Photos dans le champ Taper ici pour rechercher de Cortana.

   L'affichage est presque instantané (voir la Figure 17.6). L'application Photos recherche les photos dans votre dossier Images, ainsi que dans ceux de OneDrive, et les affiche en partant des plus récentes.

FIGURE 17.6
L'application Photos affiche les images stockées sur votre ordinateur ainsi que sur OneDrive.

   L'application Photos apparaît aussi lorsque vous ouvrez un fichier d'image dans l'Explorateur de fichiers (voyez à son sujet le Chapitre 5).

2. **Faites défiler la collection pour trouver la photo que vous voulez voir ou modifier.**

Le mode Collection déroule vos photos comme un long flux, sans aucun regroupement par dossier. Les images les plus récentes sont placées en tête, les plus anciennes à la fin, et le reste entre les deux.

Vous pouvez vous servir de votre souris pour accéder plus rapidement à ce que vous recherchez grâce à la barre de défilement placée sur le bord droit de la fenêtre. Sur un écran tactile, il vous suffit d'effleurer la surface vers le haut ou vers le bas pour obtenir le même résultat.

3. **Cliquez sur une photo pour l'afficher en grand dans la fenêtre, puis choisissez une des options proposées.**

Lorsqu'une photo remplit l'écran, il arrive que les menus soient cachés. Dans ce cas, cliquez sur la photo ou bougez tout simplement votre souris pour qu'ils réapparaissent.

Vous pouvez effectuer diverses actions sur vos photos (voir la Figure 17.7) :

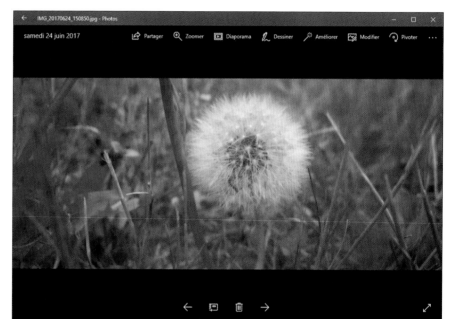

FIGURE 17.7
Choisissez les actions à réaliser sur vos photos à l'aide des icônes de l'application Photos.

- **Photo précédente/Suivante :** placez la souris sur la photo, puis cliquez sur un des chevrons qui apparaissent en bas de l'écran pour reculer (à gauche) ou avancer (à droite) dans la liste des images.

- **Afficher la collection :** chevron situé en haut à gauche et qui revient au mode par défaut, Collection.

- **Partager :** utilisez ce bouton pour partager la photo actuelle. Il se peut que Windows vous demande de choisir une application, par exemple votre messagerie, ou vous propose plusieurs choix.

- **Zoomer :** cliquez sur cette loupe pour activer un curseur qui permet de grossir l'image, ou à l'inverse de la réduire.

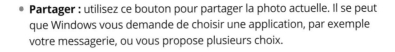

- **Diaporama :** affiche les photos en plein écran, avec un intervalle de cinq secondes entre deux images. Pour stopper le diaporama, cliquez sur l'écran ou appuyez sur la touche Échap.

- **Dessiner :** affiche des outils permettant de dessiner sur l'image.

- **Améliorer :** l'application Photo tente automatiquement d'améliorer vos clichés pour qu'ils paraissent au mieux de leur forme. Cliquez sur ce bouton pour désactiver cette option si vous pensez qu'une photo est mieux au naturel.

- **Modifier :** affiche un nouveau menu qui vous permet d'éditer la photo courante. Cliquez sur la croix de fermeture pour quitter ce mode.

- **Pivoter :** fait tourner la photo de 90 degrés dans le sens horaire. Pour une rotation de 90 degrés dans le sens contraire, cliquez trois fois.

- **Supprimer :** si une photo est totalement floue, par exemple, autant s'en débarrasser tout de suite. Cliquez sur ce bouton situé en bas de l'écran, et c'est parti.

- **En savoir plus :** affiche un menu supplémentaire (reportez-vous à la Figure 17.7). Il vous permet de copier ou d'imprimer la photo courante, de l'ouvrir avec un autre programme, de la choisir pour décorer l'écran de verrouillage de votre ordinateur, ou encore d'afficher divers détails sur la prise de vue.

4. **Pour refermer l'application Photos, cliquez sur la croix qui se trouve dans son coin supérieur droit.**

Afficher des albums

Tout le monde aime prendre des photos, mais seuls les gens vraiment méticuleux aiment passer des heures à les organiser, éliminer celles qui sont ratées, ainsi qu'à les classer dans des dossiers facilement accessibles.

C'est dans ce registre que l'application Photos se débrouille le mieux. Elle jette un œil robotisé sur toutes vos photos, élimine les doublons, trouve celle qui convien–

drait le mieux comme couverture, et classe les clichés en fonction de leur date de prise de vue.

Pour afficher vos albums dans l'application Photos, suivez ces étapes :

1. Dans le menu Démarrer, cliquez sur la vignette de l'application Photos situé dans l'écran de démarrage.

Par défaut, la fenêtre s'affiche en mode collection.

2. Dans le volet de gauche de l'application, cliquez sur Albums.

L'application Photos va trier vos clichés en albums censés représentés le meilleur de vos sessions, comme le montre la Figure 17.8.

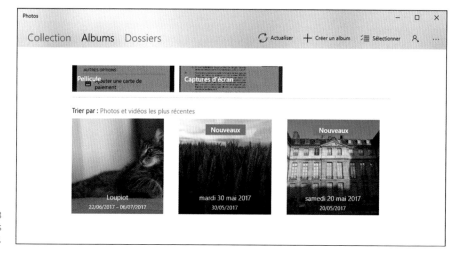

FIGURE 17.8
Des albums dans
Photos.

3. Cliquez sur la vignette d'un album pour afficher son contenu.

4. Cliquez sur la vignette d'une photo pour la visualiser.

La photo s'affiche sur toute la fenêtre de l'application. Servez-vous des chevrons Précédent/Suivant pour passer d'un cliché à un autre.

L'application Photos fait de son mieux pour déterminer les clichés qui valent *vraiment* la peine d'être montrés. Si vous avez mitraillé votre petit dernier le jour de son anniversaire, elle va vraisemblablement laisser de côté un tas de photos. Et c'est généralement une bonne chose, car vous échappez ainsi aux clichés doublés ou flous.

Vous pouvez créer des albums et en supprimer si ceux définis automatiquement par l'application ne vous conviennent pas. Pour créer un album, cliquez sur le bouton éponyme situé en haut de la fenêtre. Ajoutez-lui des photos que vous choisirez dans les collections de l'application. Pour supprimer un album, placez le pointeur de la souris sur sa vignette, et cochez la case qui apparaît en haut à droite. Cliquez ensuite sur le bouton Supprimer l'album. Cette technique permet de cocher plusieurs albums afin de tous les supprimer en une seule opération.

CHOISIR UN PROGRAMME POUR AFFICHER VOS PHOTOS

Lorsque vous faites un double clic sur une photo, l'application Photo s'ouvre par défaut. Si vous préférez utiliser une autre application ou un autre programme, suivez ces étapes :

1. **Dans le menu Démarrer, cliquez sur Paramètres afin d'accéder aux outils de configuration de Windows.**

2. **Dans la fenêtre Paramètres Windows, cliquez sur Applications et fonctionnalités.**

3. **Dans la colonne de gauche, choisissez Applications par défaut.**

Le volet de droite va afficher les applications et les programmes qui sont associés à votre messagerie, votre musique, vos vidéos et... vos photos.

4. **Dans la rubrique Visionneuse de photos du volet de droite, cliquez sur la vignette Photos. Dans la liste qui apparait, cliquez sur l'application ou le programme que vous souhaitez utiliser.**

Vous pouvez refermer l'application Paramètres. À partir de maintenant, un double clic sur une image lancera le programme Visionneuse de photos Windows. Bien entendu, l'application Photos est toujours présente dans votre menu Démarrer. Mais c'est bel et bien la Visionneuse de photos Windows qui brillera de tous ses feux lorsque vous vous trouvez dans l'Explorateur de fichiers.

Naviguer dans vos photos depuis le dossier Images

Le dossier Images, que vous trouvez dans le volet de navigation de l'Explorateur Windows, à gauche de la fenêtre, est le meilleur emplacement possible pour stocker vos photos numériques. Lorsque Windows importe des photos à partir de votre appareil numérique, c'est là qu'il les place automatiquement, comme expliqué au début de ce chapitre.

Pour afficher le contenu d'un des sous-dossiers de la bibliothèque Images, cliquez sur celle-ci, puis double-cliquez sur le dossier voulu. Vos photos apparaissent à droite (voir la Figure 17.9).

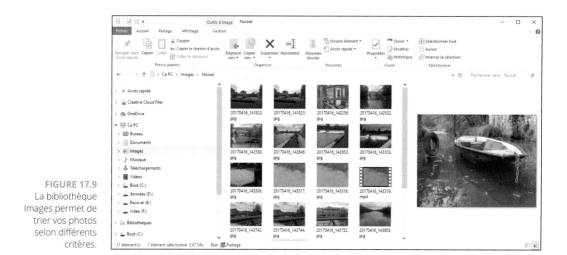

FIGURE 17.9
La bibliothèque Images permet de trier vos photos selon différents critères.

Le ruban associé à l'onglet Affichage vous permet de choisir la présentation de vos photos. Laissez le pointeur de la souris planer quelques instants au-dessus des options qu'il propose. Le contenu de la fenêtre change, par exemple pour proposer de très grandes icônes, des icônes moyennes, des détails, etc.

Si vous ne voyez pas le ruban, faites un clic du bouton droit sur la barre d'onglets et décochez l'option Réduire le ruban dans le menu qui s'affiche.

Le menu local Trier par du ruban propose de multiples choix pour organiser vos photos, quel qu'en soit leur nombre, selon leur nom, leur date, leur type, des mots-clés (les balises, déjà évoquées), et ainsi de suite.

Les options du menu local Trier par vous permettent de classer vos photos de diverses manières, dont notamment :

» **Prise de vue :** cette option est pratique (notamment si un seul dossier contient de nombreuses images) pour classer les photos selon une « ligne de temps », en les affichant dans l'ordre où vous les avez prises.

» **Mots-clés :** si vous avez ajouté des *balises* (autrement dit, des mots-clés descriptifs) lors de l'importation des photos depuis votre appareil numérique, vous pourrez retrouver plus facilement celles qui sont associées à tel lieu, tel événement ou telle personne, ou bien encore localiser celles qui ne seraient pas au bon endroit.

» **Date :** classe les photos dans l'ordre chronologique de leur copie sur votre ordinateur. C'est bon moyen pour retrouver par exemple les clichés de la semaine dernière.

» **Dimensions :** cette option classe les images en fonction de leur résolution, ce qui permet de savoir lesquelles occupent le plus d'espace sur le disque dur (l'intérêt est en particulier de repérer les vidéos prises avec votre appareil photo numérique, car elles sont généralement nettement plus volumineuses).

Utiliser les options de tri vous aide à ranger vos photos comme il faut. Pensez aussi à d'autres méthodes d'organisation :

» Une photo est particulièrement ratée ou floue ? Autant s'en débarrasser. Faites un clic du bouton droit dessus et choisissez dans le menu contextuel l'option Supprimer. Seules resteront les bonnes photos...

Une autre technique consiste à sélectionner la vignette de la photo, puis à cliquer sur le bouton Supprimer de l'onglet Accueil.

» Vous avez entré des balises lors de l'importation ? Servez-vous-en ! Tapez un de ces mots-clés dans le champ de recherche de la bibliothèque Images (il se trouve en haut et à droite), et Windows va presque instantanément afficher les photos qui sont associées à cette balise.

» Vous voulez afficher une de vos magnifiques photos sur votre bureau ? Faites un clic du bouton droit dessus et sélectionnez dans le menu l'option Choisir comme arrière-plan du Bureau. Immédiatement, la photo apparaît sur votre fond d'écran.

FAIRE TOURNER LES IMAGES

Autrefois, regarder une image prise en basculant l'appareil photo était très simple : il vous suffisait de tourner le papier dans le bon sens... Ce n'est plus le cas avec nos écrans d'ordinateurs d'aujourd'hui (quoique ce soit plus facile avec une tablette).

Pour remettre une photo droite, rien de plus simple. Faites un clic du bouton droit dessus. Dans le menu contextuel qui s'affiche, choisissez selon le cas l'une des options Faire pivoter à droite ou Faire pivoter à gauche. Et voilà bébé remis sur pieds !

Vous obtiendrez un résultat identique en cliquant sur le bouton Choisir comme image d'arrière-plan de l'onglet Gestion.

» Laissez le pointeur de la souris planer au-dessus d'une photo pour voir s'afficher diverses informations, comme sa date de prise de vue, son format, ses dimensions ou encore sa taille.

Afficher un diaporama

Windows permet d'afficher facilement des séquences d'images, autrement dit des diaporamas. Rien de très amusant dans ce qu'il vous propose, mais du moins disposez-vous d'un outil intégré pour montrer sans effort vos plus belles photos de vacances à vos amis agglutinés autour de l'écran. Pour lancer un diaporama, vous pouvez :

» Cliquer sur l'onglet Gestion dans votre bibliothèque d'images, puis sur l'icône Diaporama dans le ruban.

Windows va immédiatement obscurcir le fond de l'écran, afficher la première photo, puis passer aux suivantes toutes les quatre secondes.

Voici quelques conseils pour réussir vos projections :

» Avant de lancer un diaporama, vérifiez l'orientation de toutes les photos présentes dans votre dossier. Sélectionnez celles qui semblent être tombées à droite, faites un clic du bouton droit et choisissez l'option Faire pivoter à gauche. Recommencez pour celles qui doivent être redressées dans l'autre direction.

» Le diaporama ne montre que les photos qui se trouvent dans le dossier courant, ainsi que dans ses sous-dossiers éventuels.

» Vous pouvez aussi sélectionner un certain nombre de photos dans un dossier (par exemple en cliquant dessus tout en maintenant enfoncée la touche Ctrl). Seules ces photos apparaîtront quand vous activerez le diaporama.

» Il est encore possible d'agrémenter la présentation en lançant un accompagnement musical avec le Lecteur Windows Media avant de démarrer le diaporama (voyez à ce sujet le Chapitre 16). Ou bien, si vous avez acheté un disque de chants polyphoniques lors de vos vacances en Corse, pourquoi ne pas l'insérer dans votre lecteur de CD pour mettre tout le monde dans l'ambiance ?

Copier des photos numériques sur un CD ou un DVD

Vos photos devraient automatiquement être sauvegardées par Windows si vous avez activé l'Historique des fichiers (voyez à ce sujet le Chapitre 13). Mais vous avez peut-être aussi envie d'en copier certaines sur un CD ou sur un DVD pour les conserver sur un autre support, ou bien pour les partager.

Si ce n'est fait, achetez donc une boîte de CD ou de DVD, puis suivez ces étapes :

1. **Ouvrez votre bibliothèque Images depuis le bureau, sélectionnez les photos que vous voudriez graver, puis activez l'onglet Partage, et cliquez enfin dans le ruban sur le bouton Graver sur disque.**

   Vous pouvez sélectionner des séries de photos et de dossiers en cliquant dessus tout en maintenant enfoncée la touche Ctrl. Pour *tout* sélectionner, appuyez sur la combinaison de touches Ctrl + A. Quand vous cliquez sur le bouton Graver sur disque, Windows vous demande d'insérer un support vierge dans le graveur.

2. **Insérez un disque vierge dans votre graveur et refermez son tiroir.**

   Si vous avez beaucoup de fichiers à graver, un DVD sera évidemment préférable, puisqu'il représente l'équivalent d'environ sept CD. Mais n'oubliez pas que ce support est aussi plus cher. Autant éviter le gaspillage !

3. **Décidez comment vous voulez utiliser le disque :**

   Windows vous propose deux options :

   - **Comme un lecteur flash USB :** sélectionnez cette option si vous avez l'intention de relire ce disque sur d'autres ordinateurs. Windows le traitera alors comme une sorte de dossier, vous laissant la possibilité d'y graver d'autres photos plus tard. C'est un bon choix si vous n'avez pas de quoi remplir tout le support pour l'instant.

   - **Avec un lecteur de CD/DVD :** prenez cette option pour créer des disques susceptibles d'être lus sur une platine de salon. Une fois la gravure terminée, il ne sera plus possible d'ajouter quoi que ce soit sur le CD ou le DVD.

4. **Entrez un titre court pour le disque, puis cliquez sur le bouton Suivant.**

   Ce titre doit être court, mais parlant. Lorsque vous cliquez sur Suivant, Windows commence à graver les photos sélectionnées sur le disque.

5. **Cliquez si nécessaire à nouveau sur le bouton de gravure.**

Si, lors de l'Étape 3, vous avez choisi l'option Avec un lecteur de CD/DVD, vous devrez cliquer sur le bouton Graver sur disque pour lancer l'opération.

Si vous n'avez sélectionné aucune photo lors de l'Étape 1, Windows va ouvrir une fenêtre vide montrant le contenu du disque que vous avez inséré, autrement dit : rien. Vous pouvez alors faire glisser les photos voulues sur cette fenêtre.

Vous n'avez pas assez de place sur un seul CD ou DVD pour gérer toutes vos photos ? Malheureusement, Windows n'est pas assez intelligent pour vous demander d'insérer d'autres disques. En fait, il se plaint de manquer de place et ne grave rien du tout. Essayez alors de réduire votre sélection pour que la taille totale des fichiers ne dépasse pas l'espace libre sur le CD ou le DVD.

SACHEZ ORGANISER VOS PHOTOS

Il est tentant de créer un dossier appelé par exemple *Nouvelles photos* dans votre bibliothèque Images, et d'y placer les photos que vous importez. Mais quand vous rechercherez plus tard tel ou tel cliché, vous risquez fort d'y passer une partie de la soirée. L'outil d'importation de Windows fait un travail correct pour nommer chaque session de prise de vue en fonction de sa date et d'un titre. Pour mieux organiser vos photos, et donc vous aider à les retrouver, suivez ces quelques conseils :

» Lors de l'importation, définissez quelques mots-clés (ou balises) simples, par exemple *Maison, Voyage, Vacances, Famille* ou encore *Amis*. Cela vous aidera beaucoup à retrouver les photos voulues dans votre bibliothèque Images.

» Windows affecte ces mots-clés à chaque groupe de photos, donc globalement pour toute une série de clichés. Passez un peu de temps, une fois l'importation terminée, pour les affiner photo par photo, ou en effectuant une sélection. Souvenez-vous que vous pouvez associer plusieurs mots-clés à une photo en les séparant par un point-virgule. Pour effectuer ce travail *a posteriori*, faites un clic du bouton droit sur une photo ou sur un élément de votre sélection, et choisissez dans le menu l'option Propriétés. Activez l'onglet Détails, puis cliquez sur la ligne Mots-clés. Saisissez vos balises et cliquez sur OK.

VI

Au secours !

DANS CETTE PARTIE...

Réparer Windows

Comprendre d'étranges messages

Mettre à jour Windows sur un nouveau PC

Windows et son système d'aide

Chapitre 18
Réparer Windows

Parfois, vous avez simplement la vague sensation que quelque chose ne va pas bien. Votre ordinateur affiche un écran bizarre et inconnu, ou encore Windows semble aller encore moins vite qu'un train de sénateurs.

D'autres fois, la situation est encore bien pire. Certains programmes semblent gelés, les menus n'arrivent plus à se fermer, ou encore Windows affiche des messages terrifiants chaque fois que vous allumez votre ordinateur.

La plupart du temps, ces problèmes qui vous semblent énormes peuvent être résolus à l'aide de solutions qui vous paraîtront à l'inverse minimalistes. Ce chapitre essaie de vous expliquer ces deux faces de Janus.

Windows, un adepte de la nouvelle magie

Depuis des années, la Restauration du système a été le principal mode d'intervention de Windows quand l'ordinateur commençait à perdre la tête. Cette Restauration du système existe toujours sous Windows 10 (voir l'encadré qui suit).

C'EST À ESSAYER EN PREMIER

Une vague frustration commence à vous envahir. Votre connexion réseau, avec ou sans fil, fonctionne parfaitement. Mais l'imprimante ne se connecte pas. Les sites Web semblent interminables à charger. Un programme ne peut pas coopérer. Des dizaines de problèmes commencent de cette manière.

La plupart du temps, la solution la plus simple consiste à redémarrer l'ordinateur :

1. Cliquez droit sur le menu Démarrer, puis pointez sur Arrêter ou se déconnecter. Dans le sous-menu qui s'affiche, choisissez Arrêter, ou Redémarrer, ou encore Se déconnecter.

Vos programmes commencent à se refermer d'eux-mêmes. Si un programme vous demande de sauvegarder ses données, donnez-lui satisfaction. Votre ordinateur va continuer à refermer votre session. Au bout de quelques secondes, il devrait sombrer dans la léthargie, ce qui vous laisse prêt à faire une nouvelle tentative.

Qu'un redémarrage vous donne juste un sursis ou qu'il règle vos soucis durablement, cette méthode est souvent le meilleur moyen de résoudre vos problèmes. C'est donc elle que vous devez essayer avant toute autre tentative.

Mais celui-ci offre également d'autres outils puissants pour que votre ordinateur reprenne goût à la vie.

Cette section vous explique ce que sont ces outils, quand vous pouvez les trouver, et comment les utiliser (autrement dit, pour résoudre vos problèmes).

Rafraîchir l'ordinateur

Si votre ordinateur attrape une maladie particulièrement sérieuse, réinstaller Windows est parfois le seul remède. Auparavant, cela prenait beaucoup de temps et demandait de gros efforts. Si vous additionniez le temps passé rien qu'à cela, plus celui qu'il vous fallait pour réinstaller vos applications et recopier vos fichiers pour remettre votre ordinateur en état de marche, cela pouvait vous prendre jusqu'à une journée entière (disons, une bonne moitié de journée si vous n'aviez pas trop de programmes sur votre ordinateur avant que les ennuis ne commencent).

 L'outil de rafraîchissement de Windows a pour vocation de résoudre ce genre de problème. En cliquant sur quelques boutons, vous pouvez demander à Windows de se réinstaller lui-même sur votre ordinateur. Il sauvegarde alors votre compte d'utilisateur, vos fichiers personnels, les applications que vous avez téléchargées depuis la boutique Windows, et certains de vos plus importants réglages.

 Effectuer une réinstallation de Windows sauvegarde en même temps votre connexion sans fil ainsi que votre connexion cellulaire. Vous conservez également vos paramètres BitLocker (d'accord, vous ne savez même pas de quoi il s'agit, et vous n'avez pas tort), les affectations des unités de disques, vos réglages de personnalisation ou encore le papier peint de votre bureau.

Lorsque votre ordinateur a d'évidence besoin d'être rafraîchi avec une copie toute neuve de Windows, vous n'avez en fait besoin que de réinstaller les programmes qui étaient enregistrés sur votre bureau (fort gentiment, cet outil laisse sur le bureau une liste récapitulant ce que vous devrez réinstaller, y compris les noms des sites Web des éditeurs, pour que vous sachiez exactement ce qu'il va vous rester à faire).

Pour rafraîchir votre ordinateur, suivez ces étapes :

1. **Cliquez sur le bouton Démarrer, puis sur l'icône Paramètres (engrenage).**

   La fenêtre Paramètres Windows apparaît.

2. **En bas du volet Paramètres, cliquez sur le bouton Mise à jour et sécurité.**

3. **Dans la colonne de gauche de la fenêtre qui apparaît, cliquez sur Récupération.**

4. **Dans section Réinitialiser ce PC, cliquez sur le bouton Commencer.**

   Si Windows vous le demande, insérez votre disque, votre lecteur flash, ou tout autre dispositif à l'aide duquel vous avez installé Windows. Vous n'avez rien de tout cela ? Désolé, vous ne pouvez pas utiliser cette option, et il ne vous reste plus qu'à tout annuler…

   Windows affiche un écran pour vous expliquer ce qui va arriver à votre ordinateur (voir la Figure 18.1).

   L'outil de réinitialisation vous propose deux options :

   • **Conserver mes fichiers :** c'est le choix prioritaire. Il réinstalle Windows tout en préservant les comptes d'utilisateurs et les fichiers de chacun. La seule chose que vous perdez, ce sont les *programmes de bureau* qui devront donc être réinstallés à partir de leurs disques ou de leurs fichiers d'installation. Si vous choisissez cette option, passez à l'Étape 7.

- **Supprimer tout :** ne choisissez cette option que si vous voulez *réellement* redonner une virginité totale à votre ordinateur. Elle efface absolument tout, y compris les comptes et les fichiers des utilisateurs, et réinstalle Windows 10. Vous pourrez alors repartir à zéro, ou bien encore revendre (ou donner) votre PC. Si c'est ce que vous voulez, passez à l'Étape 6.

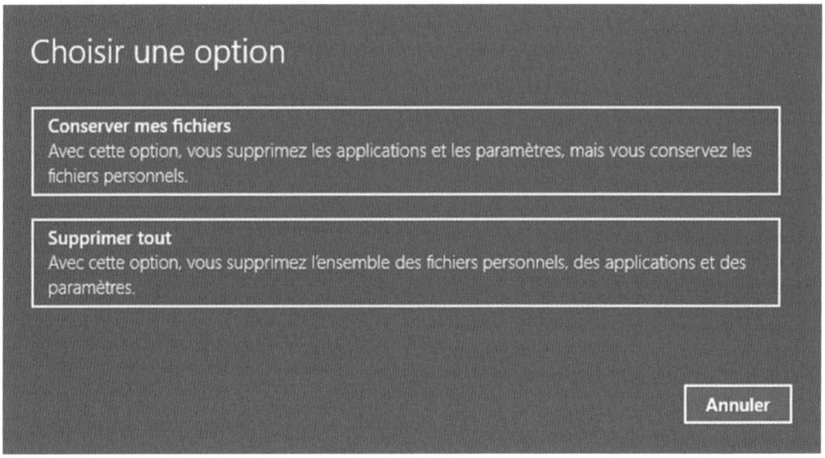

Choisir une option

Conserver mes fichiers
Avec cette option, vous supprimez les applications et les paramètres, mais vous conservez les fichiers personnels.

Supprimer tout
Avec cette option, vous supprimez l'ensemble des fichiers personnels, des applications et des paramètres.

Annuler

FIGURE 18.1
À moins d'avoir une excellente raison, choisissez Conserver mes fichiers.

5. **Choisissez une option et cliquez sur le bouton Suivant pour lancer le processus.**

6. **Choisissez si vous voulez uniquement supprimer vos fichiers, ou supprimer vos fichiers *et* nettoyer le disque.**

À ce stade, deux choix sont encore possibles :

- **Supprimer simplement mes fichiers :** sélectionnez cette option uniquement si l'ordinateur est destiné à rester au foyer familial. Même si cette option est relativement sûre, quelqu'un disposant des bons outils pourrait arriver à extraire certaines informations réputées avoir été effacées.

- **Supprimer les fichiers et nettoyer le lecteur :** sélectionnez cette option si votre intention est de revendre ou de donner votre ordinateur. Elle efface tous vos fichiers et effectue des opérations de nettoyage supplémentaires sur le disque. Seuls des spécialistes dotés de coûteux matériels pourraient ensuite remonter la filière...

Lorsque vous cliquez sur une de ces options, puis sur le bouton Réinitialiser, Windows se lance dans une grande séance de nettoyage avant de se réinstaller. Vous disposez alors d'une copie toute fraîche de Windows 10. Après quoi, vous avez terminé, et votre ordinateur est prêt à recommencer une nouvelle vie.

7. **Prenez note de tous les programmes de bureau que vous aurez à réins-taller. Quand c'est fait, cliquez sur Suivant puis sur Réinitialiser.**

Windows se réinstalle lui-même sur votre ordinateur, ce qui peut prendre selon les configurations à 15 à 60 minutes.

Lorsque votre ordinateur sort de son dernier sommeil, il devrait être frais et vaillant. Mais attendez-vous à diverses choses au cours de la procédure :

» Si vous avez inséré un DVD Windows lors de l'Étape 2, faites attention lorsque l'ordinateur redémarre. Le DVD étant toujours dans son lecteur, il vous demande en effet d'appuyer sur une touche quelconque pour démarrer à partir du disque. *Ne touchez à rien !* Windows *doit* se relancer depuis le disque dur de votre ordinateur, et pas depuis le DVD.

» Lorsque votre ordinateur se réveille, vous devriez trouver sur votre bureau un raccourci servant à vous renseigner sur les applications supprimées en cours de route. Cliquez dessus, et votre navigateur Web va afficher une page contenant des liens associés à tous les programmes et toutes les applications que vous allez devoir réinstaller, si vous en avez besoin, bien sûr. Dans ce cas, vous devrez avoir à votre disposition tous les disques, fichiers et codes d'enregistrement éventuels nécessaires à l'installation de ces programmes.

» Peu de temps après que Windows ait retrouvé toute sa vigueur, son compagnon Windows Update va se mettre au travail pour trouver, charger et installer les dernières mises à jour de sécurité du système d'exploitation.

» Une fois l'ordinateur rafraîchi, réinstallez vos programmes un par un, en redémarrant de préférence à chaque fois. De cette manière, vous pourrez plus facilement détecter celui qui pourrait bien avoir provoqué tous vos ennuis. D'accord, cela risque de vous donner encore plus de travail, mais vous saurez du moins à quoi vous en tenir.

» Si vous êtes connecté à un réseau, vous devrez aussi préciser à Windows si celui-ci est privé ou public. Vous aurez aussi à rejoindre votre groupe résidentiel, une procédure simple qui est décrite au Chapitre 15.

» Après un nettoyage intégral, vous pouvez utiliser une sauvegarde réalisée grâce à l'Historique des fichiers pour récupérer le contenu de vos dossiers Documents, Images, Musique et Vidéos.

Restaurer des sauvegardes avec l'Historique des fichiers

Le programme de sauvegarde de Windows, l'Historique des fichiers, n'apparaît pas dans vos programmes ou applications. Après tout, ces programmes et ces applications peuvent être réinstallés. En revanche, tous ces moments qui marquent votre vie, qu'il s'agisse de photos, de vidéos, de musiques et autres documents, ne peuvent pas être recréés (à moins que vous n'en disséminiez systématiquement des copies sur plusieurs disques durs).

Pour que vos fichiers restent en sécurité, l'Historique effectue une copie de tout ce que contiennent vos dossiers Documents, Images, Musique et Vidéos, ainsi que tout ce qui se trouve sur votre bureau. Et il effectue ce travail par défaut *toutes les heures*.

L'Historique des fichiers vous permet donc de rendre vos sauvegardes faciles à voir et à restaurer, et ainsi de jongler entre différentes versions de vos fichiers et dossiers. Si vous avez besoin de récupérer une version plus ancienne, mais meilleure, il suffit en gros de cliquer sur un bouton pour la ramener à la vie.

L'Historique des fichiers ne fonctionne pas si vous ne l'avez pas activé (revoyez à ce sujet le Chapitre 13). Je vous conseille donc de le faire dès maintenant. Plus vite vous irez, et plus vite vous disposerez de sauvegardes parmi lesquelles vous choisirez ce qu'il faut restaurer quand vous en aurez besoin.

Pour naviguer dans les fichiers et les dossiers qui ont été sauvegardés, et choisir ce que vous voulez récupérer, suivez ces étapes :

1. **Ouvrez l'Explorateur de fichiers depuis la barre des tâches, puis ouvrez le dossier contenant les éléments que vous voudriez restaurer.**

   Par exemple, ouvrez l'un des dossiers Documents, Images, Musique ou Vidéos si c'est celui que vous voulez parcourir. Souvenez-vous qu'il est facile d'y accéder dans le volet de navigation de l'Explorateur de fichiers.

   Si le contenu qui vous intéresse se trouve dans un sous-dossier de la bibliothèque, ouvrez-le.

   Cliquez maintenant une seule fois sur le nom du fichier que vous voudriez restaurer dans un état antérieur. Attention : ne double-cliquez pas, le but n'est pas ici d'ouvrir le fichier !

2. **Cliquez sur l'onglet Accueil, en haut et vers la gauche de la fenêtre. Cliquez ensuite dans le ruban sur le bouton Historique.**

Ce bouton ouvre le programme Historique des fichiers, illustré sur la Figure 18.2. Celle-ci montre ce qui se passe si, une fois la fenêtre ouverte, vous cliquez sur le bouton Page d'accueil, en haut et à droite.

L'Historique des fichiers vous montre ce qui a été sauvegardé : vos bibliothèques, votre bureau, vos contacts ou encore vos favoris Internet.

Ouvrez l'un des dossiers pour voir ce qu'il contient. Vous pouvez également sélectionner un fichier, et demander à voir un aperçu de son contenu en faisant un clic du bouton droit sur son icône.

3. **Choisissez ce que vous voulez restaurer.**

Vous pouvez parcourir les dossiers et cliquer là où vous voulez pour localiser le ou les éléments à récupérer :

- **Dossier :** pour restaurer un dossier complet, ouvrez celui-ci puis cliquez sur l'icône du dossier pour la mettre en surbrillance (ne l'ouvrez pas par un double-clic).

- **Fichiers :** pour restaurer un groupe de fichiers, ouvrez le dossier dans lequel ils se trouvent de manière à voir leurs icônes.

- **Un fichier :** pour restaurer une ancienne version d'un fichier, ouvrez-la dans la fenêtre de l'Historique des fichiers. Celui-ci va afficher son contenu.

Une fois votre objectif localisé, passez à l'étape suivante.

4. **Déplacez-vous dans la ligne de temps pour trouver la version que vous voudriez restaurer.**

Pour naviguer entre versions successives, cliquez sur les flèches qui se trouvent en bas de la fenêtre, vers la gauche pour remonter vers les plus anciennes, et vers la droite pour les plus récentes.

En vous déplaçant dans le temps, ouvrez comme vous l'entendez fichiers et dossiers jusqu'à ce que vous retrouviez la version exacte du ou des éléments à restaurer.

Vous n'êtes pas sûr de l'emplacement du document que vous voulez récupérer ? Servez-vous du champ Rechercher pour le localiser.

5. **Cliquez sur le bouton Restaurer pour rétablir votre ancienne version.**

Que vous recherchiez un fichier, un dossier ou même une bibliothèque entière, le bouton Restaurer vous permet de le ou la restaurer à son emplacement d'origine.

Ceci pose un problème potentiel : que se passe-t-il si vous essayez de restaurer un ancien fichier appelé Notes dans un dossier qui contient déjà un fichier appelé Notes ? Dans ce cas, Windows vous prévient du problème. Passez alors à l'Étape 6.

6. **Choisissez comment gérer le conflit.**

Si Windows détecte un conflit de nom avec l'élément que vous demandez à restaurer, l'Historique des fichiers vous propose trois moyens de gérer la situation, comme le montre la Figure 18.3.

- **Remplacer le fichier dans la destination :** ne cliquez sur cette option que si vous êtes *sûr* que l'ancienne version est meilleure que l'actuelle.

- **Ignorer ce fichier :** abandonne la restauration de l'élément. Vous revenez alors à l'Historique des fichiers, que vous pouvez continuer à parcourir pour localiser une autre version, ou passer à d'autres fichiers.

- **Comparer les informations relatives aux deux fichiers :** c'est souvent le meilleur choix. Une fenêtre montre côte à côte des informations relatives aux deux versions, en particulier leur taille ainsi que la date et l'heure de leur enregistrement. Vous avez également la possibilité de conserver les *deux* fichiers en cochant les cases correspondantes. Dans ce cas, Win-

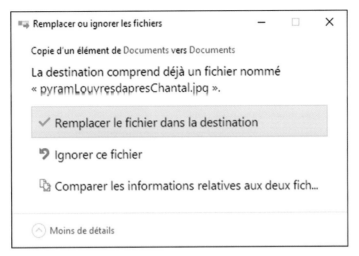

FIGURE 18.3
Gérer un conflit
de restauration de
fichier.

dows va simplement ajouter un numéro d'ordre à la suite du nom de la version restaurée, par exemple dans Notes (1).

7. **Quand vous avez terminé, quittez l'Historique des fichiers.**

Procédez comme avec n'importe quelle autre fenêtre : cliquez sur la case de fermeture (la croix rouge, à droite de la barre de titre).

Notez enfin les points suivants :

>> En plus de sauvegarder tout ce qui se trouve dans vos bibliothèques et sur votre bureau, l'Historique des fichiers enregistre également une liste de vos sites Web favoris, de même que le dossier qui contient les informations sur vos contacts. Il fait de même pour les éléments stockés sur OneDrive et qui sont synchronisés avec votre PC.

>> L'Historique des fichiers est également très pratique pour effectuer un transfert d'un ancien ordinateur vers un nouveau. Voyez à ce sujet le Chapitre 20.

>> Si vous achetez un disque dur externe pour créer vos sauvegardes, choisissez un modèle présentant une grande capacité de stockage. Plus elle sera importante, et plus vous pourrez y enregistrer de sauvegardes. Et vous trouverez alors l'Historique des fichiers *très* pratique.

REVENIR EN ARRIÈRE GRÂCE AUX POINTS DE RESTAURATION

Les nouveaux programmes d'actualisation et de réinstallation de Windows fonctionnent très bien pour ressusciter un ordinateur moribond, et ils sont plus puissants que la technologie antérieure, basée sur la notion de *point de restauration*. Mais si vous avez l'habitude depuis des années de faire confiance au programme de restauration présent depuis Windows XP, sachez que Windows 10 ne l'a pas mis de côté. Encore faut-il savoir le retrouver...

Pour rétablir un état antérieur plus satisfaisant de votre PC, vous pouvez donc aussi suivre ces étapes :

1. **Cliquez dans le champ Taper ici pour rechercher, et saisissez Créer un point de restauration. Cliquez sur la vignette idoine affichée dans les résultats de la recherche.**

   Cette action ouvre la boîte de dialogue Propriétés système.

2. **Dans l'onglet Protection du système, cliquez sur le bouton Restauration du système.**

   Vous voyez s'afficher la liste des points de restauration du système.

4. **Cliquez sur le bouton Suivant, puis sur le point de restauration qui vous semble convenir.**

Vous pouvez en voir d'autres en cochant la case Afficher d'autres points de restauration.

5. **Cliquez sur le bouton Rechercher les programmes concernés de manière à voir quelles sont les applications qui seront affectées par la restauration.**

   Les noms que vous voyez concernent les programmes que vous devrez probablement réinstaller (ou pas si vous pensez qu'ils sont la cause de vos problèmes, ou bien si vous n'en avez pas vraiment besoin).

6. **Cliquez sur le bouton Suivant, puis sur Terminer pour confirmer votre décision et lancer la procédure de restauration.**

   Votre ordinateur va faire différents bruits avant de redémarrer en utilisant les réglages qui fonctionnaient bien auparavant (enfin, souhaitons-le).

Si votre système fonctionne *déjà* sans accrocs, sachez que vous pouvez à tout moment créer vos propres points de restauration (voyez à ce sujet le début du Chapitre 13). Donnez-leur un nom parlant. Par exemple : *Avant de laisser la nounou utiliser l'ordinateur* (comme cela, vous saurez quel point de restauration utiliser si quelque chose ne va pas quand vous rentrez chez vous).

Windows me demande toujours des autorisations

Comme dans ses versions antérieures, Windows 10 continue à utiliser deux principaux types de compte : Administrateur et Standard. Le compte Administrateur est destiné au propriétaire de l'ordinateur, celui qui est censé détenir tous les pouvoirs. Par contraste, les possesseurs de comptes Standard ne sont pas autorisés à effectuer des choses considérées comme potentiellement dangereuses pour l'ordinateur ou ses fichiers.

Mais quel que soit le type de compte que vous utilisez, Windows va de temps à autre dresser une barrière entre vous et ce que vous lui demandez de faire. Lorsqu'un programme essaie de changer quelque chose sur votre ordinateur, Windows affiche immédiatement un message d'alerte. La Figure 18.4 en propose un exemple.

FIGURE 18.4
Les demandes d'autorisation de Windows s'affichent lorsqu'un programme tente de changer quelque chose sur votre ordinateur.

Dans le cas d'un compte Standard, le message sera un peu différent, en demandant que le titulaire du compte Administrateur saisisse son nom et son mot de passe.

Bien entendu, lorsque ce genre d'écran apparaît trop souvent, la plupart des gens les ignorent et donnent leur accord. Même s'il s'agit simplement de permettre à un virus de s'installer sur leur ordinateur...

Est-ce que Windows m'a demandé une autorisation pour quelque chose que j'ai fait ou que j'ai demandé ? Si la réponse est Oui, vous pouvez répondre positivement à son avertissement. Mais s'il le fait via un écran dont le fond est tout bleu, et que vous n'avez rien demandé, alors cliquez sur Non ou sur Annuler. Cela évitera certainement que des intrus malveillants n'arrivent à pénétrer dans votre PC.

Si votre temps est tellement compté que les couches de sécurité de Windows vous semblent superflues, et que vous acceptez les conséquences de vos actes, vous apprendrez dans le Chapitre 11 comment désactiver les avis affichés par votre compte d'utilisateur.

Je dois retrouver des fichiers supprimés

Tous ceux qui ont travaillé pendant des jours, des mois et des années sur un ordinateur connaissent les affres que génère une phrase comme : *J'ai effacé un fichier par erreur.*

Le programme de sauvegarde de Windows, l'Historique des fichiers (déjà présenté) est bien sûr un véritable instrument de sauvetage. Mais si vous ne l'avez pas activé (voyez le Chapitre 13 pour savoir comment faire), sachez tout de même que Windows est capable de récupérer des documents supprimés grâce à sa *Corbeille.*

Le fond de l'affaire, c'est que Windows ne détruit pas *réellement* les fichiers quand vous les supprimez. En réalité, il ne fait que les envoyer dans un dossier spécial, appelé Corbeille, que vous pouvez voir sur votre bureau.

Ouvrez la Corbeille d'un double-clic, et vous y retrouverez les fichiers et les dossiers qui ont été effacés au fil du temps. J'en explique plus sur la Corbeille dans le Chapitre 3, mais voici une astuce à retenir : pour récupérer un fichier (ou un dossier), faites un clic du bouton droit sur son nom dans la Corbeille et choisissez dans le menu contextuel la commande Restaurer. L'objet qui avait disparu réapparaît comme par magie à son emplacement d'origine.

Vous pouvez restaurer rapidement tout le contenu de la Corbeille par un clic sur le bouton Restaurer tous les éléments de l'onglet Gestion des Outils de Corbeille. Pour restaurer plusieurs éléments, commencez par les sélectionner dans la Corbeille, puis cliquez sur le bouton Restaurer les éléments sélectionnés.

J'ai perdu mes réglages !

Parfois, vous voudriez revenir à une situation antérieure, avant que quelque chose n'aille plus. Pour autant, il n'y a tout de même pas de quoi réinstaller Windows, ni même déclencher un point de restauration. En revanche, vous pouvez trouver à des endroits disposés stratégiquement dans Windows un bouton ou une commande proposant de restaurer les valeurs par défaut de certains paramètres (c'est-à-dire dans l'état où ils se trouvaient lorsque Windows a été configuré à l'origine).

Voyons certains de ces boutons (ou commandes) que vous pourriez bien trouver utiles un jour :

» **Pare-feu :** si vous avez la sensation que quelqu'un de suspect joue avec votre pare-feu, revenez à sa configuration d'origine. Sachez cependant que certains de vos programmes devront peut-être être réinstallés ou réinitialisés. Depuis le bureau, cliquez sur le bouton Démarrer, puis sur l'icône Paramètres (engrenage). Dans la fenêtre Paramètres Windows, choisissez Réseau et internet. Faites défiler le contenu de la partie droite de la fenêtre et cliquez sur le lien Pare-feu Windows. Cette action ouvre la boîte de dialogue Pare-feu Windows. Dans la colonne de gauche, cliquez alors sur le lien Paramètres par défaut. Confirmez par un clic sur le bouton Paramètres par défaut.

Soyez prudent avec cette manipulation, car vous aurez peut-être ensuite à réinstaller certaines applications ou certains programmes.

» **Lecteur Windows Media :** si votre Lecteur Windows Media semble plus ou moins perdu, demandez-lui de supprimer ses index et de repartir d'un bon pied. Dans la fenêtre du programme, appuyez sur la touche Alt pour ouvrir le menu. Choisissez alors Outils, puis Options avancées, et enfin Restaurer la bibliothèque multimédia (ou sur Restaurer les éléments de la bibliothèque supprimés si c'est vous qui avez par erreur supprimé des éléments).

» **Application Groove Musique :** même l'application Groove Musique peut faire preuve de confusion mentale. Si elle perd certains de vos morceaux, ou à l'inverse si elle continue à proposer des musiques que vous avez effacées, cliquez sur son icône Paramètres (la roue dentée dans le volet de gauche). Dans la section Réinitialiser, cliquez sur les mots Supprimer les playlists et toute la musique ajoutée ou téléchargée depuis le catalogue Groove. Cela étant fait, elle va reconstituera l'ensemble de son catalogue à sa prochaine utilisation.

» **Couleurs :** Windows vous permet de personnaliser couleurs et sons associés à votre bureau. Mais le résultat peut parfois devenir, comment dire, insupportable. Pour revenir aux couleurs et sons par défaut de Windows, faites un clic du bouton droit sur le fond du bureau, choisissez dans le menu l'option Personnaliser. Dans la colonne de gauche Personnalisation, cliquez sur Thèmes, puis sélectionnez le thème par défaut de Windows dans la section Appliquer un thème.

» **Polices :** vous avez des polices de caractères bizarres dont vous n'arrivez pas à vous défaire ? Ouvrez le menu Démarrer, et cliquez sur l'icône Paramètres (engrenage). Dans la fenêtre Paramètres Windows, cliquez dans le champ Rechercher un paramètre, et saisissez Polices. Dans la liste des résultats, cliquez sur Polices. Cette action ouvre la boîte de dialogue éponyme. Dans le volet de gauche de la fenêtre, cliquez sur Paramètres de police, et enfin sur le bouton Restaurer les paramètres de police par défaut.

» **Bibliothèques :** dans Windows 10, les bibliothèques sont cachées par défaut (j'explique dans le Chapitre 5 comment les afficher). Lorsqu'elles sont activées, le volet de navigation de l'Explorateur de fichiers affiche ces bibliothèques. Si une d'entre elles manque à l'appel, vous pouvez la récupérer. Faites un clic du bouton droit sur le mot Bibliothèques dans le volet de navigation, et choisissez la commande Restaurer les bibliothèques par défaut dans le menu contextuel. Vos bibliothèques par défaut (Documents, Images, Musique et Vidéos) réapparaissent alors.

» **Dossiers :** Windows dispose de réglages « cachés » qui concernent les dossiers, leur volet de navigation, les éléments qu'ils montrent, leur comportement et la manière dont ils effectuent des recherches. Pour personnaliser ces options, ou les rétablir dans leur état originel, ouvrez une fenêtre de dossier puis cliquez sur l'onglet Affichage, au-dessus du ruban. Cliquez sur le bouton Options, à droite du ruban. La boîte de dialogue qui apparaît contient trois onglets : Général, Affichage et Rechercher. Chacun dispose d'un bouton intitulé Paramètres par défaut. Cliquez sur ce bouton, puis sur Appliquer pour que les changements soient immédiatement pris en compte.

Enfin, n'oubliez pas non plus l'option de réinitialisation de Windows (revoyez le début de ce chapitre). Elle est certainement trop puissante pour les petits bobos quotidiens, mais au moins elle rétablit la plupart des paramètres de Windows à leurs valeurs par défaut.

J'ai oublié mon mot de passe !

Si Windows refuse d'accepter votre mot de passe dans l'écran d'accueil, vous vous sentez évidemment très mal. Avant de commencer à paniquer, effectuez les vérifications suivantes :

» **Verrouillage des majuscules :** les mots de passe sont sensibles à la *casse*, autrement dit, ils différencient majuscules et minuscules (**sesameouvrestoi**, et **SesameOuvreToi**, ce n'est pas du tout pareil). Si la touche de verrouillage des majuscules est activée, appuyez dessus (ou sur la touche de majuscule) pour la désactiver. Essayez ensuite d'entrer à nouveau votre mot de passe.

» **Utilisez votre disque de réinitialisation du mot de passe :** j'explique dans le Chapitre 14 comment créer un disque de réinitialisation du mot de passe. Lorsque vous avez oublié celui-ci, insérez ce disque. Windows va vous par mettre d'ouvrir votre compte pour que vous puissiez immédiatement créer un nouveau mot de passe que vous retiendrez plus facilement.

» **Demandez à votre administrateur de redéfinir votre mot de passe :** la personne qui possède le compte Administrateur a le droit de changer votre mot de passe. Pour cela, l'administrateur doit ouvrir le Panneau de configuration, et choisir la catégorie Comptes d'utilisateurs. De là, il peut voir les comptes de chacun, sélectionner le vôtre, et utiliser le lien Modifier le mot de passe pour choisir quelque chose que vous mémoriserez plus facilement.

MON PROGRAMME EST FIGÉ !

Il arrive qu'un programme se fige complètement, au point que la commande Fermer devienne inaccessible, et que même son bouton de fermeture (la fameuse croix) ne réagisse plus. Voici comment résoudre ce problème (dans la plupart des cas) en quatre étapes :

1. **Appuyez en même temps sur les touches Ctrl, Maj et Échap.**

   C'est un grand classique qui retient pratiquement toujours l'attention de Windows, quand bien même il serait parti naviguer dans les eaux arctiques. Lorsqu'un écran rempli d'options apparaît, passez à l'Étape 2.

   Si Windows n'entend même pas la corne de brume, commencez par enregistrer tous les fichiers et documents ouverts (sauf bien sûr dans le programme qui est gelé). Refermez normalement les applications encore vivantes, puis ap-

   puyez sur le bouton Marche/Arrêt de votre PC jusqu'à ce qu'il s'éteigne. Attendez quelques instants, rallumez le PC et voyez si Windows est en meilleure forme.

2. **Cliquez sur Plus de détails.**

   La fenêtre du Gestionnaire des tâches apparaît.

3. **Cliquez si nécessaire sur l'onglet Processus pour l'activer, puis sur le programme qui ne répond pas.**

4. **Cliquez sur l'option Fin de tâche.**

   Windows devrait alors renvoyer le programme qui vous ennuie à ses chères études.

Si votre ordinateur semble un peu groggy après ce traitement, il vaut peut-être mieux enregistrer vos documents en cours, refermer vos applications et redémarrer le PC.

Si vous avez oublié le mot de passe de votre compte Microsoft, ouvrez votre navigateur Web et visitez le site `www.live.com`. Suivez les instructions données pour récupérer votre mot de passe.

Si rien de tout cela ne marche, vous êtes dans de mauvais draps. Il ne vous reste plus qu'à comparer la valeur de vos données et le coût que représenterait l'intervention d'un spécialiste...

Mon ordinateur est bloqué !

C'est parfois Windows lui-même qui prend un grand coup de fatigue. Plus rien ne bouge ou ne clignote dans l'ordinateur. Et des clics paniqués n'y font absolument rien. Pas plus que des appuis frénétiques sur les touches du clavier. Pire encore, celles-ci se mettent à faire des « bips » au bout de quelques instants.

Quand plus rien n'a l'air de réagir (sauf peut-être le pointeur de la souris, et encore), c'est que votre ordinateur est entré dans un état avancé d'hibernation. Essayez alors ce qui suit, dans l'ordre indiqué :

» **Approche 1 :** appuyez deux fois sur la touche Échap.

Cela marche rarement, mais au moins vous aurez essayé.

» **Approche 2 :** appuyez en même temps sur les touches Ctrl, Maj et Échap pour ouvrir le Gestionnaire des tâches (s'il apparaît !).

Vous pouvez également faire appel à la combinaison Ctrl + Alt + Suppr, puis choisir l'option Ouvrir le Gestionnaire des tâches.

Si vous avez de la chance, le Gestionnaire des tâches va s'éveiller et indiquer qu'il a découvert une application gravement atteinte. Le Gestionnaire des tâches liste les noms des programmes actuellement en cours d'exécution, y compris celui qui embête tout le monde. Sous l'onglet Processus, cliquez droit sur le nom du programme bloqué, puis sur l'option Fin de tâche. Même si vous perdez un peu de travail en cours de route, il vaut mieux être un peu brutal que prendre davantage de risques. Et si vous ouvrez par mégarde le Gestionnaire de tâches, appuyez simplement sur la touche Échap pour refermer sa fenêtre.

» Si rien de tout cela ne suffit, appuyez sur Ctrl, Alt et Suppr, cliquez sur le bouton d'arrêt, en bas et à droite de l'écran, et choisissez dans le menu qui s'affiche l'option Mettre à jour et redémarrer. Cela devrait aider à tout remettre en ordre.

» **Approche 3 :** rien n'est encore réglé ? Appuyez sur le bouton Marche/Arrêt de l'ordinateur. Si un menu apparaît alors sur l'écran, choisissez l'option Redémarrer.

» **Approche 4 :** en désespoir de cause, maintenez enfoncé le bouton Marche/Arrêt de l'ordinateur pendant plusieurs secondes. Il va finir par s'arrêter après quelques moments de résistance.

Chapitre 19
Messages de l'au-delà

e soyez pas inquiet du titre de ce chapitre. Windows ne communique pas avec notre au-delà de pauvre mortel (ou du moins pas encore), mais force est de constater qu'il existe de sombres espaces informatiques d'où émergent des boîtes de dialogue au contenu abscons qui, sincèrement, n'a pas pu être rédigé par une intelligence humaine. Il y a quelques années, travaillant avec un programme dont j'ai oublié le nom, je me souviens y avoir réalisé une opération des plus élémentaires. À ma grande surprise, le logiciel se mit à réfléchir un très long moment, puis à fermer mon fichier, et à faire surgir de l'au-delà le message suivant : « Cette erreur n'aurait pas dû se produire ! » Génial !

Heureusement, Windows ne devrait pas trop vous confronter à ce genre de situation. Les messages d'erreur sont assez faciles à comprendre dans notre vie quotidienne : une horloge digitale qui clignote signifie que vous devez régler l'heure ; un tableau de bord de voiture qui clignote ou émet des séries de bips, et vous comprenez que vous avez dû oublier vos clés. Mais les messages d'erreur de Windows, eux, n'ont pas de racines culturelles ou autres. Ils ont été écrits par des personnes qui ne sont pas forcément des spécialistes en communication et en science du comportement humain... C'est pourquoi ils décrivent rarement ce qui a provoqué leur affichage, et, encore pire, comment résoudre le problème.

Dans ce chapitre, j'ai en quelque sorte collecté certains des messages d'erreur, notifications et autres tentatives de rencontres du troisième type de Windows. Je vais essayer de vous les présenter et de vous expliquer ce qu'il convient de faire dans chaque situation.

Un problème avec l'Historique des fichiers

Message : l'Historique des fichiers vous informe qu'il n'arrive pas à s'activer ou à trouver le support de sauvegarde (voir la Figure 19.1).

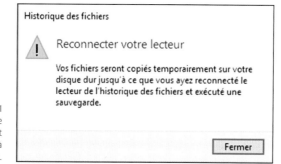

FIGURE 19.1
Votre disque de sauvegarde n'est plus connecté à l'ordinateur.

Cause probable : la sauvegarde s'effectue sur un disque dur externe, une clé USB ou une carte mémoire, et ce support n'est pas détecté par l'ordinateur.

Solutions : reconnectez le disque dur externe ou la clé USB, et activez à nouveau l'Historique des fichiers (voyez le Chapitre 11 pour plus d'informations à ce sujet).

Vous voulez installer ce pilote de périphérique ?

Message : Windows vous demande confirmation lors de l'installation d'un nouveau pilote de périphérique pour savoir s'il est digne de confiance, c'est-à-dire vierge de toute menace, virus et autre intrus potentiel.

Cause probable : vous essayez d'installer ou de mettre à jour un pilote de périphérique, et celui-ci ne fait pas partie de la liste de ceux que Windows reconnaît comme étant sûrs. Il affiche alors une fenêtre semblable à l'illustration de la Figure 19.2.

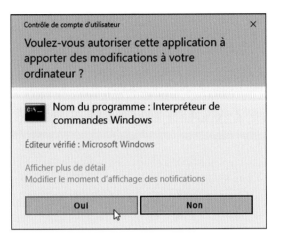

FIGURE 19.2
Pensez-vous que ce programme est sûr ?

Solutions : si vous êtes certain que le fichier est parfaitement innocent, cliquez sur le bouton Installer. Sinon, et si ce message vous contrarie, il vaut mieux choisir d'annuler l'opération. La sécurité, c'est aussi le sujet du Chapitre 11.

Voulez-vous enregistrer les modifications ?

Message : il vous signale que vous n'avez pas enregistré votre document dans un programme, et que vous risquez de perdre votre travail (voir Figure 19.3).

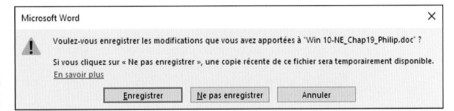

FIGURE 19.3
Voulez-vous enregistrer votre travail ?

Cause probable : vous essayez de refermer une application, ou bien de vous déconnecter, ou encore d'arrêter votre ordinateur, mais vous n'avez pas enregistré votre travail dans un programme.

Solutions : recherchez le nom du programme. Ouvrez à nouveau sa fenêtre (soit elle est déjà visible sur le bureau, soit son icône doit apparaître dans la barre des tâches). Utilisez la commande d'enregistrement de l'application, ou le bouton correspondant dans sa barre d'outils ou bien son ruban (voyez aussi à ce sujet le Chapitre 6). Vous avez bien sûr parfaitement le droit de cliquer sur le bouton Ne pas enregistrer si tel est votre choix !

Comment voulez-vous ouvrir ce fichier ?

Message : une fenêtre semblable à celle illustrée sur la Figure 19.4 apparaît lorsque Windows ne sait pas quel programme a bien pu créer le fichier que vous essayez d'ouvrir.

FIGURE 19.4
Avec quel programme Windows
devrait-il ouvrir ce
type de fichier ?

Cause probable : les programmes Windows utilisent une sorte de code secret, appelé *extension de fichier*, qu'ils placent à la fin du nom des fichiers qu'ils créent ou ouvrent. Lorsque par exemple vous double-cliquez sur un fichier ayant pour extension *.txt*, Windows sait tout de suite de quoi il s'agit, et il ouvre automatiquement le bloc-notes pour lire le document. Si ce n'est pas le cas, il affiche ce message pour que vous l'aidiez à trouver (si possible) le bon programme.

Solutions : si vous savez qui a produit le fichier, cliquez sur Plus d'option, puis sur son nom dans la liste que vous propose Windows. Sinon, faites défiler cette liste vers le bas jusqu'à ce que vous trouviez l'option Rechercher une autre application sur ce PC. Ce n'est pas encore suffisant ? Essayez de rechercher une application dans le Windows Store (voyez aussi à ce sujet le Chapitre 6). Souvenez-vous que l'application adéquate peut ne pas être gratuite...

Faut-il accepter d'être localisé ?

Message : une application demande l'autorisation de déterminer le lieu où vous vous trouvez, et Windows veut savoir si vous êtes ou non d'accord.

Cause probable : l'application en question a besoin de connaître votre position pour faire quelque chose, par exemple pour vous communiquer des informations sur votre environnement proche.

Solutions : si vous avez confiance dans l'application ou le programme, et qu'être géolocalisé ne vous pose pas de problème, cliquez sur Oui. Dans ce cas, l'application utilisera par la suite votre localisation sans plus vous poser de question. Si vous trouvez qu'elle est un peu trop intrusive, cliquez sur Non. Bien entendu, la même question vous sera probablement reposée la prochaine fois. Windows peut également vous indiquer comment activer la localisation directement depuis l'application, comme sur la Figure 19.5.

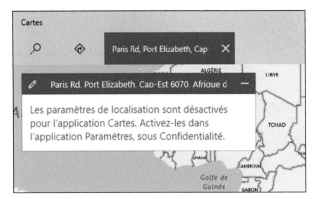

FIGURE 19.5
La localisation passe aussi par un paramétrage d'application.

Quand Windows Defender entre en piste

Message : quand l'antivirus intégré à Windows, Windows Defender, détecte sur votre ordinateur un fichier qu'il juge potentiellement ou certainement dangereux, il affiche d'abord un message pour vous en prévenir (ce message apparaît en bas et à droite de l'écran). Il s'attaque ensuite au fichier malfaisant pour le détruire.

Cause probable : un fichier dangereux (un *malware*) est arrivé probablement via un e-mail, un ordinateur en réseau, un site Internet ou encore un support USB externe. Windows Defender veut le supprimer pour protéger votre ordinateur.

Solutions : vous n'avez rien à faire de particulier. Windows Defender s'est déjà occupé du problème et l'a résolu (du moins, il faut l'espérer).

Choisir l'action pour les lecteurs amovibles

Message : lorsque ce type de message apparaît, indiquez à Windows ce que vous voulez faire avec le disque ou la clé USB, ou bien encore la carte mémoire, que vous avez inséré dans un port de votre ordinateur. Lorsque vous cliquez sur ce message, la fenêtre illustrée sur la Figure 19.6 s'affiche en haut et à droite de l'écran.

Cause probable : vous venez d'insérer un support mémoire quelconque dans un port USB de votre PC, ou bien vous venez de connecter un appareil photo numérique ou tout autre dispositif entraînant la lecture d'un disque ou d'une carte mémoire flash.

EOS_DIGITAL (I:)

Choisir l'action pour : lecteurs amovibles

Choisir l'action pour chaque type de média

Configurer les paramètres de stockage
Paramètres

Importer des photos
Adobe Photoshop Lightroom 6.0 64

Ouvrir le dossier et afficher les fichiers
Explorateur de fichiers

Ne rien faire

FIGURE 19.6
Indiquez à Windows ce qu'il doit faire avec la clé USB ou la carte mémoire que vous venez d'insérer dans votre ordinateur.

Solutions : la plupart du temps, vous cliquerez sur l'option Ouvrir le dossier et afficher les fichiers. Cela vous permettra de voir le contenu du support dans l'Explorateur de fichiers Windows.

Une lettre entre parenthèses suit dans le message le nom du matériel que vous avez connecté. C'est la lettre de lecteur que Windows lui a attribuée.

Se connecter avec un compte Microsoft

Message : vous devez vous connecter avec un compte Microsoft pour effectuer certaines tâches dans Windows. Si vous n'avez pas de compte Microsoft, vous risquez de voir un message rappelant la nécessité d'utiliser ce type de compte. Pour plus d'informations à ce sujet, reportez-vous au Chapitre 2.

Cause probable : vous avez peut-être essayé d'utiliser les applications Skype, Courrier, Contacts ou Calendrier. Un compte Microsoft est également nécessaire pour accéder à Windows Tore ou encore à OneDrive.

Solutions : enregistrez-vous auprès de Microsoft afin de créer votre compte (voir le Chapitre 2).

Impossible de partager des photos dans un e-mail

Message : l'application Courrier vous signale qu'elle a bien tenté d'envoyer les photos jointes à votre message, mais que la tentative a échoué. Votre e-mail n'a donc pas été envoyé.

Cause probable : ce message apparaît généralement si le « poids » du message est trop important. Les messageries peuvent buter sur des fichiers trop grands, et n'oubliez pas que les appareils numériques produisent des photos si volumineuses qu'il n'est bien souvent pas possible d'en envoyer plus de deux ou trois à la fois.

Solutions : avant tout, vérifiez si votre connexion Internet est active et opérationnelle. Si tout va bien de ce côté-là, recommencez votre message, mais en limitant la taille des pièces jointes. Vous pouvez aussi choisir la proposition de l'application d'essayer l'option Envoyer avec OneDrive à la place. Cela vous permet de transférer les photos vers un stockage sur l'Internet, et votre destinataire pourra les y récupérer sans que votre messagerie ne soit encombrée.

Il existe bien entendu d'autres solutions que OneDrive. Votre fournisseur d'accès Internet vous offre certainement votre propre espace gratuit sur ses ordinateurs pour sauvegarder et partager des fichiers. Il existe également nombre d'outils gratuits (du moins, jusqu'à un certain volume de données) du même type sur l'Internet.

Aucun programme de messagerie n'est associé

Message : ce message particulièrement ésotérique vous indique que vous tentez d'envoyer un document par e-mail, mais que vous n'avez pas installé de programme de messagerie.

Cause probable : pour une raison indéterminée, Windows ne vous donne pas accès à l'application Courrier.

Solutions : il ne vous reste plus qu'à télécharger et installer un programme de messagerie, ou encore à configurer celle-ci sur un des nombreux sites qui proposent ce type de service via un navigateur Internet (ce qui est certainement le cas de votre fournisseur d'accès Internet). Pour plus d'informations sur la messagerie, revoyez le Chapitre 10.

Le dispositif USB n'est pas reconnu

Message : vous essayez de connecter un dispositif USB sur votre ordinateur, mais il n'est pas reconnu et Windows vous en avertit.

Cause probable : le matériel n'est pas compatible avec Windows, ou bien celui-ci n'est pas capable de trouver tout seul un pilote adapté, ou bien encore le matériel a un problème technique.

Solutions : commencez par débrancher le dispositif. Attendez ensuite une trentaine de secondes. Rebranchez-le dans un autre port USB. Toujours pas de chance ? Laissez l'appareil en place, et redémarrez votre ordinateur.

 Les ordinateurs modernes possèdent un ou plusieurs ports USB de niveau 3. Mais la plupart des périphériques existants sont de type USB 2. Les brancher ensemble ne marchera peut-être pas. C'est pourquoi tester un autre port peut parfois suffire à résoudre le problème.

Si cette méthode ne donne rien, vous avez très vraisemblablement besoin d'un *pilote*, c'est-à-dire d'un petit logiciel qui permet au matériel et à Windows de communiquer dans une langue qu'ils reconnaissent tous les deux. La recherche et l'installation de pilotes sont abordées dans le Chapitre 13.

L'autorisation d'accès à un dossier est refusée

Message : lorsqu'un message indique que l'accès à un dossier vous est refusé, cela signifie que Windows ne vous autorise pas à accéder au dossier que vous tentez d'ouvrir (le nom de ce dossier est indiqué dans la barre de titre). Vous pouvez aussi avoir un avertissement semblable en essayant d'ouvrir un fichier.

Cause probable : le dossier ou le fichier appartient à quelqu'un d'autre qui a un compte utilisatcur différent du vôtre.

Solutions : si vous avez un compte de type Administrateur, vous pouvez ouvrir les dossiers et les fichiers des autres en cliquant sur le bouton Continuer. Sinon, vous n'avez aucun droit sur ces contenus.

L'impossible retour

Message : vous essayez de revenir à une ancienne version de Windows, mais ce-lui-ci vous indique que cette version n'est plus disponible sur votre ordinateur.

Cause probable : ceci se produit dans certaines circonstances. Vous avez effectué une mise à jour vers Windows 10 à partir d'une ancienne version, et vous avez ensuite exécuté le programme Nettoyage de disque afin de libérer de la place sur votre disque dur. Pour libérer un maximum d'espace, l'outil de nettoyage a effacé votre ancienne version de Windows.

Solutions : malheureusement, il n'y en a aucune. Sauf à trouver une boutique spécialisée capable de récupérer votre ancienne version ainsi que vos fichiers. Par contre, vous devrez réinstaller tous vos programmes vous-même...

Chapitre 20

Transférer un ancien ordinateur vers un nouveau PC sous Windows 10

DANS CE CHAPITRE :

» **Copier vos anciens fichiers et réglages sur votre nouveau PC**

» **Transférer fichiers et réglages avec un logiciel ou un technicien**

» **Transférer des fichiers via un disque externe ou un disque réseau**

Vous ramenez à la maison votre nouvel ordinateur Windows 10. Vous êtes tout excité à l'idée de le mettre en service, mais il lui manque le plus important : les fichiers de votre *ancien* ordinateur. Comment faire pour recopier le contenu de votre bon vieux PC sur ce nouveau Windows 10 flambant neuf ? Et comment même trouver ce que vous avez besoin de copier ?

Pour résoudre ce problème, Microsoft avait autrefois doté Windows d'un outil spécialisé appelé Transfert de fichiers et paramètres Windows. Ce programme était capable de récupérer non seulement les données de votre ancien ordinateur, mais aussi les réglages de certains de vos programmes, par exemple la liste de vos favoris Internet.

Malheureusement, Microsoft n'a pas jugé bon de conserver cet outil dans Windows 10, ce qui complique le processus de transfert vers un nouveau PC. Ce chapitre explique donc les options dont vous pouvez disposer pour recopier vos informations de votre ancien PC vers le nouveau.

Gagnons du temps. Si vous opérez uniquement une *mise à jour* de Windows 7, 8 ou 8.1 vers Windows 10, celui-ci conservera tous vos fichiers et vos programmes.

Faire appel à une application tierce pour réaliser le transfert

Si Microsoft a délaissé le marché du transfert d'ordinateur à ordinateur, d'autres sont tout heureux de faire le travail. En fait, les possesseurs de PC ou Windows XP et Vista n'ont pas d'autre choix. Microsoft n'offre en effet *aucune* solution de transfert ou de mise à jour pour ces anciennes versions de Windows.

Voyons donc rapidement ce que vous pouvez faire pour résoudre ce problème.

Transférer avec le programme PCmover de Laplink

La suite logicielle PCmover de Laplink (www.laplink.com/fre) transfère non seulement vos fichiers et vos réglages depuis votre ancien PC, mais aussi certains des programmes qui y sont installés. Le travail réalisé est donc bien plus approfondi que ce que proposait autrefois l'outil fourni par Microsoft. Cette suite est compatible avec toutes les versions de Windows depuis XP jusqu'à Windows 10. Par contre, elle ne fonctionne pas avec Windows RT, la version qui était auparavant installée sur certaines tablettes (relativement) bon marché.

Pour autant, l'opération n'est pas aussi simple que cela, et des complications évidemment peuvent surgir. Mais PCmover est vraisemblablement l'une des meilleures armes, à défaut d'être l'arme fatale, dont vous pouvez disposer. Bien entendu, cette suite n'est pas gratuite, et c'est à vous de juger de l'intérêt de cet investissement en fonction de ce que vous avez à transférer.

Le premier choix à faire concerne la version de PCmover qui vous correspond le mieux. Les trois permettent de transférer vos informations uniquement d'un ancien PC vers un nouveau PC. Ce n'est généralement pas un problème, mais n'oubliez pas que vous ne pouvez pas redonner le programme à un ami une fois que vous avez transféré vos fichiers !

» **PCmover Express :** c'est la version minimaliste. Elle vous permet de transférer uniquement un *unique* compte d'utilisateur vers le nouveau PC. Et elle ne traite qu'un *unique* disque dur sur votre ancien ordinateur. Cette version ne permet pas de transférer les applications.

» **PCmover Home :** plus évoluée que la version Home, vous transférerez tout ce que vous sélectionnerez. Elle se limite aussi à un seul disque et à une seule partition (C:).

» **PCmover Pro :** c'est l'option la plus populaire (et la plus chère, évidemment). Elle recopie simultanément *tous* les comptes d'utilisateur de l'ancien PC vers le nouveau. Elle est également capable de traiter des PC équipés de plusieurs disques durs.

Les trois programmes recopient vos fichiers, réglages ainsi que certains programmes d'un PC à un autre (sauf pour la version Express). Par contre, aucune de ces versions ne vous garantit que *tous* vos programmes seront gentiment transférés. Ceci est dû à certaines contraintes techniques qui dépassent le champ de ce livre et de nos compétences.

Vous pouvez acheter PCmover sur le site de Laplink, puis télécharger et installer le programme sur les deux machines. Mais il est préférable de faire l'acquisition de la version Pro de PCmover sur Amazon (`www.amazon.fr`). Non seulement le prix est nettement plus intéressant, mais en plus vous trouverez dans la boîte un câble Ethernet haut débit pour effectuer le transfert.

Bien entendu, la suite PCmover est protégée contre la copie. Vous devez donc disposer d'une connexion Internet avant de pouvoir commencer à l'utiliser. De plus, en fonction du volume d'informations stocké sur votre ancien PC et de la manière dont vous connectez les deux ordinateurs, le processus de transfert peut prendre un *certain* temps, disons jusqu'à quelques heures.

En résumé, la suite PCmover est clairement destinée à ceux qui sont non seulement patients, mais qui ont aussi un certain niveau de connaissances quant au fonctionnement des ordinateurs en général et de Windows en particulier.

Le programme WinWin 10 Pro de Zinstall (`www.zinstall.com`) est nettement plus cher, mais aussi plus simple d'utilisation. De surcroît, il est potentiellement capable de transférer davantage de programmes de bureau que PCmover. À vous de peser le pour et le contre.

Faire réaliser le transfert dans une boutique spécialisée

C'est l'autre option possible... Je le mentionne pour mémoire, car tout dépend de ce que vous pouvez trouver autour de chez vous, du prix qui vous sera demandé, et bien entendu de la compétence du prestataire dans ce domaine...

Le tarif d'une telle prestation sera certainement sensiblement plus élevé que l'acquisition d'un logiciel spécialisé. Comparez-le avec le prix auquel vous avez payé votre nouvel ordinateur, ainsi qu'avec le coût éventuel de la réinstallation de vos programmes (et avec le temps que vous devrez passer à une telle opération).

TRANSFERT, FAÇON MICROSOFT

Selon Microsoft, passer d'un ancien PC à un nouveau est facile. Vous vous connectez avec un compte Microsoft sur les deux machines. Vous copiez ensuite vos fichiers (en particulier, le contenu des dossiers Documents, Musique, Images et Vidéos) sur OneDrive, votre espace de stockage en ligne.

Avec le même compte ouvert sur le nouvel ordinateur, vos réglages voyagent automatiquement vers celui-ci. Et, du fait que OneDrive est préinstallé avec Windows 10, le nouveau PC va y retrouver les fichiers et les dossiers que vous y aurez enregistrés.

Cependant, cette méthode n'est possible qu'avec Windows 8, 8.1 ou 10. En effet, les versions plus anciennes ne supportent pas les comptes Microsoft. De plus, cette double passe de copie peut prendre pas mal de temps et d'efforts. Et, évidemment, l'espace de stockage qui vous est offert sur OneDrive est limité. Si vous dépassez ce quota, Microsoft commencera à vous facturer le service...

Au final, l'Historique des fichiers, ou encore tout simplement le passage par un disque externe, est plus simple et plus rapide, surtout s'il ne s'agit que de transférer vos principaux fichiers et dossiers. Et, de toute manière, il vous faudra bien réinstaller vos programmes sur le nouveau PC...

Transférer vous-même vos fichiers

Vous pouvez transférer vous-même vos fichiers depuis un PC sous Windows 7, 8 ou 8.1. Pour cela, vous devez utiliser une combinaison de compte Microsoft et du programme de sauvegarde Historique des fichiers. Le principe est simple : vous dites au programme de sauvegarder les fichiers de votre ancien PC, puis vous demandez au même programme sur votre nouveau PC de restaurer ces mêmes fichiers.

Vous avez cependant besoin d'un disque dur externe pour effectuer ce travail. Ce type d'équipement est de nos jours plutôt bon marché. On trouve en effet nombre de disques de grande capacité pour sensiblement moins de 80 €. En plus, cette manière de procéder offre un avantage supplémentaire. En effet, le disque dur externe est également parfait pour sauvegarder les données de votre *nouveau* PC. On n'est jamais assez prudent...

Pour transférer vos fichiers d'un ordinateur sous Windows 7, 8, 8.1 ou même 10 vers un PC sous Windows 10, suivez ces étapes :

1. **Si votre ancien PC est encore sous Windows 7, effectuez la mise à niveau vers Windows 10.**

   Windows 7 ne reconnaît pas les comptes Microsoft, pas plus qu'il ne contient l'outil Historique des fichiers. Mais comme cette mise à niveau est gratuite pendant la première année d'existence de Windows 10, il n'y a aucune raison de s'en priver.

   Avec Windows 7, c'est la seule manière de poursuivre cette procédure. Si vous avez déjà Windows 8, 8.1 ou 10 sur votre ancien PC, vous pouvez passer à l'Étape 2.

2. **Si l'Historique des fichiers est déjà actif sur votre ancien PC, sautez directement à l'Étape 5. Sinon, passez à l'Étape 3.**

3. **Connectez-vous avec votre compte Microsoft sur l'ancien PC.**

   Quand vous vous connectez, Microsoft se souvient de bon nombre de vos réglages et services, ce qui fait qu'il peut facilement les recopier sur d'autres ordinateurs, à condition bien sûr d'y utiliser le même compte.

4. **Branchez votre disque dur externe sur votre ancien PC, puis configurez l'Historique des fichiers pour qu'il sauvegarde vos fichiers sur ce support.**

J'explique dans le Chapitre 13 comment procéder. Selon le volume de données à sauvegarder, l'opération peut prendre de quelques minutes à quelques heures.

Pendant que l'Historique des fichiers effectue la sauvegarde, il devrait indiquer qu'il sauvegarde vos fichiers pour la première fois (voir la Figure 20.1). Il montre également une option Annuler pour le cas où vous voudriez stopper la sauvegarde.

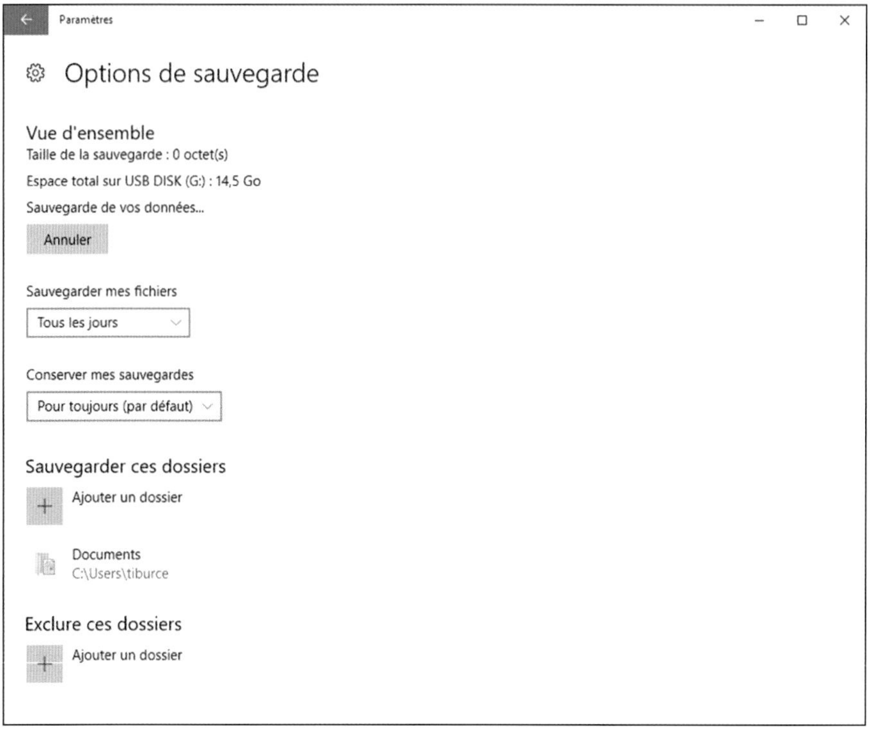

FIGURE 20.1
Exécuter l'Historique des fichiers pour sauvegarder vos données.

Une fois son travail terminé, l'Historique indique Dernière copie de fichiers effectuée le, suivi de la date et de l'heure de la sauvegarde (voir la Figure 20.2). Vous pouvez maintenant passer à l'Étape 5.

5. **Connectez-vous sur votre nouveau PC sous Windows avec votre compte Microsoft. Branchez ensuite votre disque dur externe sur celui-ci.**

En vous connectant avec votre compte Microsoft, vous récupérez automatiquement un certain nombre de réglages. Par exemple, le fond de l'écran de votre ancien PC va s'afficher, ce qui vous signale qu'il se passe quelque chose.

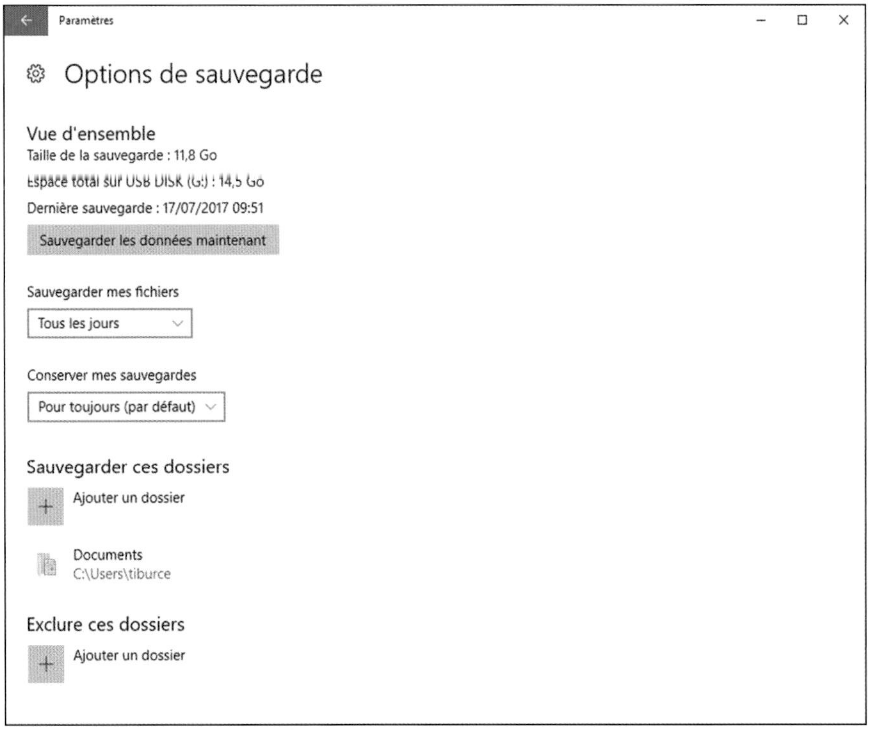

FIGURE 20.2
L'Historique des
fichiers vous indique
la date et l'heure de
la dernière sauve-
garde.

6. **Ouvrez l'Historique des fichiers, et dirigez le nouveau PC sous Windows vers l'emplacement où se trouve la sauvegarde.**

   Sur le nouvel ordinateur, cliquez dans le champ Rechercher, à droite du menu Démarrer, et tapez **historique fichiers**. Appuyez sur Entrée. La fenêtre de l'Historique des fichiers va apparaître.

   Cliquez sur la case à cocher qui indique que vous voulez utiliser une sauvegarde antérieure sur ce disque. Le nom de la sauvegarde que vous avez effectuée sur votre ancien PC va s'afficher. Cliquez sur son nom, puis sur le bouton Activer.

   Votre *nouveau* PC commence à sauvegarder ses propres fichiers pour la première fois, mais cela n'a aucune incidence sur la sauvegarde de votre *ancien* PC.

7. **Dans le volet de gauche, cliquez sur l'option Restaurer des fichiers personnels.**

   Reportez-vous si nécessaire aux figures ci-dessus.

8. **Choisissez les fichiers et les dossiers que vous voulez récupérer, puis cliquez sur le bouton vert Restaurer.**

Vous pouvez vous servir des boutons Précédent/Suivant qui encadrent le bouton Restaurer pour retrouver la bonne date et heure d'enregistrement des fichiers que vous voulez récupérer.

Par exemple, si vous avez utilisé l'Historique des fichiers sur votre ancien PC pour la première fois, cliquez sur le bouton Précédent pour retrouver la sauvegarde numéro 1.

Sinon, servez-vous du bouton Suivant pour localiser la sauvegarde la plus récente.

Lorsque vous voyez les fichiers et les dossiers qui vous intéressent, cliquez sur le gros bouton vert Restaurer (voir la Figure 20.3). L'Historique des fichiers commence à recopier votre sélection sur votre nouveau PC.

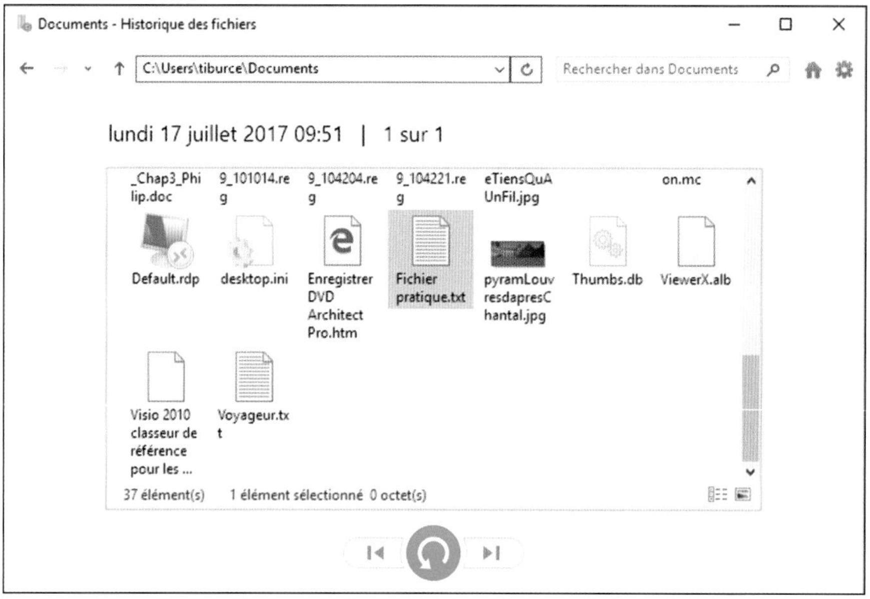

FIGURE 20.3
Cliquez sur le bouton vert pour restaurer les fichiers et dossiers actuelle-ment affichés.

Si aucune complication ne vient perturber la procédure, vous allez (plus ou moins) rapidement retrouver les fichiers et les dossiers provenant de votre ancien PC.

» Si l'Historique des fichiers était déjà actif sur votre ancien PC, vos sauve-gardes précédentes sont bien entendu immédiatement disponibles pour récupérer vos données sur votre nouvel ordinateur.

» Votre nouveau PC va continuer à sauvegarder vos fichiers sur votre disque dur externe. Vous devriez donc le laisser branché en permanence. Si vous avez acheté un ordinateur portable ou une tablette, pensez à brancher régulièrement le disque dur externe pour que vos sauvegardes soient à jour.

» Vous pouvez bien entendu emprunter le disque d'un copain ou d'une copine pour faire ce travail. Mais une fois le matériel rendu, vous restez face à vous-même. Investissez dans un disque externe de bonne capacité. Ce n'est pas si cher, et c'est tellement utile !

» Si votre compte Microsoft et l'Historique des fichiers sont capables de transporter divers réglages ainsi que vos fichiers d'un ordinateur à un autre, cela ne règle en rien la question du transfert de vos programmes de bureau. Vous devrez donc les réinstaller vous-même, ou demander à votre technogourou préféré de le faire à votre place.

» Si vous passez de Windows 8 ou 8.1 à Windows 10, les applications que vous aviez téléchargées depuis Windows Store vous attendent déjà grâce à votre compte Microsoft.

Chapitre 21
Windows, à l'aide !

DANS CE CHAPITRE :

» **Trouver rapidement de l'aide**

» **Rechercher une aide sur un problème ou un programme spécifique**

» **Se faire aider à distance**

» **Contacter le support de Microsoft**

A vant même de vous lancer dans la lecture de ce chapitre, voyons tout de suite comment trouver rapidement de l'aide quand vous séchez devant un problème :

» **Appuyez sur F1 :** c'est la touche magique pour activer l'aide de Windows, comme de n'importe quel programme.

» **Point d'interrogation :** si vous voyez un petit point d'interrogation dans l'angle supérieur droit d'une fenêtre, cliquez dessus pour afficher l'écran d'aide du programme.

» **Paramètres :** dans les applications Windows 10, cliquez sur l'icône de l'engrenage afin d'ouvrir un panneau de paramètres sur le côté droit de l'interface. Là, cliquez sur le mot Aide.

» **Cortana :** posez une question par écrit dans le champ Taper ici pour rechercher, ou oralement, et Cortana fera de son mieux pour trouver une réponse adaptée à vos besoins.

» **Obtenir de l'aide :** rubrique que vous trouverez dans toutes les catégories de la fenêtre Paramètres Windows. Cliquez sur ce lien pour afficher la fenêtre Obtenir de l'aide.

Dans tous les cas, Windows va lancer une aide soit stockée en local, soit disponible en ligne, qui vous promulgue connaissances, listes, conseils, procédures à suivre, etc.

Le programme d'aide va fréquemment rechercher des informations récentes sur les sites de Microsoft de manière à vous fournir les renseignements les plus actuels possible.

Ce chapitre vous explique comment utiliser au mieux l'aide proposée par Windows.

Consulter le gourou informatique des programmes

Pratiquement tous les programmes Windows ont leur propre système d'aide. Pour l'activer, appuyez sur F1, choisissez la commande Aide dans un menu, ou encore cliquez sur le petit point d'interrogation affiché en haut et à droite de la fenêtre.

Dans la plupart des fonctions et des applications Windows, cette action va vous renvoyer vers une page Web de Microsoft illustrée à la Figure 21.1.

Vous pouvez alors parcourir les rubriques affichées dans la partie inférieure de la fenêtre. Ainsi, cliquez sur le chevron à droite de la section Prise en main, puis sur le sujet qui vous intéresse. La Figure 21.2 montre le type d'explication que vous obtiendrez, ici sur les nouveautés de la version Creator Update.

Pour trouver rapidement de l'aide sur un sujet précis, cliquez dans le champ Rechercher de l'aide. Par exemple, tapez Historique des fichiers. Au fur et à mesure que vous saisissez des lettres, Windows affine ses résultats. Cliquez alors sur celui qui semble traiter du sujet comme Historique des fichiers dans Windows 10. Une nouvelle liste de supports apparaît. Cliquez sur le lien qui se rapproche le plus de votre problème, comme Historique des fichiers dans Windows.

Le mieux est d'afficher côte à côte la fenêtre de Microsoft Edge et celle du programme concerné. De cette manière, vous pourrez plus facilement lire les étapes dans l'aide, et les appliquer au fur et à mesure dans votre programme, sans avoir à passer d'une fenêtre à l'autre, en oubliant éventuellement au passage ce que vous devez faire précisément...

FIGURE 21.1
La plupart des aides propres à Windows s'affiche dans Microsoft Edge (ou votre navigateur par défaut).

FIGURE 21.2
Le support technique de Microsoft tente de vous fournir un maximum d'informations.

Le système d'aide Windows est, comme vous pouvez l'imaginer, quelque chose d'extrêmement complexe, ce qui vous force à cliquer sur des tas de liens avant de trouver l'information spécifique que vous recherchiez. Il vaut donc parfois mieux y faire appel en dernier recours, si vous n'avez pas trouvé ailleurs la bonne réponse. Certes, c'est sans doute aussi moins embarrassant que d'aller demander au fils des voisins de vous dépanner…

Si vous trouvez une certaine page d'aide particulièrement intéressante et utile, n'hésitez pas à l'éditer en cliquant sur le triple point, à droite de la barre d'outils de Microsoft Edge, et en choisissant ensuite la commande Imprimer. Rangez vos découvertes dans une pochette qui leur sera dédiée. Vous pourrez plus tard les retrouver rapidement, sans avoir à cliquer sur des hordes de liens.

 Si la page courante ne vous renseigne pas suffisamment, cliquez dans le champ Rechercher, à gauche du menu de la page (pas de Microsoft Edge), et saisissez votre demande. N'essayez pas de faire des phrases ! Tapez juste deux ou trois mots qui décrivent le mieux possible votre requête.

Obtenir de l'aide

La fenêtre Paramètres Windows propose une rubrique Obtenir de l'aide qui permet d'accéder à des informations sur divers réglages de Windows. Voici comment l'utiliser :

1. **Cliquez sur le bouton Démarrer puis sur l'icône Paramètres (engrenage).**

2. **Dans la fenêtre Paramètres Windows qui s'affiche, cliquez sur une catégorie de réglage, comme Périphériques.**

3. **Ensuite, cliquez sur une catégorie de réglages dans la colonne de gauche comme Imprimantes et scanner (si vous souhaitez installer une imprimante, ou si vous rencontrez un problème avec la vôtre).**

4. **Pour trouver de l'aide, faites défiler le contenu de la page et localisez la section Vous avez des questions.**

5. **Cliquez sur Obtenir de l'aide, comme le montre la Figure 21.3.**

6. **Dans la fenêtre Obtenir de l'aide qui apparaît, décrivez votre problème dans le champ Saisissez votre description, comme sur la Figure 21.4, et cliquez sur Suivant.**

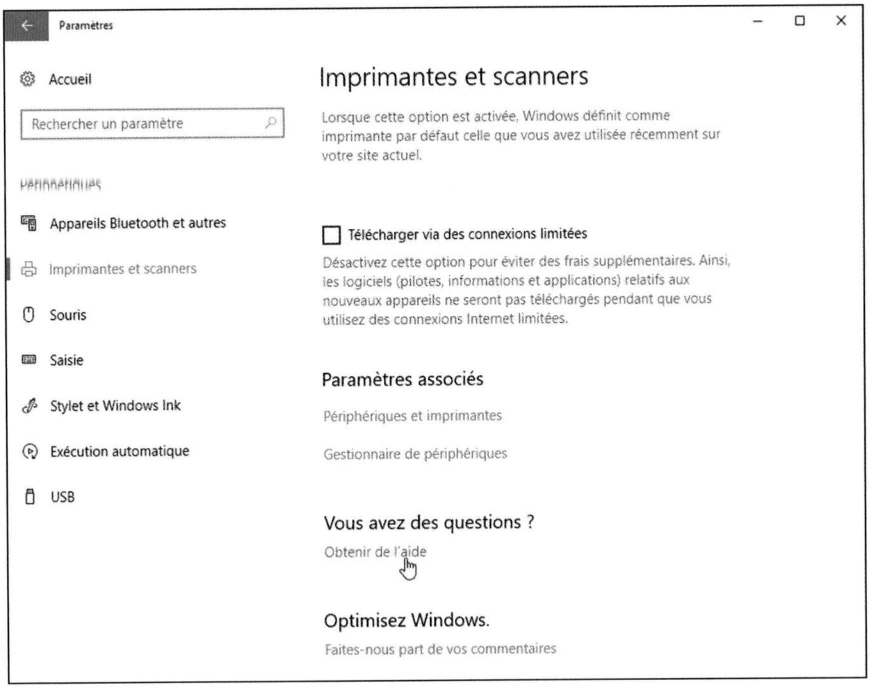

Imprimantes et scanners

Lorsque cette option est activée, Windows définit comme imprimante par défaut celle que vous avez utilisée récemment sur votre site actuel.

☐ Télécharger via des connexions limitées

Désactivez cette option pour éviter des frais supplémentaires. Ainsi, les logiciels (pilotes, informations et applications) relatifs aux nouveaux appareils ne seront pas téléchargés pendant que vous utilisez des connexions Internet limitées.

Paramètres associés

Périphériques et imprimantes

Gestionnaire de périphériques

Vous avez des questions ?

Obtenir de l'aide

Optimisez Windows.

Faites-nous part de vos commentaires

FIGURE 21.3
Obtenir de l'aide sur des paramètres de Windows 10.

7. **Dans le menu local Sélectionnez votre produit, choisissez l'application, la fonction, ou le type de matériel qui se rapproche le plus de votre problème.**

Par exemple, comme l'imprimante connaît des difficultés sous Windows, choisissez Windows.

8. **Dans le menu local Sélectionnez votre problème, choisissez la rubrique qui se rapproche le plus du souci rencontré.**

Imaginons que votre imprimante Wi-Fi n'est pas ou plus reconnue sur le réseau. Vous choisirez alors Réseau et connectivité.

9. **Dans la nouvelle étape de l'assistant, cliquez sur un des supports proposés.**

L'aide s'ouvre alors dans Microsoft Edge (ou votre navigateur Web par défaut).

10. **Si la réponse ne vous convient pas, retournez dans la fenêtre Obtenir de l'aide, et choisissez une proposition dans la section Obtenir un support supplémentaire.**

FIGURE 21.4
Décrivez votre
problème.

Par exemple, choisissez Me rappeler. Indiquez votre numéro de téléphone,
et cliquez sur Confirmer.

Se faire aider par une autre personne

L'idéal pour se faire aider est bien sûr d'avoir dans son entourage quelqu'un s'y
connaissant bien en informatique. Il existe aussi des boutiques de dépannage et de
maintenance qui peuvent vous dépanner à un tarif raisonnable.

Si le PC n'est pas physiquement en panne, et ne nécessite qu'un paramétrage ou
une manipulation purement logicielle, une solution peu connue des particuliers
est l'assistance à distance par un autre utilisateur équipé d'un PC tournant sous
la version la plus récente de Windows 10. Les ordinateurs doivent être connectés à
l'Internet.

Le technicien et l'utilisateur dans la misère devront cliquer sur le bouton Démarrer puis sur Accessoires Windows, et choisir l'application Assistance rapide. Le panneau qui apparaît contient deux options, comme sur la Figure 21.5 :

- » **Obtenir de l'aide :** l'utilisateur à dépanner clique sur ce bouton.
- » **Offrir de l'aide:** le technicien clique sur cette icône.

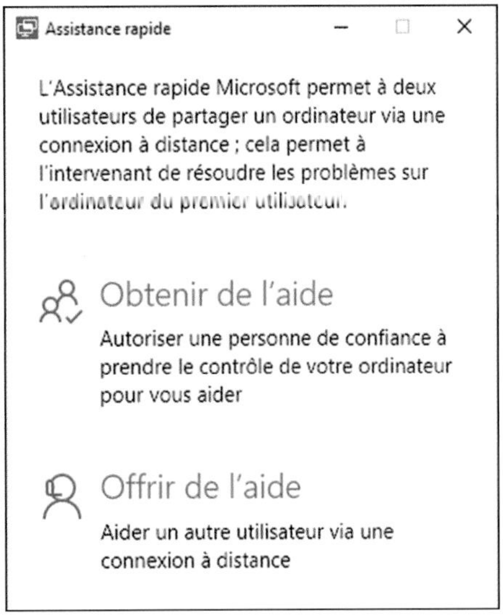
Assistance rapide
L'Assistance rapide Microsoft permet à deux utilisateurs de partager un ordinateur via une connexion à distance ; cela permet à l'intervenant de résoudre les problèmes sur l'ordinateur du premier utilisateur.
Obtenir de l'aide
Autoriser une personne de confiance à prendre le contrôle de votre ordinateur pour vous aider
Offrir de l'aide
Aider un autre utilisateur via une connexion à distance

FIGURE 21.5
L'Assistance rapide de Windows 10.

C'est le technicien qui prend l'initiative des opérations en cliquant sur l'icône Offir de l'aide. Il doit indiquer son compte Microsoft. Un code à six chiffres apparaît qu'il communique à l'utilisateur à dépanner, par courrier par exemple. Ce dernier entre le code. Dès que la communication est établie, le technicien contrôle l'ordinateur distant comme s'il était installé devant son clavier.

Le technicien possède un accès complet à l'ordinateur qu'il contrôle. Si une manipulation paraît risquée ou intrusive, la prise de contrôle à distance peut être immédiatement interrompue en appuyant sur la touche Échap.

Et si, par hasard, rien de tout cela n'était encore suffisant, voyez dans nos collections les ouvrages de référence dédiés à Windows 10 !

VII

Les dix commandements

DANS CETTE PARTIE...

Dix choses que vous allez détester dans Windows 10 (et comment s'en débarrasser)

Dix astuces (environ) pour les possesseurs d'ordinateurs portables et de tablettes

Chapitre 22

Dix points que vous détesterez dans Windows 10 (et comment s'en débarrasser)

DANS CE CHAPITRE :

Vous allez me dire que Windows 10 serait parfait si seulement... *(insérez vos vœux les plus chers ici)*.

Si vous pensez, peut-être même à haute voix, souvent à ce genre de remarque, lisez ce chapitre. Vous y trouverez en effet bon nombre de choses qui aggravent le cas de Windows 10, mais aussi, bien sûr, les meilleurs moyens de surmonter ces écueils.

Halte aux applications !

Avec Windows 10, Microsoft continue sa mutation de l'ancienne époque où dominaient les programmes de bureau vers le nouveau monde des applications et de la mobilité.

Certaines personnes aiment les *applications*. Elles sont en effet conçues pour les tablettes et les smartphones, ainsi que pour leurs petits écrans. Elles n'ont pas de menus compliqués et sont bien adaptées aux écrans tactiles. En revanche, d'autres personnes les détestent et préfèrent exécuter des programmes de bureau. Après tout, nous sommes encore très nombreux à vivre depuis longtemps avec un clavier et une souris...

Si vous trouvez que toute cette affaire d'applications est plus ennuyeuse et dérangeante qu'autre chose, voici comment vous en débarrasser. Suivez les astuces proposées dans ces sections pour retirer les applications du menu Démarrer, de l'écran de démarrage, et de votre PC afin de mieux vous concentrer sur le bureau.

Retirer les applications de l'écran de démarrage et de votre PC

Windows 10 remplit la partie droite du menu Démarrer de ses vignettes d'applications. Certes, si vous êtes habitué à Windows 8.1 (voire à Windows 8), cette manière de procéder vous est déjà familière. Si vous venez de Windows 7, tout cela peut vous paraître nouveau et pas forcément utile.

Fort heureusement, vous pouvez vous débarrasser assez facilement de ces vignettes. Pour cela, cliquez-droit sur une vignette d'application affichée dans l'écran de démarrage (à droite de la liste des applications). Dans le menu contextuel qui apparaît, choisissez Détacher de l'écran de démarrage. Répétez les mêmes gestes pour toutes les applis que vous voulez retirer de l'écran de démarrage, et elles s'en vont, s'en vont, s'en vont.

Vous pouvez obtenir un résultat identique en cliquant-droit sur une application de la liste des applications du menu Démarrer. La commande Détacher de l'ecran de démarrage est disponible lorsque la vignette de l'application est épinglée au dit écran.

D'accord, les applications n'apparaissent plus dans l'écran de démarrage, mais elles sont toujours présentes sur votre ordinateur et dans la liste des applications du menu Démarrer. En fait, vous n'avez fait qu'éliminer des raccourcis.

Pour aller plus loin et *désinstaller* les applications, suivez ces étapes :

1. **Cliquez sur le bouton Démarrer.**
2. **Dans la liste des applications du menu Démarrer, faites un clic-droit sur la vignette d'une application.**
3. **Dans le menu contextuel qui apparait, cliquez sur Désinstaller, comme le montre la Figure 22.1.**

   Certaines applications, comme Microsoft Edge, ne peuvent pas être désinstallées d'où l'absence de cette commande dans leur menu contextuel.

4. **Cliquez sur le bouton Désinstaller.**

Vous pouvez réinstaller une application qui aurait été supprimée par erreur en visitant la boutique Windows Store (une application dont vous ne pouvez évidemment pas vous débarrasser). Faites une recherche sur le nom de l'application, puis téléchargez-la et procédez à son installation. J'explique dans le Chapitre 6 comment installer des applications depuis Windows Store.

Pour retrouver plus facilement *vos* applications, cliquez sur l'image de votre profil dans la fenêtre de Windows Store, puis choisissez Ma bibliothèque dans le menu qui s'affiche.

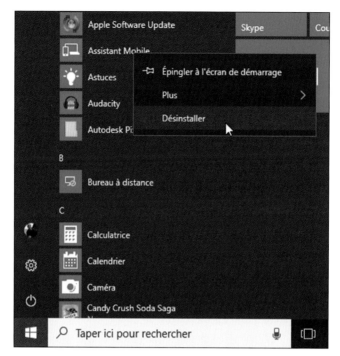

FIGURE 22.1
Désinstaller une
application via le
menu Démarrer.

Demander à vos programmes du bureau (pas aux applications) d'ouvrir vos fichiers

Certaines personnes ne se préoccupent pas des applications, du moins tant qu'elles n'interfèrent pas avec des fichiers normalement gérés par leurs programmes de bureau. Mais, dans Windows 10, les applications veulent souvent ouvrir vos fichiers. Par exemple, l'application Groove Musique va s'emparer de vos chansons, reléguant dans l'ombre ce bon vieux Lecteur Windows Media.

Si vous voulez retrouver vos programmes de bureau lorsque vous ouvrez quelque chose, suivez ces étapes :

1. **Cliquez sur le bouton Démarrer, puis cliquez sur l'icône Paramètres.**

   L'application Paramètres apparaît.

2. **Cliquez sur le bouton Applications.**

3. **Dans la colonne de gauche, choisissez Applications par défaut.**

4. **Pour chaque type de fichier, choisissez le programme qui devrait l'ouvrir.**

Dans la section Lecteur de musique, par exemple, cliquez sur le nom de l'application actuelle. Lorsque la fenêtre Choisir une application s'affiche, sélectionnez le programme que vous voulez utiliser pour écouter vos titres musicaux (par exemple, le Lecteur Windows Media).

5. **Répétez l'Étape 4 pour tous les types de fichiers pour lesquels vous voulez remplacer une application du menu Démarrer ou de l'écran de démarrage par un programme du bureau.**

La liste Choisir une application vous propose également d'effectuer une recherche sur Windows Store. Mais n'oubliez pas que le Store de Microsoft n'offre dans certains domaines qu'un nombre limité de choix.

Si vous voulez associer un programme qui est installé sur votre PC, mais qui ne vous est pas proposé par l'application Paramètres, vous devrez procéder autrement :

1. **Ouvrez l'Explorateur de fichiers depuis la barre des tâches.**

2. **Activez un dossier contenant des fichiers du type qui vous intéresse (par exemple, une chanson au format MP3). Cliquez du bouton droit sur le nom d'un de ces fichiers.**

3. **Dans le menu qui s'affiche, choisissez la commande Ouvrir avec, puis cliquez sur Choisir une autre application.**

4. **Cochez tout de suite la case Toujours utiliser cette application pour ouvrir les fichiers, suivi du type concerné.**

5. **Il ne vous reste plus qu'à cliquer sur votre programme préféré. Si nécessaire, cliquez sur Plus d'applications en bas de liste des programmes, puis sur Rechercher une autre application sur ce PC.**

D'accord, c'est un peu plus technique, puisque vous allez devoir naviguer dans les dossiers Programmes ou encore Program Files (x86), y repérer le sous-dossier de votre programme, l'ouvrir, puis sélectionner la bonne application, celle qui ouvre le type de fichier choisi. Mais, du moins, vous obtiendrez ainsi exactement ce que vous voulez.

Je veux éviter le bureau !

Une tablette, avec son écran tactile, a le don d'attirer vos doigts avec ses vignettes bien dimensionnées et ses icônes faciles à toucher. Les possesseurs de smartphone pratiquent ce genre de sport depuis des années. Et les applications, faciles à télécharger et installer, couvrent pratiquement n'importe quelle niche, qu'il s'agisse des réseaux sociaux, de jeux ou encore de trouver un garage à proximité.

L'écran poids plume, mais tout de même assez grand, des tablettes permet également de lire des livres électroniques, des journaux et des magazines en ligne. Vous pouvez parcourir vos sites Web préférés aussi bien dans les transports que dans votre fauteuil. Et l'application Paramètres de Windows 10 vous facilite plus que jamais l'existence en vous permettant d'échapper totalement au bureau.

Mais rester en permanence lié au monde des applications peut être plus difficile qu'il n'y paraît. Même si vous faites de gros efforts pour échapper totalement au bureau, il y a des cas où il va se rappeler à votre bon souvenir si vous faites certaines choses depuis le menu Démarrer :

>> **Gérer votre matériel :** la section Périphériques de l'application Paramètres liste tous les dispositifs connectés à votre ordinateur, qu'il s'agisse d'une imprimante, d'une souris ou encore d'un disque externe. Mais elle ne montre que leurs noms et ne vous permet que de les retirer. Pour configurer leurs réglages, un lien vous renvoie vers une fenêtre de l'ancien Panneau de configuration.

>> **Gérer des comptes :** vous pouvez créer et supprimer des comptes d'utilisateurs depuis l'application Paramètres. Il est même possible d'y transformer un compte Administrateur en compte Standard, et vice-versa. En revanche, lorsque vous passez par la fenêtre idoine du Panneau de configuration, vous pouvez modifier le mot de passe.

>> **Gérer vos fichiers :** vous pouvez accéder facilement à vos photos et vos titres musicaux avec les applications Photos et Groove Musique, respectivement. Mais si vous voulez rendre visite à vos fichiers sur OneDrive, ou réaliser des tâches un peu plus poussées, comme classer par exemple vos fichiers par date de création, il est temps de rendre visite au bureau.

En résumé, les applications de Windows 10 savent gérer les tâches les plus simples et les plus courantes. Mais dès qu'il faut s'attaquer à des réglages plus poussés ou effectuer des travaux de maintenance, vous constatez que vous devez en revenir au bureau ou à son Panneau de configuration.

Bien que Windows 10 Creator Update ne donne plus d'accès direct au Panneau de configuration, vous pouvez toujours y accéder. Saisissez ce nom dans le champ Taper ici pour rechercher de Cortana.

Si vous vous apercevez que vous utilisez constamment le bureau pour effectuer certaines tâches, recherchez une application capable de réaliser le même travail, que ce soit sur Internet ou dans Windows Store.

Tant que les applications et le bureau n'auront pas totalement fusionné, les possesseurs de tablettes devraient s'équiper d'une souris Bluetooth (sujet traité dans le Chapitre 12) pour les aider à mieux naviguer sur le bureau, avec ses petits boutons et menus.

Avec une tablette, il vaut mieux s'assurer que l'on est bien en mode... Tablette. Pour le vérifier, effleurez l'écran vers la gauche en partant de son bord droit. Lorsque le volet des notifications apparaît, assurez-vous que le bouton Mode tablette est bien actif, autrement dit qu'il est mis en surbrillance. Si ce n'est pas le cas, touchez-le pour l'activer.

Je ne veux pas de compte Microsoft !

Microsoft *veut* que tout le monde se connecte avec un compte maison. Certes, Windows 10 est plus facile à utiliser avec un compte Microsoft. D'ailleurs, nombre de services l'exigent. Par exemple, vous ne pourrez pas accéder au stockage en ligne OneDrive si vous n'avez pas de compte Microsoft. Et c'est la même chose pour les applications Courrier et Calendrier. Même votre enfant *doit* se connecter avec un compte Microsoft si vous voulez pister son utilisation de l'ordinateur familial.

Pour autant, vous avez parfaitement le droit de refuser d'ouvrir un compte chez Microsoft. Dans ce cas, vous devrez tout simplement utiliser un compte local. Par contre, vous saurez ce faisant que vous vous limitez vous-même au style de vie « ancienne génération » du bureau. Mais cela convient parfaitement à de nombreuses personnes.

Un compte local vous permet d'utiliser votre bureau, ainsi que vos programmes de bureau, exactement comme si vous vous trouviez sous Windows 7 ou une version encore plus ancienne. Il vous suffira, pour une bonne part, de ciller des yeux chaque fois que vous verrez une entrée dans le Gestionnaire de fichiers qui indique OneDrive...

J'explique comment créer un compte d'utilisateur Microsoft ou local dans le Chapitre 14.

Windows me fait signe tout le temps

Normalement, Windows affiche un voile sur l'écran lorsque vous n'avez pas appuyé sur une touche ou bougé la souris pendant un certain temps. Et, lorsque vous remuez quelque chose, vous vous retrouvez face à l'écran de verrouillage.

Pour passer cet écran, vous devez saisir votre mot de passe afin de réactiver votre compte.

Certaines personnes préfèrent ce niveau supplémentaire de sécurité. Si Windows se réveille avant que vous ne sortiez de la piscine, c'est parfait. Vous êtes protégé. Personne ne peut se sécher avant vous pour aller voir vos messages.

La barre des tâches disparaît

La barre des tâches est une fonctionnalité très pratique de Windows. Normalement, et par défaut, elle est placée en bas de l'écran. Mais, parfois, il arrive qu'elle parte se promener dans les bois. Il y a cependant quelques moyens de la ramener à la maison, et donc à plus de raison.

Si votre barre des tâches vient brusquement se coller sur un côté de l'écran, ou même en haut de celui-ci, essayez de la faire glisser vers la bonne position. Pour cela, cliquez vers son milieu et faites-la glisser là où vous voulez qu'elle se trouve. Lorsque le pointeur de la souris se trouve en bas de l'écran, la barre des tâches devrait retrouver sa position normale. Relâchez le bouton de la souris, et tout rentre dans l'ordre.

Pour éviter que votre barre des tâches ne batte la campagne, suivez ces conseils :

» Pour que la barre des tâches reste scotchée à sa position courante, cliquez du bouton droit sur une position vide de celle-ci puis choisissez l'option Verrouiller la barre des tâches. Si vous voulez ensuite modifier quoi que ce soit à son sujet, vous devrez évidemment reprendre la procédure pour désactiver cette option.

» Si votre barre des tâches disparaît de votre vue chaque fois que le pointeur de votre souris s'éloigne d'elle, cliquez du bouton droit comme indiqué ci-dessus, puis choisissez Paramètres de la barre des tâches. Dans la boîte de dialogue qui apparaît alors, décochez la case qui indique Masquer automatiquement la barre des tâches en mode bureau (et/ou en mode tablette).

Je n'arrive pas à aligner deux fenêtres sur l'écran

Avec tout son arsenal d'outils du genre glisser/déposer, Windows simplifie le transfert d'informations d'une fenêtre à une autre. Vous pouvez par exemple sélectionner une adresse dans une liste de contacts, et la faire glisser vers un courrier dans votre traitement de texte préféré.

Cependant, le plus difficile dans cette affaire, c'est d'aligner correctement deux fenêtres sur l'écran pour qu'elles se retrouvent côte à côte, facilitant ainsi le glissement et le dépôt.

Windows offre une manière simple de procéder à cet alignement :

1. **Faites glisser une des fenêtres vers le bord gauche, droit, haut ou bas de l'écran.**

   Lorsque le pointeur de la souris atteint le bord vers lequel vous vous déplacez, la fenêtre se redimensionne automatiquement pour remplir la moitié de l'écran.

   Windows 10 vous permet également de faire glisser vos fenêtres dans les *coins*, auquel cas elles vont se redimensionner d'elles-mêmes pour occuper cette fois le *quart* de l'écran. Grâce à cela, vous avez la possibilité d'aligner jusqu'à quatre fenêtres à la fois.

2. **Faites glisser l'autre fenêtre vers le bord opposé.**

Lorsque le pointeur de la souris atteint l'autre bord, les deux fenêtres sont parfaitement alignées.

Vous pouvez également minimiser toutes les fenêtres sauf celles que vous voulez aligner. Ensuite, cliquez du bouton droit sur un emplacement vide de la barre des tâches. Choisissez alors l'option Afficher les fenêtres côte à côte. Le résultat est le même.

Essayez de vous exercer à ce petit jeu en variant les emplacements. Vous maîtrise-rez très vite cette technique.

Il ne me laisse rien faire si je ne suis pas Administrateur !

Windows fait réellement très attention à qui fait quoi sur votre ordinateur. Le pro-priétaire de celui-ci possède un compte de type Administrateur. Et un bon ad-ministrateur crée pour tous les autres utilisateurs un compte de type Standard. Qu'est-ce que cela signifie ? Concrètement, seul l'administrateur a le droit de ré-aliser certaines actions, comme :

>> Installer des programmes.

>> Créer de nouveaux comptes, les modifier et même les supprimer.

>> Lancer une connexion Internet.

>> Installer certains matériels, comme un appareil photo (ou une caméra) nu-mérique ou encore un lecteur MP3.

>> Effectuer des tâches qui affectent d'autres personnes sur le PC.

Les titulaires de comptes Standard, par nature, sont limités à quelques activités de base, notamment :

>> Exécuter des programmes déjà installés.

>> Changer l'image de leur compte et leur mot de passe.

Les comptes des autres utilisateurs peuvent remplacer les anciens comptes In-vité de Windows. Ils serviront à vos amis de passage, ou encore à la nounou qui auraient besoin de chercher quelque chose sur Internet ou encore de consulter leur messagerie, mais qui, par essence, n'ont pas à posséder un compte permanent. Notez bien qu'ils n'ont pas le droit d'initier une session Internet, mais qu'ils peuvent utiliser une session existante. Vous pouvez créer un compte de ce type sans mot de passe.

Si Windows vous dit que seul un administrateur a le droit de faire telle ou telle chose, vous avez deux options. La première, c'est de trouver un administrateur et de lui demander de saisir son mot de passe et d'autoriser l'action. La seconde, c'est de le convaincre de convertir votre compte Standard en compte Administrateur. Ce sujet est traité dans le Chapitre 14.

C'est quoi, déjà, ma version de Windows ?

Windows 10 existe en deux versions (voyez à ce sujet le Chapitre 1), mais en de multiples mises à jour. Si vous ne savez pas ou plus exactement quel nom porte la vôtre, ne vous attendez pas à ce que Windows vous le souffle dans le creux de l'oreille. En revanche, une (légère) pression sur lui le forcera à vous révéler cette information. Pour cela :

1. **Cliquez du bouton droit sur le bouton Démarrer.**

2. **Dans le menu, cliquez sur l'option Système.**

   La fenêtre Système apparaît. Elle révèle le nom de votre version de Windows, ainsi que l'architecture informatique, codée sur 32 ou sur 64 bits, de l'ordinateur.

La touche d'impression de l'écran ne fonctionne pas !

Contrairement à ce que son nom semble indiquer, la touche marquée Impr écran n'envoie pas une copie de ce qui est affiché sur votre PC vers votre imprimante. En fait, elle se contente d'enregistrer une copie dans la mémoire de Windows sous la forme d'une simple image qui reproduit le contenu de l'écran.

Partant de là, vous pouvez coller cette image dans un programme graphique quelconque (ou dans une maquette de livre !), puis, si vous le souhaitez, l'imprimer à partir des commandes de ce programme.

Une autre méthode consiste à appuyer simultanément sur les touches Windows et Impr écran. Ce raccourci demande à Windows de prendre un cliché de l'écran et de l'enregistrer dans un fichier. Ces captures sont placées dans un sous-dossier appelé Captures d'écran de votre dossier Images. Ces fichiers sont au format PNG, qui est utilisé très couramment dans les programmes graphiques. Leur nom est formé des mots Capture d'écran, suivis d'un numéro d'ordre entre parenthèses.

Vous pouvez ensuite ouvrir ce dossier, cliquer droit sur une capture d'écran, et choisir dans le menu contextuel la commande Imprimer.

Certaines tablettes peuvent également prendre un cliché de l'écran. Il faut pour cela maintenir enfoncé le bouton qui baisse le volume sonore, et appuyer sur le bouton Windows de la tablette. Mais d'autres méthodes sont possibles. Voyez ce que dit votre manuel à ce sujet si vous avez besoin de pratiquer ce genre de manipulation.

Chapitre 23

Dix astuces (environ) pour les possesseurs d'ordinateurs portables ou de tablettes

---

DANS CE CHAPITRE :

» **Activer le mode Tablette**

» **Activer le mode Avion**

» **Se connecter à un nouveau réseau sans fil**

» **Désactiver la rotation automatique de l'écran sur une tablette**

» **Choisir ce qui se passe quand vous refermez le capot de votre ordinateur portable**

» **S'adapter aux fuseaux horaires**

» **Sauvegarder votre portable (ou votre tablette) avant de voyager**

P our l'essentiel, le contenu de ce livre s'applique aussi bien aux PC de bureau qu'aux ordinateurs portables et aux tablettes. Mais Windows 10 réserve quelques réglages exclusivement destinés aux systèmes tactiles et portables. Si c'est votre cas et si vous êtes pressé, ces quelques pages sont pour vous.

Activer le mode Tablette

Quand il est en mode Tablette, Windows 10 a envie de faire plaisir à vos doigts. Dans ce cas, en effet, le menu Démarrer remplit la totalité de l'écran. Et vos applications s'ajustent à cette configuration. Comme les tablettes sont généralement (toujours serait sans doute plus exact) plus petites que les écrans de bureau, voir un programme à la fois permet de se concentrer plus facilement sur la tâche courante.

Dans ce mode, Windows 10 ajoute même un espace supplémentaire à une liste d'éléments dans un menu, ce qui rend plus facile la sélection de l'option désirée.

Cependant, le mode Tablette n'est pas toujours si facile que cela à définir. Si vous connectez par exemple un clavier à votre tablette, est-ce que vous voulez vraiment quitter ce mode pour passer à un classique bureau ? Et la même question se pose si vous connectez une souris.

Et avec ces modèles modernes qui transforment une tablette en un petit ordinateur portable (ou l'inverse), Windows 10 ne sait pas forcément quel mode vous souhaitez utiliser.

Heureusement, il est facile d'activer ou de désactiver le mode Tablette. Pour cela, suivez ces étapes :

1. **Effleurez l'écran vers la gauche en partant du bord droit de celui-ci.**

   Le volet des notifications va apparaître.

2. **Touchez le bouton qui indique Mode tablette.**

   Le bas du volet des notifications contient quatre ou cinq boutons. Une activation se traduit par une couleur bleue, la désactivation par une teinte grisée (voir la Figure 23.1).

FIGURE 23.1
Ici, le mode Tablette
est inactif.

Certaines tablettes peuvent se configurer automatiquement, et ce indépendamment des périphériques qui pourraient y être connectés. Lorsque votre tablette s'aperçoit d'un changement, par exemple si vous la retirez de sa station d'accueil, elle envoie un message à l'écran (plus précisément à la zone qui se trouve en bas et à droite de celui-ci) pour lui demander si vous voulez ou non passer en mode Tablette. Il vous suffit d'approuver le message, et Windows s'adapte en conséquence.

Pour configurer le comportement de Windows, ouvrez le menu Démarrer, touchez ensuite l'icône Paramètres, et enfin Système. L'option Mode tablette propose plusieurs choix (voir la Figure 23.2) :

» **Activé/Désactivé :** basculez ce bouton vers la position Activé, et Windows essaie de placer automatiquement votre appareil en mode Tablette (mais ceci ne fonctionne pas avec tous les modèles).

» **Lorsque je me connecte :** touchez cette option, et un menu vous permettant de définir le comportement de Windows lorsque vous vous connectez va s'afficher. Vous pouvez choisir d'aller directement sur le bureau, d'entrer immédiatement en mode Tablette, ou encore de conserver le mode qui était déjà actif.

» **Lorsque cet appareil active ou désactive automatiquement le mode tablette :** ici, le menu vous permet de décider de la manière dont la tablette doit réagir lorsqu'elle sent que vous voudriez peut-être changer de mode (c'est qu'elle est intelligente et sensible, la tablette). Si vous trouvez que votre

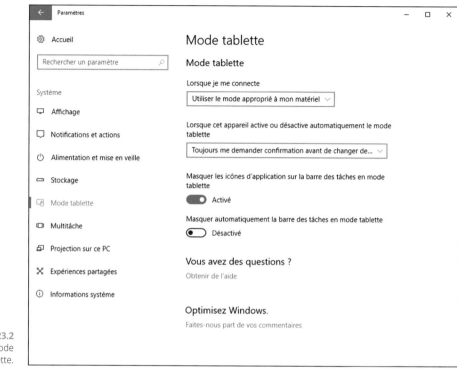

FIGURE 23.2
Configurer le mode
Tablette.

tablette se débrouille très bien tout seule, choisissez l'option Ne pas me
demander et toujours changer de mode.

» **Masquer les icônes d'application sur la barre des tâches en mode
Tablette :** cette bascule vous permet de faire ce que dit précisément la
phrase. Certains utilisateurs préfèrent ce masquage pour dégager leur vue.
Mais il est toujours possible de retrouver les applications qui s'exécutent en
arrière-plan en effleurant l'écran vers la droite en partant du bord gauche de
celui-ci.

» **Masquer automatiquement la barre des tâches en mode tablette :** cette
option permet de gagner un peu de place en bas de l'écran, en n'affichant la
barre des tâches que si le pointeur de la souris s'approche du bord inférieur
de l'écran.

Les choix que vous faites sont appliqués immédiatement. Vous n'avez pas besoin
de toucher un bouton OK ou Oui.

Activer le mode Avion

La plupart des gens *aiment* emporter avec eux leur PC portable ou leur tablette lorsqu'ils prennent l'avion. C'est pratique pour regarder des films, jouer, et même pour travailler entre deux escales...

Mais la plupart des compagnies aériennes vous demandent de stopper votre connexion sans fil, ce qui vaut d'ailleurs aussi pour les smartphones (même si la situation est en train d'évoluer). Connu depuis longtemps sur ceux-ci, voici donc le *mode Avion* qui s'incruste dans Windows 10.

Pour activer ce mode Avion sur un appareil portable, suivez ces étapes :

1. **Cliquez sur l'icône des notifications, à gauche de l'horloge.**

   Sur une tablette, effleurez l'écran à partir de son bord droit.

   Le volet des notifications va s'afficher.

2. **Touchez si nécessaire le mot Développer, au-dessus de la rangée de boutons.**

   Certains boutons peuvent être masqués par défaut.

3. **Cliquez ou touchez l'icône du mode Avion.**

   Votre PC (ou votre tablette) est immédiatement placé dans ce mode. Sa connexion sans fil se désactive, de même que le Bluetooth et le GPS.

Pour annuler le mode Avion et se reconnecter à l'Internet, reprenez tout simplement les étapes ci-dessus. Le mode Avion va se désactiver, libérant du même coup votre connexion Wi-Fi, le Bluetooth et le GPS.

Le mode Avion vous permet d'être en conformité avec les exigences (légitimes) de la sécurité aérienne. Mais, en plus, il économise votre batterie. D'ailleurs, rien ne vous interdit d'utiliser cette technique lorsque vous n'avez pas besoin d'accéder à l'Internet.

Le mode Avion désactive votre connexion Internet et ce qui va avec, par exemple la géolocalisation et autres fonctionnalités. Plus largement, il coupe *toutes* les ondes radio émises par votre appareil sans fil (celui-ci ne recevant plus non plus celles qui traînent dans la cabine, aux services de renseignement près, évidemment).

Se connecter à un réseau Internet sans fil

Chaque fois que vous vous connectez avec succès à un réseau sans fil, Windows mémorise ces réglages de manière à ce que vous n'ayez pas besoin de les reprendre la fois suivante. En revanche, vous ne pouvez pas échapper à la procédure de connexion lorsque vous voulez accéder à un tel réseau pour la première fois.

Les connexions sans fil sont traitées dans le Chapitre 15, mais il n'est pas inutile de résumer les étapes à suivre :

1. **Activez si nécessaire l'adaptateur réseau sans fil de votre appareil portable.**

   Certains PC portables possèdent un petit commutateur sur leur boîtier. D'autres laissent activées en permanence les communications sans fil. Bien entendu, vous devrez désactiver le cas échéant le mode Avion (voir la section précédente).

2. **Cliquez sur l'icône de réseau sans fil, à la droite dans la barre des tâches.**

   Vous pouvez y accéder même si le mode Tablette est activé.

   Au bout de quelques instants, Windows va afficher la liste de tous les réseaux sans fil qu'il détecte dans le voisinage.

3. **Cliquez sur le nom du réseau sans fil auquel vous voulez accéder, puis sur le bouton Se connecter.**

   Dans certains cas, par exemple si un réseau public se trouve à portée de signal, il se peut que la connexion Internet s'active immédiatement. Mais bien souvent, vous devez entrer des informations complémentaires. Passez alors à l'Étape 4.

   Méfiez-vous aussi des réseaux publics qui n'annoncent pas clairement la couleur. En général, un « bon » réseau public a été installé par un fournisseur d'accès Internet ou de téléphonie mobile, et vous devrez avoir un compte chez lui pour y accéder. Il peut aussi s'agir d'une borne Wi-Fi proposée dans un café ou encore un hôtel, et vous devez donc demander un code en tant que client.

4. **Entrez la clé de sécurité du réseau auquel vous voulez vous connecter.**

   Certains réseaux ne veulent pas dire leur nom pour des raisons de sécurité. Vous devez en plus connaître celui-ci. Mais c'est vraisemblablement une information que personne ne vous donnera (ou que vous connaissez déjà si vous appartenez à cette confrérie secrète).

Lorsque vous cliquez sur le bouton Se connecter, Windows finit par annoncer (si tout s'est bien passé) que la connexion est établie. N'oubliez pas de cocher la case Connexion automatique pour gagner du temps la prochaine fois que vous serez à nouveau à portée de ce réseau sans fil.

Si vous vous servez d'un compte Microsoft, vos mots de passe Wi-Fi sont mémorisés avec celui-ci. Ce qui signifie que vous pouvez par exemple passer d'un ordinateur portable à une tablette ou un smartphone sans avoir à recommencer la procédure de connexion.

Désactiver la rotation de l'écran de la tablette

La plupart des tablettes Windows sont conçues pour être tenues horizontalement. Mais si vous faites tourner l'écran, l'affichage devient automatiquement vertical. Dans ce cas, votre écran d'accueil, votre bureau, votre programme ou encore votre page Internet, deviennent longs et étroits, au lieu d'être larges et minces.

Cette rotation automatique est pratique si vous vous servez par exemple de la tablette comme liseuse, puisqu'elle vous permet de voir les pages comme dans un livre imprimé. Mais elle peut devenir désagréable quand elle se déclenche inopinément, ou bien lorsque vous regardez des photos ou une vidéo.

Certaines tablettes ont un bouton de verrouillage de la rotation sur un de leurs côtés, souvent à proximité du bouton de marche/arrêt. Un appui bloque l'orientation, un autre la déverrouille.

Si votre tablette ne dispose pas de ce genre de dispositif, ou si vous ne le trouvez pas, vous pouvez procéder autrement en faisant appel à Windows lui-même :

Pour activer ce mode Avion sur un appareil portable, suivez ces étapes :

1. **Cliquez sur l'icône des notifications, à gauche de l'horloge.**

   Sur une tablette, effleurez l'écran à partir de son bord droit.

Le volet des notifications va s'afficher.

2. **Touchez si nécessaire le mot Développer, au-dessus de la rangée de boutons.**

Certains boutons peuvent être masqués par défaut.

3. **Touchez le bouton de verrouillage de la rotation automatique de l'écran.**

Reprenez les mêmes étapes lorsque vous voulez inverser ce réglage.

Définir le comportement de Windows quand le capot de l'ordinateur portable est refermé

Refermer le capot de votre ordinateur portable signifie que vous cessez vos activités avec l'ordinateur. Mais pour combien de temps ? Pour une simple pause ? Pour la nuit ? Jusqu'à ce que vous soyez sorti du métro ? C'est à vous de décider, et Windows vous permet de définir avec précision le comportement que doit avoir votre ordinateur portable quand vous refermez son capot.

Pour cela, suivez ces étapes :

1. **Cliquez du bouton droit sur le bouton Démarrer et, dans le menu, choisissez Système.**

2. **Dans le volet de gauche de la fenêtre qui apparaît, cliquez sur Alimentation et mise en veille.**

3. **Faites défiler le contenu de la partie droite de la fenêtre et, dans la section Paramètres associés, cliquez sur le lien Paramètres d'alimentation supplémentaires.**

4. **Dans la colonne de gauche de la boîte de dialogue Options d'alimentation qui s'affiche, cliquez sur le lien Choisir l'action qui suit la fermeture du capot.**

Localisez les menus locaux de l'option Lorsque je referme le capot. Windows envisage deux types de situations : lorsque l'ordinateur portable est alimenté par la batterie, ou par le secteur.

5. **Choisissez le comportement de Windows dans les deux menus locaux.**

   Vous avez le choix entre : Ne rien faire, Veille, Mettre en veille prolongée et Arrêter.

   En règle générale, il est préférable de retenir le mode Veille, car cela permet de placer l'ordinateur dans un état d'hibernation (et surtout de faible consommation électrique) tout en le laissant se réveiller rapidement le moment venu, de manière à retrouver au plus vite votre travail ou quoi que ce soit d'autre. De plus, si vous le laissez branché sur le secteur toute une nuit dans cet état, vous trouverez votre batterie en pleine forme le lendemain matin.

   Vous pouvez également demander à ce que l'ordinateur vous demande votre mot de passe lorsqu'il se réveille. Ce qui est toujours une excellente idée.

6. **Il ne vous reste plus qu'à cliquer sur le bouton Enregistrer les modifications.**

Changer de fuseau horaire

Les PC de bureau ne bougent pas, ce qui facilite certains réglages. Par exemple, vous entrez une fois votre pays, et si nécessaire votre position, et Windows ajuste immédiatement le fuseau horaire, les symboles monétaires, et autres valeurs qui varient de par le vaste monde.

Mais la joie de voyager avec un ordinateur portable ou une tablette peut être tempérée par l'agonie qui s'annonce quand il faut expliquer à la chose où on se trouve exactement.

Si vous changez de lieu ou de pays, et en particulier de fuseau horaire, suivez ces étapes :

1. **Cliquez du bouton droit sur l'horloge, à droite de la barre des tâches.**

2. **Dans le menu, choisissez l'option Ajuster la date/l'heure.**

3. **Dans la fenêtre Date et heure qui apparait, désactivez la fonction Définir le fuseau horaire automatiquement.**

4. **Ouvrez le menu local Fuseau horaire, et choisissez celui à utiliser.**

Si vous passez souvent d'un fuseau horaire à un autre, ouvrez à nouveau la caté-gorie Heure et langue de l'application Paramètres. Tout en bas de la fenêtre Date et heure dans la section Paramètres avancés, cliquez sur le lien Ajouter des horloges pour différents fuseaux horaires. Vous pouvez alors définir une seconde horloge, basée sur un fuseau horaire différent. Si vous voulez savoir quelle heure il est à Paris, à Caracas et à Séoul, il vous suffira alors de laisser planer le pointeur de la souris sur l'horloge de la barre des tâches pour afficher ces informations.

Sauvegardez le contenu de l'ordinateur portable avant de voyager !

J'explique comment effectuer des sauvegardes dans le Chapitre 13. Et la procédure est exactement la même pour un ordinateur portable que pour un PC de bureau. N'oubliez donc pas d'effectuer une sauvegarde avant de quitter votre domicile ou votre bureau. Les voleurs s'intéressent bien plus aux matériels qui bougent qu'à ceux qui restent à la même place... Un portable peut être remplacé, mais pas les données qu'il contient. Ne l'oubliez jamais.

Et laissez vos sauvegardes bien au chaud chez vous, pas dans la sacoche de votre ordinateur portable. Si on vous vole cette sacoche avec son contenu, vous aurez tout perdu *deux fois*.

Index

Notes

Notes

Notes

Notes